Moderne Lokomotiven

Moderne Lokomotiven

Ein technisches Handbuch der bedeutendsten
internationalen Diesel-, Elektro- und
Gasturbinenlokomotiven von 1879 bis heute

Brian Hollingsworth und Arthur Cook

Aus dem Englischen übersetzt von Manfred Sandtner

Birkhäuser Verlag
Basel·Boston·Stuttgart

Die Originalausgabe erschien 1983 unter dem Titel
„The Illustrated Encyclopedia of the World's
Modern Locomotives" bei Salamander Books Ltd.,
London.
© 1983 Salamander Books Ltd.

CIP-Kurztitelaufnahme der Deutschen Bibliothek

Hollingsworth, Brian:
Moderne Lokomotiven ; ill. Enzyklopädie ;
e. techn. Handbuch d. bedeutendsten internat.
Diesel-, Elektro- u. Gasturbinenlokomotiven
von 1879 bis heute / Brian Hollingsworth u.
Arthur Cook. Aus d. Engl. übers. von Manfred
Sandtner. – Basel ; Boston ; Stuttgart :
Birkhäuser, 1984.
Einheitssacht.: The illustrated encyclopedia
of the world's modern locomotives ⟨dt.⟩
ISBN 3-7643-1531-8
NE: Cook, Arthur:

© 1984 der deutschsprachigen Ausgabe:
Birkhäuser Verlag Basel
Umschlaggestaltung: Albert Gomm
Printed in Belgium
ISBN 3-7643-1531-8

Die Autoren

Brian Hollingsworth, M.A., M.I.C.E.

Brian Hollingsworth besitzt schon seit seiner Kindheit eine außergewöhnliche Liebe zur Eisenbahn. Nach Abschluß seines Ingenieurstudiums an der Universität Cambridge und einem kurzen Abste- cher in die Welt der Flugmaschinen, trat er 1946 eine Stellung bei der Great Western Railway als Ingenieur an. Seine mathematischen Fähigkeiten führten ihn zur Beschäftigung mit der Computer- technik der British Railways und auch zu einer umfangreichen Mitarbeit bei der Entwicklung des „TOPS"-Leitsystems für den Frachtverkehr der BR.

1974 verließ er die Britischen Eisenbahnen, um sich ganz dem Schreiben zu widmen. Seitdem hat er zehn bedeutende Bücher über verschiedene Aspekte des Eisenbahnwesens veröffentlicht, darunter die ebenfalls im Birkhäuser-Verlag erschienene „Illustrierte Enzyklopädie Dampflokomotiven". Daneben schreibt er auch noch für verschiedene Eisenbahn-Fachzeitschriften.

Er ist einer der Direktoren der Rhomney, Hythe & Dymchurch Railway und Berater für Ingenieur- baufragen der Ffestiniog Railway. Er besitzt eine ganze Anzahl von Dampflokmodellen im Maßstab 1:5, mit denen er auf seiner eigenen Strecke im „Garten" (eigentlich einem Teil eines walisischen Berges) fährt. Er nennt sogar eine Originallokomotive sein Eigen, die 2'C-Lokomotive „LMS Black Five" Nr. 5248 namens „Eric Treacy", die auf der North Yorkshire Moors Railway zur Freude von Touristen und Eisenbahnfreunden eingesetzt wird.

Arthur F. Cook, M.A., M.I.Mech.E.

Geboren in der berühmten englischen Eisenbahnstadt Doncaster in Yorkshire, interessiert sich Arthur Cook schon sein ganzes Leben lang für die Eisenbahn. Er studierte Maschinenbau an der Universität von Cambridge, an der er auch nach Abschluß seines Studiums als wissenschaftlicher Mitarbeiter weiterarbeitete. Später lehrte er an der Universität von Southampton.

Nach vielen Dienstjahren bei den Britischen Eisenbahnen trat er vor kurzem in den Ruhestand. Im Laufe der Jahre schrieb Mr. Cook viele Abhandlungen über Eisenbahnen und ihre Technik, vor allem über moderne Fahrzeuge, und wirkte auch an der „Illustrierten Enzyklopädie Dampflokomo- tiven" mit.

Dank der Autoren

Der Verlag und die Autoren möchten vor allem Christopher Bushell danken, der das Manuskript durchsah und viele wertvolle Anregungen gab. Ihr Dank geht aber auch an Margot Cooper, die die Schreibarbeiten übernahm.

Für die ausgezeichneten grafischen Darstellungen danken wir den Künstlern David Palmer und Diana und John Moore, natürlich auch allen Sammlern und Institutionen, die die oft seltenen Fotos aus ihren Sammlungen zur Verfügung stellten und damit dazu beitrugen, daß dieses Buch die Geschichte der modernen Lokomotiven und Triebwagen derart gut illustrieren kann.

Inhalt

Einführung

Die Triebfahrzeuge heutiger Eisenbahnen besitzen fast durchwegs elektrische oder Dieselantriebe. Aber auch Dampflokomotiven findet man noch in erstaunlicher Zahl; Gasturbinenantriebe konnten sich nicht so richtig durchsetzen, dafür baute man Fahrzeuge mit so exotischen Kraftquellen wie Benzinmotoren, Seilzügen, Windsegeln und hier und da findet man sogar noch ein leibhaftiges Pferd. Die Dampfrösser wie *Puffing Billy*, die Anfang des vergangenen Jahrhunderts ihre haferfressenden Kollegen auf den Bahnen der Welt – soweit es sie schon gab – abzulösen begannen, konnten mehr als ein Jahrhundert lang, wenn auch nicht unangefochten, ihre Vorrangstellung behaupten.

Der erste ernsthafte Herausforderer kam in frühen viktorianischen Zeiten in Gestalt des atmosphärischen Systems. Pumpstationen entlang der Strecke erzeugten Unterdruck in einer Röhre in Gleismitte. Durch den Druckunterschied bewegte Kolben waren mit den Zügen durch abgedichtete Längsschlitze hindurch mit den Eisenbahnfahrzeugen verbunden und „saugten" sie vorwärts.

Berühmteste Einrichtung dieser Art war die von Isambard Kingdom Brunel entlang der englischen Südküste zwischen Exeter und Newton Abbot, die aber nur wenige Monate öffentlichen Betriebs überdauerte. Noch am erfolgreichsten war ein weniger ehrgeiziges Projekt in Irland von Kingstown (heute Dun Laoghaire) nach Dalkey, das von 1844 bis 1854 bestand. Man könnte behaupten, daß diese atmosphärischen Bahnen in gewissem Sinne auch Dampfbahnen waren, denn die Antriebskraft wurde von Dampfmaschinen erzeugt, aber natürlich ist das auch bei den heutigen elektrischen Bahnen der Fall. Sogar Kernkraftwerke haben Dampfturbinen!

Elektrische Traktion

Die Experimente mit der elektrischen Traktion begannen schon 1835, nur 6 Jahre nach der ersten Fahrt der *Rocket*; vor allem durch einen Grobschmied namens Thomas Davenport aus Vermont, USA. Er ließ sich einen elektrischen Motor patentieren; aber auch andere – darunter Daniel Gooch von der britischen Great Western Railway – hatten schon kleine elektrisch betriebene Motoren für Vorführzwecke gebaut. Davenport baute eine erste elektrische Miniaturlokomotive, die noch heute existiert.

1839 baute der Schotte Robert Davidson eine richtige Lokomotive, die zwar langsam aber beharrlich fuhr, als man sie 1842 auf den Gleisen der Edinburgh & Glasgow Railway ausprobierte; wenn auch klar war, daß dies noch keine praktikable Lösung war. Das eigentliche Problem war das Fehlen einer ausreichend starken Energiequelle.

Galvanische Elemente wie die Leclanché-Zellen waren für diese Zwecke völlig unzureichend. Die eigentliche Geschichte der modernen Lokomotive beginnt 1860, als der Italiener Antonio Pacinotti den ersten Dynamo baute, der auch als Motor verwendet werden konnte. Zusammen mit den Erfindungen von Leuten wie Wheatstone und Siemens ist Pacinottis Maschine die Grundlage des Großteils der heutigen Eisenbahnantriebe.

Unser Buch beginnt im Jahre 1879 mit der ersten elektrischen Lokomotive in öffentlichem Einsatz. Übrigens, genaugenommen kann man sogar die Mehrheit der heutigen Diesellokomotiven als elektrische Lokomotiven mit eigener Stromerzeugung bezeichnen.

Oben: *Typische nordamerikanische Lokomotiven . . . der Warnanstrich und die starken Scheinwerfer erhöhen die Erkennbarkeit dieser dieselelektrischen Mehrzwecklokomotiven der Canadian Pacific.*

Rechts: *200 km/h schnell . . . die britischen HST-125-Garnituren sind die schnellsten Dieseltriebzüge der Welt. So sieht heute der berühmte „Flying Scotsman" aus.*

Wie Sie im Laufe des Buches sehen werden, dauerte es viele Jahre, bis die Frage der günstigsten Stromart für elektrische Bahnen geklärt werden konnte. Das Schwierige war, daß zwar Gleichstrom für die Traktionsmotoren besser war, Wechselstrom aber bei der Stromübertragung Vorteile bot. Einige Bahnverwaltungen bevorzugten die Komplikationen im Lokomotivantrieb, andere im Versorgungssystem. Bei etlichen Bahnen versuchte man es mit einem Kompromiß, mit Wechselstrom einer so niedrigen Frequenz, daß er sich fast wie Gleichstrom verhielt. Erst in den letzten Jahren konnte dieses Problem durch einfache Mittel zur Umwandlung der Stromarten gelöst werden; durch die Fahrleitung fließt Wechselstrom, die Motoren erhalten aber Gleichstrom.

Oben: *Mehr als 20000 Tonnen auf einen Streich: vier Elloks der Klasse 9E ziehen einen Erzzug nach Saldanha Bay in Südafrika.*

Unten: *Mit einer Reisegeschwindigkeit von 124,7 km/h von Berlin nach Hamburg war der „Fliegende Hamburger" einmal der schnellste Zug der Welt.*

In diesen frühen Tagen, lange bevor es öffentliche Stromnetze gab, verwendeten die ersten elektrischen Bahnen Gleichstrom aus eigenen Kraftwerken. Viele ähnelten Straßenbahnlinien; es waren einfache Betriebe, die Fahrzeuge mit wenigen Pferdestärken Leistung verwendeten. Ja, tatsächlich ersetzten sie oft „echte" Pferdestärken. Schon von Anbeginn wurde es üblich, daß Fahrzeuge elektrischer Bahnen ihren Antrieb „an Bord" hatten und dadurch nicht nur auf Dampfloks, sondern auf Lokomotiven überhaupt verzichtet werden konnte. Heute, hundert Jahre später, gibt es einen guten Grund, warum Reisende, beispielsweise von Paris nach Marseille, von London nach Edinburgh oder von Tokio nach Hiroshima, nicht mehr zum Bahnsteigende gehen, um sich die Lokomotive anzusehen – der Zug hat keine.

1883 begann eine kleine Bahn in Portrush, im heutigen

Nordirland, als erste mit der Nutzung der „weißen Kohle", also elektrischer Energie aus Wasserkraft und das Jahr 1890 sah die Einweihung der ersten elektrischen Untergrundbahn. Es war die City & South London Railway, heute Teil der nördlichen Linie von London Transport. Inzwischen hatte sich das elektrische Antriebsprinzip einen festen Platz erobern können, wenn auch bisher nur für relativ leichte Anforderungen.

1895 kam es zur ersten Anwendung im schweren Betriebseinsatz auf einem Abschnitt der Baltimore & Ohio – der hauptsächlich im Tunnel liegenden Zufahrt zu einem neuen Bahnhof im Herzen von Baltimore. Dies war ein kühner Schritt nach vorn, denn die Zugkraft dieser Lokomotiven war um ein Vielfaches höher als die der bisherigen Maschinen. Dieser Pionierbetrieb erfüllte alle Erwartungen und öffnete die Tür zu einem völlig neuen Anwendungsbereich – der Vollbahn-Elektrifizierung.

Drei weitere bedeutsame Schritte wurden kurz nach der Jahrhundertwende unternommen. In Deutschland führte ein Firmenkonsortium in Zusammenarbeit mit der Regierung Versuche mit zwei großen und schweren stromlinienförmigen Triebwagen und mit einer Lokomotive durch. 1901 erreichte man mehr als 160 km/h, zwei Jahre später fuhr einer der Drehstrom-Triebwagen sogar 210 km/h, ein Rekord, der in Deutschland an die 70 Jahre Bestand hatte.

1906 wurde in Italien die Giovi-Rampe, die den Hafen von Genua mit dem Hinterland verbindet, mit Drehstrom elektrifiziert. Hier stellte man erstmals fest, daß eine Bahn, die mit Dampflokomotiven – durch eine Kombination von starkem Verkehrsaufkommen, extremen Steigungen und zahlreichen schlecht zu lüftenden Tunnels – nicht zufriedenstellend zu betreiben war, mit elektrischer Traktion keine Schwierigkeiten mehr bot.

Schließlich elektrifizierte 1907 die New York, New Haven & Hartford Railroad einen Teil ihrer Hauptstrecke mit Einphasen-Wechselstrom. Einfache elektrische Lokomotiven mit zwei Drehgestellen und Triebwagen erhielten ihren Strom über eine Kettenfahrleitung – genau wie es heute noch üblich ist.

In ungefähr einem Vierteljahrhundert hatte die elektrische Traktion ihre Überlegenheit über die Dampflok in Leistung, Geschwindigkeit, durch fehlende Umweltbelastungen und einfache Handhabung demonstriert – also in allem, das für den Betrieb einer Eisenbahn notwendig oder wünschenswert ist. Warum gab es nun aber keine sintflutartige Elektrifizierungswelle?

Grund waren natürlich die damit verbundenen riesigen Investitionen. Im Vergleich mit Dampfloks waren elektrische Lokomotiven zwei- bis dreimal teurer und dazu kamen selbstverständlich die Kosten für Stromschienen oder Fahrleitungen, Überlandleitungen und Unterwerke, oft auch noch für Kraftwerke. Ganz allgemein (und stark vereinfacht) könnte man sagen, daß der Aufbau einer elektrischen Bahn vier- bis sechs Mal mehr kostete, als der einer dampfbetriebenen Eisenbahn gleicher Verkehrsleistung. Es ist also kein Wunder, daß man nur dann eine Elektrifizierung begann, wenn man keine Alternative sah.

Oben: *Der Bau elektrischer Lokomotiven im Werk der General Electric in Erie, Pennsylvania. Blick auf das Fahrgestell, rechts Pantografen.*

Unten: *Die gigantische W1 der Great Northern nähert sich 1946 im Werk Erie der General Electric ihrer Fertigstellung.*

Dieseltraktion

Der Selbstzündermotor in der heute weltweit verwendeten Form ist weniger das Werk von Dr. Rudolph Diesel, sondern mehr das eines Briten namens Ackroyd-Stuart. Er führte in den achtziger Jahren des vergangenen Jahrhunderts einen Verbrennungsmotor vor, bei dem der Kraftstoff am Ende des Hubs in den Zylinder eingespritzt wurde. Dieser Motor wurde durch die Firma Richard Hornsby & Co in Grantham (später Ruston & Hornsby) in die Praxis umgesetzt. Dr. Diesels Motor, der 1898 vorgestellt wurde, verwendete ein ähnlich hohes Verdichtungsverhältnis wie die heutigen Ma-

schinen um den thermischen Wirkungsgrad nennenswert zu steigern, aber der Kraftstoff mußte mit Hilfe von Druckluft von etwa 65 kp/cm² eingespritzt werden. Dazu benötigte man aber schwere Zusatzausrüstungen.

1896 baute man bei Hornsby eine kleine Diesellokomotive, die erste der Welt und eigentlich eine kleine Ackroyd-Stuart-Lokomotive, die für den Werkverschub verwendet wurde. Die erste bekanntgewordene Anwendung eines Selbstzündermotors im öffentlichen Eisenbahnverkehr dürfte ein kleiner schwedischer Triebwagen mit einer 75 PS-Maschine und elektrischer Kraftübertragung gewesen sein, der 1913 von der Mellersta & Södermansland Eisenbahn in Dienst gestellt wurde. Natürlich war das kaum mehr als die Leistung, die heute ein Mittelklassewagen aufweisen

Oben: *Dampfkraft für die Zukunft? Der südafrikanische „Rote Teufel" mit einem neuartigen gaserzeugenden Feuerbett, August 1981.*

Unten: *Beispiel für die Dominanz von General Motors auf dem Diesellokmarkt ist diese „X45" der Victorian Railways in Australien.*

Oben: *Ein Zeichen der Zeit ist die Kontrollziffer für die Datenverarbeitung hinter der Nummer dieser 103er der Deutschen Bundesbahn.*

kann und noch immer kein Beweis für die allgemeine Verwendbarkeit des Dieselmotors für Eisenbahnzwecke.

Wir alle kennen von unseren Autos das große Problem bei der Verwendung von Verbrennungsmotoren: laienhaft ausgedrückt müssen sie erst einmal laufen, bevor was läuft. Im Gegensatz dazu können Dampfmaschinen und Elektromotoren auch aus dem Stillstand heraus Antriebskräfte erzeugen. Bei niedrigen Leistungen kommt man mit einem, vom Auto bekannten, Getriebe mit Schaltkupplung aus, aber für Hunderte – und ganz sicher für Tausende – von Pferdestärken braucht man etwas anderes.

Versuchen mit Dieseldruckluftlokomotiven, bei denen ein dieselgetriebener Kompressor Druckluft erzeugte, die über ein dampflokähnliches Triebwerk auf die Räder wirkte, war kein Erfolg beschieden. Antriebe mit hydraulischen Drehmomentwandlern waren schon erfolgreicher, vor allem in Deutschland, aber der größte Teil aller jemals erbauten Diesellokomotiven besitzt elektrische Kraftübertragungen. Bei ihnen treibt ein Dieselmotor einen Generator, der Gleich- oder Drehstrom für die Fahrmotoren erzeugt, die denen elektrischer Lokomotiven gleichen.

Die Geschichte der Dieseltraktion beginnt daher in diesem Buch mit der ersten diesel-elektrischen Lokomotive nennenswerter Leistung, die kommerziell erfolgreich Verwendung fand. Sie entstand 1924 durch Zusammenarbeit der Firmen Ingersoll-Rand, General Electric und American Locomotive Co und es ist erfreulich, daß wenigstens GE auch heute noch in der Lage ist, Lokomotiven aus dem Werk in Erie, Pennsylvania in alle Welt zu liefern.

Wie wir bei dieser Lokomotive sehen, muß man im Prinzip erst einmal eine vollständige elektrische Lokomotive bauen – mit Fahrmotoren und Fahrsteuerung – und dann noch einen dieselgetriebenen Generator hinzufügen, der den nötigen Strom liefert. Das war nicht nur ziemlich teuer, sondern auch ziemlich kompliziert. Dazu kommt, daß der elektrischen Einrichtung die enge Nachbarschaft mit einem Dieselmotor nicht sonderlich bekommt, der auch bei bester Pflege Ölnebel und Vibrationen von sich gibt. Folglich fristeten Diesellokomotiven viele Jahre lang – so wirtschaftlich sie auch ihren Kraftstoff nutzen und so praktisch sie auch sein mochten – ein ziemlich unbefriedigendes Dasein.

Auslöser für die fast vollständige Übernahme der nichtelektrifizierten Eisenbahnstrecken der Erde war in den dreißiger Jahren das Auftreten der amerikanischen Firma General Motors, dem größten Hersteller von Straßenfahrzeugen, auf dem Lokomotivmarkt. Sie warb erst dann um Kundschaft, als sie ein Produkt anbieten konnte, auf das sie sich verlassen und für das sie auch gleich die Ersatzteile und den Reparaturservice offerieren konnte – genau wie bei ihren Autos. Und genau wie bei den Autos mußten die Kunden die angebotenen Modelle nehmen und konnten sich nicht einfach ihr Wunschmodell bauen lassen.

Auf diese Weise ließ sich durch Massenproduktion und Normung der Preis diesel-elektrischer Lokomotiven auf ein vernünftiges Maß reduzieren. Darüber hinaus (diesmal nicht wie bei den Autos) konnten alle GM-Dieselloks als Bauelemente betrachtet werden: man kuppelt vier Einheiten, um eine Lok mit Super-Zugkraft zu erhalten; drei, zwei oder auch eine Maschine reichen bei leichteren Anforderungen aus. In allen Fällen braucht man nur eine Lokmannschaft, die anderen Lokeinheiten werden durch die Vielfachsteuerung ferngesteuert. Die Abmessungen und das Gewicht der einzelnen Einheiten erlauben es, sie überall dort zu verwenden, wo ein normaler Güterwagen fahren kann; unterschiedliche Loktypen für spezielle Einsatzgebiete sind kaum noch nötig.

Es ist nur leicht übertrieben, daß damals jeder die Beschaffungsabteilung für Triebfahrzeuge einer Eisenbahn übernehmen konnte, der auch nur in der Lage war, die Kataloge der Lokhersteller zu lesen. Das damals entwickelte Konzept war der Anfang einer erstaunlichen Erfolgsgeschichte, wie wir auf den folgenden Seiten sehen werden.

Die folgenden Seiten enthüllen aber auch das Gegenteil. Die Bahngesellschaften – die Britischen Eisenbahnen sind das beste (das heißt schlechteste) Beispiel – die nicht imstande waren, die alten Gewohnheiten aus der Dampflokzeit bei der Beschaffung neuer Maschinen aufzugeben und weiterhin unterschiedliche Bauarten für die verschiedensten Aufgaben bauen ließen, hatten mit den Folgen viele Jahre lang zu kämpfen. In gewisser Weise wandte eine Nation sogar einige der Gedanken von General Motors auf Dampflokomotiven an – Massenproduktion und Typenbeschränkung – und ist mit dem Endergebnis außerordentlich zufrieden, wenn auch die Chinesen kaum den großen Preisanstieg des Öls im Verhältnis zur Kohle vorhergesehen haben können, der mit zu ihrer Zufriedenheit beiträgt.

Oben: *Frisch aus dem Werk kam diese diesel-elektrische Lokomotive, Klasse BJ „Beijing" der Chinesischen Staatsbahn als sie 1980 aufgenommen wurde.*

Unten: *Aus der Sicht des Lokführers: Ein AMTRAK-Lokführer an den Kontrollen einer diesel-elektrischen Schnellzuglokomotive in Ogden, Utah.*

Andere Traktionsformen

Gasturbinenlokomotiven sind durchaus brauchbar, sogar mit direktem Antrieb, aber sie leiden unter der Tatsache, daß ihr Wirkungsgrad unterhalb der Nenndrehzahl stark abfällt. Züge stellen aber höchst unterschiedliche Anforderungen an die Antriebsleistung ihrer Triebfahrzeuge und es überrascht daher kaum, daß diese Antriebsform keine weite Verbreitung fand, obwohl es genügend erfolgreiche Konstruktionen gab, die die Beschreibung mehrerer Lokomotiven mit Turbinenantrieb in diesem Buch rechtfertigen.

Die Autoren machen sich keinesfalls die Meinung zu eigen, daß sich die Begriffe „Dampf" und „modern" gegenseitig ausschließen, deshalb fanden einige Dampflokomoti-

Oben: *Eine Bo'Bo'-Einheits-Ellok, Klasse 87, der Britischen Eisenbahnen befördert einen Personenzug durch das nördliche Hügelland.*

Links: *Eine Allzwecklokomotive ist die Rc4 Nr. 1137 der Schwedischen Staatsbahn, gebaut von ASEA, aufgenommen in einer typisch skandinavischen Szenerie.*

Oben: *Die japanischen „Bullet"-Triebzüge waren die ersten Personenzüge der Welt mit Reisegeschwindigkeiten von 160 km/h.*

ven, die auch in Zukunft noch Bedeutung haben werden, Aufnahme. Immerhin bestehen in einigen Ländern wieder Chancen für ein Comeback der Dampftraktion.

Von anderen Bauformen moderner Antriebe, die im Laufe der Zeit im Eisenbahnbereich Verwendung fanden, beschreibt ein Beitrag eine Lokomotive mit Dampfturbine und elektrischer Kraftübertragung, ein anderer die Nutzung der Bewegungsenergie schwerer Schwungräder. Die Fortbewegung von Schienenfahrzeugen mit Hilfe von Muskelkraft (durch Mensch oder Tier) oder mit Seilzügen soll außer Betracht bleiben, wenn auch die letztgenannte Form recht häufig zu finden ist. Windgetriebene Fahrzeuge – mit Segel – sind leider von den Schienen der Welt völlig verschwunden und haben deshalb in diesem Buch keinen Platz, so bedauerlich das auch sein mag.

Hohe Geschwindigkeiten

Bei manchem hat der Niedergang der Dampflokomotive zu einem nachlassenden Interesse an den Eisenbahnen als Ganzem geführt, für andere sind aber die wirklich verblüffenden Geschwindigkeiten, die heute gefahren werden, ein mehr als angemessener Ausgleich. Die Hoffnungen, die die vielversprechenden Schnellfahrten bei Berlin im Jahre 1903 weckten, wurden nach langem Warten 1966 durch die japanischen „Bullet"-Züge der Hokkaido-Linie und auch durch vereinzelte schnelle Zugleistungen in Frankreich, Deutschland, Großbritannien und anderen Ländern endlich erfüllt. Reisegeschwindigkeiten von 160 km/h und Fahrgeschwindigkeiten von 200 km/h und mehr sind heute nicht mehr ungewöhnlich.

In Frankreich ging man wie in Japan einen Schritt weiter mit dem Bau einer ausschließlich für sehr schnelle Züge bestimmten neuen Strecke von Paris bis Lyon.

Die zahlreich vorhandenen elektrischen „TGV" (Train à Grande Vitesse)-Züge, mit denen zwischen diesen beiden großen Städten ein dichter Verkehr abgewickelt wird, fahren bis zu 260 km/h schnell um die 426 Kilometer in nur 2 Stunden zu bewältigen. Da bleibt kaum Zeit für ein anständiges Essen, zumindest nicht für ein französisches!

Andere Bahnen, die sich neue Strecken nicht leisten können oder wollen, versuchten es mit dem Bau neuartiger Züge, die in der Lage sind, die Kurven aus der Dampfära schneller zu bewältigen. Es ist keine Schande, daß sich der britische „Advanced Passenger Train", bei dem die Wagenkästen sich zum Kurveninneren neigen, um die Zentrifugalbeschleunigung auszugleichen, sich als etwas zu kompliziert herausstellte. Auch die Italiener, Spanier, Kanadier, Deutschen, Schweizer und all die anderen, die es ebenfalls probierten, hatten mit Problemen zu kämpfen. Die Japaner sind zwar mit ihren Zügen mit Neigungseinrichtungen sehr zufrieden, aber sie versuchten auch nicht mit, sagen wir, 240 km/h um Kurven zu fahren, die für 120 km/h gedacht sind, wie die Briten mit dem „APT", sondern sie fahren auf kurvenreichen Gebirgsstrecken mit 120 km/h dort, wo sonst nur 60 km/h möglich sind. Man konnte sich dabei also ausschließlich auf die Vervollkommnung der Neigungseinrichtung konzentrieren.

Im Angesicht von Zügen, die heute mit 260 km/h fahren, fragt man sich natürlich, ob man künftig auf Schienen noch schneller fahren wird. Es gibt aber Anzeichen dafür, daß man hier langsam an die Grenze der Möglichkeiten spurkranzgeführter Räder auf Stahlschienen kommt. Höhere Geschwindigkeiten sind mit Luftkissen- oder Magnetschwebefahrzeugen ohne weiteres denkbar, aber diese sind ja offensichtlich auf herkömmlichen Schienenbahnen nicht verwendbar; man kann solche Strecken also nicht mit „normalen" Eisenbahnen verknüpfen.

So verlassen beispielsweise die französischen TGV-Triebzüge Paris über gewöhnliche Eisenbahnstrecken (mit einem abweichenden Stromsystem) und fahren über die Neubau-Schnellstrecke hinaus bis nach Marseille und in die Schweiz (mit einem wiederum abweichenden Stromsystem), ohne daß sie dafür besondere Einrichtungen benötigen, abgesehen von einer Einrichtung zur Anpassung an die verschiedenen Stromversorgungen.

Es wird wohl dazu kommen, daß weitere neue Strecken nach Art der TGV-Linie gebaut werden. In Frankreich ist dies vorgesehen, in Deutschland hat man mit dem Bau neuer Schnellfahrstrecken schon begonnen und auch andere Länder liebäugeln mit dieser Idee. Die lange angekündigte Verknappung der Ölvorräte wird für weitere Anstöße zur Elektrifizierung der Eisenbahnen sorgen und es dürfte mit der in diesem Buch beschriebenen hochentwickelten Technologie, die heute zur Verfügung steht, auch keine Schwierigkeiten dabei mehr geben, wenn man sich letztendlich dazu entschließt.

Unten: *Einer der ersten diesel-elektrischen Schnelltriebzüge der Union Pacific auf seiner Jungfernfahrt als „City of Los Angeles" von Chicago nach Los Angeles im Mai 1936.*

Ein Zeichen für die rasche Entwicklung der modernen Eisenbahntechnik ist die Tatsache, daß seit Fertigstellung des Großteils dieses Buches die Höchstgeschwindigkeit der TGV-Züge von 260 km/h auf 270 km/h angehoben wurde.

Die Beschreibungen

Den Hauptteil dieses Buchs bilden die Beschreibungen einzelner Lokomotiven oder Triebwagen, die im großen Ganzen chronologisch geordnet sind. Die Fahrzeuge wurden so ausgewählt, daß an ihnen die Entwicklungsgeschichte moderner Triebfahrzeuge von den Anfängen bis zum heutigen Tag illustriert werden kann. Dazu gehören natürlich zuvor-

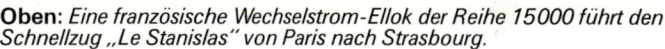

Unten: Die diesel-elektrische Co'Co'-Lok Nr. 17521 der Klasse WDM der Indischen Eisenbahnen vor dem „Andhra Pradesh Express" nach Dhaulpur.

Oben: Eine französische Wechselstrom-Ellok der Reihe 15000 führt den Schnellzug „Le Stanislas" von Paris nach Strasbourg.

Unten: Frisch aufgearbeitet präsentiert sich diese GP9-Mehrzwecklokomotive der Atchison, Topeka & Santa Fe RR 1979 vor der Werkstatt in Cleburne dem Fotografen.

derst die Beschreibungen der Meilensteine in der Geschichte der Eisenbahn. Zweiter Gesichtspunkt war, daß möglichst viele verschiedene technische Entwicklungen Erwähnung finden sollten, einschließlich einer angemessenen Zahl von interessanten „Es hat nicht sollen sein"-Konstruktionen. Auswahlkriterium war hier, daß sie zumindest so weit gelangt sein sollten, daß man sie im regulären Einsatz erprobte. Schließlich wurde auch versucht, die Auswahl so zu gestalten, daß möglichst viele Regionen der Erde vertreten sind; erleichtert wurde dies durch die Tatsache, daß moderne Triebfahrzeuge in erheblich weniger Ländern produziert werden, als dies bei den Dampflokomotiven der Fall war.

Während das Gebiet der Hauptbahnfahrzeuge ausreichend behandelt werden konnte, mußten andere wichtige

Aspekte des Eisenbahnfahrzeugbaus aus Platzgründen auf einige Beispiele beschränkt werden. So gibt es zum Beispiel aus dem Gebiet der Stadtschnellbahnen nur zwei Beiträge; allein hiermit hätte man ein ganzes Buch füllen können. Dasselbe gilt für die Rangierlokomotiven. Auch von den Dampflokomotiven mit moderner Ausstattung konnten nur wenige Eingang in diese Seiten finden, mehr davon sind in dem zugehörigen Band *Illustrierte Enzyklopädie Dampflokomotiven* zu finden.

Jede Beschreibung ist mit der entsprechenden Reihenbezeichnung, dem Namen oder den Nummern, bei Lokomotiven auch mit der Achsfolge überschrieben. Die Bedeutung der Achsfolgebezeichnungen wird auf den folgenden Seiten erklärt. Danach folgen das betreffende Land und die Bahnverwaltung (oder, in einigen Fällen, der Hersteller), gefolgt vom ersten Baujahr.

Der eigentliche Text beginnt mit einer tabellarischen Zusammenstellung der wichtigsten Angaben wie folgt . . .

Bauart: Art und Bestimmungszweck des Fahrzeugs
Spurweite: Der Abstand zwischen den Fahrschienen wird in Millimetern, sowie in Fuß und Zoll angegeben.
Stromversorgung: Bei elektrischen Fahrzeugen wird angegeben, mit welcher Stromart, Spannung (und Frequenz) und auf welchem Weg das Fahrzeug versorgt wird.
Antrieb: Eine kurze Zusammenfassung der Dinge, die dafür sorgen, daß sich die Räder drehen. Meist ist auch die Stundenleistung in Kilowatt und Pferdestärken angegeben.
Gewicht(e): Reibungs- und Gesamtgewicht der Fahrzeuge werden genannt; Entspricht das Gesamtgewicht dem Reibungsgewicht, genügt natürlich eine Angabe.
Maximale Achslast: Dies ist das höchste Gewicht, das eine einzelne Achse tragen muß.
Gesamtlänge: Die Länge von Lokomotive oder Triebwagen, gemessen zwischen den Pufferflächen oder den Stoßflächen bei Zentralkupplungen.
Zugkraft: Die rechnerisch ermittelte maximale Zugkraft bei normalem Schienenzustand. Bei Triebwagen hat dieser Wert keine Bedeutung und entfällt daher.
Höchstgeschwindigkeit: Die höchste im Betrieb aufgrund von technischen Überlegungen und aus Sicherheitsgründen zulässige Geschwindigkeit.

Beim eigentlichen Text wird größerer Wert auf die Darstellung von Unterschieden gelegt, als auf die Aufzählung von sich ähnelnden Fakten. Es muß darauf hingewiesen werden, daß so manche technische Angabe mit gewisser Skepsis zu sehen ist. Beispielsweise hängt die Leistung einer elektrischen Lokomotive direkt von der Spannung der Stromversorgung ab, die sich durch die dauernde Veränderung der Stromentnahme aus dem Netz in einem weiten Bereich bewegen kann. Gewichte einzelner Fahrzeuge können von den angegebenen Werten manchmal erheblich abweichen – und nur die ehrlichen Chinesen geben das auch bei ihren technischen Daten an. Durch abweichende Einstellung der Kraftstoffpumpen und andere Unwägbarkeiten unterscheidet sich oft auch die Leistung eines Dieselmotors vom Nennwert. Sogar die Spurweite ist keine konstante Größe; in Kurven wird sie im allgemeinen erweitert und auch in der Geraden entspricht sie nicht immer ganz dem Normwert.

In den Tabellen und im Text werden die folgenden Abkürzungen verwendet . . .

ft = feet (englische Fuß); HP = Horsepower (englische Pferdestärke, siehe auch Begriffserklärung); Hz = Hertz, Schwingungen pro Sekunde; in = inch (englischer Zoll); km = Kilometer; km/h = Kilometer pro Stunde; kN = Kilo-Newton (Maß für die Zugkraft)*; lb = pound (englisches

Unten: *Treidellokomotiven ziehen ein US-Lazarettschiff durch die Schleusen des Panamakanals, Pedro Miguel, Juni 1919.*

Pfund); m = Meter; mm = Millimeter; mph = miles per hour (Meilen pro Stunde); PS = Pferdestärke; t = Tonne; V = Volt

* Anmerkung: Die einzige im täglichen Leben ungebräuchliche Maßeinheit ist, das Kilo-Newton. Meist waren (und sind) wir es zufrieden, wenn wir Kräfte und das Gewicht einer Masse in den gleichen Einheiten maßen, beispielsweise in Kilogramm oder Tonnen. Richtig ist dies aber nicht, denn dabei bleibt der Einfluß der Gravitation unberücksichtigt, die ja eine Kraft auf alle Massen in ihrem Einflußbereich ausübt. Deshalb gibt man Kräfte jetzt allgemein in Newton an, ja es ist inzwischen sogar gesetzlich vorgeschrieben. Für unsere Zwecke reicht es, wenn wir 1000 Newton als Gewichtskraft einer Masse von 102 kg (225 lb) ansehen – aber wenn wir einmal Eisenbahnen auf dem Mond bauen sollten, sieht das Ganze anders aus!

Oben: *Ein britischer Schnellzug von Newcastle nach Cardiff mit einer diesel-elektrischen Lokomotive der Klasse 45 durchfährt Ousdon Junction in der Grafschaft Durham.*

Oben: *Die Schnellsten! Die französischen „Trains à Grande Vitesse" oder TGV sind zur Zeit für 270 km/h (168 mph) zugelassen.*

Unten: *Gestern und Heute! Ein elektrischer Schnelltriebzug der Reihe 403 in Diensten der Lufthansa auf der romantischen Rheinstrecke.*

Achsanordnungen

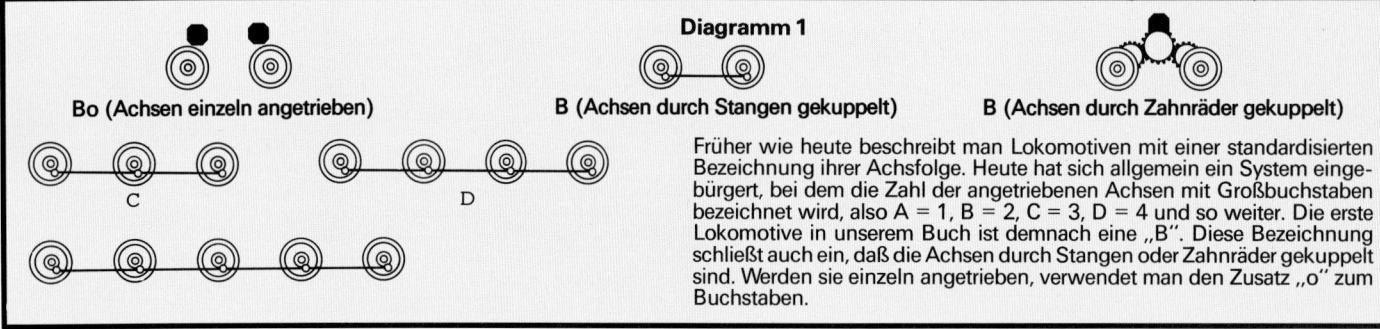

Diagramm 1

Bo (Achsen einzeln angetrieben)   B (Achsen durch Stangen gekuppelt)   B (Achsen durch Zahnräder gekuppelt)

C   D

Früher wie heute beschreibt man Lokomotiven mit einer standardisierten Bezeichnung ihrer Achsfolge. Heute hat sich allgemein ein System eingebürgert, bei dem die Zahl der angetriebenen Achsen mit Großbuchstaben bezeichnet wird, also A = 1, B = 2, C = 3, D = 4 und so weiter. Die erste Lokomotive in unserem Buch ist demnach eine „B". Diese Bezeichnung schließt auch ein, daß die Achsen durch Stangen oder Zahnräder gekuppelt sind. Werden sie einzeln angetrieben, verwendet man den Zusatz „o" zum Buchstaben.

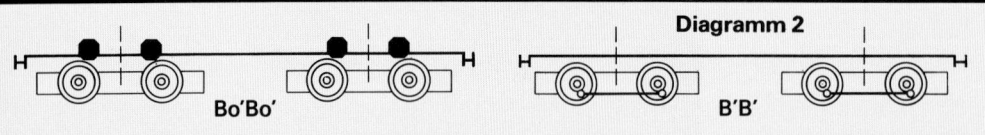

Diagramm 2

Bo'Bo'   B'B'

Dreiviertel aller modernen Lokomotiven und fast alle Triebwagen oder Antriebseinheiten von Triebzügen haben die hier dargestellte Achsfolge mit zwei zweiachsigen Drehgestellen.

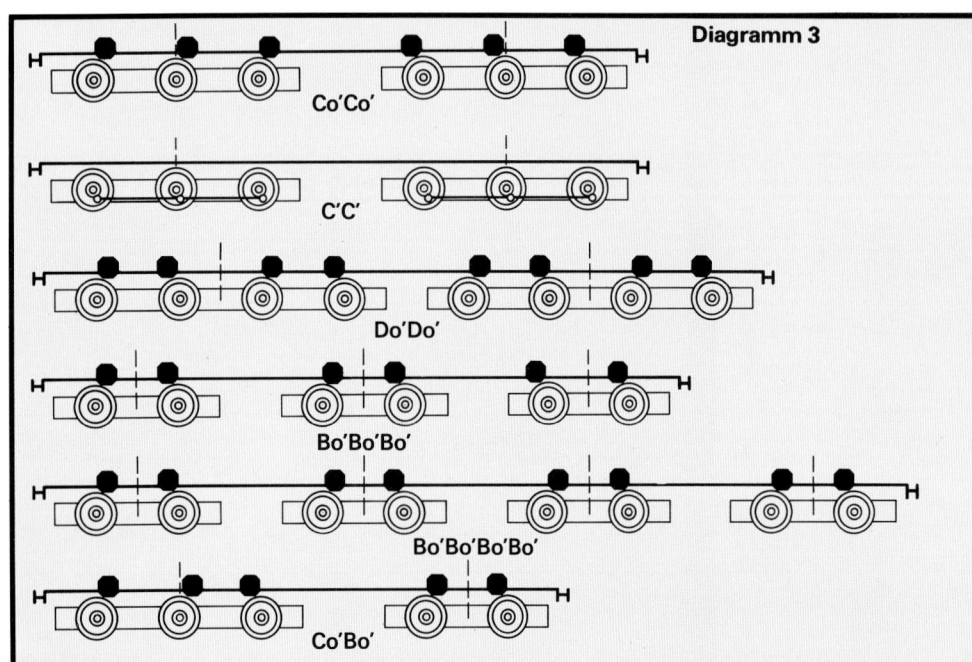

Diagramm 3

Co'Co'

C'C'

Do'Do'

Bo'Bo'Bo'

Bo'Bo'Bo'Bo'

Co'Bo'

Recht oft findet man auch Fahrzeuge mit zwei Drehgestellen, die drei oder auch vier Treibachsen besitzen. Ab und zu werden auch mehr als zwei Drehgestelle verwendet; unsymmetrische Anordnungen kommen ebenfalls vor, sind aber sehr selten. Drehgestell-Lokomotiven mit durch Stangen gekuppelten Achsen werden heute nicht mehr gebaut und sterben langsam aus. Dagegen sind durch Zahnradgetriebe gekuppelte Treibachsen ziemlich häufig zu finden. Drehgestelle, oder allgemein alle Laufwerksteile, die sich gegenüber dem Lokomotivkasten seitlich verschieben oder verdrehen können, kennzeichnet man mit einem '. Da der weitaus größte Teil aller Triebfahrzeuge, ob mit Diesel- oder elektrischem Antrieb Einzelachsantriebe besitzt, läßt man in manchen Ländern den Zusatz „o" entfallen und bezeichnet eine Bo'Bo'-Lokomotive als BB oder B-B.

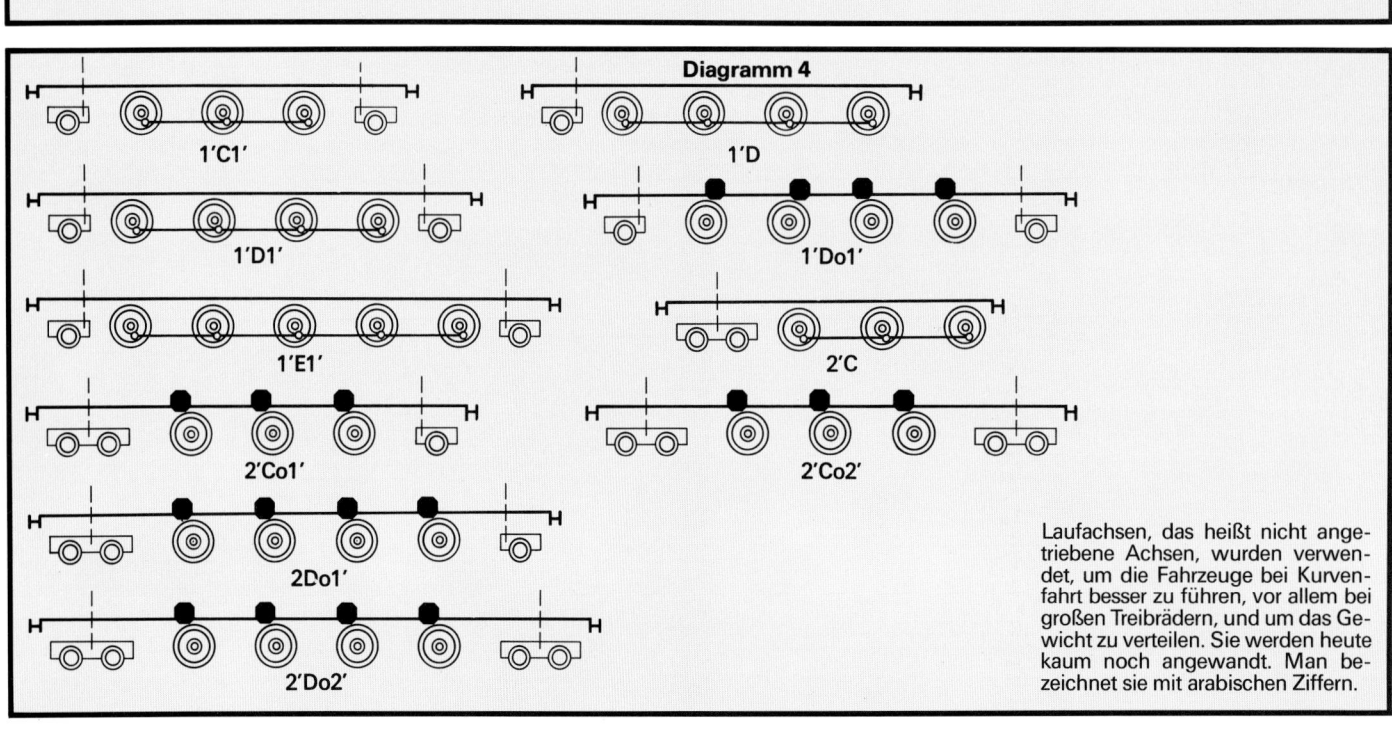

Diagramm 4

1'C1'   1'D

1'D1'   1'Do1'

1'E1'   2'C

2'Co1'   2'Co2'

2Do1'

2'Do2'

Laufachsen, das heißt nicht angetriebene Achsen, wurden verwendet, um die Fahrzeuge bei Kurvenfahrt besser zu führen, vor allem bei großen Treibrädern, und um das Gewicht zu verteilen. Sie werden heute kaum noch angewandt. Man bezeichnet sie mit arabischen Ziffern.

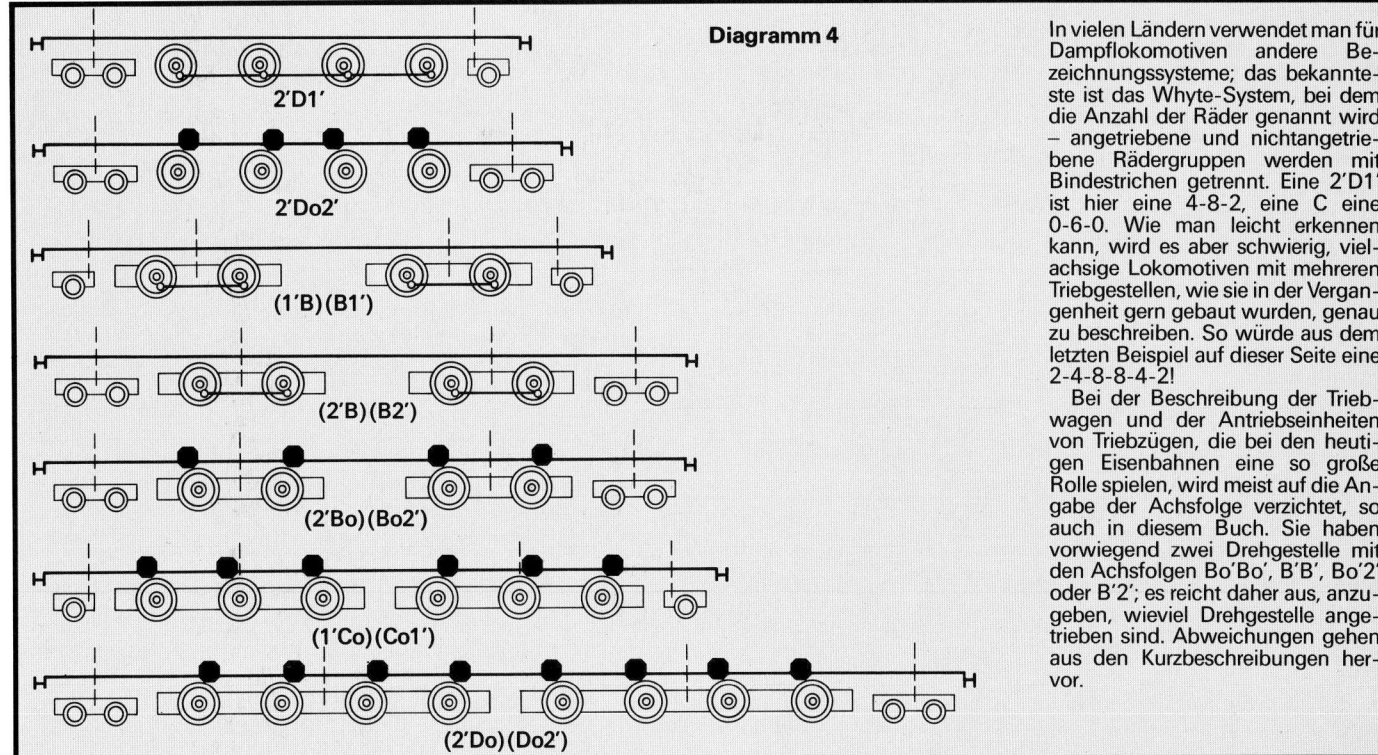

Diagramm 4

2'D1'

2'Do2'

(1'B)(B1')

(2'B)(B2')

(2'Bo)(Bo2')

(1'Co)(Co1')

(2'Do)(Do2')

In vielen Ländern verwendet man für Dampflokomotiven andere Bezeichnungssysteme; das bekannteste ist das Whyte-System, bei dem die Anzahl der Räder genannt wird – angetriebene und nichtangetriebene Rädergruppen werden mit Bindestrichen getrennt. Eine 2'D1' ist hier eine 4-8-2, eine C eine 0-6-0. Wie man leicht erkennen kann, wird es aber schwierig, vielachsige Lokomotiven mit mehreren Triebgestellen, wie sie in der Vergangenheit gern gebaut wurden, genau zu beschreiben. So würde aus dem letzten Beispiel auf dieser Seite eine 2-4-8-8-4-2!

Bei der Beschreibung der Triebwagen und der Antriebseinheiten von Triebzügen, die bei den heutigen Eisenbahnen eine so große Rolle spielen, wird meist auf die Angabe der Achsfolge verzichtet, so auch in diesem Buch. Sie haben vorwiegend zwei Drehgestelle mit den Achsfolgen Bo'Bo', B'B', Bo'2' oder B'2'; es reicht daher aus, anzugeben, wieviel Drehgestelle angetrieben sind. Abweichungen gehen aus den Kurzbeschreibungen hervor.

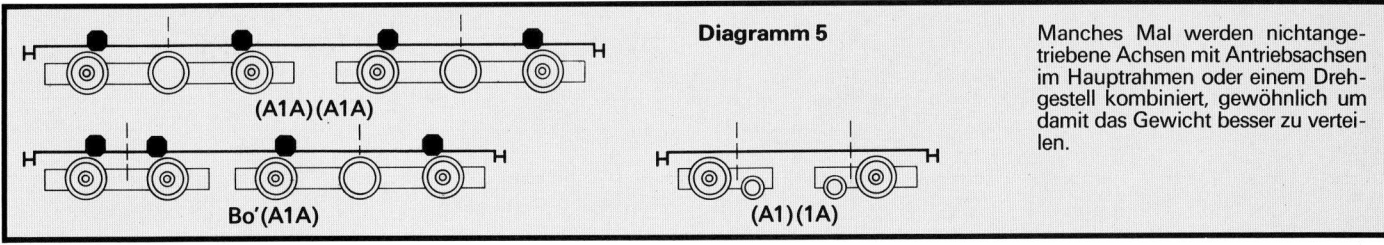

Diagramm 5

(A1A)(A1A)

Bo'(A1A)

(A1)(1A)

Manches Mal werden nichtangetriebene Achsen mit Antriebsachsen im Hauptrahmen oder einem Drehgestell kombiniert, gewöhnlich um damit das Gewicht besser zu verteilen.

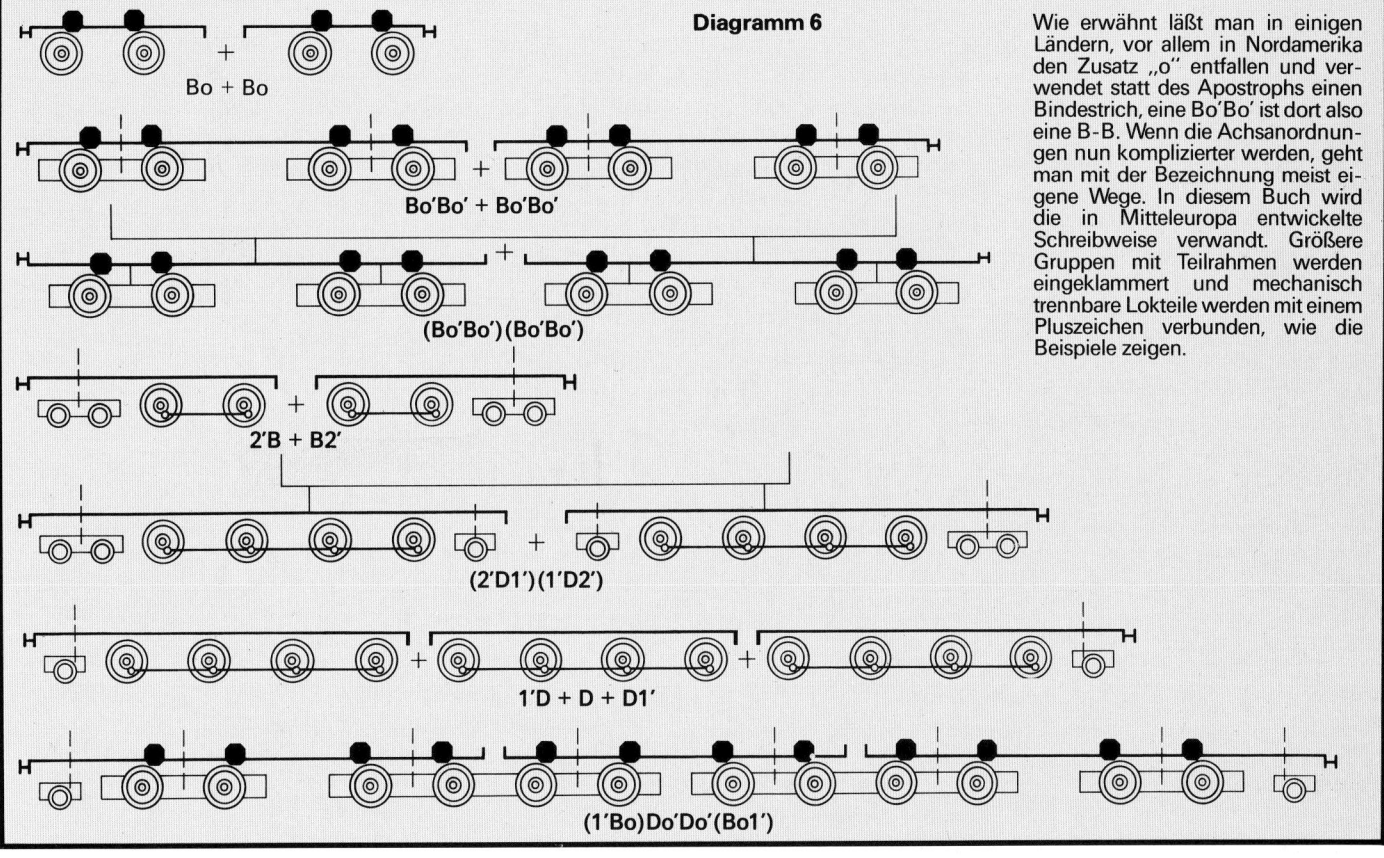

Diagramm 6

Bo + Bo

Bo'Bo' + Bo'Bo'

(Bo'Bo')(Bo'Bo')

2'B + B2'

(2'D1')(1'D2')

1'D + D + D1'

(1'Bo)Do'Do'(Bo1')

Wie erwähnt läßt man in einigen Ländern, vor allem in Nordamerika den Zusatz „o" entfallen und verwendet statt des Apostrophs einen Bindestrich, eine Bo'Bo' ist dort also eine B-B. Wenn die Achsanordnungen nun komplizierter werden, geht man mit der Bezeichnung meist eigene Wege. In diesem Buch wird die in Mitteleuropa entwickelte Schreibweise verwandt. Größere Gruppen mit Teilrahmen werden eingeklammert und mechanisch trennbare Lokteile werden mit einem Pluszeichen verbunden, wie die Beispiele zeigen.

Begriffserklärungen

Achslager – Gleit- oder Wälzlager, das das Fahrzeuggewicht auf den Achsschenkel des Radsatzes überträgt.

Achsschenkel – Zylindrische Lagerfläche des Radsatzes.

Achsstand – Der feste Achsstand ist der Abstand der Mittellinien der äußersten, fest im Fahrzeugrahmen gelagerten Achsen; der Gesamtachsstand ist der Abstand der Mittellinien der äußersten Achsen eines Fahrzeugs.

Anfahrleistung – Leistung, die für kurze Zeit, das heißt für etwa 5 bis 10 Minuten ohne Schaden aufgebracht werden kann.

Anker – Der drehbar gelagerte Teil eines Gleich- oder Wechselstrommotors. Er besitzt eine Anzahl von Drahtspulen (Windungen), die über einen Kommutator mit Strom versorgt werden und durch die Wechselwirkung mit dem Magnetfeld des Stators eine Drehbewegung erzeugen.

Asynchronmotor – Ein Drehstrommotor, der nur dann Leistung abgibt, wenn seine Drehzahl sich etwas von der Synchrondrehzahl unterscheidet (die von der Stromfrequenz abhängt), also wenn er „asynchron" läuft. Als Motor läuft eine Asynchronmaschine etwas langsamer, als Generator etwas schneller.

Aufhängung – Verbindungselemente, einschließlich Federn, zwischen den Achslagern und dem Fahrzeugkasten, die die Radsätze führen, das Fahrzeuggewicht auf die Radsätze übertragen und Stöße durch Gleisunebenheiten u. a. mildern.

Aufladen – Erhöhung des Drucks der Verbrennungsluft eines Dieselmotors über den atmosphärischen Druck durch Gebläse (Kompressor).

Berner Fahrzeugbegrenzung – Begrenzungslinie, die bei Eisenbahnfahrzeugen, die in Kontinentaleuropa freizügig eingesetzt werden sollen, nicht überschritten werden darf.

Blindwelle – Über Zwischengetriebe angetriebene Welle, von der die Drehbewegung über Treibstangen zu den Treibrädern weitergeleitet wird.

Breitspur – Spurweite, die größer als die Normalspur ist – Siehe dort.

Bürsten – Meist aus Graphit (Kohlenstoff) gefertigte Schleifstücke, über die der elektrische Strom auf den Rotor eines Motors übertragen wird.

Dampferzeuger – Damit ist im allgemeinen ein Kessel gemeint, mit dem Dampf für die Zugheizung erzeugt wird.

Dauerleistung – Leistung, die eine Maschine über einen längeren Zeitraum ohne Schaden abgeben kann.

Dieselmotor – Wärmekraftmaschine mit dem besten Wirkungsgrad. Die Luft im Verbrennungsraum des Zylinders wird durch den Kolben verdichtet, das brennbare Gemisch wird am Ende der Verdichtung durch Einspritzen des Brennstoffs (Öl) erzeugt, der durch die hohe Temperatur selbsttätig verbrennt – Selbstzündermotor.

Dieseltraktion – Antrieb von Fahrzeugen durch Dieselmotoren; allgemein: Eisenbahnbetrieb mit Dieseltriebfahrzeugen.

Direktantrieb – Antrieb mit direkter Kraftübertragung vom Ausgang des Antriebsaggregats auf die Treibräder ohne Zwischengetriebe.

Direktmotor – Elektrischer Antriebsmotor, dessen Rotor auf der Achswelle des Radsatzes sitzt.

Doppelbespannung – Beförderung eines Zuges durch zwei unabhängig voneinander steuerbare Triebfahrzeuge (mit 2 Personen).

Doppeltraktion – Siehe Vielfachtraktion.

Drehgestell – Mit dem Hauptrahmen dreh- und eventuell auch verschiebbar verbundener Hilfsrahmen für zwei oder mehr Radsätze.

Drehstrom – Wechselstromsystem, das aus drei jeweils um eine Drittelperiode gegeneinander verschobenen „Phasen" gleicher Spannung besteht.

Drehzahlregler – Eine Vorrichtung, mit der die Drehzahl eines Dieselmotors auch bei unterschiedlicher Belastung möglichst konstant gehalten wird.

Druckluftbremse – Heute allgemein übliches Bremssystem mit Druckluft als Arbeitsmedium.

Dynamische Last – Last oder Belastung von Ober- und Unterbau durch Fahrzeuge in Bewegung.

Dynamische Bremse – Bremssystem, bei dem der Antrieb eines Fahrzeugs zur Abbremsung benutzt wird: Beispielsweise arbeiten Elektromotoren als Generator und erzeugen aus der Bewegungsenergie des Zuges Strom, der in Widerständen verheizt wird.

Dynamometerwagen – Spezialwagen zur Messung der Leistungsdaten einer Lokomotive während der Fahrt.

Einphasenstrom – Einfacher Wechselstrom, besteht aus einer Phase der Drehstromversorgung.

Einspritzpumpe – Vorrichtung zum Einspritzen von Kraftstoff in den Zylinder oder die Verbrennungskammer eines Dieselmotors.

Elektrifizierung – Umstellung einer Bahnstrecke auf elektrischen Betrieb. Schließt den Bau aller dafür nötigen Versorgungseinrichtungen (Kraftwerke, Unterwerke, Oberleitung) ein.

Elektrotraktion – Antrieb von Fahrzeugen durch elektrischen Strom, der von außen zugeführt wird oder in Batterien auf dem Fahrzeug gespeichert ist; allgemein Betrieb mit elektrischen Triebfahrzeugen.

Erde – Bei fast allen elektrischen Bahnen wird der Stromkreis über die Fahrschienen und das Erdreich geschlossen.

Fahrstufe – Zwischenstufe der Fahrsteuerung bei elektrischen und diesel-elektrischen Fahrzeugen.

Fahrzeugbegrenzung – National oder international festgelegte Außenmaße für Eisenbahnfahrzeuge, die gewährleisten sollen, daß diese immer ausreichenden Abstand zu festen Bauten und zu Fahrzeugen auf anderen Gleisen haben.

Fernsteuerung – Steuerung unbemannter Triebfahrzeuge durch Kabelverbindung und per Funk vom vorderen Führerstand des Zuges aus. Heute gibt es auch Funkfernsteuerung durch einen Bediener außerhalb des Zuges.

Feuerbüchse – Teil des Kessels einer Dampflokomotive, in dem der Brennstoff verbrannt wird.

Frequenz – Zahl der Schwingungen pro Sekunde, beispielsweise von Wechselstrom.

Führerstand – Meist umschlossener Arbeitsplatz des Lokführers mit allen nötigen Steuer- und Überwachungseinrichtungen.

Gasturbine – Verbrennungskraftmaschine mit rotierenden Teilen. Luft wird verdichtet und in der Brennkammer mit Treibstoff vermischt. Die erhitzten Gase treiben eine Anzahl hintereinander angeordneter Schaufelräder und erzeugen dadurch die Arbeitsleistung, von der allerdings der größte Teil für den Antrieb des Verdichters benötigt wird. Gasturbinen haben im Vollastbereich einen Wirkungsgrad von 30 bis 35%, der im Teillastbereich aber stark abfällt.

Gelenkantrieb – Antriebsbauart, bei der der Antriebsmotor im (abgefederten) Haupt- oder Drehgestellrahmen gelagert ist und die Antriebskraft über verschiebbare und/oder elastische Bauelemente auf die Radsätze übertragen wird.

Gelenkfahrzeug – Fahrzeug, bei dem sich zwei benachbarte Fahrzeugenden auf ein gemeinsames Fahrgestell (Jakobsdrehgestell) abstützen.

Generator – Elektrische Maschine, die mechanische in elektrische Energie umwandelt. Im Prinzip ein Elektromotor mit umgekehrter Arbeitsrichtung.

Getriebe – Teil der Kraftübertragung zur Änderung von Drehzahl und Drehmoment. Ausführung als Zahnradgetriebe oder als hydraulischer Wandler (Föttinger-Getriebe).

Gleichrichter – Elektrisches Bauteil, das Strom nur in einer Richtung leitet und dadurch aus Wechselstrom Gleichstrom erzeugen kann.

Gleichstrom – Elektrischer Strom, der nur in einer Richtung fließt.

Gleisstromkreis – Einzelne Abschnitte der Fahrschienen werden elektrisch getrennt. Schließen die Räder der Fahrzeuge den Gleisstromkreis zur anderen Schiene, fließt ein Strom zur Gleisbesetztmeldung und zur Signalbeeinflussung.

Gleitlager – Achslager, in dem die Last des Fahrzeugs durch geschmierte Lagerschalen auf die Achsschenkel übertragen wird. Siehe auch Rollenlager.

Gleitschutz – Vorrichtung, die beim Bremsen das Blockieren der Räder verhindert, meist durch kurzzeitige Minderung des Bremsdrucks.

Halbleiter – Allgemeine Bezeichnung für elektronische Bauteile mit aktiven Bauelementen bestimmter chemischer Zusammensetzung mit besonderen elektrischen Eigenschaften. Dazu gehören Dioden, Transistoren, Thyristoren u. v. a., im Hochleistungsbereich meist in Siliziumausführung.

Handbremse – Durch menschliche Kraft betätigte Bremseinrichtung, meist mit Spindelantrieb, zum Feststellen des Fahrzeugs bei Stillstand.

Hauptluftleitung – Durchgehende Versorgungsleitung (mit Schlauchkupplungen) für die Luftbremsen eines Zuges.

Hauptschalter – Schalter, mit dem bei einem elektrischen Triebfahrzeug die Fahrleitungsspannung abgeschaltet wird; meist auf dem Dach montiert.

Haupttransformator – Transformator, der bei einem Wechselstromfahrzeug die Fahrleitungsspannung auf die Motorspannung herabsetzt. Zur Geschwindigkeitssteuerung erhält er meistens Anzapfungen für verschiedene Spannungswerte.

Heißläufer – Achslager, das durch zu hohe Reibung (ungenügende Schmierung, mechanische Beschädigung) überhitzt und zerstört wurde.

Heizfläche – Summe der Flächen eines Dampfkessels, über die die Wärmeenergie des Feuers auf das Kesselwasser übertragen wird.

Hüpfer – Siehe Schütz.

Hydraulisches Getriebe – Flüssigkeitsgetriebe zur Kraftübertragung und Drehmomentwandlung. Heute meist hydrodynamische Getriebe (Föttinger-Getriebe) in diesel-hydraulischen Lokomotiven.

Induktion – Erzeugung eines elektrischen Stroms mit Hilfe von wechselnden Magnetfeldern.

Induktive Zugsicherung – Sicherheitseinrichtung, die mit Hilfe von Elektromagneten auf dem Fahrzeug und neben dem Gleis das Überfahren von Halt gebietenden Signalen verhindert und die Einhaltung von Geschwindigkeitsbeschränkungen gewährleistet.

Jakobsdrehgestell – Drehgestell, auf dem die Enden von zwei benachbarten Fahrzeugkästen ruhen (Gelenkfahrzeug).

Kessel – Bauteil zur Erzeugung von Dampf durch Wärmeenergie, der für den Fahrzeugantrieb oder zur Heizung genutzt wird(siehe Dampferzeuger und Lokomotivkessel).

Kettenfahrleitung – Siehe Oberleitung.

Klotzbremse – Bremseinrichtung, bei der ein oder mehrere Klötze aus Reibmaterial (Holz, Gußeisen, Kunststoff) durch Hebelwirkung an die Lauffläche des Radsatzes gepreßt werden.

Kommutator – Teil des Ankers eines Elektromotors, auf dem die Bürsten laufen. Meist zylindrisch mit voneinander isolierten Kupferstäben, die mit den einzelnen Spulen des Ankers verbunden sind.

Kompressor – Eine Maschine, die Luft verdichtet, also Druckluft erzeugt, entweder für die Druckluftbremse oder zum Aufladen eines Dieselmotors.

Kraftübertragung – Gesamtheit der Bauteile, mit denen die Antriebsenergie auf die Radsätze übertragen wird. Bei Dampflokomotiven meist von den Dampfzylindern über Stangen auf die Treibräder. Bei elektrischen Lokomotiven wirken meist die Fahrmotoren über Zahnradgetriebe und elastische Zwischenglieder. Bei Diesellokomotiven gibt es mechanische, hydraulische und elektrische Kraftübertragungen mit Kupplungen, die es erlauben, daß der Motor ohne Last anlaufen kann. Mechanische Getriebe bestehen meist aus Kupplung und Zahnradgetriebe. Hydraulische Kraftübertragungen besitzen einen oder mehrere Drehmomentwandler, Wendegetriebe (zur Fahrtrichtungsänderung) und Gelenkwellen. Die elektrische Kraftübertragung umfaßt vom Dieselmotor getriebene Gleichstrom- oder Drehstromgeneratoren, die elektrische Fahrmotoren mit Strom versorgen.

Kupplung – Die Fahrzeugkupplungen verbinden die einzelnen Fahrzeuge eines Zuges. Es gibt sie von der einfachsten Ausführung mit einigen Kettengliedern bis hin zu selbsttätigen Mittelpufferkupplungen, mit denen auch die elektrischen und die Luftleitungen gekuppelt werden.

Kurbel – Vorrichtung zur Umsetzung einer hin- und hergehenden Bewegung in eine Drehbewegung oder umgekehrt, beispielsweise in Verbrennungsmotoren.

Laufachse – Nicht angetriebene Achse eines Triebfahrzeugs, die einen Teil des Fahrzeuggewichts trägt, oft auch die Führung beim Einlauf in Kurven verbessern soll. Sind mehrere Laufachsen in einem gemeinsamen Rahmen gelagert, der sich gegenüber dem Hauptrahmen verdrehen kann, spricht man von Laufdrehgestellen.

Lokomotivkessel – Bis auf wenige Versuchsausführungen besaßen Dampflokomotiven immer einen zylindrischen Röhrenkessel zur Dampferzeugung, bei dem die Feuerbüchse mit der Rauchkammer und dem Schornstein durch eine größere Anzahl dünner wasserumspülter Rohre verbunden ist, durch die Rauchgase strömen und dabei die Wärmeenergie an das Wasser abgeben.

Luftfedern – Luftgefüllte Gummibalgen dienen bei manchen modernen Eisenbahnfahrzeugen der Abfederung, auch in Verbindung mit Neigungseinrichtungen.

Maßgebende Steigung – Stärkste Steigung einer Strecke, die so lang ist, daß sie nicht mit Schwung durchfahren werden kann.

Mehrspannungsfahrzeug – auch Mehrsystemfahrzeug. Elektrisches Triebfahrzeug, das mit mehreren verschiedenen Stromsystemen betrieben werden kann.

Metro – Stadtbahn für den Transport großer Menschenmengen auf kürzeren Entfernungen, meist als Untergrund- oder Hochbahn ausgeführt (auch kombiniert).

Neigungseinrichtung – Vorrichtung, mit deren Hilfe beim Durchfahren von Kurven der Wagenkasten des Fahrzeugs zum Kurveninneren hin geneigt wird, um der Zentrifugalkraft entgegenzuwirken und damit eine höhere Fahrgeschwindigkeit zu ermöglichen.

Nennleistung – Als Dauerleistung festgelegter Wert.

Nockenwelle – Eine Welle, auf der eine Reihe von Nasen (Nocken)

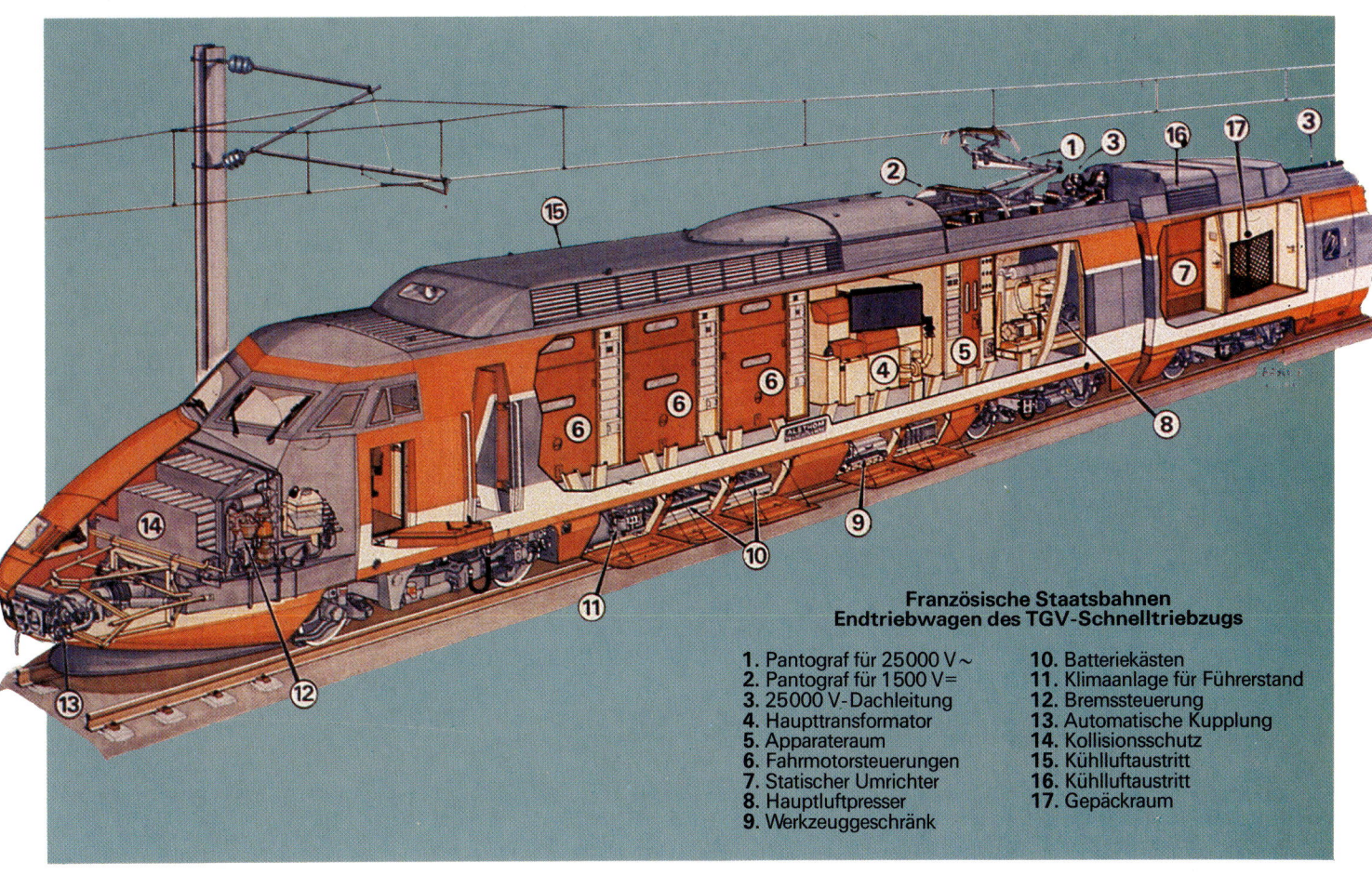

Französische Staatsbahnen
Endtriebwagen des TGV-Schnelltriebzugs

1. Pantograf für 25000 V ~
2. Pantograf für 1500 V =
3. 25000 V-Dachleitung
4. Haupttransformator
5. Apparateraum
6. Fahrmotorsteuerungen
7. Statischer Umrichter
8. Hauptluftpresser
9. Werkzeuggeschrank
10. Batteriekästen
11. Klimaanlage für Führerstand
12. Bremssteuerung
13. Automatische Kupplung
14. Kollisionsschutz
15. Kühlluftaustritt
16. Kühlluftaustritt
17. Gepäckraum

sitzt, mit der beispielsweise die Ventile eines Verbrennungsmotors oder auch Schaltstützen eines elektrischen Fahrzeugs betätigt werden.

Normalspur – Eine Spurweite von 4 englischen Fuß und 8½ Zoll, gleich 1435 mm. Dieses Maß ergab sich durch die historische Entwicklung der Eisenbahn. Kleinere Spurweiten werden als Schmalspur bezeichnet, größere als Breitspur. Heute sind Spurweiten von 381 mm bis 1676 mm in Verwendung.

Nutzbremse – Bei manchen elektrischen Triebfahrzeugen ist es möglich, durch die Bewegungsenergie des Zuges beim Bremsen in den Fahrmotoren (als Generatoren) Strom zu erzeugen, der in das Fahrleitungsnetz zurückgespeist wird. Bei Gleichstromfahrzeugen ist dies verhältnismäßig einfach möglich, ebenso bei Fahrzeugen mit Umformern und elektronischen Stromrichtern.

Oberbau – Gleiskörper der Eisenbahn, bestehend aus Schotterbett, Schwellen, Schienen und Befestigungselementen.

Oberleitung – Bei elektrischen Bahnen wird der Fahrstrom meist über einen Fahrdraht oberhalb des Gleises über Stromabnehmer dem Fahrzeug zugeführt. Man unterscheidet einfache und Kettenfahrleitungen, bei Drehstromsystemen gibt es Doppelfahrleitungen mit zwei nebeneinanderliegenden Fahrdrähten für zwei oder drei Stromphasen.

Pantograf – Andere Bezeichnung für einen Scherenstromabnehmer.

Parallelschaltung – Elektrische Bauteile (z. B. Motoren) sind so geschaltet, daß sie alle an der vollen Versorgungsspannung liegen. Der Gesamtstrom ist die Summe der Ströme durch die einzelnen Elemente.

Pendelstütze – Gelenkig befestigter Stützstab; Teil der Abstützung vieler Drehgestelle.

Pferdestärke – Maß für die Leistung, das heute offiziell durch das Watt abgelöst ist, aber noch häufig verwendet wird. 1 PS = 75 kpm/sec = 735,5 W. Das englische Maß „Horsepower'' (HP) entspricht 1,014 PS = 746 W, kann also zum überschlägigen Vergleich gleichgesetzt werden.

Quecksilberdampfgleichrichter – Ältere Gleichrichterbauform mit flüssigem Quecksilber in einem großen Behälter.

Radreifen – Stahlreifen mit Lauffläche und Spurkranz, der auf den Radstern aufgeschrumpft wird.

Regelspur – Siehe Normalspur.

Reibwert – Verhältnis zwischen dem Reibungskräfte und der vom Rad auf die Schiene übertragbaren Zugkraft. Die nutzbare Haftreibung ist abhängig vom Zustand der Schienenoberfläche und von der Fahrgeschwindigkeit. Wird dieser Wert überschritten, kommt es zum Schleudern (beim Anfahren) oder Gleiten (beim Bremsen).

Reibungsgewicht – Das für den Antrieb nutzbare Gewicht des Fahrzeugs auf den Treibachsen. Summe aller Treibachslasten.

Reihenschaltung – Elektrische Bauteile (z. B. Motoren) sind so geschaltet, daß sie nacheinander vom gleichen Strom durchflossen werden. Die Spannung teilt sich auf die einzelnen Elemente auf.

Reihen-Parallelschaltungen – Schaltung, bei der mehrere Gruppen in Reihe geschalteter Bauelemente zueinander parallel geschaltet sind.

Reihenschlußmotor – Elektrischer Motor mit sehr gut für Antriebszwecke geeigneter Kennlinie, bei dem die Wicklungen von Rotor und Stator in Reihe geschaltet sind.

Rekuperationsbremse – Siehe Nutzbremse.

Relais – Siehe Schütz.

Rollenlager – Lagerbauart, bei der die Last nicht gleitend, sondern wälzend über Stahlwalzen übertragen wird.

Rotor – Drehbarer Teil einer elektrischen Maschine (Motor/Generator).

Scheibenbremse – Bremsbauart, bei der auf der Achswelle oder an der Radscheibe eine oder zwei Scheiben befestigt sind, gegen die Reibbeläge gepreßt werden.

Schlepptenderlok – Dampflokomotive, die ihre Vorräte auf einem separaten Fahrzeug (Tender) mitführt.

Schleudern – Überschreitet die vom Antrieb erzeugte Zugkraft die durch die Haftreibung übertragbare Zugkraft, drehen die Räder durch, sie schleudern und es kann zu schweren Schäden kommen.

Schleuderschutz – Vorrichtung, die das beginnende Schleudern erfaßt und selbsttätig Gegenmaßnahmen einleitet, wie Herunterschalten der Leistung, Sanden oder leichtes Anlegen der Klotzbremse.

Schlupf – Unterschied zwischen theoretischer und praktischer Drehzahl. Beim Fahren an der Reibgrenze kommt es vor dem Schleudern zu einem leichten Gleiten der Räder auf der Schiene, dem

Schlupf. Ebenso nennt man beim Asynchronmotor die Differenz zwischen der Synchrondrehzahl und der Arbeitsdrehzahl.

Schmalspur – Siehe Normalspur.

Schütz – Fernbetätigter Schalter für hohe Ströme und Spannungen, z. B. zur Leistungsschaltung einer elektrischen Lokomotive. Ähnliche Schalter für kleine Leistungen nennt man Relais.

Selbsttragende Bauweise – Aufbau und Rahmenteile eines Fahrzeugs bilden eine einheitliche Tragkonstruktion nach Art einer Fachwerkbrücke oder in Form einer Röhre.

Spülen – Das Entfernen der Verbrennungsrückstände (Abgase) aus dem Zylinder eines Dieselmotors durch Einblasen von Luft.

Spurkranz – Führungsflansch am Radreifen, der den Radsatz im Gleis führt, normalerweise auf der Innenseite des Rades.

Spurwechselradsatz – Früher gab es zum Wechsel der Spurweiten austauschbare Radsätze, heute verwendet man auch Radsätze mit Radscheiben, die nach Lösen einer Verriegelung in einer Spurwechselanlage auf der Achse in die gewünschte Stellung verschoben werden können.

Spurweite – Das Maß zwischen den inneren Kanten der Fahrschienenköpfe. Es hat bei Normalspur einen Nennwert von 1435 mm (4 ft 8½ in).

Stator – Feststehender (äußerer) Teil eines elektrischen Motors.

Steigung – Eine gegen die Horizontale geneigte Strecke, deren Maß meist in Prozenten oder Promille angegeben wird. Bei 1% Steigung steigt die Strecke auf 100 m um 1 m. In anderen Ländern gibt man oft an, auf welcher Distanz man einen Höhenunterschied von 1 Einheit hat, z. B. 1:50 (= 2%).

Steuerung – Mechanismus, mit dem die Funktion des Antriebs beeinflußt wird. Bei Dampflokomotiven bezeichnet man als Steuerung eine Anzahl von Stangen, Schwingen und Exzentern, deren Bewegung aus der Drehbewegung der Räder und der hin- und hergehenden Bewegungen des Kreuzkopfs abgeleitet wird und die die Dampfmenge, die in die Zylinder einströmt, steuern. Die bekanntesten Bauformen sind die Stephenson-/Allansteuerung und die Heusinger-Walschaert-Steuerung, die bei den meisten in diesem Buch beschriebenen Dampfloks verwendet wird.

Stoßdämpfer – Zylindrisches Bauteil zur Dämpfung von Schwingungen des Fahrgestells.

Stromabnehmer – Teil eines elektrischen Fahrzeugs, mit dem der

Rechts: Ein britischer Lokführer mit der Hand auf dem „Totmann-griff''.

Betriebsstrom aus der Fahrleitung entnommen wird. Eine der einfachsten Formen ist der Stangenstromabnehmer (Trolleystange), der über eine Laufrolle oder ein Schleifstück die Oberleitung kontaktiert. Ebenso einfach sind Schleifbügel (Lyrabügel); beide Bauarten verwendete man vorwiegend bei Straßenbahnen. Weiteste Verbreitung im Eisenbahnbereich fanden die Scherenstromabnehmer (Pantografen), deren moderne Varianten nur noch ein oder zwei Tragholme haben. Bei Verwendung von Stromschienen befinden sich die Stromabnehmer dafür an den Drehgestellen.

Stromlinie – Gestaltung des Äußeren eines Fahrzeugs im Hinblick auf einen möglichst geringen Luftwiderstand.

Stromschiene – Eine Bauform der Stromzuführung, vor allem bei Nahverkehrsbahnen, mit einer isolierten stromführenden Schiene neben oder zwischen den Fahrschienen, meist mit Gleichstrom verhältnismäßig niedriger Spannung. Größter Nachteil sind die Unterbrechungen im Bereich von Weichen und Kreuzungen.

Stundenleistung – Leistung, die ein Antrieb eine Stunde lang ohne Schaden abgeben kann.

Tatzlagermotor – Elektrischer Antriebsmotor, der auf einer Seite elastisch am Fahrgestell befestigt ist und sich mit seinem Getriebegehäuse als Tragarm auf die Achswelle des Treibradsatzes stützt. Das Motorritzel steht in direktem Eingriff mit dem Großrad auf der Achse. Diese nur teilweise abgefederte Motorbauart fand vorwiegend bei niedrigeren Leistungen und Geschwindigkeiten Anwendung.

Tenderlok – Dampflokomotive, die ihre Vorräte mit sich führt.

Totmannschaltung – Sicherheitseinrichtung, bei der der Lokführer ständig oder in Abständen einen Schaltknopf oder ein Pedal betätigen muß. Unterläßt er dies (weil er dazu nicht in der Lage ist), wird automatisch die Leistung abgeschaltet und die Bremse betätigt, damit der Zug nicht führerlos weiterfährt.

Transformator – Elektrische Maschine zur Wandlung der Höhe von Wechselspannungen. Die Speisespannung induziert in der Primärwicklung ein magnetisches Wechselfeld, das in der Sekundärwicklung eine Spannung induziert, die in einem festen Verhältnis zur Primärspannung steht, das durch die Windungszahlen bestimmt wird. Transformatoren in Eisenbahnfahrzeugen sind häufig ölgekühlt.

Triebdrehgestell – Drehgestell, dessen Achsen angetrieben werden. Moderne Fahrzeuge besitzen meist zwei (manchmal auch drei) zwei- oder dreiachsige Triebdrehgestelle.

Triebwagen – Triebfahrzeug, das auch Nutzlast, also Personen oder Güter, befördert.

Triebzug – Eine Zuggarnitur aus meist einzeln nicht verwendbaren Triebwagen oder aus Triebwagen und antriebslosen Steuer- und Mittelwagen, teilweise auch als Gelenkfahrzeug gebaut.

Turbine – Wärmekraftmaschine mit rotierenden Teilen, die mit einem gasförmigen Arbeitsmedium arbeitet, also mit Dampf oder mit Verbrennungsgasen. Siehe auch Gasturbine.

Turbolader – Eine mit den Abgasen des Dieselmotors betriebene Turbine treibt einen Kompressor, der Druckluft zum Aufladen des Diesels erzeugt.

Überhitzer – Teil eines Lokomotivkessels, in dem durch weitere Wärmezufuhr die Temperatur über die Sättigungstemperatur des Wasserdampfs gesteigert wird.

Überhöhung – Erhöhung der äußeren Fahrschiene in einer Kurve, um durch Neigung der Fahrzeuge zum Kurveninneren der Zentrifugalkraft entgegenzuwirken. Dabei muß ein Kompromiß zwischen den Auswirkungen auf unterschiedlich schnelle Züge gefunden werden.

Umformer – Elektrische Maschine zur Umwandlung von elektrischem Strom, beispielsweise von Drehstrom in Gleichstrom, mit Hilfe von Motor-Generator-Aggregaten.

Umrichter – Elektrische Schaltung zur Umwandlung von elektrischem Strom mit Hilfe von statischen (elektronischen) Bauelementen.

Untergestell – Der Rahmen eines Fahrzeugs, der den Fahrzeugkasten trägt, mitsamt allen Einrichtungen zur Übertragung der Kräfte, wie Zug- und Stoßvorrichtung, Achslager oder Drehgestellaufhängung.

Untergrundbahn – Nahverkehrsbahn, die im Bereich großer Städte unterhalb der Erdoberfläche in Tunnels angelegt ist.

Unterwerk – Elektrisches Umspannwerk, in dem der Strom aus dem Überlandnetz in Bahnstrom durch Transformatoren oder Umformer umgewandelt wird.

Vakuumbremse – Luftbremse, die mit Unterdruck arbeitet. Dabei verrichtet der atmosphärische Druck die eigentliche Arbeit. Nachteilig ist die geringe verfügbare Druckdifferenz im Vergleich zur Druckluftbremse.

Vielfachsteuerung – Steuerungseinrichtung, die es erlaubt, mehrere Triebfahrzeuge von einem Führerstand aus zu kontrollieren (Vielfachtraktion).

Wachsamkeitsüberprüfung – Sicherheitseinrichtung, die vom Lokführer in bestimmten Abständen betätigt werden muß. Ist er dazu nicht in der Lage, erfolgt eine Notbremsung. Zusätzlich wird oft (beispielsweise bei der Indusi – Induktive Zugsicherung) die richtige Beobachtung der Signale kontrolliert. Passiert er ein Halt ankündigendes Vorsignal zu schnell oder überfährt er das Haltsignal, erfolgt ebenfalls eine Zwangsbremsung.

Wechselstrom – Elektrischer Strom, dessen Fließrichtung in regelmäßigen, kurzen Intervallen umgekehrt wird (siehe Drehstrom und Einphasenstrom).

Wendezug – Lokbespannter Zug mit Steuerwagen am anderen Zugende, bei dem bei einem Richtungswechsel die Lokomotive nicht umgesetzt werden muß. Führt der Steuerwagen, braucht die Lok auch nicht mit Personal besetzt zu werden (mit Ausnahme von Dampfloks).

Wiege – Abgefederter Querträger eines Drehgestells, der die Verbindung zum Drehzapfen herstellt.

Zahnradbahn – Meist bei steilen Gebirgsbahnen anzutreffendes System zur Zugkraftübertragung (Steigung größer als 5-8%), bei denen Reibungsantriebe nicht mehr ausreichen. Große angetriebene Zahnräder der Fahrzeuge greifen in Zahnstangen zwischen den Fahrschienen ein. Diese Zahnstangen besitzen gefräste Zähne oder – als Leiterzahnstangen – Rundstäbe zwischen zwei U-Profilen.

Zweisystemfahrzeug – Siehe Mehrspannungsfahrzeug.

Siemens Nr. 1 B
Deutschland
Berliner Gewerbe-Ausstellung, 1879

Bauart: Elektrische Ausstellungs-lokomotive
Spurweite: 450 mm (1 ft 5¾ in)
Stromversorgung: Gleichstrom von 150 V Spannung über Mittelschiene; Spannungseinstellung mit Flüssigkeitswiderstand
Antrieb: Längsliegender Reihen-schlußmotor von etwa 2,5 kW (3,5 PS) mit Stirn- und Kegelrad-getriebe
Gesamtlänge: 1500 mm (4 ft 11 in)
Höchstgeschwindigkeit: 18 km/h (11 mph)

Diese kleine Zugmaschine stellt die erste gelungene Anwendung des elektrischen Antriebs für die Beförderung eines Zuges in der Öffentlichkeit dar. Über die Ausführung dieser ersten elektrischen Bahn liegen unterschiedliche Angaben vor. Man kann aber davon ausgehen, daß die Gleisanlage auf der Berliner Gewerbeausstellung von 1879 etwas mehr als 300 m lang war und in Form eines Kreises mit Kurven von 5 m Radius schlangenartig zwischen den Ausstellungsgebäuden verlegt war. In den folgenden Jahren wurde diese Ausstellungsbahn auch in anderen Städten vorgeführt und machte damit diese revolutionäre Neuerung schnell in aller Welt bekannt. Schon 1881 eröffnete Siemens in Berlin-Lichterfelde die erste elektrische Bahn für den öffentlichen Verkehr, die aber als Straßenbahn in diesem Buch nicht weiter betrachtet werden soll.

Versuche mit elektrischen Antrieben hatte es schon viel früher gegeben, auch schon vor der Entwicklung der Dynamomaschine im Jahre 1867. Es war allerdings kaum möglich gewesen, mit Volta'schen Zellen genügend Energie zu erzeugen. Das erste Schienenfahrzeug mit Batterie-Antrieb stellte ein Schotte namens Davidson schon 1839 vor. Die „Motoren" bestanden aus hölzernen Zylindern, die auf den Achsen befestigt waren und eine Anzahl Eisenstäbe trugen. Elektromagnete wurden so ein- und ausgeschaltet, daß eine Drehbewegung entstand. Obwohl dieses Prinzip funktionierte, war es klar, daß es noch nicht praktisch verwendbar war. Trotz vieler unterschiedlicher Versuche sollte es noch 35 Jahre bis zum Erfolg dauern.

Erst die Entdeckung des „dynamoelektrischen Prinzips" und seine Anwendung zur Wandlung mechanischer in elektrische Energie und wieder zurück brachte den Erfolg für Werner von Siemens. Eine kleine Dampfmaschine trieb den „Inductor" an, der eine Gleichspannung von 150 Volt lieferte. Mit einem Flüssig-Widerstand (siehe Begriffserklärung) setzte man die

Unten: *Der erste elektrisch betriebene Personenzug der Welt fuhr auf der Berliner Gewerbeausstellung von Mai bis September 1879.*

Siemens Triebwagen Bo
Großbritannien
Volk's Electric Railway, 1884

Bauart: Elektrischer Triebwagen
Spurweite: 825 mm (2 ft 8½ in)
Stromversorgung: Gleichstrom von 460 V Spannung über die Mittelschiene und Regelwiderstand
Antrieb: 2 Motoren von 6 kW (8 PS) mit Riemenantrieb auf die Achsen
Gewicht: 6,5 t (14326 lb)
Gesamtlänge: 9144 mm (30 ft 0 in)
Höchstgeschwindigkeit: 16 km/h (10 mph)

Am 3. August 1883 wurde eine kurze, elektrisch betriebene Vergnügungsbahn auf der Uferpromenade von Brighton eröffnet, in zweifacher Hinsicht ein bemerkenswertes Datum. Diese kleine Bahn sollte die

erste elektrische Eisenbahn werden, die auf längere Sicht Bestand hatte, denn sie fährt noch heute und hat bisher mehr als 60 Millionen Fahrgäste befördert. Darüber hinaus war sie die erste Bahn, die mit einzeln fahrenden Triebwagen betrieben wurde, wie es erst viele Jahre später alltäglich werden sollte. Sie war auch die erste elektrische Bahn in Großbritannien, wenn auch schon 5 Wochen später eine weitere derartige Bahn im heutigen Nordirland eröffnete. Diese „Giant's Causeway Tramway" in Portrush war dafür die erste Bahn der Erde, deren Antriebsstrom aus einem eigenen Wasserkraftwerk stammte.

Ursprünglich besaß die Bahn in Brighton auch ein eigenes Kraft-werk, in dem ein Gasmotor der Energieerzeugung diente. Später entnahm man den Strom, wie heute üblich, über ein Umspannwerk dem inzwischen entstandenen öffentlichen Stromnetz der Brighton Corporation. Beschleunigt wurde diese Umstellung dadurch, daß Magnus Volk, der Förderer dieser nach ihm benannten Bahn, auch der Ingenieur der Elektrizitätsgesellschaft war.

Das Ausmaß des ursprünglichen Betriebes kann man aus der Tatsache ersehen, daß innerhalb eines Zeitraums von nur 3 Wochen der erste provisorische Triebwagen erbaut, 400 Meter Gleis von 610 mm Spurweite gelegt und die Krafterzeugungsanlage installiert wurden.

Im ersten Jahr war diese Bahn nur ein Versuchsobjekt auf dem Abschnitt vom Aquarium zum Old Chain Pier. Bis April 1884 verlängerte man die Strecke zum Palace Pier und nach Black Rock, eine Entfernung von nunmehr 2 km. Die Spurweite änderte man auf 825 mm (2 ft 8½ in), ein Maß, das offensichtlich willkürlich so gewählt wurde, daß es genau 2 englische Fuß kleiner war als die Normalspurweite. Die oben angegebenen technischen Daten beziehen sich auf die Fahrzeuge dieser nun für einen Dauerbetrieb bestimmten Strecke.

Heute fahren während der Sommersaison 9 Triebwagen mit jeweils 32 Sitzplätzen, von denen 7 schon immer zu „Volk's Electric Railway" gehörten; die beiden anderen kamen vor nicht allzu langer Zeit von der stillgelegten „Southend Pier Tramway". Die Bahn hat mit der Zeit nichts an Beliebtheit eingebüßt, wozu sicher auch die gute Sicht auf Brightons berühmten Nacktbadestrand beiträgt. Eine Verlängerung entlang der Küste bis Rottingdean mit einem Vierschienengleis von 5486 mm (18 ft 0 in) Gesamtspurweite und Wagen, die wegen der hohen Flut auf Stelzen liefen, konnte sich dagegen nicht lange im Betrieb halten.

Links und rechts: *Zwei Ansichten der Triebwagen der Volk's Electric Railway in Brighton, England, der ältesten noch vorhandenen elektrisch betriebenen Bahn der Erde, die 1983 ihren hundertsten Geburtstag unter der Betriebsführung der Brighton Corporation feiern konnte.*

Spannung zum Anfahren herab. Die Lokomotive nahm den Strom von der Mittelschiene ab, der über die Räder und die Fahrschienen zurückfloß.

Die drei Anhängewagen mit je 6 Sitzplätzen konnte die Maschine mit etwa 7 km/h befördern (4 mph). Auch für heutige Begriffe war die Lokomotive recht kompliziert gebaut. Der Motor lag in Längsrichtung, die Feldwicklungen ragten seitlich heraus. Im Vergleich mit heutigen Motoren ähnlicher Leistung war dieser Motor riesig. Das Drehmoment übertrugen drei Stirnzahnräder – mit Zwischenwelle – auf eine ebenfalls längsliegende Antriebswelle zwischen den Rädern, von dort über ein Kegelradgetriebe auf eine querliegende Welle, die entsprechend der gewünschten Fahrtrichtung von Hand verschoben werden konnte – dazu mußte der Fahrer absteigen. Von hier übernahmen Stirnzahnräder die Kraftübertragung auf die Lokomotivachsen.

Heute kann diese bemerkenswerte Maschine im Deutschen Museum in München besichtigt werden.

Rechts: *Die bahnbrechende Lokomotive von Werner von Siemens wurde im Mai 1879 in Berlin vorgestellt.*

23

Nrn. 1-3 Bo+Bo USA
Baltimore & Ohio Railroad (B & O RR), 1895

Bauart: Elektrische Vollbahn-lokomotive
Spurweite: 1435 mm
(4 ft 8½ in).
Stromversorgung: Gleichstrom von 675 V Spannung über Oberleitung
Antrieb: 4 Direktmotoren von je 270 kW (360 PS)
Gewicht: 87 t (192000 lb)
Gesamtlänge: 8268 mm
(27 ft 1½ in)
Zugkraft: 201 kN (45000 lb)
Höchstgeschwindigkeit:
96,5 km/h (60 mph)

Die erste Hauptbahnelektrifizierung erfolgte 1895 in Baltimore auf einem betrieblich schwierigen Abschnitt. Die Strecke verlief innerhalb der Stadt durch einen 2 Kilometer langen Tunnel unter der Innenstadt zum neuen Mount Royal-Hauptpersonenbahnhof. Die Steigung von 8‰ innerhalb des Tunnels hätte in Verbindung mit dessen Länge zu großen Problemen mit den Abgasen von Dampflokomotiven geführt. Deshalb beauftragte man die General Electric Company von Schenectady, New York State mit der Elektrifizierung.

In Anbetracht der bisherigen Entwicklung war dies eine außerordentlich kühne Entscheidung. Diese B & O-Lokomotiven waren neunmal schwerer und stärker als alles bisher dagewesene. Vom Gelingen dieses großen Sprungs nach vorne hing der ganze Erfolg dieses Projektes ab, eine Umstellung auf Dampfbetrieb bei einem eventuel-

len Mißlingen wäre nur schwer zu verwirklichen gewesen.

Die Direktmotoren waren zwar schon erprobt, neu war dagegen, daß sie nicht direkt auf der Achse, sondern um sie herum angebracht waren. Das Drehmoment übertrugen Gummipuffer auf die Speichen der Räder. Dieses Antriebsprinzip der elastischen Kraftübertragung war seiner Zeit weit voraus. Die zweiachsigen Lokomotivteile waren im Grunde gleichartig ausgebildet und wurden lediglich durch eine Kupplung und einige Kabel zu einer vierachsigen Lokomotive vereint. Insgesamt gab es drei dieser Doppeleinheiten.

Im großen ganzen bewährten sich diese Maschinen sehr gut bei der Beförderung von bis zu 1630 t schweren Zügen über die 8‰-Steigung. Diese Anhängelast schloß die Dampflokomotive des Zuges

ein, die durch den Tunnel geschleppt wurde. Ärger bereitete nur die Korrosion der ungewöhnlichen Stromabnehmer – ein Kontaktschiffchen aus Messing wurde von einem einseitig angebrachten schrägen Stromabnehmer gegen ein Z-Profil der steifen Oberleitungskonstruktion gedrückt. Dieses bestaunenswerte System ersetzte man 1902 durch gewöhnliche Stromschienen neben den Fahrschienen.

Nach immerhin 17 Dienstjahren nahm man 1912 diese Lokomotiven aus dem Dienst, aber zumindest eine von ihnen sollte noch längere Zeit erhalten bleiben – nämlich bis

zur Jahrhundertfeier der B & O. Bei dieser „Fair of the Iron Horse" im Jahre 1927 wurde sie mit vielen anderen alten und neuen Maschinen noch einmal der staunenden Öffentlichkeit vorgeführt. Doch leider wurde sie bald darauf doch verschrottet, so daß heutige Interessenten diese erste elektrische Vollbahnlokomotive nicht mehr begutachten können. Die elektrische Traktion hielt sich auf der B & O bis 1952, dann löste sie die neuere Bauform der Lokomotive mit eigenem Kraftwerk ab – die sich immer mehr ausbreitende diesel-elektrische Lokomotive.

Nrn. 1-16 Bo
Großbritannien
City & South London Railway (CSLR), 1890

Bauart: Elektrische Tunnel-
lokomotive
Spurweite: 1435 mm (4 ft 8½ in)
Stromversorgung: Gleichstrom
von 500 V Spannung über Mittelschiene
Antrieb: 2 Direktmotoren von je
37,3 kW (50 PS)
Gewicht: 9,4 t (20 700 lb)
Gesamtlänge: 4267 mm
(14 ft 0 in)
Höchstgeschwindigkeit:
40 km/h (25 mph)

Erste elektrische Untergrundbahn
der Welt war die City & South London Bahn, die am 18. Dezember
1890 eröffnet wurde. Beyer Peacock in Manchester baute dafür 16
elektrische Lokomotiven, die elektrische Ausrüstung lieferten Mather
& Platt in Manchester und Siemens
in Berlin. Die Länge der Strecke von
der King William Street Station in
der „City" von London nach Stock-
well südlich der Themse betrug 5,6
Kilometer.

Diese Lokomotiven bewährten
sich hervorragend, man betrieb mit
ihnen diese Linie immerhin mehr als
30 Jahre lang bis zur Modernisierung Anfang der Zwanziger Jahre.

Heute gehört diese Strecke zur
nördlichen Linie der London Transport. Bis auf die letzten Meter in der
City liegt die gesamte Strecke von
heute 27,8 km Länge im Tunnel, für
lange Zeit der längste Eisenbahn-
tunnel der Welt.

Im Gegensatz zur ersten Sie-
mens-Lokomotive von 1879 waren

Oben: *Eine zweiachsige Lokomotive der City & South London Railway im Bauzustand von 1890.*

diese Maschinen äußerst einfach
gebaut. Die Motoranker befanden
sich direkt auf den Achswellen – es
gab keine Zahnräder oder ähnlich

komplizierte Gebilde. Auch das
Bremssystem war in seiner Einfachheit kaum noch zu überbieten. Man
verwendete zwar Westinghouse-
Luftdruckbremsen, aber ohne Luftpresser. Statt dessen gab es einen
einfachen Luftbehälter, der an den
Endstationen aus Druckluftleitun-
gen aufgefüllt wurde.

Hochinteressant war auch die –
unnötigerweise komplizierte – Anordnung der Mittelschiene auf glä-
sernen Isolatoren. Diese Stromschiene lag *unterhalb* der Fahrschienen, bei Weichen und Kreuzungen mußten Auflauframpen die
Stromabnehmer anheben und über
die Gleise leiten. Erst bei der Modernisierung der gesamten Strecke
um 1920 ersetzte man diese Bauform durch die übliche seitlich liegende Stromschiene.

Eine dieser kleinen Lokomotiven,
die Nr. 1, kann im Science Museum
in South Kensington in London besichtigt werden. Einer der dazu ge-
hörenden, seltsamen fensterlosen
Wagen steht heute im Londoner
Verkehrsmuseum in Covent Garden.

Links: *Die erste elektrische Vollbahnlokomotive stellte die Baltimore & Ohio Railroad 1895 in
Dienst.*

HGe 2/2 Nr. 1-4   2-zz
Schweiz
Gornergratbahn (GGB), 1898

Bauart: Bergbahnlokomotive
Spurweite: 1000 mm (3 ft 3⅜ in)
Stromversorgung: Drehstrom von 550 V Spannung und 40 Hz Frequenz über Doppelfahrleitung und die Fahrschienen
Antrieb: 2 Motoren von je 68 kW (90 PS) mit Zahnradgetriebe wirken auf die Treibzahnräder
Gewicht: 11,5 t (25356 lb)
Gesamtlänge: 4130 mm (13 ft 6½ in)
Zugkraft: 78 kN (17630 lb)
Höchstgeschwindigkeit: 8 km/h (5 mph)

Die elektrische Traktion setzte sich bei den Vergnügungsbahnen der Welt sehr schnell durch – damals verband man Dampf und Rauch noch nicht mit Vergnügen wie heute und die Bergbahnen boten sich für die Elektrifizierung geradezu an. Die Dampfkraft hatte es schon längere Zeit Alten wie Athleten gleichermaßen ermöglicht, die Bergwelt der Alpen zu bewundern, aber als es nun darum ging, den herrlichen Ausblick auf das Matterhorn von Gornergrat aus der Öffentlichkeit zu erschließen, wählte man für die neue Bergbahn den elektrischen Betrieb mit Drehstrom.

Da die Schweiz ja keinerlei Kohlevorkommen, dafür aber sehr viele Möglichkeiten zur Nutzung der Wasserkraft besitzt, war man an

der Anwendung der neuen Energieart „Elektrizität" sehr interessiert. Vor allem zwei Ingenieure, C. E. L. Brown und W. Boveri arbeiteten an der Verbesserung des recht niedrigen Wirkungsgrads der bisherigen elektrischen Antriebe. Sie untersuchten die Verwendungsmöglichkeiten von Drehstrommotoren, bei denen der Kommutator entfiel, das Gewicht geringer gehalten werden konnte und man vor allem bei der Talfahrt auf einfache Art generatorisch bremsen konnte.

1895 unternahmen sie erfolgreiche Versuche mit einem Straßenbahnwagen ihres Entwurfs, gebaut von der neugegründeten Firma Brown, Boveri Company (BBC), auf einer Strecke von Lugano nach Paradiso. Der Drehstromantrieb machte die Verwendung einer doppelten Fahrleitung mit zwei nebeneinanderliegenden Stromabnehmern notwendig, die dritte Phase lag an den Fahrschienen. Ermutigt von diesem Erfolg offerierten die Ingenieure ihr System für den Bau der geplanten Gornergrat-Bergbahn und einer weiteren Bahn, die Touri-

Links: *Ein Zug der Gornergratbahn mit ursprünglichem Fahrmaterial verläßt die Station Riffelberg in Richtung Zermatt. Im Hintergrund das Matterhorn.*

AEG-Schnelltriebwagen   Co'Co'
Deutschland
Deutsche Studiengesellschaft für elektrische Schnellbahnen, 190

Bauart: Versuchs-Schnelltriebwagen
Spurweite: 1435 mm (4 ft 8½ in)
Stromversorgung: Drehstrom mit einer Spannung von 10000 bis 14000 V und einer Frequenz von 38 bis 48 Hz über drei seitliche Fahrleitungen, zum Haupttransformator
Antrieb: Direktantrieb mit 6 Asynchronmotoren von je 560 kW (750 PS) Kurzzeitleistung.
Gewicht: 60 t (132250 lb)
Maximale Achslast: 10 t (13225 lb)
Gesamtlänge: 22100 mm (72 ft 6 in)
Höchstgeschwindigkeit: 210 km/h

1899 gründete eine Anzahl am Bahnbau beteiligter Firmen unter der Führung der Allgemeinen Elektrizitätsgesellschaft und von Siemens & Halske mit Unterstützung der Preußischen Staatsbahn die „Deutsche Studiengesellschaft für Elektrische Schnellbahnen-St.E.S."

1901 begannen die Fahrversuche auf der Militärbahn von Marienfelde nach Zossen bei Berlin, einer Strecke von 23 km Länge. Die drei Drehstromfahrleitungen ordnete man auf einer Seite des Gleises an. Erstes Versuchsfahrzeug war ein Triebwagen von Siemens, doch es stellte sich bald heraus, daß der vorhandene leichte Oberbau den Belastungen nicht standhielt. Bei hohen Geschwindigkeiten schwankte der Wagen sehr stark und schließlich beendete eine Entgleisung bei einer Geschwindigkeit von 160 km/h die Versuche fürs erste. Die Staatsbahn ersetzte die Schienen von 32,5 kg Metergewicht durch solche von 42 kg/m und verstärkte das Gleis

durch dichtere Schwellenanordnung und ein neues Schotterbett. Die Kurvenradien wurden auf mindestens 2000 m vergrößert, die Laufeigenschaften der Wagen ebenfalls durch den Einbau längerer dreiachsiger Drehgestelle mit einem Achsstand von 5,0 statt 3,8 m verbessert. Der Drehstromantrieb bedingte es, daß die jeweilige beabsichtigte Höchstgeschwindigkeit vor der Fahrt mit dem Kraftwerk ab-

gesprochen werden mußte, denn sie hing ja direkt von der Frequenz der Stromversorgung ab.

1903 erreichte man nach einigen Versuchen mit dem AEG-Triebwa-

gen die Rekordgeschwindigkeit von 210,2 km/h. Der äußerst ruhige Lauf des Fahrzeugs bewies schon damals die erst in den letzten Jahren Realität gewordene Anwendbarkeit

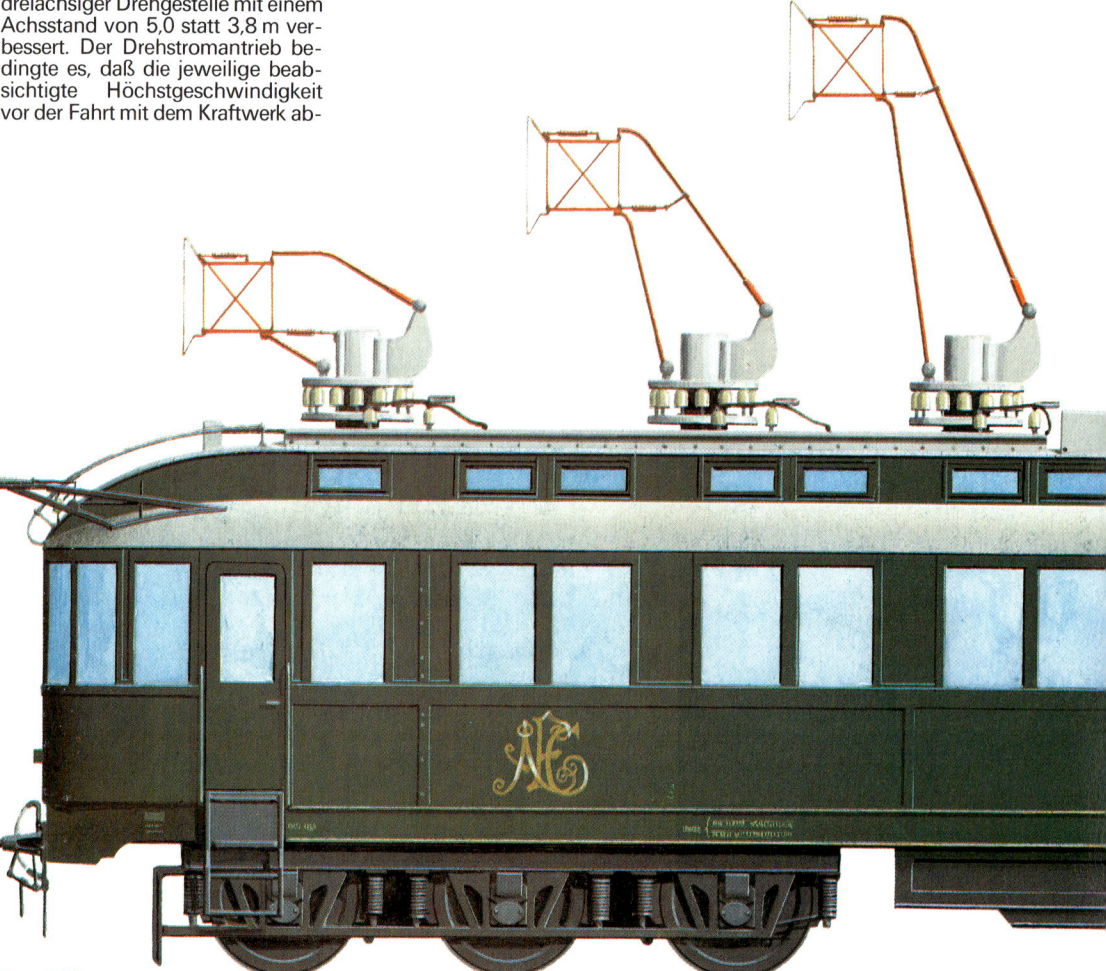

sten zum Gipfel der Jungfrau bringen sollte.

Auf einer Streckenlänge von 9,3 km überwindet die Gornergratbahn einen Höhenunterschied von 1485 m, um auf Steigungen bis zu 20% die Bergstation in einer Höhe von 3089 m zu erreichen. Der Bau begann 1896, so daß am 24. November 1897 erste Fahrten mit der ersten Drehstromlokomotive der Welt durchgeführt werden konnten. Alles verlief erwartungsgemäß. 1898 erfolgte die Eröffnung mit drei Zuggarnituren, eine vierte folgte 1902. Als man 1930 die Lokomotiven für die Landesfrequenz von 50 Hz und eine Spannung von 755 V umbaute, waren immer noch die gleichen Garnituren vorhanden.

Von Vorteil ist, daß die Motordrehzahl und damit die Fahrgeschwindigkeit allein durch die Frequenz des Drehstroms bestimmt wird, solange Spannung am Motor anliegt, bei der Talfahrt ein nicht zu unterschätzender Punkt. Im Gegensatz dazu stand die Kompliziertheit der Doppelfahrleitung, die aber bei den einfachen Gleisanordnungen derartiger Bergbahnen nicht ins Gewicht fiel. Besondere Schaltungen ermöglichten es, daß – meist am Nachmittag – der Strom auch dann in das Kraftwerk rückgespeist werden konnte, wenn alle Züge gleichzeitig talwärts fuhren. Den

Betriebsstrom lieferte ein Wasserkraftwerk, dessen Spannung von 5400 V/40 Hz auf 550 V heruntertransformiert wurde.

Die Gornergrat-Lokomotiven sind *echte* Zahnrad-Lokomotiven, das heißt, daß der Antrieb nur auf die Treibzahnräder wirkt, die Schienenräder tragen lediglich das Gewicht des Fahrzeugs. Bei dem verwendeten Zahnstangensystem nach Abt greift ein Zahnradpaar in zwei nebeneinanderliegende Zahnstangen ein, die gegeneinander versetzt sind, damit immer ein Zahnrad die volle Kraft übertragen kann.

Oben: *Damit die Wintersportler auch ihre sperrigen Ski mitnehmen können, stellt man den Zügen einen Skitransportwagen voran.*

Ursprünglich gehörten diese Maschinen zum exklusiven Verein der Holzkasten-Lokomotiven. Sie besaßen 2 Motoren von je 90 PS, die am Lokomotivrahmen befestigt waren und das Drehmoment über Zahnradgetriebe auf je ein Treibzahnradpaar übertrugen. Zwei Garnituren der Doppelpantographen fanden auf dem Dach Platz. Wie bei

den meisten Schweizer Lokomotiven stammte der mechanische Teil von der Schweizer Lokomotivfabrik in Winterthur, die elektrische Ausrüstung natürlich von Brown Boveri. Nach Art der Rowan-Triebwagen stützte sich ein Ende des ersten Wagens auf die Lokomotive, das andere Ende besaß ein normales Drehgestell. Dieses Gefährt schob einen weiteren zweiachsigen Wagen. Insgesamt besaß ein derartiger Zug ein Fassungsvermögen von 110 Fahrgästen.

Die gemächliche Geschwindigkeit dieser Garnituren genügte jahrzentelang allen Sommerausflüglern, doch als sich Zermatt nach dem Zweiten Weltkrieg zum Wintersportort entwickelte, fanden die häufig bergauf pendelnden Skifahrer die Fahrt nur noch unangenehm langsam. Der erste einer neuen Reihe von Triebwagen erschien 1947, die Fahrzeit verkürzte sich nun auf die Hälfte. Schon bald übernahmen die neuen Triebwagen den gesamten Personenverkehr. Trotzdem überlebten drei der vier ursprünglichen Lokomotiven, allerdings stark modernisiert und mit den neuen Nummern 3001-3. Es ist höchst bemerkenswert, daß diese ersten Drehstromlokomotiven der Welt derartig langlebig sind. Immerhin überlebten sie fast alle der später erschienen Drehstrommaschinen.

derartiger schneller Triebwagenzüge. 30 Jahre später schrieb Dr. Ing. Walter Reichel, der an den Versuchen teilgenommen hatte: „Man hätte sicher auch 230 km/h erreichen können, hätte nicht die Vorsicht den Wissensdurst überwogen.''

Außer diesem Triebwagen der AEG erreichte der Siemens-Triebwagen eine Geschwindigkeit von 207 km/h, eine Lokomotive, ebenfalls von Siemens gebaut, erreichte 105 km/h.

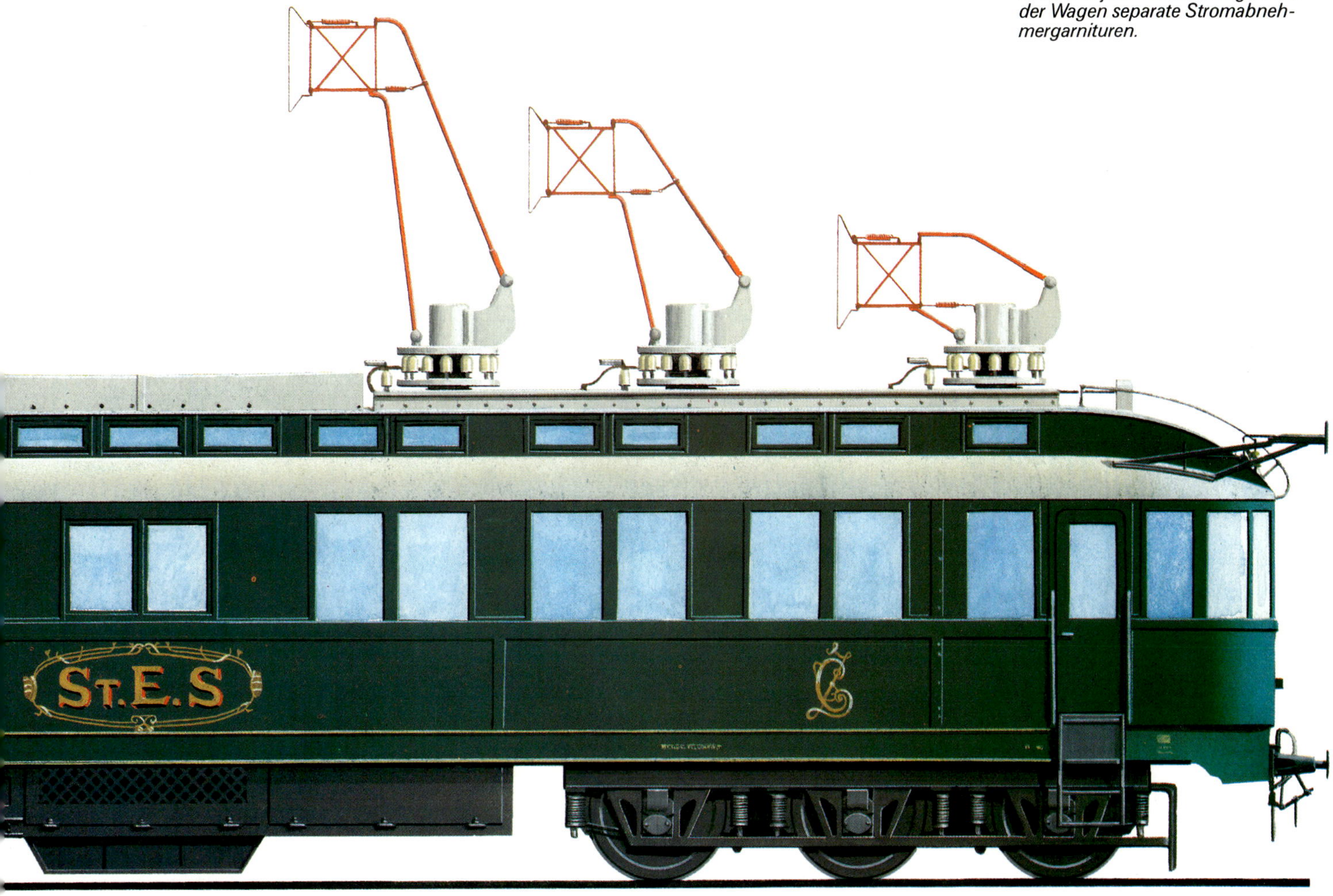

Unten: *Einen der beiden Schnelltriebwagen baute die Allgemeine Elektrizitätsgesellschaft. Er erreichte 1903 die damals unglaubliche Geschwindigkeit von 210,2 km/h. Für jede Fahrrichtung besaß der Wagen separate Stromabnehmergarnituren.*

Reihe S   1'Do1'
New York Central & Hudson River Railroad (NYC & HR), 1904

Bauart: Elektrische Vollbahn-Personenzuglokomotive
Spurweite: 1435 mm (4 ft 8½ in)
Stromversorgung: Gleichstrom von 660 V Spannung aus einer von unten bestrichenen seitlichen Stromschiene
Antrieb: 4 im Rahmen befestigte Direktmotoren von je 410 kW (550 PS) mit auf den Treibachsen befestigten Motorankern
Gewicht: 64,4 t (142000 lb) Reibungsgewicht 91 t (200500 lb) Gesamtgewicht
Maximale Achslast:
16,1 t (35500 lb)
Gesamtlänge: 11277 mm (37 ft 0 in)
Zugkraft: 145 kN (32000 lb)
Höchstgeschwindigkeit:
113 km/h (70 mph)

Daß der Zusammenstoß zweier Dampfzüge zu einer Weiterentwicklung der elektrischen Traktion führte, klingt sicher wenig glaubhaft – und doch war dies der Auslöser für die Elektrifizierung des New Yorker Grand Central Bahnhofs und der umliegenden Strecken. Ein Teil der Abgasprobleme dieser großen Stadt war schon lange der Bahn angelastet worden, aber in dem 3,2 km langen Park Avenue-Tunnel

gefährdete der Abdampf der Lokomotiven sogar die Sicherheit des Betriebes. In den Spitzenzeiten war der Tunnel so stark verqualmt, daß die Sicht auf die Signale behindert wurde. Nach einigen Zusammenstößen innerhalb des Tunnels kam es schließlich zu einem größeren Unglück. Im Januar 1902 überfuhr ein Zug ein Haltsignal und stieß mit einem stehenden Zug zusammen – es gab 15 Todesopfer.

Die Stadt New York verbot daraufhin umgehend die Verwendung von Dampflokomotiven südlich des Harlem Rivers vom 1. Juli 1908 an. Dieses Gesetz war nicht unangemessen, denn die Baltimore & Ohio betrieb ja die Verbindungsbahn von Baltimore mit dem Howard Street Tunnel schon seit 1895 elektrisch. Allerdings beschleunigte die Stadt damit die abzusehende Entwicklung erheblich.

Die New York Central entschied sich für den Betrieb mit Gleichstrom von 660 V aus seitlichen, von unten bestrichenen Stromschienen; den Bauauftrag erhielt General Electric. Einer der großen Pioniere der elektrischen Zugförderung, Frank Sprague, war einer der beteiligten Ingenieure. Man übernahm sein System der elektrischen Vielfachsteuerung

für die 180 Triebwagen des Vorortverkehrs. Zur Beförderung von lokbespannten Fernzügen entwarf der Ingenieur Asa Batchelder von GE eine mächtige 1'Do1'-Lokomotive, die etliche Neuerungen nach seinen Ideen beinhaltete. Grundlage seines Entwurfs war die Verwendung zweipoliger Motoren, deren Anker auf den Radsatzachsen zwischen den beiden am Rahmen befestigten Polen saßen. Die Dauerleistung betrug 1620 kW (2200 PS). Die Anfahrleistung von 2205 kW (3000 PS) ergab eine Zugkraft von 145 kN und ermöglichte es, einen Zug von 725 t mit 0,45m/s² zu beschleunigen und mit einem Zug von 450 t Gewicht eine Geschwindigkeit von 97 km/h zu erreichen. Auch die Lokomotiven besaßen als erste die Vielfachsteuerung von Sprague, ein Lokomotivführer konnte damit zwei Lokomotiven fahren.

Der Außenrahmen ließ genügend Raum für die Durchgestaltung der Fahrmotoren. Das große Mittelführerhaus bot eine gute Streckensicht und da bei dieser Gleichstromlokomotive außer den Luftpressern keine größeren Aggregate nötig waren, war es hier auch sehr geräumig. Die anderen Ausrüstungsteile, darunter ein ölbefeuerter Dampf-

kessel für die Zugheizung befanden sich in den Endvorbauten.

Der Prototyp der Reihe „S'', die Nr. 6000, wurde Ende 1904 fertiggestellt und auf einem knapp 10 km langen Abschnitt der NYC-Strecke nahe dem GE-Werk in Schenectady erprobt, der eigens zu diesem Zweck elektrifiziert worden war. Zu diesen Versuchen gehörten auch Parallelfahrten mit den neuesten Dampflokomotiven, bei denen gewöhnlich die Dampflok vom Start an führte, aber bald von der E-Lok überholt und hinter sich gelassen wurde.

Den erfolgreich beendeten Versuchsfahrten folgte eine Bestellung über 34 ähnliche Maschinen, die als Reihe „T'' bezeichnet, 1906 geliefert wurden. Eine von ihnen zog im September 1906 den ersten elektrischen Zug aus der teilweise fertiggestellten Grand Central Station. 1907 wurde der gesamte Betrieb umgestellt, aber unglücklicherweise entgleiste schon 3 Tage nach der Eröffnung ein Zug, der von zwei

Unten: *Die Grafik zeigt die erste der 1'Do1'-Lokomotiven der New York Central & Hudson River Railroad aus dem Jahre 1904.*

der „T"-Lokomotiven gezogen wurde, in einer Kurve und es gab 23 Tote. Obwohl die Unfallursache nie völlig geklärt wurde, baute man die Lokomotiven mit zweiachsigen Laufdrehgestellen in 2'Do2'-Maschinen um und bezeichnete sie nun als Reihe „S".

Im Normalbetrieb zeigten die Elektrolokomotiven Einsparungen in den Betriebs- und Unterhaltskosten – im Übergabedienst sparten sie 12%, im Streckendienst sogar 27% ein. 1908-09 baute man weitere 12 Lokomotiven dieser Reihe, die sich mehr als ein halbes Jahrhundert lang bewährte und ihre Tage im Rangierdienst und vor Abstellzügen beschloß. Nach 61 Dienstjahren gelangte Lok Nr. 6000 in ein Museum. Noch 1970 hatte die nunmehrige Penn Central Railroad einige dieser Maschinen in Betrieb.

Links: *Nach mehr als 70 Dienstjahren und einem Umbau auf die Achsfolge 2'Do2' steht Lokomotive Nr. 113 der Reihe „S" heute im Verkehrsmuseum von St. Louis.*

Reihe E550

Italienische Staatsbahn (FS), 1908

Bauart: Elektrische Lokomotive für
Bergstrecken
Spurweite: 1435 mm (4 ft 8½ in)
Stromversorgung: Drehstrom
von 3400 V und 50 Hz über Dop-
pelfahrleitung und die Fahrschie-
nen
Antrieb: 2 Motoren von je 735 kW
(1000 PS) treiben über Blindwel-
len und Kuppelstangen die Räder
Gewicht: 63 t (138850 lb)
Maximale Achslast:
12,7 t (27990 lb)
Gesamtlänge: 9500 mm
(31 ft 2 in)
Zugkraft: 100 kN (22040 lb)
Höchstgeschwindigkeit:
50 km/h (31 mph)

Ähnlich der Schweiz besitzt auch
Italien keine eigenen Kohlevorkommen, aber einen nennenswerten
Anteil an nutzbarer Wasserkraft in
den Bergen und ist somit auch prädestiniert für die Elektrifizierung seiner Bahnen. Was die nötige Erfahrung betrifft, reicht es wohl aus zu
erwähnen, daß Volta – nach dem
das Maß der elektrischen Spannung benannt wurde – Italiener
war. Auch der Erbauer des ersten
dynamo-elektrischen Motors war
ein Italiener namens Pacinotti. Es
überrascht daher nicht, daß die
elektrische Traktion hier schon früh
ihren Platz beanspruchte und sich
auch schneller als in anderen Ländern fortentwickelte.

Die Lokalbahn von Colico nach
Chiavenna, nördlich von Mailand,
mit einer Länge von 26 km wurde
1901 elektrifiziert. Die Arbeiten
führte die Firma Ganz & Co aus Budapest auf eigene Kosten aus; von
ihr werden wir später noch mehr
erfahren. Wie bei anderen Bahnen
gleicher Bauart diente auch hier
eine Doppelfahrleitung in Verbindung mit den Fahrschienen der Zu-
führung des Drehstroms von
3400 V und 15,8 Hz. Man war mit
den Versuchsergebnissen zufrieden
und erweiterte den elektrischen Betrieb 1902 auf die 80 km lange
Strecke Lecco-Colico-Sondrio, einer allerdings nur mäßig belasteten
Bahn.

Eine für die Dampftraktion außerordentlich schwierige Strecke war
die stark befahrene Giovi-Rampe
mit ihren Tunnels, die den Hafen
von Genua mit dem Hinterland verband. 1853 erbaut, hatten die Züge
hier ursprünglich eine 7,2 km lange
Steigung von 3,5% zu überwinden,
gefolgt von einem 3,2 km langen
Tunnel. 1889 eröffnete man eine
neue, verbesserte Bahntrasse mit

einer Steigung von 1,6% und einem
Scheiteltunnel von 6,4 km Länge,
aber schon zur Zeit der Gründung
der Italienischen Staatsbahnen
(FS) im Jahre 1905 war der Verkehr
so stark angewachsen, daß die beiden Strecken gemeinsam nicht
mehr ausreichten.

Die guten Erfahrungen auf der
Strecke Lecco-Sondrio ermutigten

die noch junge FS zur Elektrifizierung der Giovi-Bahn nach den gleichen Prinzipien. Schon 1908 waren
die Bauarbeiten beendet. Als Lokomotiven bestellte man die hier beschriebenen fünffach gekuppelten Zugmaschinen, die bei ihrer
festen Höchstgeschwindigkeit von
50 km/h noch Züge von 400 t Gewicht über die Steigung von 3,5%

ziehen konnten. Durch Kaskaden-
schaltung der Motoren ergab sich
eine weitere feste Höchstgeschwindigkeit von 22 km/h. Die ge-
wählte niedrige Frequenz der
Stromversorgung hatte ihren Grund
in dem Bestreben der Konstrukteure, die Verwendung damals noch
nicht ausgereifter Zahnradgetriebe
für die Übertragung der großen

Reihe 1099

C'C' Österreich
Niederösterreichische Lokalbahnen (NÖLB), 1910

Bauart: Elektrische Lokomotive für
Bergstrecken
Spurweite: 760 mm (2 ft 6 in)
Stromversorgung:
Wechselstrom von 6500 V und
25 Hz über eine Oberleitung zum
Haupttransformator der Lok
Antrieb: Je Drehgestell ein Motor
von 220 kW (300 PS) Stundenlei-
stung treibt die Räder über Blind-
welle und Kuppelstangen
Gewicht: 47 t (103590 lb)
Maximale Achslast:
8 t (17630 lb)
Gesamtlänge: 11020 mm
(36 ft 2 in)
Zugkraft: 45 kN (10150 lb)
Höchstgeschwindigkeit:
40 km/h (25 mph)

73 Jahre jung und noch immer kein
Nachfolger in Sicht! Diese prächtigen frühen Beispiele für die Kunst
des E-Lokbaus genügen praktisch allen Erfordernissen, die sich
beim Betrieb der österreichischen
Schmalspurbahn von St. Pölten –
an der Hauptstrecke von Wien nach
Salzburg – über eine Strecke von 91
Kilometern nach Mariazell und
Gusswerk ergeben und das seit der
Elektrifizierung im Jahre 1911!
Diese Bahn war 1898 von der lan-
deseigenen Niederösterreichischen
Landesbahn (NÖLB) erbaut worden, die auch für die Umstellung auf
elektrischen Betrieb im Jahre 1911
verantwortlich zeichnete. 1921

übernahmen dann die Österreichischen Bundesbahnen die NÖLB.

Einfachheit war der Grundge-
danke beim Entwurf dieser Lokomotiven, sicherlich ein gewichtiger
Grund für ihre Langlebigkeit. So
besitzen sie trotz langer und starker
Steigungen der Bahn keine elektrischen Bremseinrichtungen. Etwas
komplizierter mutet allerdings ihre
Kupplungseinrichtung an. Neben
dem Mittelpuffer mit einer einfachen Ösenkupplung liegen beidseitig noch zwei Schraubenkupplungen. Heute besitzen sie nur noch
einen einzelnen Pantographen anstelle der beiden ursprünglichen
Stromabnehmer, die aussahen, als

habe man kleine Pantographen auf
den Rahmen einer Trittleiter montiert.

Man findet recht häufig noch alte
Lokomotiven, die auch heute noch
so aussehen wie bei ihrer Ablieferung, die aber inwendig vollständig
erneuert wurden. Bei der Reihe
1099 ist dies gerade umgekehrt –
innen sind sie praktisch noch die
alten, äußerlich ersetzte ein bunt
lackierter moderner Aufbau die früheren mattbraun gestrichenen Kasten. Trotz zweier Kriege, Wirt-
schaftsproblemen und Fremdbe-
setzung des Landes haben alle 16
Maschinen – Nr. 1099.01-16 – bis
zum heutigen Tag überlebt. Erbaut

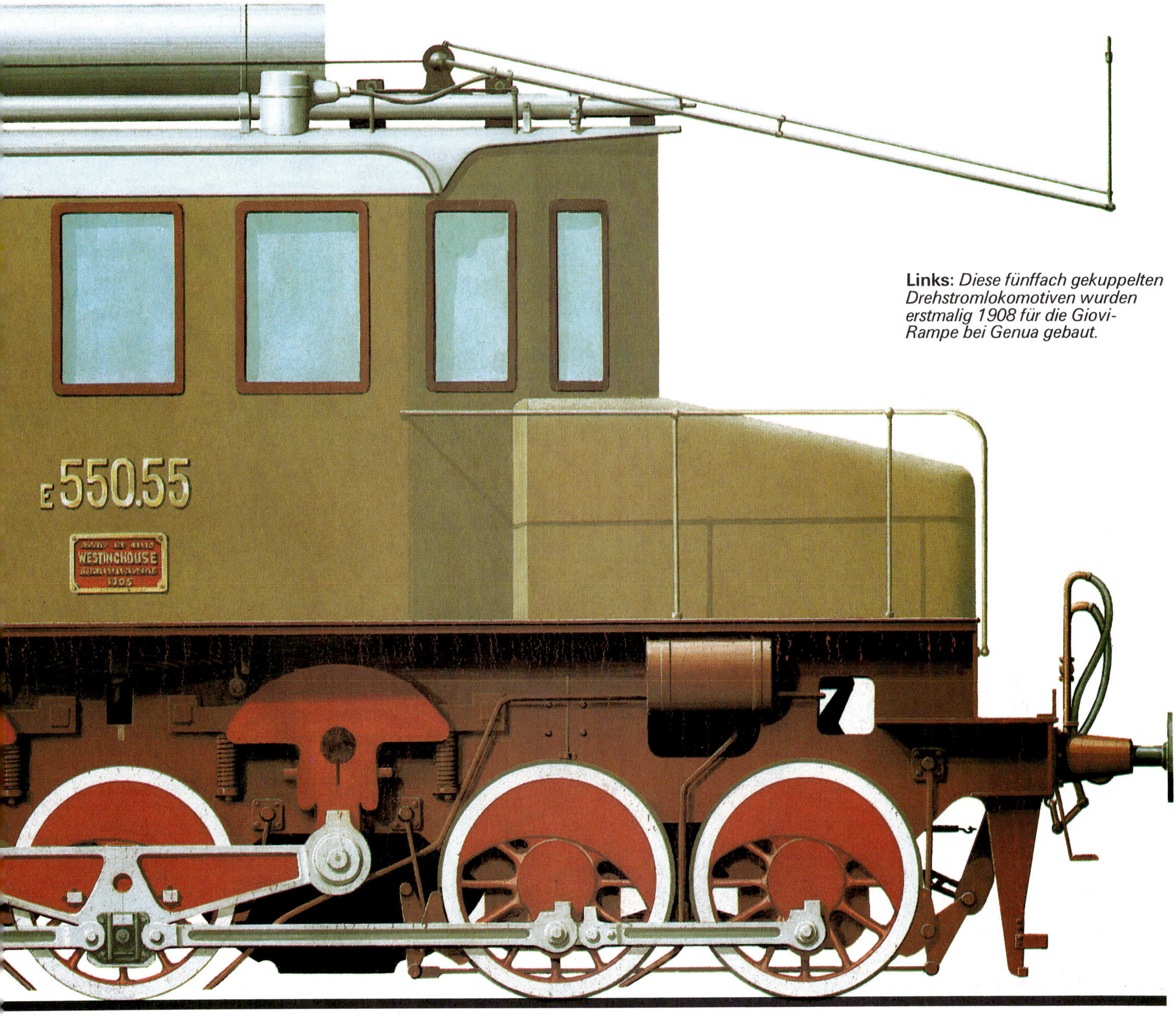

E 550.55

Links: *Diese fünffach gekuppelten Drehstromlokomotiven wurden erstmalig 1908 für die Giovi-Rampe bei Genua gebaut.*

Drehmomente zu vermeiden. Da bekanntlich die Drehzahl der verwendeten Synchronmotoren direkt von der Stromfrequenz abhängt, waren hier Zahnradgetriebe nicht nötig.

Die Bezeichnung dieser Lokomotivreihe „E550" erklärt sich übrigens wie folgt: „E" = E-Lok, erste „5" = 5 Treibachsen, zweite „5" =

Kennzahl für die Art des vorgesehenen Dienstes, hier: schwerer Bergdienst, mit der letzten Ziffer, hier „0", kennzeichnet man unterschiedliche Baureihen gleicher Bauart und gleichen Einsatzes.

Die Giovi-Elektrifizierung war so erfolgreich, daß sie bald auch auf andere Strecken in diesem Teil Italiens ausgedehnt wurde, der Mont

Cenis-Tunnel und die französische Grenze wurden 1912 erreicht. Die Zahl der „E550" stieg entsprechend rapide – 1921, als die Nachfolgebauart „E551" erschien, gab es insgesamt 186 Maschinen. Damals waren sie bei weitem die zahlreichste E-Loktype ihrer Zeit.

Eine dieser hervorragenden Lokomotiven überlebte die Ausmu-

sterung und steht heute im Leonardo da Vinci Museum für Wissenschaft und Technik in Mailand, wie es einer Maschine gebührt, die erstmals zeigte, daß man mit Elektrizität schaffen konnte, was die Dampfkraft nicht vermochte.

wurden sie im mechanischen Teil von Krauss in Linz, die elektrische Ausrüstung stammt von Siemens-Schuckert in Nürnberg.

Rechts: *Die heutige Baureihe 1099 der Österreichischen Bundesbahnen wurde 1910 für die schmalspurige Mariazellerbahn in Niederösterreich gebaut. Hier sehen wir eine schöne Aufnahme einer Maschine mit altem Aufbau vor einem Zug von St. Pölten nach Gusswerk. Wie durch ein Wunder sind noch alle 16 Lokomotiven vorhanden, wenn auch ein moderner Lokomotivkasten ihr Aussehen erheblich veränderte.*

Be 5/7 1′E1′ Schweiz
Bern-Lötschberg-Simplon-Bahn (BLS), 1912

Bauart: Schwere elektrische Lokomotive für gemischten Betrieb
Spurweite: 1435 mm (4 ft 8½ in)
Stromversorgung: Wechselstrom von 15000 V und 16⅔ Hz über Oberleitung zum Lokomotivtransformator
Antrieb: 2 Motoren von je 933 kW (1250 PS) treiben die Räder über Zahnradgetriebe, Blindwellen und Kuppelstangen
Gewicht: 78,2 t (172353 lb) Reibungsgewicht / 105 t (231420 lb) Gesamtgewicht
Maximale Achslast: 16,6 t (36586 lb)
Gesamtlänge: 16000 mm (52 ft 6 in)
Zugkraft: 176 kN (39670 lb)
Höchstgeschwindigkeit: 75 km/h (47 mph)

Als 1906 die Bahn durch den Simplontunnel von Brig in der Schweiz nach Domodossola in Italien eröffnet wurde, mußten die Geschäftsleute der Schweizer Hauptstadt Bern mit Bedauern konstatieren, daß sie zwar nur 85 Kilometer weit von diesem wichtigen Handelsweg entfernt waren, durch die hohen Berge des Berner Oberlandes aber keinerlei direkten Zugang dazu hatten. Die neuen Schweizer Bundesbahnen waren noch zu sehr damit beschäftigt, die Arbeit der verschiedenen Teile des Bahnnetzes zu koordinieren und konnten den Bernern daher nicht helfen. Doch diese schritten ohne Zögern selbst zur Tat, schon 1906 begann der Bau der von ihnen ins Leben gerufenen Bern-Lötschberg-Simplon-Bahn.

Dieses kühne Projekt schloß den Bau des dritten großen Schweizer Alpentunnels mit einer Länge von 14,6 km ein. Trotz vieler kleinerer Tunnel und sogar der Verwendung von Kehrtunneln, ließen sich lange Rampen von 2,7% nicht vermeiden. Diese Kombination von Tunnels und Steigungen bot sich zwar geradezu für eine Elektrifizierung an; in dieser Größenordnung war ein derartiges Projekt zur damaligen Zeit fast tollkühn zu nennen, aber man hatte ja einige Vorbilder.

Für die Simplonstrecke und auch die schon erwähnte Giovi-Rampe hatte man den Antrieb mit Drehstrom gewählt. Die Schweizer Firma Oerlikon erkannte jedoch in weiser Voraussicht, daß diese Bauform in Verbindung mit der komplizierten Doppelfahrleitung höchstens für begrenzte Strecken und

Oben: *Eine der bahnbrechenden Be 5/7 – E-Loks der Bern-Lötschberg-Simplon-Bahn von 1912 sehen wir hier in Brig im Juli 1954.*

nicht für größere Bahnnetze Vorteile bot.

Oerlikon baute daher zu Versuchszwecken im Jahre 1905 auf eigene Kosten die 22,5 km lange SBB-Strecke von Seebach nach Wettingen auf elektrischen Betrieb mit Einphasen-Wechselstrom von 15000 Volt mit der niedrigen Frequenz von 16⅔ Hertz nach Plänen des Chefkonstrukteurs Dr. Ing. Huber-Stockar um. Durch diese niedrige Frequenz – die so niedrig ist, daß dabei Glühlampen stark flackern – ließen sich verschiedene Probleme der Verwendung von

Wechselstrom in Motoren variabler Drehzahl umgehen. Darüber hinaus konnte man Lokomotiven mit einer hohen Spannung speisen, die in einem Transformator auf der Lok auf die gewünschte Motorspannung herabgesetzt wurde. Technisch war dieser Versuchsbetrieb zwar ein Erfolg, nicht aber in wirtschaftlicher Hinsicht – nach Ende der Versuche wurden die elektrischen Einrichtungen wieder entfernt.

Für den Betrieb auf der ersten, neu erbauten elektrischen Hauptbahn der Welt baute man 13 dieser gelungenen fünffach gekuppelten Maschinen – die stärksten ihrer Zeit. Die elektrische Ausrüstung kam selbstverständlich von Oerlikon, genau wie die Fahrzeugteile von der Schweizer Lokomotivfabrik in Winterthur stammten. Die Lokomotiven

Rechts: *Diese mächtigen Lötschberg-Lokomotiven waren bei ihrem Erscheinen 1912 die stärksten elektrischen Lokomotiven der Welt.*

BERN LÖTSC

Nr. 1-67 B-zz Panama Canal Zone
Panama Canal Company (PCC), 1912

Bauart: Treidellok mit Zahnrad- und Adhäsionsantrieb
Spurweite: 1524 mm (5 ft 0 in)
Stromversorgung: Drehstrom von 200 V und 25 Hz über zwei außenliegende Stromschienen
Antrieb: 2 Motoren von je 112 kW (150 PS) mit Polumschaltung zur Geschwindigkeitsänderung. Zahnradgetriebe wirken direkt auf die Treibzahnräder und über Reibkupplungen auf die Adhäsionsräder
Gewicht: 45 t (99180 lb)
Gesamtlänge: 9617 mm (31 ft 6½ in)
Zugkraft: 127 kN (28600 lb)
Höchstgeschwindigkeit: 8 km/h (5 mph)

In den mehr als 50 Jahren, die diese Maschinen damit verbrachten, Schiffe durch den Panamakanal zu ziehen, haben sie sicher größere Lasten befördert als jede andere Lokomotive – ihre Nachfolger sind noch heute damit beschäftigt. Sie

mußten dabei auch Steigungen von 1:1, das sind 100%, bei den Schleusen überwinden, allerdings ohne Last, denn zu diesem Zeitpunkt lagen die Schiffe in der Schleuse fest. Ansonsten sind die Gleise in der Ebene verlegt, eine Strecke von insgesamt 32 km Länge, wovon der 19,3 km mit der Riggenbach-Leiterzahnstange in einer besonders schweren Ausführung ausgerüstet sind.

Das Bremssystem wurde so ausgelegt, daß es die großen Kräfte beherrschen konnte, die die Trägheit großer Ozeanschiffe erzeugen kann – genauso wie es imstande ist, die Lokomotiven im Gefälle von 100% aus einer Geschwindigkeit von 4,8 km/h auf einem Weg von nur 3 m anzuhalten. Alle vier „Ecken" eines Schiffes werden durch Trossen mit derartigen Lokomotiven verbunden, ein kompliziertes Kontrollsystem koordiniert die Antriebe ihrer Seilwinden. Diese Treidelloks

gehören ganz sicher zu dem Interessantesten, das je auf Schienen lief.

Oben: *„Beweglichkeit ist Alles" für die Treidellokomotiven des Panama Kanals.*

entsprachen allen Erwartungen, auf den Steigungen zogen sie Züge von 300 t Gewicht mit einer Geschwindigkeit von 50 km/h.

Einzelne Probleme blieben natürlich anfänglich nicht aus. Plötzliche Spannungsspitzen in der Stromversorgung traten auf und beschädigten die elektrische Ausrüstung. Ernster waren allerdings harmonische Schwingungen des massiven Dreieckgliedes zwischen den beiden Blindwellen, die sogar bis zu dessen

Bruch führten. Aber auch dafür fand man Lösungen und es bedarf wohl keiner weiteren Beurteilung, wenn man erwähnt, daß das gleiche Stromsystem in Deutschland, Österreich, Norwegen und Schweden zur Anwendung kam und daß diese Lokomotiven mehr als 40 Jahre lang ihre Arbeit am Lötschberg verrichteten. Heute ist die „Be 5/7" Nr. 151 auf einem wohlverdienten Platz im Luzerner Verkehrshaus zu besichtigen.

Oben: *Der BLS-Fünfkuppler Nr. 151 bei einer Probefahrt von Spiez nach Brig im Jahre 1912.*

HGe 3/3 Nr. 21-28   C-z   Schweiz
Berner Oberland Bahn (BOB), 1914

Bauart: Elektrische Zahnrad- und Adhäsions-Lokomotive
Spurweite: 1000 mm (3 ft 3⅜ in)
Stromversorgung: Gleichstrom von 1500 V über Doppeldraht-Oberleitung
Antrieb: 2 Motoren von 294 kW (400 PS); ein Motor für den Adhäsionsantrieb mit Vorgelege und Blindwelle, der andere Motor treibt über Vorgelege das Triebzahnrad
Gewicht: 36,5 t (80470 lb)
Maximale Achslast: 12,5 t (27560 lb)
Gesamtlänge: 8240 mm (27 ft 0½ in)
Zugkraft: 59 kN (13250 lb) Reibungsantrieb; 118 kN (26500 lb) Reibungs- und Adhäsionsantrieb gemeinsam
Höchstgeschwindigkeit: 40 km/h (25 mph) auf Reibungsstrecken; 12 km/h (7,5 mph) auf Zahnstangenabschnitten

Unten: *Eine Ellok der Berner Oberland Bahnen verläßt den Bahnhof von Lauterbrunnen mit einem Gütertransport nach Interlaken.*

Rechts: *Die Adhäsions- und Zahnrad-Lokomotive HGe 3/3 der BOB in der Seitenansicht.*

Die kleine Berner Oberland Bahn (von ihren vielen Freunden kurz BOB genannt) ist Teil eines bemerkenswerten Systems Schweizer Bergbahnen, mit dem man – auf zwei verschiedenen Wegen und mit zweimaligem Wechsel der Spurweite – das Jungfraujoch erreichen kann, die höchste Eisenbahnstation Europas. Seit 1890 verbindet diese Bahn die Urlaubsorte Grindelwald und Lauterbrunnen mit der Hauptbahn in Interlaken. Einige Abschnitte ihrer Strecken sind mit Riggenbach-Leiterzahnstangen ausgerüstet.

In der Frühzeit erfüllten Dampflokomotiven alle anfallenden Aufgaben, 1914 elektrifizierte man die 23,5 km lange Bahn. Von nun an übernahmen diese acht gefälligen kleinen Lokomotiven von Oerlikon und SLM die Züge. Einer ihrer beiden Motoren war nur für den Antrieb des Zahnrades auf den Zahnstangenabschnitten bestimmt, der andere trieb dagegen die Treibräder der Lok dauernd an, auf den Steil-

strecken addierte sich die Zugkraft der beiden Antriebe. Auf der Reibungsstrecke von Interlaken zum Trennungsbahnhof Zweilütschinen mit einer größten Steigung von 2,5% konten sie 125 t-Züge befördern, die Steigungen von 12% der Zahnstangenstrecken nach Grindelwald und von 9% nach Lauterbrunnen beschränkten dort die Lasten auf 60 t beziehungsweise 90 t.

Auf derartig steilen Strecken muß man sich auf das gute Funktionieren der Bremsen verlassen können

– fünf voneinander unabhängige Bremssysteme dienen hier der Sicherheit. Eine normale Luftbremse wirkt auf die Laufflächen der Räder und auf ein Bremszahnrad, das auf einer Achse lose mitläuft. Dazu gehört eine Bandbremse; die Bremswirkung setzt selbsttätig ein, wenn die zulässige Geschwindigkeit um mehr als 20% überschritten wird. Weiter wirken zwei unabhängige Spindel-Handbremsen ebenfalls auf die Treibräder und das Bremszahnrad. Im Betrieb bremst man

Nr. 1-13   Bo'Bo'   Großbritannien
North Eastern Railway (NER), 1914

Bauart: Elektrische Güterzuglokomotive
Spurweite: 1435 mm (4 ft 8½ in)
Stromversorgung: Gleichstrom von 1500 V über Oberleitung
Antrieb: 4 Tatzlagermotoren von je 205 kW (275 PS)
Gewicht: 76 t (166660 lb)
Maximale Achslast: 19 t (41665 lb)
Gesamtlänge: 17989 mm (59 ft 0 in)
Zugkraft: 128 kN (28800 lb)
Höchstgeschwindigkeit: 64 km/h (40 mph)

Hauptgrund für den Bau der Stockton & Darlington Railway, der ersten öffentlichen Eisenbahn der Welt, war der Transport von Kohle aus den Kohlegruben bei Bishop Auckland zum Hafen von Stockton.

Es war mehr ein Zufall, daß die Strecke gerade Darlington berührte. Diese erste Bahn ist ein sehr gutes Beispiel für die klassische Aufgabe einer Eisenbahn – die Beförderung von Bodenschätzen in großen Mengen. Heute ist dies der einzige Grund, eine neue Eisenbahn – allein nach wirtschaftlichen Gesichtspunkten gesehen – zu bauen.

Viele Jahre lang war das Glück der S & D hold und der Verkehr stieg so stark, daß man schließlich sogar eine weitere Strecke bauen mußte, die das überlastete Darlington umging, andere Streckenabschnitte mußten von zwei auf vier Gleise erweitert werden. Schon früh dachten die Verantwortlichen daher an eine Elektrifizierung, nicht weil die Zugförderung Schwierigkeiten geboten hätte oder um die Leistungsfähigkeit der Bahn zu erhöhen oder

gar um die Luftverschmutzung zu verringern – nein, man wollte „nur" die Betriebskosten senken.

Die elektrifizierte Strecke nahm ihren Ausgang im Güterbahnhof von Shildon, in dem die Kohlenwagen aus verschiedenen Richtungen gesammelt wurden und führte 29 km weit bis zum Rangierbahnhof von Newport, wo die Wagen wieder auf die verschiedenen Abnehmer und Verladekais im Bereich von Stockton und Middlesbrough verteilt wurden. Die Bauarbeiten begannen 1914; erst 1917 war das insgesamt 80 km lange komplizierte Gleisnetz fertig elektrifiziert. Man wollte keine technischen Neuerungen erproben, alles sollte möglichst einfach sein. So besaßen beispielsweise die Lokomotiven, wie in England üblich, keine Bremse für den Wagenzug. Zum Glück war auch

die öffentliche Stromversorgung in diesem wichtigen Industriegebiet schon so gut ausgebaut, daß man auf die Errichtung eines eigenen Netzes verzichten konnte. Man schloß über die Stromlieferung einen Vertrag mit der Elektrizitätsgesellschaft ab, die auch die beiden Unterwerke baute.

Einiges hatte man anfänglich dann doch zu einfach gebaut. Die von Hand betätigten Messerschalter der Loks mußten bald durch elektrisch betriebene Schütze ersetzt werden – mehrere Hundert Ampere und über Tausend Volt waren zuviel für sie. Auch die Fahrleitung mußte man besser abstützen, ein Stützabstand von 61 m auf der Geraden war bei starkem Wind zu groß und führte zu Kontaktproblemen. Abgesehen davon war man aber sehr zufrieden.

aber vorwiegend mit einer elektrischen Bremse – die dabei entstehende elektrische Energie wird in zwangsbelüfteten Widerständen vernichtet.

Seit dem Zweiten Weltkrieg befördert die BOB den Großteil ihrer Fahrgäste mit neuen Triebzügen, man behielt jedoch einige dieser kleinen Maschinen für Güterzüge, Arbeitsfahrten und den sommerlichen Spitzenverkehr bei. Damit gehören auch sie zum kleinen Kreis noch aktiver siebzigjähriger Lokomotiven.

Rechts: *Lok Nr. 22 der BOB mit einem Güterzug in Wilderswil im August 1982. Ein Normalspurwagen wird auf einem Schmalspurtransporter befördert.*

Wie vorgesehen beförderte man Züge von 1400 t Gewicht mit ungebremsten Kohlenwagen – man verzichtete sogar auf die sonst üblichen Bremswagen – auf Steigungen von 1% mit annehmbaren Geschwindigkeiten. Bergab halfen die primitiven Achslager der Waggons durch ihren hohen Laufwiderstand sogar beim Bremsen! Dagegen war man wirtschaftlich nicht allzu erfolgreich. In den dreißiger Jahren fiel die Kohleproduktion im West Auckland-Feld auf einen sehr niedrigen Stand. Die Fahrleitungsanlagen mußten überholt werden, vor allem näherten sich die Holzmasten schon dem Ende ihres kurzen Lebens. Man stellte kurzerhand den elektrischen Betrieb ein, die Lokomotiven hob man für eine weitere Verwendung auf der zur baldigen Umstellung vorgesehenen Strecke von Manchester nach Sheffield auf. Doch der Krieg verzögerte dieses neue Projekt, bis zu seiner Vollendung in den 50er Jahren hatte man, bis auf eine, alle der Newport-Shildon-Loks verschrottet.

Links: *Lok Nr. 9 der North Eastern Railway erbauten die Bahnwerkstätten in Darlington 1914 für die Strecke von Shildon nach Middlesbrough nach einem Entwurf von Vincent Raven.*

Reihe DD1 2'B+B2' USA
Pennsylvania Railroad (PRR), 1909

Bauart: Elektrische Schnellzug-lokomotive
Spurweite: 1435 mm (4 ft 8½ in)
Stromversorgung: Gleichstrom von 600 V über seitliche Strom-schiene oder über kleine Panto-graphen von obenliegender Strom-schiene
Antrieb: 1 Motor von 795 kW (1065 PS) je Lokteil mit Blindwel-lenantrieb über Stangen
Gewicht: 90,2 t (199000 lb) Rei-bungsgewicht / 145 t (319000 lb) Gesamtgewicht
Maximale Achslast: 23 t (50750 lb)
Gesamtlänge: 19787 mm (64 ft 11 in)
Zugkraft: 220 kN (49400 lb)
Höchstgeschwindigkeit: 129 km/h (80 mph)

Zu Beginn unseres Jahrhunderts baute die Pennsylvania Railroad in Manhattan, dem Herzen von New York City ihre neue Pennsylvania Station. Als Zufahrt zu ihr dienten mehrere eingleisige Tunnelstrecken: zwei Tunnelröhren unter dem Hud-son River kamen vom Festland, vier Röhren unter dem East River führ-ten weiter nach Long Island. Die einzige Möglichkeit, den Betrieb in diesen engen, schlecht zu belüften-den Tunnels störungsfrei durchzu-führen, bot die Elektrotraktion. Man entschied sich für das Gleichstrom-system mit seitlicher Stromschiene und baute in den Jahren 1903 bis 1905 erst einmal drei Versuchsloko-motiven. Die Bahnwerkstätten der „Pennsy" in Altoona lieferten zwei Bo'Bo'-Maschinen mit Einzelachs-antrieb, eine 2'B-Lok von Baldwin erhielt dagegen einen einzelnen

großen Fahrmotor, der im Haupt-rahmen zwischen den Treibachsen gelagert war. Beide Typen besaßen Hohlwellenantriebe, eine Bauform, die erst ein Vierteljahrhundert später bei den „GG1"-Lokomotiven wie-der auftauchen sollte.

In Versuchsreihen untersuchte man die Kräfte, die die Elektroloko-motiven auf die Gleise ausübten und verglich sie mit den neuesten Dampflokkonstruktionen. Die 2'B-Lok verursachte mit ihrem hochliegenden Schwerpunkt zwar „nur" eine um mehr als die Hälfte niedrigere Belastung des Oberbaus als die Bo'Bo'-Loks mit ihren tief angebrachten Motoren, lag damit aber immer noch doppelt so hoch wie die schwerste untersuchte Dampflokomotive. Für die nächsten Versuche wählte man darum zwar wieder die Achsfolge 2'B, um aber

die gewünschte Leistung zu erzie-len, verband man jeweils zwei der-artige Maschinen zu Doppelloko-motiven mit der Achsfolge 2'B+B2'. Wichtigste Konstruk-tionsänderung war die Verwendung einer im Hauptrahmen gelagerten Blindwelle, die Motor und Treibrä-der über Kuppelstangen verband. Die Lösung der technischen Pro-bleme des Hohlwellenantriebs hob man für spätere Zeiten auf.

Mit der Achsanordnung 2'B und Treibrädern mit einem Durchmesser von 1829 mm entsprachen die Laufwerke denen herkömmlicher Dampf-Schnellzuglokomotiven, wie dies auch bei anderen frühen Elloks, beispielsweise in Preußen, zu beobachten war. Allerdings wa-ren diese Pennsylvania-Lokomoti-ven erfolgreicher als viele andere. Noch bei ihrer Höchstgeschwin-

Reihe T (Bo'Bo')(Bo'Bo') USA
New York Central Railroad (NYC), 1913

Bauart: Elektrische Schnellzug-lokomotive
Spurweite: 1435 mm (4 ft 8½) in)
Stromversorgung: Gleichstrom von 660 V über seitliche, von unten bestrichene, Stromschiene
Antrieb: 8 an den Drehgestellrah-men befestigte Direktmotoren von je 243 kW (330 PS) mit auf den Treibachsen befestigten Motor-ankern
Gewicht: 104,3 t (230000 lb)
Maximale Achslast: 13,0 t (28730 lb)
Gesamtlänge: 16815 mm (55 ft 2 in)
Zugkraft: 307 kN (69000 lb)
Höchstgeschwindigkeit: 121 km/h (75 mph)

Im Jahre 1913 vollendete auch die New York Central Railroad ihren neuen Endbahnhof in New York City, den „Grand Central Terminal". Im gleichen Jahr fanden auch die Arbeiten an der Verlängerung der elektrischen Strecke entlang des Hudson River bis Harmon, 53 km von Grand Central entfernt, ein Ende. Die schwersten Schnellzüge

digkeit von 129 km/h liefen ihre Stangen recht ruhig. Die Unterhaltskosten lagen sehr niedrig, dazu trug sicherlich auch die Ausführung des Lokomotivkastens bei, der sich bei Reparaturen in einem Stück abheben ließ. Auch alle weiteren Elloks der PRR baute man derart wartungsfreundlich. Kleine Pantographen auf den Dächern ermöglichten die Stromabnahme von obenliegenden Stromschienen, wenn komplizierte Gleisanlagen deren Anordnung neben den Gleisen nicht erlaubte.

Die beiden ersten Stangen-Doppelloks erschienen 1909-10, die Lokhälften trugen die Nummern 3996-3999. 1910-11 folgten weitere 31 mit den Nummern von 3932 bis 3949 und 3952 bis 3995. Die Pennsylvania bezeichnete ihre Lokbaureihen mit Kennbuchstaben für die Achsfolge, gefolgt von einer Seriennummer. Bei den Elloks ging man daher analog vor. Der Buchstabe „D" stand für die Type 2'B, entsprechend erhielten die Doppelloks die Bezeichnung „DD". Die Hauptserie von 31 Loks nannte man „DD1", die beiden Prototypen waren die „odd DD" (also „abweichende DD").

Der Bau der Pennsylvania Station in Manhattan dauerte sieben Jahre, von 1903 bis 1910. In dieser Zeit elektrisierte man die Strecke vom Übergabebahnhof Manhattan Transfer bei Newark, New Jersey bis zum Wagenabstellbahnhof in Sunnyside auf Long Island, eine Entfernung von 21,5 km. In Manhattan Transfer übernahmen die Elloks die Züge von den Dampfloks und brachten sie die letzten 14,2 Kilometer durch die Tunnels mit einem maximalen Gefälle von 1,93% bis zur Pennsylvania Station.

Bis 1924 bespannten die „DD"s alle Schnellzüge dieser Strecke, erst dann erschienen neue Typen, die ihnen einen Teil der Arbeit abnahmen. In der Zwischenzeit arbeitete die PRR an der Wechselstromelektrifizierung ihrer Hauptstrecken nach New York. 1933 erreichte die Oberleitung aus Trenton den Manhattan Transfer-Bahnhof. Die Umstellung des letzten Streckenabschnitts bedeutete hier auch das Ende der Gleichstromloks. Da aber die Long Island Railroad dieses System beibehielt, konnte man die „DD"s noch viele Jahre lang vor Leergarnituren zum Sunnyside-Abstellbahnhof erleben. Schon 1924, bei Erscheinen neuerer Maschinen hatte man 23 „DD1"-Loks zur – von der Pennsylvania Railroad kontrollierten – Long Island Railroad umgesetzt, die dort noch bis 1949-51 in Dienst blieben.

Die „DD"s waren ein Markstein in der Entwicklung der elektrischen Lokomotiven mit ihrer hohen Leistung und der damals ungewöhnlich hohen Zuverlässigkeit, dabei waren sie sehr konservativ konstruiert. Ihre Einfachheit und die Anpassungsfähigkeit des doppelten 2'B-Laufwerks trugen viel zu ihrem Erfolg bei.

Unten: Eine der 2'B+B2'-Gleichstromlokomotiven, Reihe „DD1", der Pennsylvania Railroad.

hatten nun mehr als 30 Kilometer freier Strecke mit elektrischer Traktion zurückzulegen. Man benötigte eine neue Schnellzuglokomotive für diese Aufgabe, die stärker als die Reihe „S" sein und zugleich bei höheren Geschwindigkeiten weniger schädliche Auswirkungen auf den Oberbau haben sollte.

Die neuen Lokomotiven erhielten die Reihenbezeichnung „T", die nach dem Umbau der älteren Maschinen wieder frei geworden war. Man verließ das bisherige Prinzip eines starren Rahmens zugunsten einer äußerst beweglichen Gelenkbauart mit Allachsantrieb. Je zwei der zweiachsigen Drehgestelle waren durch einen gemeinsamen Rahmen verbunden. Längskupplungen verbanden darüber hinaus die Drehgestelle ebenso wie die Hilfsrahmen, die außen auch die Kupplungen trugen, untereinander. Der Lokomotivkasten ruhte auf den Hilfsrahmen über zwei Drehpfannen, von denen eine längsver-

Links: Eine der (Bo'Bo') (Bo'Bo')-Lokomotiven, Reihe „T", der New York Central Railroad.

schiebbar sein mußte. Die ganze Lokomotive war also außerordentlich flexibel gebaut, die Verbindungselemente verhinderten aber das Entstehen schädlicher Schwingungen dieser Fahrzeuge, die man mit ihrer Achsfolge (Bo'Bo') (Bo'Bo') als Doppellok mit einem gemeinsamen Kasten betrachten kann.

Bei der Reihe „S" hatte man Motoren mit einer Nennleistung von 410 kW (550 PS) verwendet, bei der Reihe „T" reduzierte man dies auf 246 kW (330 PS). Damit wurden die Motoren kleiner und leichter, sie beanspruchten das Gleis weniger stark und ergaben einen ruhigeren Lauf. Man ließ die Maschinen daher für eine Höchstgeschwindigkeit von 121 km/h (75 mph) zu, die später aber auf 113 km/h (70 mph) reduziert wurde. Im Vergleich dazu durfte die Reihe „S" nur 97 km/h schnell fahren. Die Bauart der Motoren blieb gleich, sie besaßen wie bisher zwei Pole mit annähernd geraden Stirnflächen, zwischen sich die – abgefederte – Achse mit dem Motoranker in vertikaler Richtung bewegen konnte.

Anders als bei der Reihe „S" waren die Motoren nun zwangsbelüftet, bei der gelenkigen Bauweise ergab dies allerdings eine ziemlich umständliche Führung der Luftkanäle. Wie bisher besaßen auch diese Loks neben den Stromabnahmeschuhen für die Stromschiene auf dem Dach einen kleinen Pantographen, aus dem sie auf Weichenstraßen über eine Oberleitung versorgt wurden, wenn Stromschienen nicht verwendbar waren. Für die Heizung der Züge sorgte ein ölbefeuerter Dampfkessel. Es mag manchen Betrachter seltsam angemutet haben, daß eine elektrische Lokomotive, mit der die Rauchbelastung des Dampfbetriebs beseitigt werden sollte, einen kleinen Schornstein besaß, aus dem Ölqualm hervorquoll!

Im März 1913 erschien die erste der Lokomotiven als „T1a". Neun weitere wurden im Verlauf des gleichen Jahres als „T1b" ausgeliefert. Die 10 Loks des Jahres 1914 gehörten zur Unterbauart „T2a", 1917 baute man 10 Stück als „T2b". Die letzte Serie von 1926, wiederum 10 Loks, hieß „T3a". Die Unterschiede, die die verschiedenen Bezeichnungen verdeutlichen sollten, lagen hauptsächlich in der Größe des Zugheizkessels und seiner Vorräte. Die Reihe „T2" und „T3" waren dazu auch noch 508 mm länger als die „T1". Die Kästen hatte man bei den verschiedenen Serien ebenfalls verlängert, der Überhang der Drehgestelle verringerte sich entsprechend.

Mit einer Dauerleistung von 1940 kW (2640 PS) bei 77 km/h waren sie für ihre Zeit sehr leistungsfähig; Züge mit einem Gewicht von 890 t beförderten sie ohne Vorspann mit 97 km/h. Sie bewährten sich so hervorragend, daß man erst 1955 begann, sie durch Lokomotiven zu ersetzen, die bei der Einstellung einer elektrischen Strecke in Cleveland frei wurden.

Diese Lokomotiven zeigten, daß es sehr wohl möglich war, Maschinen mit Allradantrieb für hohe Geschwindigkeiten einzusetzen, daß man also auf die schweren und komplizierten Stangenantriebe ihrer Zeitgenossen gut verzichten konnte.

Reihe EP-2 „Bi-Polar"
(1'Bo)Do'Do'(Bo1')

USA
Chicago, Milwaukee, St. Paul & Pacific Railroad (CMStP&P), 1919

Bauart: Elektrische Schnellzug-
lokomotive
Spurweite: 1435 mm (4 ft 8½ in)
Stromversorgung: Gleichstrom
von 3000 Volt über Oberleitung
Antrieb: 12 auf den Achsen
befestigte Direktmotoren von je
272 kW (370 PS)
Gewicht: 208 t (457500 lb)
Reibungsgewicht / 236 t
(520000 lb) Gesamtgewicht
Maximale Achslast:
17,5 t (38500 lb)
Gesamtlänge: 23165 mm
(76 ft 0 in)
Zugkraft: 549 kN (123500 lb)
Höchstgeschwindigkeit:
113 km/h (70 mph)

Die Chicago, Milwaukee, St. Paul &
Pacific Railroad war die letzte
Bahngesellschaft, die eine neue
Verbindung vom Osten der USA zur
Westküste baute. 1909 erreichte sie
Tacoma im Staate Washington – der
durchgehende Personenverkehr
begann erst 1911. Als Neuling unter den interkontinentalen Bahnen
mußte die Milwaukee sich stärker
anstrengen, um einen Teil des Verkehrs an sich zu ziehen, dazu gehörte für sie die Verwendung einer
neuen, sauberen Traktionsart, der
Elektrizität.

Fünf Jahre nach Eröffnung der
Strecke begann man, hölzerne
Oberleitungsmasten zu errichten
und 1917 nahm man den elektrischen Betrieb in den Rocky Moun-
tain- und Missoula-Bezirken zwischen Harlowton und Avery, Mon-
tana auf – eine Entfernung von 705
km! Die Leitungen der Hochspan-
nungsversorgung, die die Wasserkraftwerke mit den Umformersta-
tionen an der Strecke mit einer
Spannung von 100000 Volt versorgten, mußten dazu häufig durch
jungfräuliches Gelände verlegt
werden. Schon 1919 konnte man
weitere 370 Kilometer des Küsten-
bezirks von Othello nach Tacoma im
Staate Washington einweihen. Eine
Elektrifizierung, die nach Hunderten
von Kilometern oder Meilen gemessen wurde, war damals etwas
gänzlich Neues. Die Verantwortlichen der anderen großen amerika-

nischen Bahngesellschaften warte-
ten gebannt auf die Ergebnisse dieses Wagnisses. In technischer Hinsicht war man äußerst zufrieden:
Man konnte viel größere Lasten befördern als mit Dampflokomotiven,
die Energiekosten waren niedriger,
man fuhr schneller – das heißt, der
Betrieb ließ sich wirtschaftlicher ab-
wickeln. Man sollte also annehmen,
daß andere Gesellschaften bald folgen würden. Leider gehörten zu einem derartigen Projekt aber auch
riesige Investitionen, die sich ab-
schreckend auswirkten, vor allem in
Anbetracht der langsam bemerkbar
werdenden Konkurrenz des Straßenverkehrs. So blieben, mit einer
nennenswerten Ausnahme, die
Bahnelektrifizierungen in den USA
auf kürzere Abschnitte beschränkt.

Die Milwaukee Railroad selbst
mußte 1925 den Konkurs anmel-

den, was natürlich dem Vertrauen in
derartige Projekte einen weiteren
schweren Schlag versetzte, obwohl
man behauptete, daß die Elektrifizierung – immerhin eine Investition
von 24 Millionen Dollar – den Konkurs nicht *beschleunigt*, sondern
tatsächlich *verzögert* habe.

Die ursprüngliche Schnellzug-
loktype, Reihe „EP1", lieferten ab
1915 die American Locomotive
Company und General Electric. Sie
war, abgesehen von einer anderen
Übersetzung für eine höhere Geschwindigkeit und einem ölgefeuerten Zugheizkessel, mit den ersten
Güterzuglokomotiven identisch.
Diese fest gekuppelten Doppellokomotiven mit der Achsfolge
(2'Bo) Bo'+Bo' (Bo2') und einer
Stundenleistung von 2530 kW
(3440 PS) wogen 261 t bei einer
maximalen Achslast von 25,4 t! Ihr

Oben: *Eine „Bi-Polar" im Dienst
unter der 3000 Volt-Fahrleitung der
Chicago, Milwaukee, St. Paul &
Pacific Railroad.*

einfaches, eckiges Äußeres verriet
kaum ihre Fähigkeit, bisher un-
geahnte Lasten zu bewegen. Drei-
ßig dieser Maschinen in Güterzug-
und zwölf Stück in Personenzug-
ausführung wurden erbaut.

Als man nun die Fahrleitungen
auch im Cascade-Gebirge auf-
stellte, wollte man noch einige zusätzliche Lokomotiven, die technisch weniger kompliziert und damit robuster waren. Ergebnis waren
die legendären „Bi-Polars", eine
Schöpfung von General Electric. Ihr
Name ergab sich aus ihrer Motorbauart mit nur zwei Polen – „Bi-
Polar". Dies sind die denkbar einfachsten Motoren, die man bauen

kann. Sie haben keinerlei störanfällige Getriebe, der Motoranker sitzt direkt auf der angetriebenen Achse. Allerdings muß man der – abgefederten – Achse die senkrechte Bewegung ermöglichen. Man kann also nur zwei Pole seitlich so anordnen, daß diese Bewegungen den kritischen Luftspalt zwischen den Polen und dem Anker nicht beeinträchtigen. Natürlich hat diese Einfachheit ihren Preis, denn die Leistung eines derartigen Motors ist begrenzt, einmal durch die relativ niedrige Drehzahl der Treibachse und auch weil eine größere Polzahl eine höhere Leistung mit sich brächte.

Man benötigte also für eine ähnliche Leistung wie die der „EP1" eine größere Anzahl angetriebener Achsen. Durch die damit verbundene größere Länge der Maschine mußte man den Kasten dreiteilig ausführen, verbunden durch die vierachsigen Mitteldrehgestelle. Das war nun schon „eine Menge Lokomotive", aber dies war noch gar nichts gegen die Wirkung des eindrucksvollen Äußeren der Maschinen. Die elektrischen Ausrüstungsteile auf den Endfahrgestellen verkleidete man nicht mit dem üblichen Kasten, sondern mit oben gerundeten Hauben. Diese einfache Veränderung war es, was den „Bi-Polars" das gewisse Extra verlieh, das sie aus der Masse hervorhob.

Man dachte sogar daran, alle Teile, die sich nicht mit dem Image einer Elektrolokomotive vertrugen, nämlich den Zugheizkessel und die Vorratsbehälter, im Mittelteil zu verstecken. Alles in allem fand sich der Cascade-Bezirk der Milwaukee bei der Betriebseröffnung 1918 im Besitz von fünf Exemplaren dieser zuverlässigen Gattung, die Züge von 900 t auf den langen Steigungen von 2,2% mit 40 km/h fahren und sie natürlich bergab auch mühelos abbremsen konnten. Man arran-

Unten: Die Milwaukee-„Bi-Polars" der Reihe „EP-2" gehören zu den eigenwilligsten und eindrucksvollsten Lokomotiven, die je gebaut wurden.

gierte einige spektakuläre Werbegags, beispielsweise eine Art Tauziehen zwischen einer „Bi-Polar" und zwei großen Dampfloks, einer (1'C)C1'-Gelenklok und einer 1'D-Maschine, auf einer großen Fachwerkbrücke. Selbstverständlich hatte die Ellok dabei keine Mühe, die beiden Dampfer, die unter Volldampf liefen, rückwärts davonzuziehen.

1921 lieferten die Konkurrenzfirmen Baldwin und Westinghouse zehn Schnellzugloks „EP-3" in einer konventionelleren Ausführung. Man hatte es hier aber geschafft, eine um 20% höhere Leistung auf der halben Treibachszahl unterzubringen, ihre Achsfolge lautete (2'Co1') (1'Co2'). Sie erhielten wieder einen einfachen eckigen Kasten, allerdings nicht ganz so kantig wie der der „EP1".

Die „Bi-Polars" standen nun schon bald nach ihrem Bau einer Übermacht von Fünf-zu-Eins der anderen Lokomotiven gegenüber, aber sie demonstrieren sehr schön den Wert von etwas Imagepflege, denn sie sind es, die sich als Inbe-

griff dieser längsten amerikanischen Bahnelektrifizierung dem Gedächtnis eingeprägt haben. Sie leisteten auch gute Dienste und hielten sich sehr wacker. Noch in den Fünfziger Jahren spannte man sie dem besten Zug der Bahn, dem Luxuszug „Olympian Hiawatha" auf den 705 Kilometern des Rocky-Mountain-Bezirks vor. Ihre Fahrzeit von 10 h 40 min für diese Strecke lag sogar noch weit unter den 15 Stunden, die in der Anfangszeit des elektrischen Betriebes benötigt wurden.

Modernere Lokomotiven noch größerer Leistung wurden für die UdSSR gebaut, der „Kalte Krieg" verhinderte aber ihre Lieferung. Einen Teil dieser (2'Do) (Do2')-Maschinen mit dem Spitznamen „Little Joe" übernahm die Milwaukee und sie sollten schon bald den „Bi-Polars" zum Schicksal werden. Trotz eines Umbaus 1953, bei dem sie unter anderem eine Vielfachsteuerung erhielten, nahm man alle fünf Loks zwischen 1958 und 1960 aus dem Betriebsbestand. Eine, die Nr. „E-2", erhielt das Nationale Verkehrsmuseum in St. Louis, Mis-

souri, die anderen verschrottete man.

1973 endete dann auch der gesamte elektrische Betrieb der Milwaukee Road, weil notwendige Erneuerungsarbeiten zu teuer wurden und der gebotene Preis für die großen Kupfermengen der Bahn für die schlechten Bilanzen der Gesellschaft hilfreich schien. Der starke Anstieg des Ölpreises kam zu spät für eine Änderung dieser Pläne. Er sorgte aber dafür, daß die Betriebskosten auch bei Dieselbetrieb weiter stiegen, die ganze Bahn geriet in Gefahr. Es gab in diesem Bereich der USA einfach zu viele Strecken für das stetig fallende Verkehrsaufkommen. Es wunderte deshalb niemand, daß die Milwaukee 1980 ihre gesamte transkontinentale Strecke aufgeben mußte. Wo vor Jahren noch die „Bi-Polars" vorbeibrummten, wächst heute nur noch Gras.

Unten: Die „Bi-Polar" Nr. E-2 steht heute im Nationalen Verkehrsmuseum in St. Louis, Missouri.

Nr. 1-20 Bo'Bo' Großbritannien
Metropolitan Railway (Met), 1920

Bauart: Elektrische Personenzuglokomotive
Spurweite: 1435 mm (4 ft 8½ in)
Stromversorgung: Gleichstrom
von 600 V aus seitlichen Stromschienen.
Antrieb: 4 Tatzlagermotoren von je
221 kW (300 PS).
Gewicht: 62,5 t (137760 lb)
Maximale Achslast:
15,4 t (34440 lb)
Gesamtlänge: 11887 mm
(39 ft 0 in)
Höchstgeschwindigkeit:
105 km/h (65 mph)

Wenn eine Eisenbahn, die bislang
nur kurze Strecken des Nahverkehrs
innerhalb einer Metropole ihr Eigen
nannte, plötzlich die Aufgabe erhält, eine längere Strecke zu betreiben, kann es geschehen, daß sie
sich benimmt, als ob es gelte, eine
transkontinentale Strecke zu befahren. Die 80 km lange Verlängerung
der Metropolitan Railway von der
Baker Street Station nach Aylesbury und darüber hinaus war Teil
eines großartigen Planes für den
Fernverkehr zwischen Städten wie
Manchester, Sheffield, Nottingham
und Leicester mit Paris, Berlin und
Rom. Zwischen Großbritannien
und dem Rest von Europa sollte der
Kanaltunnel das Bindeglied sein; für
die Verbindung zwischen dem Norden und dem Süden von London
war unsere Metropolitan Railway
vorgesehen.

Bekanntlich kam es nie dazu, daß
der „Orient-Express" in der Baker
Street Station hielt, damit Geheim-
agenten einsteigen konnten, aber
die Met tat alles, dieses Manko
durch andere Annehmlichkeiten

wie Pullman-Salonwagen auf ihren
längeren Vorortstrecken wieder
wett zu machen. Die Wagen, die
dadurch so manchem eine angenehme Möglichkeit boten, von
„Metroland", dem Einzugsgebiet
der Bahn, zum Broterwerb nach
London zu reisen, zogen die hier
beschriebenen bunt lackierten und
auf die Namen berühmter Personen
getauften Elektrolokomotiven.

Die Elektrifizierungswelle hatte
die oberirdischen Strecken des
Londoner U-Bahnnetzes um die
Jahrhundertwende erreicht. 1904
und 1906 baute man zwei Serien
von jeweils 10 Elektroloks für diese
Abschnitte von London bis zur
Grenze des elektrischen Betriebs,
damals Harrow-on-the-Hill, später
bis Rickmansworth. Diese frühen
Maschinen waren um 1920 so ab-
genutzt, daß sie durch Neubauten
von Metropolitan-Vickers ersetzt
werden mußten. Ergebnis waren
diese großartigen, im Grunde aber
sehr konventionellen Lokomotiven.

Um eine bessere Stromabnahme
trotz der unvermeidlichen Lücken
der Stromschienen zu erreichen, erhielt auch das Wagenmaterial
Stromabnahmeschuhe, die durch
eine Starkstromleitung verbunden
waren. Nicht nur die Fahrzeuge der
Met wurden so ausgerüstet, sondern auch die Garnituren der Great
Western Railway, die vom Paddington-Bahnhof aus mit den Elloks
zum Liverpool Street-Bahnhof wei-
terfuhren. Damit auch gewöhnlich
mit Dampfloks beförderte Wagen
verwendet werden konnten, besaßen die Loks sowohl eine
Vakuum- als auch eine Druckluft-
bremsausrüstung.

1960 erweiterte man den elektrischen Betrieb von Rickmansworth

bis Amersham, gleichzeitig gab aber
„London Transport" (die 1933 die
Metropolitan Railway übernom-
men hatte) den Verkehr mit eigenen
Fahrzeugen zwischen Amersham
und Aylesbury auf. Damit gab es
kaum noch eine Einsatzmöglichkeit
für diese Maschinen und man mu-
sterte die meisten aus. Lok Nr. 5
„John Hampden" kann heute im
Londoner Transport Museum in
Covent Garden besichtigt werden.
Lok Nr. 12 „Sarah Siddons" be-
wahrt ihr Eigentümer „London
Transport" im Depot Neasden in
fahrfähigem Zustand auf.

Oben: *Eine der 1920 gebauten
Lokomotiven der Metropolitan
Railway fährt in die Baker Street
Station ein.*

Rechts: *Lok Nr. 12 „Sarah Siddons", die im Depot von Neasden
museal erhalten wird, zieht im September 1982 einen Sonderzug
nach Watford durch die Gleisanlagen von Weasden Park.*

Unten: *Nr. 8 erhielt den Namen
von „Sherlock Holmes", der ja in
der Baker Street, gerade gegenüber
der Metropolitan Station, ge-
wohnt haben soll.*

SPECIAL
WATFORD
12
463
LONDON TRANSPORT
10
40

OLMES
ANSPORT
8

Ge 6/6 „Krokodil" C'C'
Schweiz
Rhätische Bahn (RhB), 1921

Bauart: Elektrische Berg-lokomotive.
Spurweite: 1000 mm (3 ft 3⅜ in)
Stromversorgung:
Wechselstrom von 11 000 Volt 16⅔ Hz über Oberleitung zum Lokomotivtransformator
Antrieb: 2 Motoren von 442 kW (600 PS), jeder treibt drei Treib-achsen eines Drehgestells über eine Blindwelle und Kuppelstan-gen.
Gewicht: 66 t (145460 lb)
Maximale Achslast:
11 t (24240 lb)
Gesamtlänge: 13300 mm (43 ft 7½ in)
Zugkraft: 176 kN (39600 lb)
Höchstgeschwindigkeit:
55 km/h (34 mph)

Eine der berühmtesten und auch sehenswertesten Bahnen der Welt ist die meterspurige Eisenbahn, die die Verbindung zu den Schweizer Wintersportorten Davos und St. Moritz herstellt. Die Anschlüsse an das Normalspurnetz bestehen in Landquart und Chur in einer Höhe von etwa 150 m über See, die bei-den wichtigsten Zielorte sind dage-gen nur über Paßstrecken in Höhen von 1737 m und 1823 m zu errei-chen. Die Trasse von Landquart nach Davos aus dem Jahr 1896 er-hielt eine maßgebende Steigung von 4,5%, die 1902 fertiggestellte von Chur nach St. Moritz baute man, unter Zuhilfenahme von vier Kehrtunnels und dem 5,9 km lan-gen Albula-Tunnel durch die Rhein-Donau-Wasserscheide, mit einer Höchststeigung von 3,4% et-was weniger steil.
Trotz der vielen, mit 100 m klein-stem Radius, recht engen Kurven ließen sich einige der teuersten und spektakulärsten Kunstbauten der Welt nicht vermeiden. Die Schwie-rigkeiten des Dampfbetriebs auf dieser Gebirgsbahn waren dazu an-getan, den Verantwortlichen Alp-träume zu bereiten und so wandten sich die Gedanken schon bald der neumodischen Antriebskraft na-mens Elektrizität zu, die man aus der hier reichlich vorhandenen Wasser-kraft gewinnen konnte.
Als man 1910 den Bau einer Zweigstrecke ins Engadin nach

Rechts: Die Seitenansicht der Ge 6/6 Nr. 412 zeigt uns auch einen der großen Schneepflüge, die die Maschinen in jedem Winter er-hielten, bis man um 1960 kleinere Pflüge auf Dauer anbrachte.

Schuls-Tarasp an der Grenze zu Österreich begann, nutzte man die Gelegenheit und sah von Beginn an den elektrischen Betrieb vor. Die In-genieure übernahmen das inzwi-schen eingeführte Schweizer Bahnstromsystem mit einer Fre-quenz von 16⅔ Hz, wählten aber eine etwas niedrigere Spannung von 11 000 Volt, statt 15000 Volt. Einer der Gründe dafür war das enge Profil der zahlreich vorhande-nen Tunnels, die keinen Raum für die größeren Sicherheitsabstände der höheren Spannung ließen. Man beschaffte für die Bahn ins Engadin einige kastenförmige Elektroloks der Achsfolge 1'B1'. 1913/14 er-schienen dann acht größere Ver-suchslokomotiven der Achsanord-nung 1'D1', die bei Bewährung zur Einheitstype der RhB werden soll-ten. Man war bei ihnen bemüht ge-wesen, durch verschiedene techni-sche Neuerungen eine ausrei-chende Anfahrzugkraft der Wech-selstrommotoren zu erreichen.

Oben: Die Ge 6/6 Nr. 410 durch-fährt den Bahnhof von Davos Dorf mit einem Personenzug von Land-quart nach Davos Platz.

Der große Brennstoffmangel in der Zeit des Ersten Weltkrieges – die Schweiz besitzt ja keine Kohlevor-kommen – verwandelte den bloßen Wunsch nach der Elektrifizierung in einen festen Vorsatz. Nach Kriegs-ende war durch die bisherigen Er-fahrungen mit den Vorkriegsma-schinen klar, daß es wohl besser wäre, sich nach etwas völlig ande-rem umzusehen – die Suche führte zu den großartigen Lokomotiven, die hier beschrieben werden.
Die erste der 10 C'C'-Lokomoti-ven mit der Nummer 401 wurde im Juni 1921 geliefert, der Beginn ei-ner 26 Jahre dauernden ununter-brochenen Vorherrschaft über diese außergewöhnliche und schwierige Bahn. 1925 erhielt die RhB zwei weitere Maschinen, 1929 noch ein-

mal drei Stück. Wie die meisten Schweizer Lokomotiven kamen auch diese aus der Schweizer Lo-komotivfabrik in Winterthur, die Herstellung der elektrischen Ausrü-stung teilten sich Brown Boveri und Oerlikon.
Auf der 89 km langen Strecke von Chur nach St. Moritz verrin-gerte sich die Fahrzeit auf 2 h 45 min gegenüber den 4 Stunden der Dampfzeit. Die größere Zugkraft der neuen Elloks ließ die Verwen-dung neuer, komfortablerer und da-mit auch schwererer Wagen von etwa 20 t Gewicht zu. Endlich gab es auch für die noch immer noch recht lange Fahrt die willkommene Abwechslung eines Speisewagens. Zogen die Dampfloks nur 90 t Zug-gewicht, so lag die Grenze jetzt bei 200 t.
Die Grundidee dieser neuen Ma-schinen bestand in der Verwendung zweier gleicher dreiachsiger Triebge-stelle mit je einem Motor, der die Antriebskräfte über eine Blindwelle und über einen Schrägstangenan-trieb auf die Treibachsen übertrug. Diese Motorgestelle verbindet – wie der Kessel einer Beyer-Garratt-Dampflokomotive – der Lokomo-tivkasten auf einem Brückenrahmen, der auch den bei niederfre-quentem Wechselstrom sehr schweren Haupttransformator so-wie die Schaltausrüstung und die Hilfsbetriebe trägt. An den Enden dieses Mittelteils befinden sich die Führerstände, der Lokomotivführer hat damit eine gute Streckensicht über die niedrigen Motorvorbauten hinweg. Zwei Scherenstromabneh-mer auf dem Dach versorgen die Lok mit dem Fahrstrom. Nach dem-selben Prinzip entstanden zur glei-chen Zeit schwere normalspurige Güterzuglokomotiven für die neu elektrifizierte Gotthardstrecke der Schweizer Bundesbahnen, die durch ihr Aussehen als erste den Spitznamen „Krokodil" erhielten, der dann auch auf andere Maschi-

nen ähnlicher Gestalt übertragen wurde.

Wichtiges Zubehör war eine Spurkranz-Schmiervorrichtung, die den Verschleiß in der Unzahl von Kurven verminderte. Als Bremse verwendete man auch weiterhin die Vakuumbremse mit einem Exhaustor auf der Lok. Die Wagenheizung erhielt ihren Betriebsstrom aus einer Anzapfung des Haupttransformators. Im Winter befestigte man an einem Ende der Lokomotiven einen großen Schneepflug, der in späteren Jahren durch zwei kleinere, permanent angebrachte, Pflüge ersetzt wurde, die das Kuppeln nicht behinderten und damit das Drehen der Loks an den Endbahnhöfen überflüssig machten.

Man hätte zwar eine Rekuperationsbremse verwenden können, bei der der Strom in das Oberleitungsnetz zurückgespeist wird. Solange aber kein Anschluß des RhB-Bahnstromnetzes zu anderen Netzen bestand, war das nicht möglich. Es konnte ja durchaus geschehen, daß alle Züge gleichzeitig auf den verschiedenen Strecken talwärts fuhren und damit keine Belastung vorhanden war, die eine Bremswirkung erst verursacht. Statt dessen wählte man ein elektrisches Bremssystem, wie es heute auch bei vielen modernen Diesel- und Elektrolokomotiven angewandt wird – die dynamische oder Widerstandsbremse, bei der die von den als Generator wirkenden Fahrmotoren gelieferte Energie in luftgekühlten Bremswiderständen schon auf der Lokomotive in Wärme umgesetzt wird.

Glücklicherweise behielten die Ge 6/6-Lokomotiven ihre schmucke braune Farbgebung und die elegant wirkende Messingbeschilderung auch nach dem Zweiten Weltkrieg, als die RhB bei ihren Neubestellungen einen etwas tristen grünen Anstrich mit verchromter Grotesk-Beschriftung einführten.

Diese neuen Bo'Bo'-Lokomotiven des Jahres 1947 verdrängten die „kleinen Krokodile" der Reihe Ge 6/6 vor den hochwertigsten Leistungen, aber auch an der Spitze weniger komfortabler Züge verrichteten sie weiter zuverlässig ihren Dienst. Obwohl heute schon 20 Bo'Bo'- und 7 Bo'Bo'Bo'-Lokomotiven zur Verfügung stehen, sind noch immer alle – außer der Nr. 401, die 1973 einer Lawine bei Cavadurli

in der Nähe von Klosters zum Opfer fiel – im Einsatz.

Die Nachricht, daß weitere neue Lokomotiven bestellt wurden, um diese herrlichen Exemplare der Kunst früherer Lokomotivbauer endgültig zu ersetzen, löst bei all jenen Bedauern aus, für die sie so lange Zeit ein fester Bestandteil dieser beliebten Urlaubsgegend waren. Hoffnung gibt allerdings die Tatsache, daß die RhB-Verwaltung

zwei ihrer alten Dampflokomotiven weiter für Sonderzüge einsatzfähig hält, um den Dampffreunden damit einen Gefallen zu tun. Vielleicht macht sie auch den Freunden der „kleinen Krokodile" die große Freude und erhält in Zukunft ein oder zwei dieser robusten Maschinen in betriebsfähigem Zustand, was sicherlich weniger schwierig ist als bei den Dampfrössern.

Oben: *Ge 6/6 Nr. 405 der Rhätischen Bahn hat soeben die 4,5%-Steigung oberhalb Klosters überwunden und fährt in den Bahnhof von Laret im Herzen des berühmten Skigebietes von Parsenn ein.*

Be 4/6 (1'B)(B1') Schweiz
Schweizerische Bundesbahnen (SBB), 1919

Bauart: Elektrische Schnellzug-lokomotive für Bergstrecken.
Spurweite: 1435 mm (4 ft 8½ in)
Stromversorgung:
Wechselstrom von 15000 V und 16⅔ Hz über Oberleitung zum Lokomotivtransformator
Antrieb: 4 Motoren von je 380 kW (516 PS). Je ein Motorpaar treibt über Vorgelege, Blindwelle und Stangen zwei Räder eines Dreh-gestells
Gewicht: 77 t (169 750 lb) Reibungsgewicht; 106,5 t (234 790 lb) Gesamtgewicht
Maximale Achslast:
19,25 t (42 440 lb)
Gesamtlänge: 16 500 mm (54 ft 1½ in)
Zugkraft: 196 kN (44 015 lb)
Höchstgeschwindigkeit:
75 km/h (47 mph)

Die Gotthardbahn, eine der groß-artigsten Gebirgsbahnen der Welt und wohl der wichtigste Grund, warum man die Schweiz auch die „Drehscheibe Europas" nennt, wurde im Jahre 1883 eröffnet. Die

Oben: *Bei Eröffnung des elektri-schen Betriebs der Gotthardbahn trugen die Be 4/6-Lokomotiven diese schöne braune Farbgebung.*

zweigleisige Bergstrecke hatte trotz des 14,8 km langen Gotthardtun-nels und insgesamt 30 weiteren Ki-lometern Tunnelstrecken noch eine maßgebende Steigung von 2,6% auf ihren Zufahrrampen beiderseits der Alpenkämme. Man war aber mit verhältnismäßig schweren Dampf-lokomotiven durchaus imstande, den Betrieb befriedigend abzu-wickeln. Die größten Maschinen zur Zeit des Ersten Weltkriegs waren 1'E-Loks für Güterzüge und 2'C-Schnellzugloks.

Doch in diesem Krieg, in dem die Schweiz neutral blieb, machte sich ihr Hunger auf Kohle – die vorwie-gend aus Deutschland importiert werden mußte – unangenehm be-merkbar, denn die Einfuhren gingen auf eine minimale Höhe zurück. Die Verwendung von Brennholz war keine Lösung, so daß noch wäh-rend des Krieges die Pläne zur Um-stellung auf die einzige Schweizer Energiequelle reiften – die „weiße Kohle" der Alpen, nämlich die Elek-trizität aus Wasserkraftwerken.

Eine erprobte Technik stand in-

zwischen zur Verfügung, man sam-melte auf der Lötschbergbahn schon seit fünf Jahren Erfahrungen. Der Wille – und auch das Geld – waren vorhanden, die Arbeiten konnten ohne Verzögerung begin-nen. Am 29. Mai 1921 konnte der

Gesamtbetrieb der Gotthardstrecke von Erstfeld bis Bellinzona der Elek-

---

Nr. 13 2'Co2' Großbritannien
North Eastern Railway (NER), 1922

Bauart: Elektrische Schnellzug-lokomotive
Spurweite: 1435 mm (4 ft 8½ in)
Stromversorgung: Gleichstrom von 1500 V über Oberleitung oder von unten bestrichene Strom-schiene
Antrieb: 6 Motoren von 221 kW (300 PS). Je ein Motorpaar treibt über Vorgelege und Federtopf-antrieb eine der Treibachsen
Gewicht: 52 t (114 240 lb) Reibungsgewicht; 104 t (228 480 lb) Gesamtgewicht
Maximale Achslast:
17,25 t (38 080 lb)
Gesamtlänge: 16 307 mm (53 ft 6 in)
Zugkraft: 125 kN (28 000 lb)
Höchstgeschwindigkeit:
144 km/h (90 mph)

Als man nach dem Ende des Ersten Weltkrieges bei den Eisenbahnen der Welt den Blick wieder mehr in die Zukunft richtete, gehörte der Oberingenieur Sir Vincent Raven der North Eastern Railway zu den weitsichtigeren Leuten, und er war von der elektrischen Traktion begei-

stert. Dazu kam, daß die Hauptauf-gabe der NER, der Transport von Massengütern war. Derartige Bah-nen sind – sogar heute noch – meist recht wohlhabend und können sich darum eine derart kostspielige, aber lohnende Investition wie eine Elek-trifizierung leisten. Die NER war da keine Ausnahme.

Auf einer der am stärksten bela-steten Strecken der Gesellschaft, von Shildon nach Newport, hatte man 1917 den elektrischen Betrieb eröffnet und war damit äußerst zu-frieden. Raven dachte nun an eine

Umstellung der Personenverkehrs-strecke von York nach Newcastle, einem Teil der Bahn von London nach Edinburgh entlang der Ostkü-ste. Die Arbeiten an diesem Projekt begannen, man baute auch eine 2'Co2'-Schnellzuglokomotive, die bis zu 144 km/h schnell fahren konnte – damit eine der schnellsten Lokomotiven ihrer Zeit.

Diese Lok Nr. 13 erbauten die bahneigenen Werkstätten in Dar-lington in den Jahren 1921-22; Metropolitan-Vickers lieferte die elektrische Ausrüstung. Mit sechs

Fahrmotoren ergaben sich drei Schaltungsmöglichkeiten bei voller Spannung: Beim Anfahren lagen alle Motoren in Serie, dann schal-tete man zweimal drei und schließ-lich dreimal zwei Motoren parallel. Damit genügend Bauraum für die Federelemente des Antriebs vor-handen war, gab man den Spei-chen der 2032 mm großen Treibrä-der eine etwas ungewöhnlich aus-sehende Form. Die Fahrmotoren waren im Lokomotivrahmen fest gelagert.

Wie bei Elloks inzwischen üblich,

NORTH

Oben: *Die Lok Nr. 12320 der SBB ist heute als aktive Museumslokomotive die letzte betriebsfähige Be 4/6. Auf dem Bild erkennt man sehr gut, daß Kupplung und Puffer an den Drehgestellen und nicht am Lokkasten angebracht sind.*

erhielten eine elektrische Ausrüstung von Oerlikon. Eine weitere (1'B)(B1')-Lok – Nr. 12302 – besaß einen einfacheren elektrischen Teil von Brown Boveri. Nach einer kurzen Versuchszeit entschied man sich für letztere und bestellte eine Serie von 40 Loks der Reihe Be 4/6 mit den Nummern 12303-12342 bei BBC. Der mechanische Teil aller Maschinen stammte wie üblich von der Schweizer Lokomotivfabrik SLM. Das Betriebsprogramm dieser Reihe verlangte die Beförderung eines Zuges von 300 t mit mindestens 50 km/h auf den Rampen von 2,6% und bot für die neuen Loks keine Schwierigkeit. Die bewegliche Bauart mit führenden Laufachsen an den Drehgestellen entsprach den Anforderungen der kurvenreichen Bahntrassierung und die Widerstandsbremsen (ursprünglich nur bei den letzten 30 Loks) halfen bei der Beherrschung der Züge bei der Talfahrt. Vor besonders schweren Zügen verwendete man die Be 4/6 paarweise.

Lange Jahre hindurch verrichte-

trotraktion übergeben werden, die ersten elektrischen Züge waren schon ein Jahr zuvor gefahren. Für den Schnellzugverkehr baute man 1919 drei Prototyplokomotiven, eine (1'B)(B1')-Lok – Nr. 12301 – und eine 1'C1'-Lok – Nr. 12201 –

ten diese Gotthardloks der ersten Generation den Personenzugdienst und übernahmen auch leichte Schnellgutzüge auf einer der aufreibendsten Hauptstrecken der Welt, bis auch sie durch neue, bei gleicher Achszahl fünfmal stärkere Lokomotiven verdrängt wurden, die wir noch später kennenlernen werden. Viele musterte man schon in den Sechziger Jahren aus, einige konnten sich länger halten. Heute ist nur noch eine Be 4/6 der SBB, die Nr. 12320, als betriebsfähige Museumslokomotive vor Zügen zu bewundern.

Erwähnenswert ist auch, daß ein weiterer lebenswichtiger Teil der Gotthardelektrifizierung, die ersten Pelton-Wasserturbinen in den eigens errichteten Wasserkraftwerken von Amsteg und Piotta, auch heute noch einen Teil der elektrischen Energie liefern, die Lokomotiven über die Alpen bewegt.

---

trug das Dach zwei große Pantographen zur Stromabnahme, aber es war nicht beabsichtigt, damit der Lok dauernd den Fahrstrom zuzuführen. Auf der freien Strecke wollte Raven eine seitliche Stromschiene verwenden, die aus Sicherheitsgründen und um die Ansammlung von Schnee und Eis zu verhindern, von unten bestrichen und auf der Oberseite abgedeckt sein sollte. Man verlegte zwischen York und Scarborough ein Stück Stromschiene und rüstete einige 2'B2'-Tenderdampfloks versuchsweise mit Stromabnehmerschuhen aus. Die gewöhnliche Oberleitung wollte Raven nur in Bahnhöfen verwenden, wo Weichen und Kreuzungen die Verlegung einer Stromschiene behinderten.

Doch leider war die ganze Arbeit umsonst gewesen, nicht aus technischen Gründen, sondern weil die

Oben: *Lok Nr. 13 nahm 1925 an der Kavalkade zur Jahrhundertfeier der Stockton & Darlington Railway teil.*

Unten: *Sir Vincent Raven entwarf die elektrische Versuchs-Schnellzuglokomotive, die 1921 die North Eastern-Werkstätten in Darlington erbauten.*

Politik einen Strich durch die Rechnung machte. 1923 veranlaßte die Regierung den Zusammenschluß der britischen Eisenbahnen in vier großen „Gruppen". Man beabsichtigte damit die Unterstützung der unterentwickelten Gebiete durch die Finanzkraft der großen Bahnen. So mußte die North Eastern also nun ihr Geld für die wirtschaftlich schwächeren Partner in der neuen London & North Eastern Railway geben, anstatt ihr eigenes Netz zu verbessern. Damit war die Elektrifizierung York-Newcastle auf unabsehbare Zeit verschoben und auch diese große (und ansehnliche) Lokomotive konnte nie ihren vorgesehenen Zweck erfüllen, sondern wurde 1950 verschrottet.

EASTERN

ALCo's erste Diesellok   Bo'Bo'

USA
American Locomotive Company (ALCo), 1924

Bauart: Diesel-elektrische Rangierlokomotive
Spurweite: 1435 mm (4 ft 8½ in)
Antrieb: Ein 6-Zylinder/4-Takt Dieselmotor von 221 kW (300 PS) von Ingersoll-Rand mit Generator liefert Strom für 4 Tatzlagermotoren
Gewicht: 54,4 t (120000 lb)
Maximale Achslast: 13,6 t (30000 lb)
Gesamtlänge: 9906 mm (32 ft 6 in)

Diese Lokomotiven können den Titel „Erste erfolgreiche diesel-elektrische Lokomotive der Welt" für sich beanspruchen. Sie sind das Ergebnis der Kooperation drei bekannter Spezialfirmen: Ingersoll-Rand aus Phillips, New Jersey, stellte den Dieselmotor her, General Electric aus Erie, Pennsylvania, erzeugte die elektrische Ausrüstung und die American Locomotive Company aus Schenectady, New York, zeich-

net für die Fahrzeugteile und den Zusammenbau verantwortlich. Prinzip und Anordnung der verschiedenen Bauteile blieben bis heute unverändert. Dafür erhält man heute von GE bei gleicher Größe und Gewicht eine Lokomotive mit einer Leistung von 736 kW (1000 PS) anstelle der 221 kW (300 PS) dieser Maschine.

Anfang 1924 baute man einen Prototyp, im gleichen Jahr fertigte

man dann eine Serie von 5 Loks auf Lager, das heißt ohne feste Bestellung. Es fanden sich bald Käufer, bis 1928 wuchs die Zahl der gebauten Lokomotiven auf 26. Zu den Abnehmern gehörten die Baltimore & Ohio (1), Central of New Jersey (1), Lehigh Valley (1), Erie (2), Chicago & North Western (3), Reading (2) und die Delaware & Western (2). Die anderen Loks gingen als Werklokomotiven an Industriefir-

Nr. 101-103   1'C+C1'-zz

Chile
Chilenische Transanden Eisenbahn (FCCT), 1925

Bauart: Elektrische Zahnrad- und Adhäsionslokomotive
Spurweite: 1000 mm (3 ft 3⅜ in)
Stromversorgung: Gleichstrom von 3000 V über Oberleitung
Antrieb: 4 Motoren von je 236 kW (320 PS) treiben über Vorgelege, Blindwelle und Stangen die beiden dreiachsigen Reibungsantriebe; 2 Motoren von je 397 kW (540 PS) wirken auf die Treibzahnräder
Gewicht: 72 t (158700 lb) Reibungsgewicht; 85,5 t (188450 lb) Gesamtgewicht
Maximale Achslast: 12 t (26450 lb)

Gesamtlänge: 16070 mm (52 ft 9 in)
Zugkraft: 49 kN (11000 lb) Reibungsantrieb; 98 kN (22000 lb) Zahnradantrieb
Höchstgeschwindigkeit: 40 km/h (25 mph) auf Reibungsstrecken; 20 km/h (12,5 mph) auf Zahnstangenabschnitten

Eisenbahnen zur Verbindung von Atlantik und Pazifik haben oft Menschen in ihren Bann geschlagen, manches Mal so stark, daß die Wirtschaftlichkeit solcher Unternehmungen außer Acht blieb. Ein der-

artiges Projekt, wahrscheinlich auch das spektakulärste, war die „Transandine Railway", die zwischen 1887 und 1908 gebaut wurde, um Argentinien und Chile zu verbinden. Die britische Gesellschaft, die dafür die Konzession von den beiden Staaten erhielt, hatte dabei ihren Enthusiasmus so weit gezügelt, daß sogar ein kleiner Profit erwartet werden konnte, den die Eigentümer aber nicht allzu lange genossen, denn diese Eisenbahn wurde schon vor vielen Jahren verstaatlicht.

Diese meterspurige Transan-

den-Bahn von Mendoza in Argentinien nach Los Andes in Chile ist 254 km lang. Der Scheitelpunkt, La Cumbre, in einer Höhe von 3186 m bildet gleichzeitig die Grenze der beiden Länder. Auf beiden Seiten sind die Zufahrtrampen – die chilenische mit einer Steigung von 8% – mit dreifachen Zahnstangen ausgerüstet, einer verstärkten Variante der Abtschen Bauart. Auf der chilenischen Seite gibt es auch mehr Tunnels; die Schwierigkeiten der Betriebsabwicklung führten dann auch zur Elektrifizierung des obersten und schwierigsten Abschnitts,

men. In gleicher Bauart entstanden auch einige, etwas längere, zweimotorige Maschinen von 600 PS (441 kW).

Man bezeichnete diese Dieselloks sogar als „wirtschaftlich" erfolgreich, für die Hersteller bedeutete dies wohl nur, daß sie an diesem Projekt nichts zusetzen mußten. Die Eigentümer mußten dagegen für diese ersten Exemplare einer neuen Lokomotivgeneration

durchweg mit höheren Betriebskosten als bei ihren Dampfloks rechnen. Dies war aber überall dort gerechtfertigt, wo äußere Umstände, wie Brandgefahr oder Verbote, deren Einsatz nicht gestatteten. Dazu gehörte auch das schon erwähnte Verbot des Dampflokbetriebs im Gebiet von New York City. Man gewann vor allem wertvolle Erfahrungen, die ein Vierteljahrhundert später die allgemeine Einführung der

Dieseltraktion erleichterten. Obwohl man mit diesen Maschinen im Grunde Neuland betrat, waren sie so gut durchdacht, daß einige von ihnen noch 35 Jahre später im Dienst standen, allerdings wohl nach Art des berühmten uralten Hammers, der im Laufe der Zeit schon einige Male neue Stiele und Köpfe erhielt, aber nach außen immer noch der alte war. Zwei Loks dieser ersten ALCo-Serie existieren

noch heute; eine steht im Museum der Baltimore & Ohio Railroad in Baltimore, Maryland; die andere – bei ihr handelt es sich um die allererste, an die Central of New Jersey als Lok Nr. 1000 gelieferte – kann man im Nationalen Verkehrsmuseum in St. Louis, Missouri besichtigen.

Unten: *Lok „1000" der CNJ aus dem Jahre 1924 war die erste diesel-elektrische Lok, die über das Versuchsstadium heraus kam und sich im Einsatz bewährte.*

den letzten 36 Kilometern von Portillo bis zum Paß, die 1927 fertiggestellt wurden. Bis 1942 elektrifizierte man auch die verbliebenen 40 Kilometer chilenischer Strecke.

Die Schweizer Lokomotivfabrik Winterthur baute in Verbindung mit Brown Boveri drei Elloks für diese Bahn, die auf der Zahnstangenstrecke Züge von 150 t mit 15 km/h ziehen konnten.

Nach einer Überschwemmung im Jahre 1937 auf dem argentinischen Teil blieb die Strecke einige Jahre lang geschlossen. Man nahm zwar den Betrieb wieder auf, doch

die Beziehungen zwischen Argentinien und Chile waren nie sehr freundschaftlich gewesen, so daß Handel und Verkehr zwischen ihnen nie sonderlich stark waren. Es genügt wohl zu erwähnen, daß die drei Originallokomotiven mehr als 35 Jahre lang für den Gesamtverkehr auf dieser transkontinentalen Verkehrsader vollauf genügten.

Rechts: *Eine der Zahnrad-Lokomotiven der Chilenischen Transanden Eisenbahn.*

47

E401 2'BB2'

Frankreich
Paris-Orleans-Bahn (PO), 1926

Bauart: Elektrische Schnellzuglokomotive
Spurweite: 1435 mm (4 ft 8½ in)
Stromversorgung: Gleichstrom
von 1500 V über Oberleitung
Antrieb: 4 Motoren von je 883 kW
(1200 PS) sind fest im Rahmen
gelagert. Je ein Motorpaar treibt
zwei Treibachsen über ein Kuppel-
stangensystem
Gewicht: 72,0 t (158730 lb)
Reibungsgewicht; 131,7 t
(290345 lb) Gesamtgewicht
Maximale Achslast:
18,0 t (39680 lb)
Gesamtlänge: 16040 mm
(52 ft 7½ in)
Zugkraft: 176 kN (39520 lb)
Höchstgeschwindigkeit:
120 km/h (75 mph)

Die Paris-Orleans-Bahn elektrifizierte ihre Pariser Vorortstrecken ab
1899 mit Gleichstrom von 600 V.

1920 hatte man hier 20 Bo'Bo'-
Lokomotiven im Einsatz. Auch die
französischen Eisenbahnen hatten
in der Zeit des Ersten Weltkriegs unter Kohlemangel gelitten und sich
mit der Idee der Elektrifizierung von
Hauptstrecken angefreundet. Nach
Kriegsschluß sandte man eine
Fachdelegation in die USA, um den
dortigen Stand der Elektrotraktion
zu studieren. In ihrem Bericht emp-
fahlen die Ingenieure eine Gleichstromelektrifizierung mit einer
Spannung von 1500 Volt. 1919 begann man mit den Planungsarbei-
ten, die ein elektrisches Netz von
8500 Kilometern auf den Strecken
der PO, PLM und Midi-Gesell-
schaften umfaßten. Den nötigen
Strom sollten Wasserkraftwerke im
Zentralmassiv und in den Pyrenäen
liefern.

1923 fingen die Bauarbeiten für
die erste PO-1500 V-Strecke von

Paris nach Vierzon, eine Entfernung
von 204 km, an. Man bestellte drei
verschiedene Versuchs-Schnell-
zuglokomotiven, die einen Quer-
schnitt durch die damalige Loko-
motivbaukunst darstellten. Jede der
Maschinen wies interessante Merkmale auf, die bemerkenswerten
waren aber die beiden von Ganz in
Budapest 1926 gelieferten mit den
Nummern „E.401-2".

Damals war Kálmán Kandó
(1869-1931) leitender Direktor der
Firma Ganz, ein brillanter Ingenieur,
der einen großen Einfluß auf die
Entwicklung der Drehstromtraktion
und später auch der Wechselstrom-
traktion mit Industriefrequenz hatte.
Seine Arbeiten auf dem Gebiet der
Gleichstromtechnik sind weniger
bekannt, aber die Lokomotiven, die
er für die PO entwarf, waren zumindest genauso charakteristisch wie
seine Drehstromloks. Leider trug

dieser Ausflug zum Gleichstrom
nicht gerade zur Mehrung seines
Ruhms bei.

Die Achsfolge der Lokomotiven
lautete 2'BB2', das heißt sie besaßen zwei Treibachspaare in einem
festen Rahmen. Jedes dieser Achs-
paare trieben zwei im Hauptrahmen
gelagerten Motoren über ein kompliziertes Stangensystem. Im Dreieck
angeordnete Stangen verbanden
Kurbeln auf den Motorwellen miteinander und übertrugen die Drehbewegung auf eine der Treibachsen. Durch ein Zwischenglied
konnten sich die Dreieckstangen
verschieben, um die Bewegungen
auszugleichen, die die Achsfede-
rung hervorrief. Lok „E.401" besaß
eine derartige Stangenanordnung
nach Kandós eigenem Entwurf (die
komplizierteste, die je gebaut
wurde), wie er sie auch bei seinen
Drehstrom- und Wechselstromloks

Reihe WCG1 C'C'

Indien
Great Indian Peninsula Railway (GIP), 1928

Bauart: Elektrische Güterzug-
lokomotive
Spurweite: 1676 mm (5 ft 6 in)
Stromversorgung: Gleichstrom
von 1500 V über Oberleitung
Antrieb: 4 Motoren von je 478 kW
(650 PS). Je ein Motorpaar treibt
über Vorgelege, Blindwelle und
Stangen die drei Achsen eines
Drehgestells
Gewicht: 125 t (275500 lb)
Maximale Achslast: 21 t
(46 285 lb)
Gesamtlänge: 20142 mm
(66 ft 1 in)
Höchstgeschwindigkeit:
80 km/h (50 mph)

„Krokodil"-Lokomotiven wurden
mehr als einmal gebaut – auf Normalspur in der Schweiz und in
Österreich und auch auf Schmalspur in der Schweiz. Weniger bekannt ist, daß es auch in Großbritannien gebaute Breitspur-„Krokodile" gibt und daß sie auch heute
noch in der Umgebung von Bombay fahren.

1929 vollendete die Great Indian
Peninsular Railway die Elektrifizierung von 291 Streckenkilometern
zwischen dem Großraum von
Bombay und Poona. Der Anstieg
der West-Ghats erfolgt mit einer
maßgeblichen Steigung von 2,7%
und ist damit genauso steil wie die

Rechts: *Eine „WCG1"-Lokomo-
tive der Indian Railways rangiert im
Bahnhof von Bombay.*

verwendete. Die Stangenkonstruktion der „E.402" war etwas einfacher ausgefallen. Für die damalige Zeit war die elektrische Ausrüstung sehr fortschrittlich, nicht zuletzt die Dauerleistung der vier Motoren von insgesamt 3530 kW (4800 PS). Diese Fahrmotoren waren zwangsbelüftet, der Fahrschalter konnte sie in Serie/Serie-parallel/Parallel-Kombination schalten und erlaubte vor allem ein – damals – ungewöhnliches Maß der Feldschwächung. Das Erscheinungsbild der Lokomotiven war bemerkenswert, mit ihrem Mittelführerstand und den schmalen Vorbauten erinnern sie uns an amerikanische Diesellokomotiven der fünfziger Jahre. Die schrägen Stirnflächen und die glatte Verkleidung, zusammen mit den 1750 mm großen Treibrädern mit ihren wirbelnden Stangen, ließen beim Betrachter aber keinen

Zweifel daran, daß es sich hier um Schnellzugmaschinen handelte.

Sie erzeugten zwar die erwartete Leistung, waren aber außerordentlich störanfällig – auf eine Fahrstrecke von 100 km kamen ein bis zwei Ausfälle. Sobald weitere Schnellzuglokomotiven verfügbar waren, setzte man sie nur noch im Güterzugdienst ein, in dem sie ihre große Leistung zur Geltung bringen konnten. Die Erkenntnis, daß gekuppelte Treibachsen die Reibwerte

besser ausnutzen können als Einzelachsantriebe, war ein wichtiger Schritt auf dem Weg zu den späteren französischen „monomoteur"-Drehgestellen.

Nach vorhandenen Aufzeichnungen erreichten die „E.401" mit einem Zug von 636 t zwischen Les Aubrais und Paris eine Durchschnittsgeschwindigkeit von 97,5 km/h; im Güterzugdienst beförderten sie 770 t-Züge auf einer Steigung von 1% mit 30-50 km/h.

Man hatte diese Leistungen auch erwartet, das Pflichtenheft forderte die Beförderung von 800 t mit 95 km/h. Obwohl sie nicht richtig befriedigten, waren sie unter Eisenbahnern als „Les Belles Hongroises" – die „Schönen Ungarinnen" bekannt.

Unten: *Ungewöhnliche Formen besaß die von Ganz in Ungarn gebaute 2'BB2'-Ellok „E401". Beachtenswert sind die Stromabnahmeschuhe an den Drehgestellen für die Pariser Tunnelstrecken.*

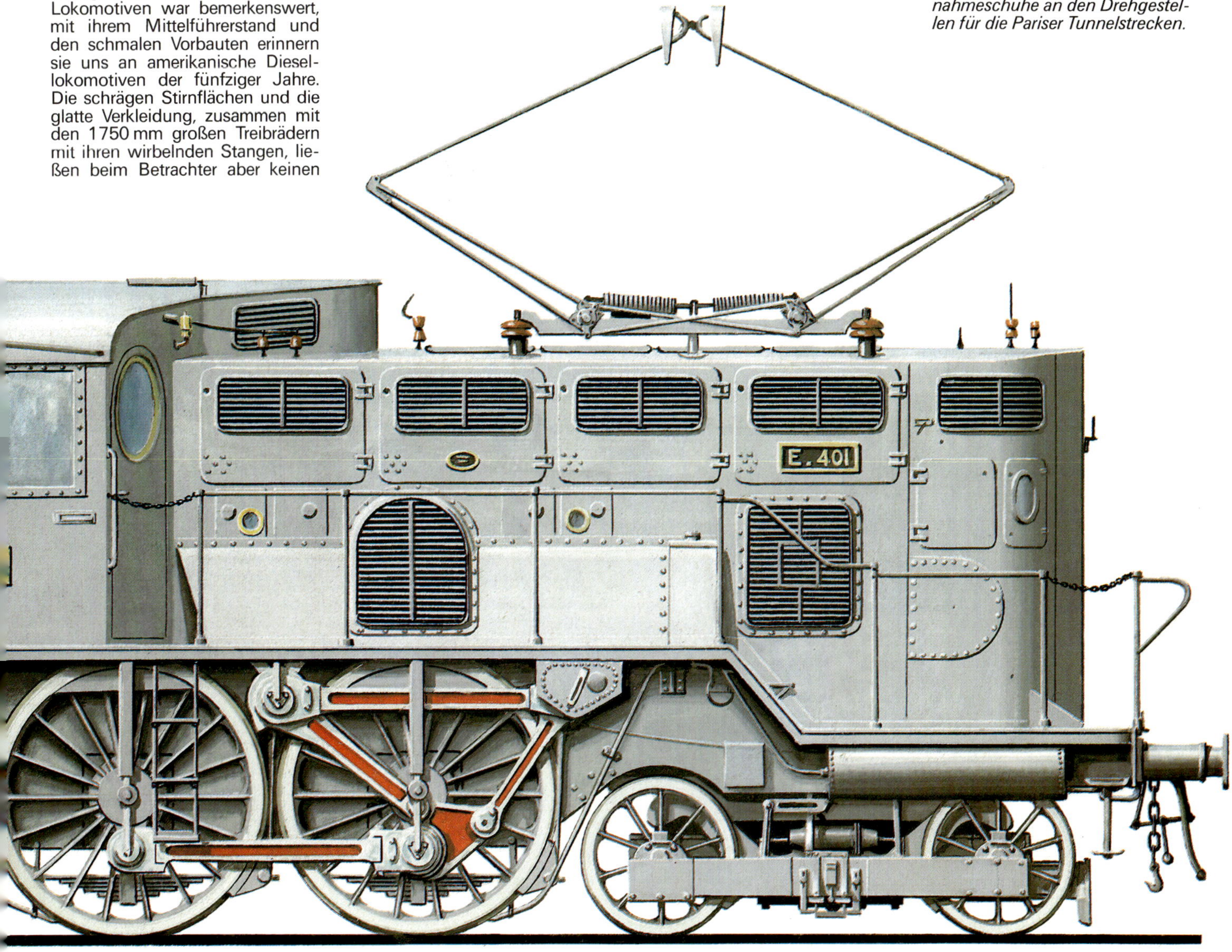

Gotthardrampen. Die Verantwortlichen waren offensichtlich der Meinung, daß eine bewährte Konstruktion nicht zu verachten sei und bestellten diese ausgezeichneten Maschinen, die sich im mechanischen Teil an die Bauart der „Gotthard-Krokodile" anlehnen. Die erste Serie von 10 Stück lieferte auch die Schweizer Lokomotivfabrik.

Durch die Verwendung von Gleichstrom war der elektrische Teil natürlich völlig unterschiedlich, er stammt aus der Fabrikation von Metropolitan-Vickers, nicht nur bei den ersten 10, sondern auch bei weiteren 31 Loks, die die britische Vulcan Foundry baute. Für die damalige Zeit recht fortschrittlich war die Verwendung der elektrischen Bremse mit Stromrückspeisung. Der Fahrschalter erhielt sechs Grundstellungen, die vier Motoren

ließen sich auf Serie, Serie-Parallel und Parallel-Anordnung schalten, dazu kamen in jeder Position zwei verschiedene Feldstärken.

Nach einem langen und nützlichen Arbeitsleben steht keine von ihnen mehr im Streckendienst, einige sind aber immer noch als Rangierlok tätig. Ein Exemplar der Reihe WCG1 ist im Indischen Eisenbahnmuseum in Neu Delhi ausgestellt.

Rechts: *Ein frisch aufgearbeitetes „Indisches Krokodil" in Poona im Februar 1981.*

Reihe D 1'C1'

Schweden
Schwedische Staatsbahn (SJ), 1925

Bauart: Elektrische Lokomotive für gemischten Dienst
Spurweite: 1435 mm (4 ft 8½ in)
Stromversorung: Wechselstrom von 15000 V und 16⅔ Hz über Oberleitung zum Loktransformator
Antrieb: 2 Motoren von je 919 kW (1250 PS) treiben über Vorgelege, eine Blindwelle und Kuppelstangen die drei Treibachsen
Gewicht: 51 t (112400 lb) Reibungsgewicht; 75 t (165300 lb) Gesamtgewicht.
Maximale Achslast: 17 t (37480 lb)
Gesamtlänge: 13000 mm (42 ft 6 in)
Zugkraft: 154 kN (34600 lb)
Höchstgeschwindigkeit: 100 km/h (62 mph)

Schweden ist wieder eines der Länder, die keine Kohlevorkommen besitzen, aber reich an Wasserkraft sind und in dem die Ingenieure schon früh an die Elektrifizierung des Eisenbahnnetzes gehen konnten. Man setzte seine Mittel sehr zurückhaltend ein, wie die Tatsache zeigt, daß man fast den ganzen Betrieb mit dieser einfachen Lokomotivtype abwickelte. Von 1925 bis 1952 wurde sie immer wieder in verbesserter und verstärkter Form nachgebaut, die neueste Reihe „Da" hat eine um 30% höhere Zugkraft als die ersten Maschinen der Unterbauart „Du". Einige der frühesten Exemplare, als „Dg" bezeichnet, besaßen einen holzverkleideten Lokkasten.

Einen Teil der ersten Serien lieferte der Erbauer mit einer anderen Übersetzung für den Güterverkehr, einige baute man auch entsprechend um; die Zugkraft stieg damit auf 206 kN bei einer Höchstgeschwindigkeit von 75 km/h. Von

Unten: *Eine der ersten Standard-Elloks der Schwedischen Staatsbahn mit Holzkasten.*

Oben und links: *25 Jahre Entwicklung der schwedischen 1'C1'-Standard-Ellok illustrieren diese beiden Aufnahmen. Links sehen wir ein museal erhaltenes Exemplar der ersten Ausführung mit holzverkleidetem Kasten; die obige Maschine gehört zur letzten Serie, als Reihe „Da" des Jahres 1950.*

den insgesamt 417 gebauten Lokomotiven der Reihe „D" sind die meisten auch heute noch aktiv.

Bei oberflächlicher Betrachtung könnte man der Meinung sein, daß die unsymmetrische Anordnung der Blindwelle und der Fahrmotoren bei dieser Achsfolge eine schlechte Gewichtsverteilung zur Folge hat. Ein mögliches Übergewicht eines Endes der Lokomotive ließ sich aber leicht durch die Plazierung des, bei dem verwendeten niederfrequenten Wechselstrom, sehr schweren Haupttransformators ausgleichen.

Offensichtlich waren die Schweden mit dem Stangenantrieb sehr zufrieden, mit dem sich verständlicherweise kein Schleudern einzelner Treibachsen einstellen kann, das sich bei anderen Antrieben nur

durch komplizierte Einrichtungen beherrschen läßt. Bemerkenswert ist, daß die SJ noch 1970 eine Lieferung starker Stangen-Lokomotiven erhielt.

Im großen ganzen folgte die Elektrifizierung den Vorbildern in Deutschland und der Schweiz, mit einem großen Unterschied: An Stelle eines unabhängigen niederfrequenten Bahnstromnetzes bezieht die schwedische Staatsbahn ihren Strom aus dem normalen Landesnetz und wandelt ihn in Unterwerken mit Drehumformern auf die richtige Frequenz um. Diese können mit führendem Strom betrieben werden und damit den Wirkungsgrad der gesamten schwedischen Stromversorgung verbessern – die Staatsbahn bekommt dies über die Stromrechnung rückvergütet – ein neues Kapitel über die Kunst der gewinnbringenden Verwertung industrieller Abfälle!

GPO Posttriebwagen (A1) (1A)
Großbritannien
His Majesty's Post Office (GPO), 1927

Bauart: Fahrerloser elektrischer Gütertriebwagen
Spurweite: 610 m (2 ft 0 in)
Stromversorgung: Gleichstrom von 440 V oder 150 V über eine mittlere Stromschiene
Antrieb: 2 Motoren von je 16,2 kW (22 PS) über Vorgelege auf je eine Achse
Gewicht: 3 t (6610 lb) beladen
Maximale Achslast: 1 t (2204 lb)
Gesamtlänge: 8535 mm (28 ft 0 in)
Höchstgeschwindigkeit: 48 km/h (30 mph)

Der Schreiber dieser Zeilen gehörte in den Sechziger Jahren eine Zeitlang zu einer Gruppe technisch interessierter Leute, die man gebeten hatte, sich die Güterbeförderung der Britischen Eisenbahnen etwas genauer anzusehen, die damals stark im Rückzug war. Man hoffte, mit moderner Technologie weiter zu kommen. Eine der neuen Ideen, die hier diskutiert wurden, beinhaltete die Umstellung großer Teile des Bahnnetzes für einen Betrieb mit führerlosen automatischen Gütertriebwagen. Es war zwar eine sehr kühne und auch kostspielige Idee, aber die Wirtschaftlichkeit wäre großartig gewesen. Leider ist Politik die Kunst des Möglichen und so war klar, daß man den Eisenbahngewerkschaften kaum eine derartige „Null-Option" hätte schmackhaft machen können, obwohl die Einsparungen so groß gewesen wären, daß man allen Betroffenen eine schöne Abfindung hätte auszahlen können. Eine Weiterentwicklung dieses neuartigen Transportsystems verhinderte ein entsprechendes Verbot von oben – auch der Hinweis darauf, daß schon seit 40 Jahren Güter besonderer Art auf diese Weise zwischen wichtigen Londoner Bahnstationen bewegt wurden, nützte nichts.

Was vielleicht die Grundlage

eines wirklich konkurrenzfähigen britischen Güterverkehrssystems geworden wäre, führt vom Paddington-Bahnhof über die Mount-Pleasant-Hauptpost zum Liverpool-Bahnhof und dem Ost-Distrikt-Postamt an der Whitechapel Road. Die Spurweite beträgt 610 mm, die gesamte Strecke mißt 5,5 km und verläuft – bis auf die sieben Bahnhöfe – zweigleisig innerhalb einer gußeisernen Tunnelröhre mit einem Durchmesser von 2,75 m.

Der Bau begann schon 1914 und als ein oder zwei Jahre später die deutschen Zeppeline über London erschienen, nutzte man die tief gelegenen Tunnelröhren als sicheren Lagerplatz für verschiedene nationale Kunstschätze. Nach dem Krieg ging es nur langsam voran, so daß erst 1927 der Betrieb aufgenommen wurde. Seitdem wird die Post in Zügen aus einem oder zwei dieser Triebwagen transportiert. Auch mit der Technik der damaligen Zeit hatte man keine Mühe, mit Hilfe von elektromagnetischen Relais, den Verkehr dieser Wagen zu automatisieren. Das ganze System steht unter der Kontrolle eines „signalman" (Stellwärters), falls dies der richtige Ausdruck bei einer Eisenbahn sein sollte, die keine Lokführer und damit auch keine Signale besitzt. Gegenüber dem üblichen Transportweg auf der Straße spart man hier Kosten und vor allem Zeit, denn in der Großstadt London kommen Straßenfahrzeuge in der Regel nur im Schneckentempo voran. Deshalb wird man auch weiterhin nicht auf die Dienste dieser „Post Office Railway" verzichten – vor kurzem wurde erst der Fahrzeugpark erneuert.

Unten: *Eines der außergewöhnlichen elektrischen Fahrzeuge der Londoner Post-Untergrundbahn.*

Kitson-Still-Lokomotive 1'C1't

Großbritannien
Kitson & Co Ltd, 1924

Bauart: Diesel-Dampf-Lokomotive für leichte Dienste
Spurweite: 1435 mm (4 ft 8½ in)
Antrieb: 8 doppelt wirkende Zylinder in zwei horizontalen Reihen, auf einer Seite mit Diesel-, auf der anderen Seite mit Dampfantrieb. Die Kurbelwelle ist mit den Treibrädern über Vorgelege, Blindwelle und Kuppelstangen verbunden; Dampferzeugung im Kessel durch Dieselabgase oder Ölbrenner
Gewicht: 60 t (132160 lb) Reibungsgewicht; 88,4 t (194880 lb) Gesamtgewicht
Maximale Achslast:
20 t (44050 t)
Gesamtlänge: 11 890 mm (39 ft 0 in)
Zugkraft: 125 kN (28000 lb)
Höchstgeschwindigkeit:
69 km/h (43 mph)

Ein Dieselmotor wandelt etwa 35% der Wärmeenergie des Brennstoffs in nutzbare mechanische Arbeit um, die verbleibenden 65% bleiben ungenutzt und werden über das Kühlsystem und die Abgase an die Umgebung abgegeben. Man verwendete viele Methoden, um einen Teil dieser Abwärme auszunutzen, der Still-Motor, der vor allem bei stationären und bei Schiffsantrieben einige Beliebtheit genoß, gehört dazu. Wasser umspülte die Zylinderwände und Abgasleitungen, der dabei erzeugte Wasserdampf sammelte sich in einem Kessel. Die doppeltwirkenden Zylinder waren auf einer Seite für den Dieselantrieb, auf der anderen Seite als herkömmliche Dampfzylinder konstruiert. Angefahren wurde mit Dampf, der durch einen Ölbrenner im Kessel erzeugt wurde, bis eine Geschwindigkeit erreicht war, bei der die Selbstzündung des Diesels einsetzte. Das Still-Prinzip erhöhte den Wirkungsgrad der Kraftmaschine auf etwa 40%, ein Wert, der damals mit anderen Wärmemaschinen nicht zu erzielen war.

Die Fähigkeit des Still-Antriebs, aus dem Stand mit Dampfkraft anzufahren, machte ihn für die Verwendung in Lokomotiven interessant, denn man konnte den hohen Wirkungsgrad des Dieselmotors nutzen, ohne daß die nur in der Dampftechnik erfahrenen Ingenieure sich mit so mysteriösen Dingen wie elektrischen oder hydraulischen Kraftübertragungen beschäftigen mußten. Mitarbeiter der Firma Kitson in Leeds ließen sich die Verwendung des Still-Prinzips für Lokomotivantriebe patentieren und die Firma baute 1924 eine derartige Kitson-Still-Lokomotive auf eigene Kosten.

Sie erhielt die Achsfolge 1'C1't und wog etwa 87 Tonnen. Zwei horizontale Zylinderreihen lagen beiderseits der Kurbelwelle, die parallel zu den Treibachsen angeordnet war und die Drehbewegung über Vorgelege, eine Blindwelle und Kuppelstangen auf die Treibräder übertrug. Der Zylinderblock lag über den Treibrädern unterhalb des Kessels, dessen Wasser durch den Zylindermantel zirkulierte. Die Abgase des Verbrennungsantriebs führte man durch Kesselheizrohre und am hinteren Kesselende befand sich die zylindrische Feuerbüchse für den Ölbrenner.

Beim Anfahren leitete man beim Erreichen einer Geschwindigkeit von etwa 8 km/h Brennstoff in die Dieselzylinder. Nach ungefähr zwei Umdrehungen hatte der Dieselmotor seine volle Leistung erreicht und man konnte die Dampfzufuhr bis zur nächsten Anfahrt schließen, falls nicht die zusätzliche Zugkraft benötigt wurde. Während der Fahrt reichte die Abwärme des Diesels zur Dampferzeugung aus. Bei Entwicklung der Lokomotive ging man von einer Höchstgeschwindigkeit von 69 km/h, entsprechend einer Motordrehzahl von 45 Upm, aus. Im Laufe der Versuche erhöhte man die Geschwindigkeit dann auf 88 km/h.

Die Versuchsfahrten auf der LNER erstreckten sich mit Unterbrechungen über mehrere Jahre. Nach Beseitigung der Kinderkrankheiten war man mit der Lokomotive sogar recht zufrieden. Ihre Fahrten führten sie über verschiedene Strecken der früheren North Eastern Railway in Yorkshire. Ihre größte Anhängelast von 400 t konnte sie dabei nach einem Signalhalt in einer Steigung von 3% noch gut anfahren. Man ermittelte einen Brennstoffverbrauch, der nur ein Fünftel des Verbrauchs vergleichbarer kohlegefeuerter Dampfloks betrug, die Kostenersparnis war aber vom Verhältnis der Preise für Kohle und Öl abhängig. Die Hersteller hofften hier vor allem auf Bestellungen aus Ländern, die Öl, aber keine Kohle besaßen.

Die Höchstleistung von 515 kW (700 PS) am Zughaken war bei dem Lokgewicht von 87 t nicht sonderlich hoch. Für eine kommerzielle Anwendung dieses Antriebs hätte man die Leistungsausbeute verbessern müssen, eine Entwicklung bis zur Serienreife hätte aber große Summen verschlungen, die unter den damaligen Umständen nicht verfügbar waren. Durch die schlechte Weltwirtschaftslage wuchsen die finanziellen Schwierigkeiten Kitsons und als die Firma schließlich liquidiert werden mußte, lagen noch immer keine Bestellungen für eine Kitson-Still-Lokomotive vor.

Bis die Britischen Eisenbahnen soweit waren, ernsthaft an eine allgemeine Einführung der Dieseltraktion zu denken, hatte man die Hemmungen gegenüber elektrischen und hydraulischen Übertragungen verloren, niemand dachte mehr an die Kitson-Still-Lokomotive.

Rechts: *Die Kitson-Still-Lokomotive im Zustand der dreißiger Jahre.*

Unten: *1924 baute die Firma Kitson in Leeds eine Lokomotive mit einem kombinierten Diesel- und Dampfantrieb nach dem Still-Prinzip. Die Abbildung zeigt ihren Zustand bei der ersten Erprobung im Werk.*

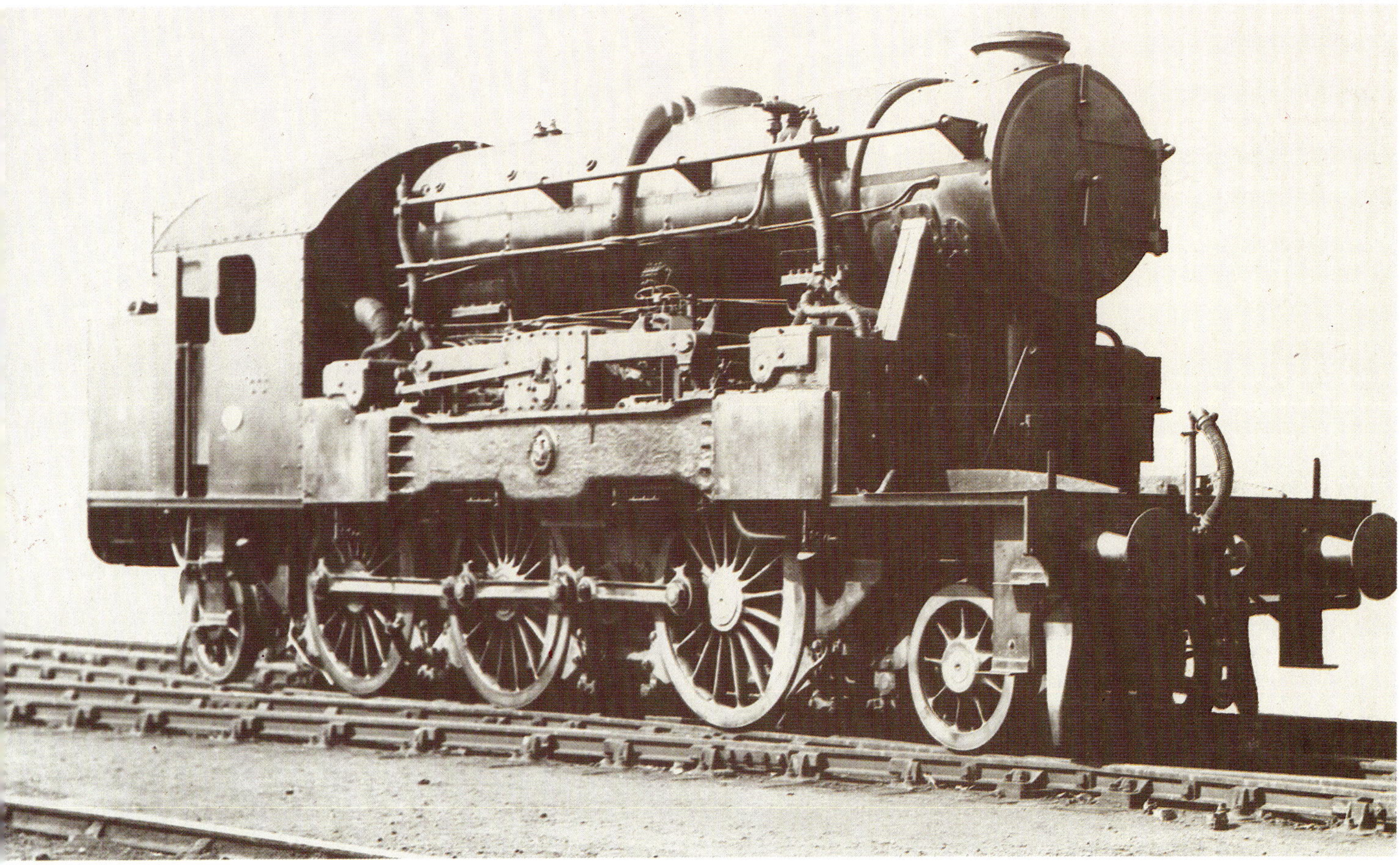

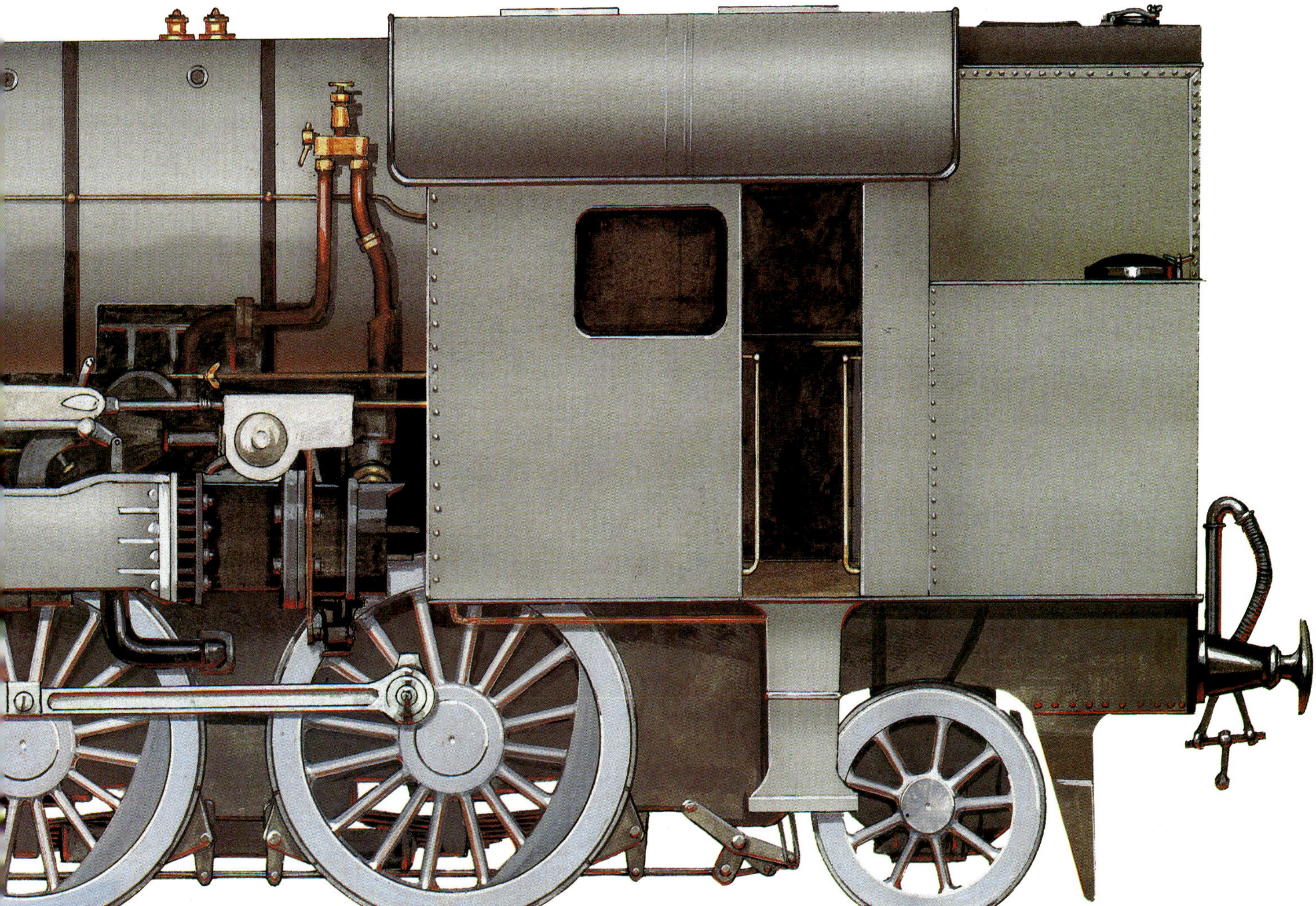

Ae 4/7   2'Do1'

Schweiz
Schweizerische Bundesbahnen (SBB), 1927

Bauart: Elektrische Schnellzug-
lokomotive
Spurweite: 1435 mm (4 ft 8½ in)
Stromversorgung:
Wechselstrom von 15000 V und
16⅔ Hz über Oberleitung zum
Lokomotivtransformator
Antrieb: Buchli-Einzelachsantrieb
mit 4 Motoren von je 574 kW
(780 PS)
Gewicht: 77 t (169750 lb)
Reibungsgewicht; 118 t
(260140 lb) Gesamtgewicht
Maximale Achslast: 19,25 t
(42440 lb)
Gesamtlänge: 16760 mm
(55 ft 0 in)
Zugkraft: 196 kN (44000 lb)
Höchstgeschwindigkeit:
100 km/h (62 mph)

Oben: *An einem Wintertag des
Jahres 1976 durcheilt eine SBB-
Ae 4/7 mit ihrer geringen Zuglast
Wädenswil am Zürichsee.*

11016

Reihe E432   1'D1'
Italien
Italienische Staatsbahn (FS), 1928

Bauart: Elektrische Schnellzug-
lokomotive
Spurweite: 1435 mm (4 ft 8½ in)
Stromversorgung: Drehstrom
von 3600 V und 16⅔ Hz über
Doppelfahrleitung
Antrieb: 2 Asynchronmotoren von
je 1100 kW (1495 PS) mit um-
schaltbaren Polen treiben die 4 mit
Stangen gekuppelten Treibachsen
Gewicht: 71 t (156525 lb)
Reibungsgewicht; 94 t
(207230 lb) Gesamtgewicht
Maximale Achslast: 18 t
(39680 lb)
Gesamtlänge: 13910 mm
(45 ft 8 in)
Zugkraft: 137 kN (30760 lb)
Höchstgeschwindigkeit:
100 km/h (62 mph)

1928 war ein entscheidendes Jahr
für die italienische Drehstromtraktion. Seit 1910, als die schon beschriebenen Maschinen der Reihe
„E550" ihren Dienst auf der Giovi-
Rampe aufnahmen, war die Elektrifizierung der italienischen Eisenbahnen zügig vorangeschritten und
fast ohne Ausnahme hatte man die
Drehstromtrechnik verwendet. Die
meisten wichtigen Strecken im
Raum Genua-Turin wurden inzwischen elektrisch betrieben, Ausläu-
fer erstreckten sich nach Süden entlang der Mittelmeerküste bis nach
Pisa und Livorno. Isolierte Strecken
gab es auch zur österreichischen
Grenze hin und zwischen Florenz
und Bologna. Das gesamte Dreh-
stromnetz umfaßte etwa 1500 Kilometer.
Der Augenblick der Wahrheit
kam 1928, als die ebenfalls zur
Elektrifizierung mit Drehstrom vor-
geschlagene Strecke von Neapel

nach Foggia statt dessen zur Test-
strecke für eine Gleichstromelektrifizierung ausgewählt wurde. Das
neue System funktionierte so gut
und war so wirtschaftlich, daß von
nun an die alte Drehstromtechnik
nicht mehr gefragt war. Auch die
noch durchgeführte Elektrifizierung
der 166 km langen Strecke Rom-
Sulmona mit Drehstrom höherer
Spannung und mit Industriefrequenz konnte daran nichts ändern.
Ergebnis dieser Entwicklung war
auch, daß diese 40 Lokomotiven
der FS-Reihe „E432" von Breda in
Mailand die letzten weltweit neu
gebauten Drehstrom-Schnellzug-
lokomotiven von Bedeutung sein
sollten. Im Vergleich mit den beschriebenen ursprünglichen Loks
der Reihe „E550" fällt auf, daß die
Verwendung im Schnellzugdienst
klar durch die Anordnung führender

Laufachsen und an den nunmehr
1630 mm (statt 1070 mm) großen
Treibrädern zu erkennen ist. Die
Fortschritte der Elektrotechnik erlaubten jetzt eine größere Zahl fester
Geschwindigkeiten (37,5; 50; 75
und 100 km/h) durch Umschaltung
der Pole der entsprechend ge-
wickelten Motoren. Ein Teil der
Reihe erhielt zwei Doppelpantogra-
fen anstelle der üblichen Stromab-
nehmerausleger. Dieses Merkmal
der Drehstromtraktion hatte man
bei den bisherigen Maschinen benötigt, um einen möglichst großen
Abstand zwischen den Schleif-
stücken zur Überbrückung unvermeidlicher Lücken des Fahr-
leitungssystems zu erhalten. Die
Dächer der „E432" waren lang genug, um diese Distanz auch mit den
Pantografen einzuhalten.
Während des Zweiten Weltkriegs

Diese großartigen, schon mehr als ein halbes Jahrhundert alten, Lokomotiven bedienten viele Jahre lang die wichtigsten Zugförderungsaufgaben der Schweizerischen Bundesbahnen, darunter so renommierte Züge wie den „Simplon-Orient-Express". Ihre Konstruktion basiert auf der außerordentlich erfolgreichen Reihe „Ae 3/6" von 1921 (3/6 bedeutet, daß drei der sechs Achsen angetrieben sind) mit der Achsfolge 2'Co1', die ihrer Zeit weit voraus war und von der bis 1926 114 Exemplare gebaut wurden.

Um eine größere Leistung zu erzielen, vergrößerte man sie einfach um eine weitere Treibachse. Anfänglich hatten die SBB Bedenken wegen des langen Achsstands und man verband die einzelne Laufachse mit der nächsten Treibachse in einem Zara-Gestell. Diese Anordnung war bei italienischen Dampflokomotiven allgemein üblich und verlieh Laufwerken mit längeren Achsständen eine gewisse Beweglichkeit. Im Laufe der Zeit stellte sich heraus, daß die Befürchtungen nicht angebracht waren und man ging zum einfacheren Deichsel-Laufgestell über. Grund für die Verwendung von drei Laufachsen war das große Gewicht der Ausrüstungsteile, vor allem des bei niederfrequentem Wechselstrom besonders schweren Haupttransformators.

Die Bauart des Achsantriebes trägt den Namen ihres Erfinders, des Schweizers Buchli. Die Fahrmotoren treiben große Zahnräder, die sich auf einer Lokseite außerhalb der Treibräder in Verlängerung der Treibachsen befinden. Von hier übertragen durch Zahnsegmente verbundene Hebel die Drehbewegung auf die Treibräder und erlauben gleichzeitig vertikale Verschiebungen zum Ausgleich des Federspiels.

Bis auf wenige Unfallopfer sind noch alle der 127 erbauten Maschinen (10901-11027) im Einsatz, davon besitzen 30 Lokomotiven (10973-11002) Rekuperationsbremsen, die sie für den Einsatz am Gotthard erhielten. 30 andere rüstete man mit der Vielfachsteuerung aus, um sie auch paarweise verwenden zu können (10931-51 und 11009-17).

Links: *Trotz ihres Alters leisten diese gefälligen, schon etwas altertümlich wirkenden, Ae 4/7-Lokomotiven der SBB noch Hervorragendes. Das Bild zeigt ihre Antriebsseite.*

wurden viele der italienischen Strecken ihrer elektrischen Ausrüstung beraubt, der Wiederaufbau fand dann gewöhnlich in Gleichstromtechnik statt. Das oberitalienische Netz hatte den Krieg verhältnismäßig unbeschädigt überstanden und wurde weiterhin mit Drehstrom betrieben. Auch die Reihe „E432" hatte keinerlei Verluste erlitten und überlebte bis in die siebziger Jahre. Doch dann war die Umstellung auf ein einheitliches Gleichstromnetz soweit fortgeschritten, daß mit dem Ende der letzten Drehstromstrecke auch sie überflüssig wurden. Ein wichtiges Kapitel in der Geschichte der Eisenbahn war abgeschlossen.

Rechts: *Eine FS-Drehstromlokomotive der Reihe E432.*

Nr. 9000 2'Do1'+1'Do2'
Kanada
Canadian National Railways (CNR), 1929

Bauart: Diesel-elektrische Lokomotive für Hauptstreckendienst
Spurweite: 1435 mm (4 ft 8½ in)
Antrieb: Ein (anfänglich aufgeladener) Beardmore-V12-4Takt-Diesel von 978 kW (1330 PS) mit angeflanschtem Generator erzeugt Gleichstrom für die 4 Tatzlager-Fahrmotoren
Gewicht: 116 t (255644 lb) Reibungsgewicht; 170 t (374080 lb) Gesamtgewicht
Maximale Achslast: 29 t (63920 lb)
Gesamtlänge: 14338 mm (47 ft 0½ in)

Zugkraft: 223 kN (50000 lb)
Höchstgeschwindigkeit: 120 km/h (75 mph)
Die Angaben beziehen sich auf eine Hälfte des Lokpaares

Ein Blick in die Zukunft! Das waren bei ihrem Erscheinen im Jahre 1929 diese beiden – gewöhnlich Rücken-an-Rücken gekuppelten – Lokomotiven, die ersten Großdiesellokomotiven Amerikas. Nach allem, was man weiß, arbeitete dieses Produkt der Zusammenarbeit der Canadian Locomotive Co und der Westinghouse Electric recht gut –

wenn es einmal arbeitete. Die Lok Nr. 9000 hielt mühelos die Fahrzeiten des 635 t schweren „International Limited" zwischen Montreal und Toronto, der bei 13 (teils längeren) Aufenthalten eine Reisegeschwindigkeit von 70 km/h aufwies. Die Betriebskosten lagen unglaublich niedrig und doch war diesen Lokomotiven kein Erfolg beschieden.

Große Schwierigkeiten bereitete nämlich ihr Unterhalt. Erstens war das Werkstattwesen der CN fast ausschließlich auf Arbeiten an Dampflokomotiven eingerichtet,

die für Dieselloks nötige Infrastruktur fehlte noch völlig. Zweitens stellten sich bei den Maschinen all die kleinen Kinderkrankheiten ein, die für Neuentwicklungen typisch sind und drittens verfügten weder die CN noch die Hersteller über ein Ersatzteillager, das diesen Namen verdient hätte – fast alle benötigten Teile wurden erst bei Bedarf angefertigt und mußten in oft langwieriger Arbeit von Hand eingepaßt werden. Ohne Lösung dieser Probleme waren Fortschritte bei der Verdieselung nicht zu erwarten – es sollte aber nicht

HGe 4/4 Bo'Bo'-4z
Schweiz
Visp-Zermatt-Eisenbahn (VZ), 1929

Bauart: Elektrische Zahnrad- und Ahäsions-Lokomotive
Spurweite: 1000 mm (3 ft 3⅜ in)
Stromversorgung: Wechselstrom von 11000 V und 16⅔ Hz über Oberleitung zum Loktransformator
Antrieb: 4 Motoren von je 118 kW (160 PS) – später auf 169 kW (230 PS) erhöht – treiben (über zwei verschiedene Übersetzungen) je eine Treibachse und ein darauf sitzendes Triebzahnrad
Gewicht: 47 t (103615 lb)
Maximale Achslast: 12 t (26455 lb)
Gesamtlänge: 14100 mm (46 ft 3 in)
Zugkraft: 137 kN (30760 lb)
Höchstgeschwindigkeit: 45 km/h (28 mph) auf Reibungsstrecken; 20 km/h (12,4 mph) auf Zahnstangenstrecken

Nachdem der Versuch Edward Whympers und seiner Mannschaft das Matterhorn zu besteigen 1865 so katastrophal geendet hatte, geriet das winzige Bergdorf namens Zermatt zum ersten Mal ins Rampenlicht der Öffentlichkeit. Seine Bekanntheit stieg mit der Zahl der Besucher, schließlich projektierte man eine 35,5 km lange Bahnlinie, die das Dorf mit Visp im Rhonetal verbinden sollte und 1891 eröffnet werden konnte. Die maßgebliche Steigung der Reibungsabschnitte beträgt 2,5%, auf den Zahnstangenabschnitten mißt sie 12,5%, die Kurven besitzen einen kleinsten Radius von nur 60 m. Viele Jahre lang begnügte man sich mit kleinen B1'-Tenderloks, die die Sommergäste nach Zermatt hinauf transportierten. Den größeren Teil des Jahres über schätzten die Zermatter ihre Abgeschiedenheit, hartnäckige Besucher mußten zu Fuß oder zu Pferd

die Berge erklimmen, Motorfahrzeugen gestattete man schon damals keine Zufahrt.

1928 begann man den Plan eines ganzjährigen elektrischen Betriebs zu verwirklichen. Man wählte das Stromsystem der weit entfernten Rhätischen Bahn mit einer Spannung von 11000 V und 16⅔ Hz, um eine künftige Verbindung mit ihr über die Furka-Oberalp-Bahn zu ermöglichen. Eine Übergangsmöglichkeit in Brig gab es schon 1930, die Verbindung der Stromversorgungen kam 1941 zustande.

Die fünf bemerkenswert einfachen Bo'Bo'-4z-Lokomotiven lieferten die Schweizer Lokomotivfabrik und Oerlikon. Sie besitzen keine separaten Motoren für den Zahnradantrieb, sondern die Triebzahnräder sind auf den Radachsen drehbar gelagert und werden vom

Oben: *Eine der HGe 4/4-Zahnradlokomotiven der heutigen Brig-Visp-Zermatt-Bahn aus dem Jahr 1929.*

gleichen Motor angetrieben. Weil die Zahnräder aber kleiner als die Treibräder sein müssen, um bei abzweigenden Gleisen nicht den Schienenkopf zu berühren, müssen sie schneller laufen, damit beide Triebwerke die gleiche Strecke pro Zeiteinheit zurücklegen – die Übersetzung für den Adhäsionsantrieb beträgt 6,2 : 1, für den Zahnradantrieb 5,6 : 1. Die Typenbezeichnung der „HGe 4/4" setzt sich nach dem in der Schweiz üblichen Schema wie folgt zusammen: „H" = Zahnradlokomotive, „G" = Schmalspur, „e" = elektrisch und „4/4" = 4 Treibachsen bei insgesamt 4 vorhandenen Achsen.

Nicht nur beim Stromsystem folgte man dem Vorbild der RhB. So übernahm man die Kupplungsbauart mit einem Mittelpuffer und beiderseitiger Schraubenkupplung sowie die Vakuumbremse. Als Betriebsbremse auf den Gefällestrecken dient die Widerstandsbremse, zusätzlich sind Handbremsen vorhanden. Eine „Totmanneinrichtung" gestattet die einmännige Besetzung der Maschinen – wird sie nicht durch den Lokführer betätigt, schaltet sich selbsttätig der Fahrstrom ab und die Bremsen werden angelegt.

Die Umstellung auf die elektrische Traktion war ein voller Erfolg, die Fahrzeiten verkürzten sich von 2 h 5 min auf 1 h 35 min und die Zuggewichte konnten erhöht werden. Das auch heute noch gültige Verbot für Motorfahrzeuge in Zermatt – das einen Besuch dort so erholsam werden läßt – bedeutet, daß die Bahnverwaltung sich keinerlei Gedanken um ihre Fahrgastzahlen machen muß, bietet sie doch die einzige bequeme Verkehrsverbindung und gehört dadurch zu den wenigen Eisenbahngesellschaften der Welt, die ihre Bilanzen mit einem Gewinn abschließen können.

Alle fünf Lokomotiven stehen auch heute noch regelmäßig im Einsatz, um zusammen mit einer weiteren Ellok aus dem Jahr 1939 und etlichen Triebwagen den Ansturm der inzwischen nach Millionen zählenden Fahrgäste zu bewältigen.

Rechts: *Bahnhof Zermatt: Ein Personenzug mit einer HGe 4/4 steht zur Abfahrt bereit.*

mehr lange dauern, wie wir sehen werden.

Auf der anderen Seite stand aber fest, daß das verwendete Prinzip richtig war und die vorhandene Technologie ausreichte, noch vorhandene Mängel waren leicht zu beseitigen. So mußte der Motorhersteller 1931 beide Kurbelgehäuse durch stärkere Teile ersetzen, die eine ganze Tonne schwerer waren – ein Beispiel dafür, daß unterschiedliche Einsatzgebiete auch unterschiedliche Anforderungen an die Bauelemente stellen können. Ein Motor wie der verwendete Beard-more, der in einem Unterseeboot unter den wachsamen Augen eines hochqualifizierten Mechanikers – der sich der Verantwortung für das Funktionieren „seines Boots" bewußt war – ausgezeichnet lief, konnte unter den härteren Bedingungen des Eisenbahnbetriebs weniger befriedigen. Trotzdem bedeutete das spezifische Leistungsgewicht des Beardmore-Motors von 15 kg/kW schon einen bedeutenden Fortschritt gegenüber den Ingersoll-Rand-Maschinen der einige Jahre zuvor gebauten Rangierloks, die doppelt so hohe Werte aufwiesen. Die Entwicklung blieb aber hier nicht stehen, die heutigen nordamerikanischen Diesselloks haben nur noch halb so hohe Leistungsgewichte wie diese kanadischen Maschinen.

Nach Erprobung der Lokomotive als Doppeleinheit, teilte man sie auf; einem der Teile blieb die Nr. 9000, der andere wurde zur Nr. 9001. Lok Nr. 9000 verschrottete man schon 1939, Nr. 9001 fand im Zweiten Weltkrieg eine neue Verwendung für einen Zug der Küstenverteidigung. Man gab ihrem Kasten das Aussehen eines Güterwagens, das Lokpersonal sollte sich hinter einem Minimum an Panzerung sicher fühlen. Nach dem Krieg lief diese Lok noch einmal für kurze Zeit im Osten des Landes, aber schon 1947 wurde auch sie abgestellt. Der Traktionswandel war jedoch nicht mehr aufzuhalten – es sollten nur noch zwanzig Jahre vergehen, bis faktisch alle kanadischen Züge von Diesellokomotiven nach dem gleichen Prinzip gezogen wurden.

Unten: *Die erste Großdiessellokomotive der Canadian National Railways aus dem Jahr 1929.*

57

Schienenbus
Irland
County Donegal Joint Railways (CDJR), 1931

Bauart: Schienenbus für Beiwagenbetrieb
Spurweite: 914 mm (3 ft 0 in)
Antrieb: Ein Gardner-6-Zylinder-
Dieselmotor, Type „L2" von 54 kW
(74 PS) mit mechanischem Getriebe (4 Vorwärts-, 1 Rückwärts-
gang) treibt über eine Kardanwelle
eine Achse des hinteren Drehgestells. Bei Bedarf kann die andere
Drehgestellachse über einen
Kettentrieb ebenfalls angetrieben
werden
Gewicht: 3 t (6720 lb) Reibungsgewicht; 7,1 t (15680 lb) Gesamtgewicht
Maximale Achslast:
3 t (6720 lb)
Gesamtlänge: 8534 mm
(28 ft 0 in)
Höchstgeschwindigkeit:
64 km/h (40 mph)
Die Daten beziehen sich auf Triebwagen Nr. 7

Diese erfreulich wirtschaftlichen,
kleinen Triebwagen sollen all jene
Fahrzeuge repräsentieren, die dazu
beitrugen, daß Kleinbahnen in aller
Welt weiter lebensfähig blieben,
auch wenn sie zweimal überlegen
mußten, wenn sie nur einen einzigen neuen Schienennagel kaufen
wollten.

Die County Donegal Railways
mit einer Spurweite von drei Fuß
bedienten eine rauhe und schwach
besiedelte Gegend im Nordwesten
Irlands. Sie waren ausschließlich in
der Hand der Dampftraktion, bis
man 1907 ein offenes benzinbetrie-
benes Inspektionsfahrzeug an-
schaffte. 1920 benötigte dieses
Vehikel eine Generalüberholung, in
deren Verlauf man seine Verwendungsfähigkeit durch den Aufbau
eines geschlossenen Kastens mit 10
Sitzen entscheidend erhöhte. In
dieser Form konnte man es von Fall
zu Fall für den Transport von einigen
wenigen Fahrgästen und von Post-
gut verwenden. Ab 1926 setzte
man diesen ersten kleinen Triebwagen an Stelle eines nur schwach
besetzten Dampfzuges im regulären
Dienst ein.

Die dabei gewonnenen Erfahrungen überzeugten den Manager

der Bahn, Henry Forbes, von der
Möglichkeit mit Triebwagen gegen
die wachsende Konkurrenz der Au-
tobusse vorzugehen, die andere iri-
sche Schmalspurlinien schon stark
bedrängten. Bis zu seinem Tod im
Jahre 1943 setzte er sich mit Lei-
denschaft für den Ausbau des
Triebwagenverkehrs ein.

Die Betriebskosten der Triebwagen waren niedriger als die der
Dampfzüge, sie konnten im Ein-
mannbetrieb eingesetzt werden
und ihr Beschleunigungsvermögen
war so gut, daß zusätzliche Unter-
wegshalte keine ernsthafte Auswirkung auf die Fahrpläne hatten.

1930 besaß die Bahn schon vier
weitere Triebwagen, davon waren
zwei Stück ehemalige Normalspur-
fahrzeuge aus zweiter Hand. Sie alle
besaßen Benzinmotoren, doch
1931 wurde dann der erste Wagen
– die Nr. 7 – mit einem 74 PS-Die-
selmotor angeliefert. Hinten hatte er
ein Drehgestell, dessen vordere
Achse über eine Kardanwelle angetrieben wurde, die zweite Achse
konnte bei Bedarf über eine Kette
gleichfalls angetrieben werden.
Unter der vorneliegenden Motorhaube befand sich eine einzelne
freie Lenkachse. Mit seinen 32 Sitzplätzen wog er 7 t – im Vergleich zu
5,55 t der Benzintriebwagen. Die
Nr. 7 war der erste Dieseltriebwagen, der auf den britischen Inseln im
regulären Personenzugdienst verwendet wurde. Ein zweiter Wagen
gleichen Typs wurde noch im sel-
ben Jahr abgeliefert. Gewöhnlich
setzte man sie einzeln ein, doch
konnte man sie auch Rücken-an-
Rücken gekuppelt erleben, manchmal stellte man noch einige Güterwagen zwischen ihnen ein. Bei diesem Tandembetrieb mußten die
Wagenführer sich per Handzeichen
verständigen.

Die beiden ersten Dieseltriebwagen, die man wegen ihrem Aufbau
mit Motorhaube auch als „Schie-
nen-Bus" bezeichnen kann, leisteten 18 Jahre lang gute Dienste.
Nach ihnen hatte die CDJR noch
12 weitere Dieseltriebwagen beschafft, die letzten davon mit zwei
Drehgestellen und 43 Sitzplätzen.
Das Triebgestell lag nun vorne, die

Oben: *Triebwagen Nr. 10 der
County Donegal Joint Rys stammt
von 1932. Interessant der Stan-* *genantrieb des vorneliegenden
Triebgestells und der einem Bus
ähnliche Kasten.*

Oben: *Nr. 19 war einer der beiden
letzten Dieseltriebwagen der CDJR
und wurde von der Firma Walker
Bros. in Wigan, England mit einem
Gardner-Motor erbaut.*

beiden Achsen waren durch Stangen gekuppelt, der Fahrgastraum
war mit dem Führerstand gelenkig
verbunden – das Ganze ähnelte einem Sattelschlepper. Diese Schienenbusse verlängerten das Leben

der Bahn um viele Jahre, einer lief dabei sogar fast eine Million Kilometer. Schließlich wurde die Konkurrenz des Straßenverkehrs doch zu übermächtig, der Schienenverkehr mußte mit dem Ablauf des Jahres 1959 aufgegeben werden. Einige dieser Triebwagen fanden Interessenten, so befinden sich Nr. 15 und 16 heute bei der Isle of Man Railway. Wagen Nr. 7 blieb leider nicht erhalten.

Oben: *Die Schienenbusse ermöglichten es der CDJR lange Zeit ohne nennenswerte Defizite zu überstehen.*

Unten: *Eine Seitenansicht der CDJR-Standard-Dieseltriebwagen Nr. 12-14. Die späteren Fahrzeuge hatten über die ganze Breite gehende Führerstände.*

V40 1'D1'
Ungarn
Königlich Ungarische Staatsbahnen (MKA), 1933

Bauart: Elektrische Schnellzuglokomotive
Spurweite: 1435 mm (4 ft 8½ in)
Stromversorgung: Einphasen-Wechselstrom von 16000 V und 50 Hz über Oberleitung zum Mehrphasen-Drehumformer
Antrieb: Ein vom Drehumformer gespeister Drehstrom-Schleifringläufermotor von 1838 kW (2500 PS) wirkt direkt über Stangenantrieb auf die Treibachsen
Gewicht: 70 t (154320 lb)
Reibungsgewicht; 97,75 t (215500 lb) Gesamtgewicht
Maximale Achslast:
17,5 t (38580 lb)
Gesamtlänge: 13715 mm
(45 ft 0 in)
Zugkraft: 171 kN (38395 lb)
Höchstgeschwindigkeit:
100 km/h (62 mph)

In der Anfangszeit der Elektrotraktion steckte auch die allgemeine Stromversorgung noch in den Kinderschuhen, beide Systeme entwickelten sich ziemlich unabhängig voneinander. Doch sobald die öffentlichen Elektrizitätsnetze sich weiter ausgebreitet hatten, kamen

einige weitsichtige Männer auf den Gedanken, daß es vorteilhaft wäre, wenn die Eisenbahnen ihren Betriebsstrom, wie jede andere Industrie auch, von dort beziehen würden. Einer von ihnen war der Ungar Dr. Kálmán Kandó, der schon 1917 eine Bahnelektrifizierung mit Industriefrequenz vorschlug. Damit war er dem Rest der Welt um etwa 50 Jahre voraus. Erst in der jüngeren Vergangenheit erkannte man allgemein die Stichhaltigkeit seiner Argumente, wie die Tatsache zeigt, daß faktisch alle neuen Elektrifizierungen so ausgeführt werden. Darüber hinaus verwenden viele Länder heutzutage das Industriestromsystem sogar bei der Erweiterung ihrer Netze, obwohl sich dabei betriebliche Schwierigkeiten durch den gleichzeitigen Betrieb mehrerer Stromsysteme nebeneinander ergeben.
Unter Kandos Einfluß elektrifizierte man 1922 eine 14,5 km lange Strecke im Norden von Budapest und ließ bei Ganz & Co eine elektrische Lokomotive mit der Achsfolge „E" und einer Leistung von 1177 kW (1600 PS) bauen. Die Verantwortlichen der Bahn waren

mit den Versuchsergebnissen zufrieden und gingen 1928 mit Hilfe eines britischen Kredits an die Umstellung der 189 Kilometer von Budapest nach Hegyeshalom an der Grenze zu Österreich. In Zusammenarbeit mit Metropolitan-Vickers entstanden dafür bei Ganz & Co 28 Lokomotiven, vier (Reihe „V60") besaßen die Achsfolge „F" für den schweren Güterzugdienst, beim Rest ersetzte man die äußeren Treibachsen durch Laufachsen, diese 1'D1'-Loks trugen die Baureihenbezeichnung „V40". Zwei Prototypen jeder Bautype wurden schon 1932 angeliefert.
Kandó umging die Probleme, die sich beim Betrieb von Wechselstrommotoren bei einer höheren Stromfrequenz einstellen, indem er den Einphasenstrom auf der Lokomotive in einem Phasenumformer in Mehrphasenstrom umwandelte und damit einen Asynchronmotor speiste. Mit ihrer umfangreichen und schweren elektrischen Ausrüstung sind seine Lokomotiven weit von der heutigen Regelform entfernt, ihr Antriebsprinzip findet aber wieder zunehmendes Interesse in aller Welt. Inzwischen ermöglichen

es nämlich die Fortschritte der Elektronik, mit weniger gewichtigen Teilen aus jedem vorhandenen Betriebsstrom Drehstrom variabler Frequenz für die Fahrmotoren zu erzeugen. Bei diesen Kandó-Lokomotiven wurden alle vier Treibachsen über massive Treibstangen direkt von dem, mit seinem Durchmesser von 3080 mm riesigen, Drehstrommotor angetrieben, der durch den Umformer mit Strom konstanter Frequenz, aber variabler Spannung versorgt wurde. Wie bei der direkten Drehstromversorgung bestimmte auch hier die Stromfrequenz die Motordrehzahl. Der auf vier unterschiedliche Polzahlen umschaltbare Motor ermöglichte die vier Geschwindigkeitsstufen 25, 50, 75 und 100 km/h, die man mit einer komplizierten Motorkonstruktion bezahlen mußte. So benötigte man allein für die Stromzuführung zum Motorläufer 16 Schleifringe. Dagegen konnte beim Bremsen erzeugter Strom ohne zusätzliche Einrichtungen ins Netz zurückgespeist werden.
Nachdem man einige Schwächen des Fahrwerks beseitigt hatte, war man mit den Maschinen sehr

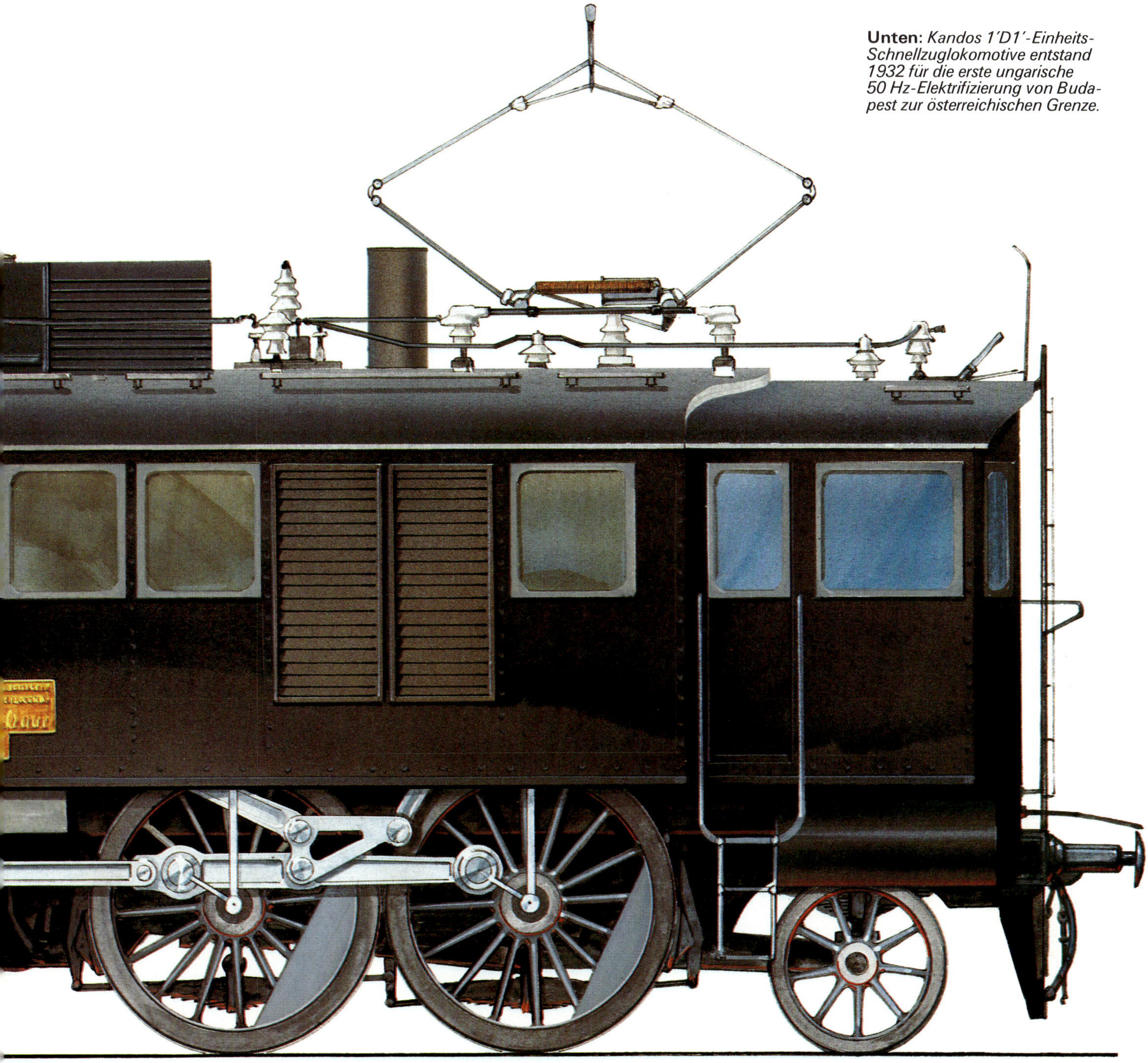

Unten: *Kandos 1'D1'-Einheits-Schnellzuglokomotive entstand 1932 für die erste ungarische 50 Hz-Elektrifizierung von Budapest zur österreichischen Grenze.*

Links: *Eine der 1'D1'-Elloks der ungarischen Baureihe „V40", die ab 1932 gebaut wurden.*

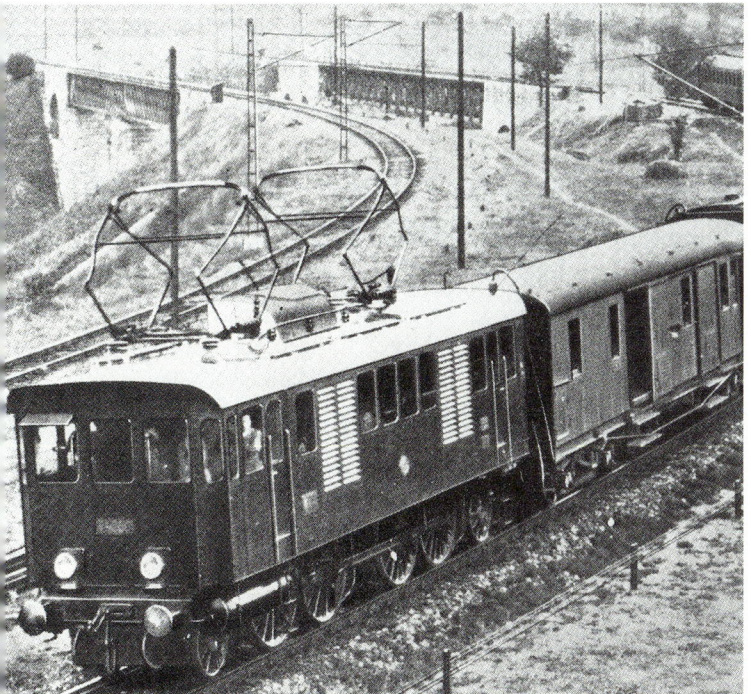

zufrieden und sie blieben lange Zeit im Einsatz. Die Hauptabsicht Kandós – die Minimierung der Kosten der festen Streckeneinrichtungen – wurde voll verwirklicht, wenn man bedenkt, daß die gesamte Strecke durch vier einfache Unterwerke versorgt wurde. Im Gegensatz dazu benötigte man bei der, noch nicht weit zurückliegenden, Gleichstromelektrifizierung der 155 km langen Strecke Croydon-Brighton insgesamt 18 Unterwerke, noch dazu mit einer komplizierteren Ausrüstung.

Das Kandó-System hat noch einen zusätzlichen Vorteil, der in einem gewissen Umfang seine Komplikationen ausgleicht. Der Leistungsfaktor der Kandó-Lokomotiven war annähernd gleich eins oder der Strom führte sogar etwas, damit ließ sich der schlechte Leistungsfaktor (das heißt, der Strom läuft der Spannung nach) herkömmlicher Stromverbraucher zum Teil kompensieren. Da zur damaligen Zeit, das öffentliche Stromnetz noch nicht leistungsfähig genug war, baute die Staatsbahn vorerst ein eigenes Netz auf und gelangte so auch in den direkten Genuß der sich ergebenden Ersparnisse.

Leider starb Kandó schon 1931 und konnte so den Erfolg seiner Arbeit nicht mehr erleben – der ersten Hauptbahnelektrifizierung mit Industriefrequenz-Einphasenstrom in einem Land, das bis dahin mehr für seine landwirtschaftlichen Produkte und nicht durch seine Schwerindustrie bekannt geworden war. Vieles hat sich bei der Bahntechnik seitdem geändert, aber ein Bauelement fand weltweite Verbreitung. Überall sieht man heute die von Kandó verwendete Stütze für die Kettenfahrleitung mit einem waagerechten und einem schrägen Stützstab, die von einer zweiten waagerechten Stange stabilisiert wird. Neben diesen kaum zu zählenden Andenken an ihn, beherbergt das ungarische Verkehrsmuseum in Budapest auch eine seiner „V40"-Lokomotiven.

5-Bel „Brighton Belle"-Triebzug Großbritannien
Southern Railway (SR), 1933

Bauart: Fünfteiliger elektrischer
Pullman-Schnelltriebzug
Spurweite: 1435 mm (4 ft 8½ in)
Stromversorgung: Gleichstrom
von 650 V über von oben be-
strichene Stromschiene
Antrieb: 4 Tatzlagermotoren von
je 165 kW (225 PS) pro Endtrieb-
wagen
Gewicht: 126 t (277700 lb) Rei-
bungsgewicht; 253 t (557760 lb)
Gesamtgewicht
Maximale Achslast:
16 t (35280 lb)
Gesamtlänge:
105920 mm (347 ft 6 in)
Höchstgeschwindigkeit:
120 km/h (75 mph)
Die Angaben beziehen sich auf eine
5-Wagen-Garnitur

Zwar gab es im Ausland schon etliche beachtliche Beispiele für die
Fähigkeiten der Briten, Triebwagen
für den Schnellverkehr zu bauen,
doch im eigenen Land sollte es bis
zum 1. Januar 1933 dauern, bis
man in einem derartigen Gefährt
Platz nehmen konnte. Die Southern
Railway und ihre Vorgänger hatten
schon lange an der Elektrifizierung
ihres Vorortnetzes im Süden von
London gearbeitet und dabei in

Unten: *An den Enden der
5-Wagen-Pullman-Züge befanden
sich die 900 PS-Triebwagen mit
einem Großraum dritter Klasse
und einem Packabteil.*

technischer und auch finanzieller
Hinsicht hervorragende Ergebnisse
erzielt. Aber jetzt war man bei dem
Punkt angekommen, an dem man
an die Elektrifizierung der Hauptstrecken dachte. Bei dieser Entscheidung kam zu Hilfe, daß es
möglich geworden war, anstelle der
bisherigen Unterwerke mit Drehumformern, die Bedienpersonal erforderten, jetzt unbesetzte Anlagen
mit Quecksilbergleichrichtern zu
verwenden.

Oben: *Üblicherweise bestanden
die „Brighton Belle"-Züge aus zwei
5-Wagen-Garnituren wie auf diesem Bild. Die Kodezahl „4" an der
Stirnfront weist darauf hin, daß der
Zug zwischen dem Victoria-
Bahnhof und Brighton nicht hält.*

Wenn auch dieser unsichtbare
Aspekt der Elektrifizierung der
Strecken nach Brighton, Hove und
Worthing einen großen Schritt vor-

wärts im Bereich der Bahntechnologie bedeutete, so beruhte doch
der sichtbare Teil dieser Umstellung
– die Züge – auf bewährten, in lang-
jährigem Einsatz auf den Hauptstrecken erprobten, Baugrundsät-
zen. Dennoch war das, was der
Fahrgast erblickte elegant und neu.

Schon zu Zeiten des Dampfbetriebs hatte der, ausschließlich
aus Pullman-Wagen bestehende,
„Southern Belle"-Zug einen ausgezeichneten Ruf genossen. Der elek-

AEC Dieseltriebwagen Großbritannien
Great Western Railway (GWR), 1933

Bauart: Diesel-mechanischer
Triebwagen
Spurweite: 1435 mm (4 ft 8½ in)
Antrieb: Ein AEC-6-Zylinder-
4-Takt-Dieselmotor von 89 kW
(121 PS) treibt über ein mechanisches Getriebe, eine Kardanwelle
zwei Achsen eines Drehgestells.
Die Achsgetriebe befinden sich einseitig am Achsende
Gewicht: 11,2 t (24685 lb) Reibungsgewicht; 24,4 t (53780 lb)
Gesamtgewicht
Maximale Achslast:
5,6 t (12340 lb)
Gesamtlänge: 19228 mm
(63 ft 1 in)
Höchstgeschwindigkeit:
96 km/h (60 mph)

So, wie die „Brighton Belle" weg-
weisend für die künftige Entwicklung des britischen Hauptbahn-
Schnellverkehrs war, so waren es
diese bescheidenen Triebwagen für
den Personenverkehr der Nebenbahnen. Viele andere Firmen bauten leichte Dieseltriebwagen, aber
der hier beschriebene sollte der direkte Vorfahr aller Diesel-mechanischen Triebwagen der British Railways werden.

Die Associated Equipment Co.
(AEC) in Southall, Middlesex war
der Hauptlieferant für die Londoner
Busse. An diese Firma wandte sich
1932 die GWR auf der Suche nach
Fahrzeugen, die etwas robuster als
die bisherigen Schienenbusse sein
sollten, aber doch auf den Bau-

trisch betriebene Nachfolger hieß nun „Brighton Belle". Neu für die Southern (nicht für Pullman) war, daß die Wagen der drei 5-Wagen-Pullman-Züge für diesen Dienst in Ganzstahlbauweise errichtet waren. Jede Garnitur bot 80 Sitzplätze erster und 152 Sitzplätze dritter Klasse. Die sechs Pullmanwagen der ersten Klasse (zwei pro Garnitur) erhielten wie üblich Namen, diesmal nicht die großer Damen wie „Zenobia" oder „Lady Dalziel", sondern man nannte sie nach dem „Mädchen von nebenan": „Hazel, Doris, Audrey, Vera, Gwen" und „Mona".

Mit Ausnahme der Zeit des Zweiten Weltkriegs boten diese Züge eine luxuriöse Fahrmöglichkeit, mit der man mehrmals täglich zur vollen Stunde die Möglichkeit hatte, von Londons Victoria-Bahnhof die 84 Kilometer nach Brighton zurückzulegen. Schließlich wurden aber auch sie durch gewöhnlichere Züge ersetzt. Sie waren aber so beliebt, daß etliche der Wagen in Museen und als Restaurants erhalten blieben.

Rechts: Ein Blick auf den Schluß eines „Brighton Belle"-Zugs bei Wandsworth Common in der Nähe von London. Die Doppelgarnitur wies die beachtliche Leistung von 3600 PS auf.

grundsätzen des Omnibus-Leichtbaus basierten. Der Dieselmotor lag unter dem Wagenboden und trieb die Achsen eines Drehgestells über eine Kardanwelle an. Der Führerstand war nicht abgetrennt und den Fahrgästen bot sich ein Ausblick auf die Strecke wie in einem Aussichtswagen.

Im weiteren Verlauf des Jahres lieferte die AEC drei Schnelltriebwagen ähnlicher Ausführung, aber mit zwei Motoren und für eine Höchstgeschwindigkeit von 120 km/h. Diese Wagen besaßen sogar ein

Ganz links: Der GWR-Dieseltriebwagen Nr. 1 im Bauzustand von 1933.

Links: Ein GWR-Triebwagen für Beiwagenbetrieb aus der Serie von 1940.

kleines Speisebüfett. In den nächsten Jahren folgten weitere Triebwagen, davon war Nr. 17 für den Pakettransport bestimmt, Nr. 18 erhielt eine normale Zugvorrichtung, um Beiwagen oder Güterwagen mitnehmen zu können. Die gewonnenen Erfahrungen mündeten in der Bestellung einer Serie von 20 zweimotorigen Triebwagen mit Vielfachsteuerung (mit vakuumbetriebener Servosteuerung). Sie wurden 1940 abgeliefert und unterschieden sich von ihren Vorgängern durch den eckigeren Aufbau.

Nachdem der Krieg endlich vorbei war und auch die Umwälzungen der Verstaatlichung verkraftet waren, entstand auf der Grundlage dieser Fahrzeuge die mehrere Tausend Exemplare umfassende Triebwagenflotte der British Railways, die vom Jahr 1953 an in Dienst ging.

„Pioneer Zephyr"-Diesel-Triebzug

USA
Chicago, Burlington & Quincy Railroad (CB&Q), 1934

Bauart: Dreiteiliger diesel-elektrischer Schnell-Gliedertriebzug
Spurweite: 1435 mm (4 ft 8½ in)
Antrieb: Ein Electro-Motive-2-Takt-Reihen-Dieselmotor, Typ 201 E von 448 kW (609 PS) mit Gleichstromgenerator treibt zwei Tatzlagermotoren im führenden Drehgestell
Gewicht: 41 t (90360 lb) Reibungsgewicht; 79,5 t (175000 lb) Gesamtgewicht
Maximale Achslast: 20,5 t (45180 lb)
Gesamtlänge: 59741 mm (196 ft 0 in)
Höchstgeschwindigkeit: 177 km/h (110 mph)

Bis zum 25. Mai 1934 war der „Autocrat" mit einer Fahrzeit von 27 h 45 min (bei 40 Unterwegshalten) der schnellste Zug auf der 1624 km langen Strecke von Denver nach Chicago. Vom 26. Mai an spulte ein brandneuer Gliedertriebzug aus glänzendem rostfreiem Stahl diese lange Distanz in nur etwas mehr als 13 Stunden mit einer Durchschnittsgeschwindigkeit von 125 km/h herunter. Als dieser kleine Zug seinen triumphalen Einzug in seine Ausstellungsposition auf der „Jahrhundertschau des Fortschritts" in Chicago hielt, hatte sich für die nordamerikanischen Eisenbahnen vieles für immer geändert.

Die Vorbereitungen für diesen großen Erfolg begannen 1930 als General Motors die Electro-Motive Co und deren Motorenlieferanten Winton Engine Co aufkauften. GM konzentrierte seine Anstrengungen auf die Entwicklung eines Dieselantriebs, der für die Anforderungen des Eisenbahnbetriebs geeignet war. Man arbeitete mit Bedacht und benötigte entsprechend viel Zeit. Nur mit vielen Bedenken stellte man einen der Versuchsantriebe für diesen „Pioneer Zephyr" zur Verfügung. Die Flutlichter, die seinen Triumph beleuchteten, hätten genauso gut einen katastrophalen Mißerfolg bescheinen können – ja,

man war gar nicht weit davon entfernt gewesen, als es bei dieser Jungfernfahrt zu Störungen in der elektrischen Anlage kam. Nur der Einsatz der mitfahrenden Techniker, die an der unter Spannung laufenden Anlage Reparaturen ausführten, rettete den Erfolg.

In gewisser Hinsicht war das Ganze nur ein Werbegag. Die Hersteller betonten natürlich, daß all

Unten: Den Schlußwagen des CB&Q-Schnelltriebzuges „Pioneer Zephyr" gestaltete man als Aussichtswagen. Heute kann man ihn im Chicagoer Museum für Wissenschaft und Technik besichtigen.

M-10001 Dieseltriebzug

USA
Union Pacific Railroad (UP), 1934

Bauart: Sechsteiliger diesel-elektrischer Schnell-Gliedertriebzug
Spurweite: 1435 mm (4 ft 8½ in)
Antrieb: Ein Electro-Motive 2-Takt-V16-Dieselmotor von 895 kW (1200 HP = 1217 PS) mit Gleichstromgenerator treibt 4 Tatzlagermotoren in den beiden führenden Drehgestellen
Gewicht: 65 t (143260 lb) Reibungsgewicht; 187,5 t (413280 lb) Gesamtgewicht
Maximale Achslast: 16,25 t (35815 lb)
Gesamtlänge: 114605 mm (376 ft 0 in)
Höchstgeschwindigkeit: 193 km/h (120 mph)

Aus technischen Gründen entging der Union Pacific Railroad im Februar 1934 die Ehre, den ersten diesel-elektrischen Schnelltriebzug Nordamerikas in Dienst zu nehmen. Die vorgesehene Dieselmaschine war nicht rechtzeitig fertig geworden und so mußte der Superzug der UP mit einem Vergasermotor auf die Reise gehen. Es war der gelb und grau lackierte „M-10000", bestehend aus drei gelenkig verbunde-

nen stromlinienförmigen Leichtmetallwagen, der betriebsbereit nur 85 t auf die Waage brachte, kaum mehr als ein gewöhnlicher amerikanischer Schnellzugwagen der damaligen Zeit. Der Zug stammte von Pullman Standard und bot in seinen klimatisierten Räumen Platz für 116 Fahrgäste; der Motorwagen hatte ein 10 m langes Postabteil. Nach einer Vorstellungsfahrt von Küste zu Küste begann sein Dienst als „City of Salina", einer der kürzeren Tagesverbindungen der UP zwischen Kansas City und Salina.

Die prinzipielle Anordnung des Fahrzeugs bewährte sich und führte schon bald zum Bau des ersten diesel-elektrischen Schlafwagenzugs, dem 6-teiligen Gliederzug Nr. M-10001. Bei seiner Ablieferung durch Pullman im November 1934 besaß er endlich den erwünschten Dieselmotor, anfangs eine V12-Maschine von 900 HP, die später

Rechts: Der erste aller Verbrennungstriebwagen der Union Pacific, der 3-Wagen-Zug M-10000, 1934 im Pullmanwerk in Chicago fotografiert.

64

dies nur durch die Dieseltraktion möglich gewesen war, aber der eigentliche Grund war die neue Art, mit der man den Langstreckenverkehr anging. Andere Bahnen, voran die Chicago, Milwaukee, St. Paul & Pacific und die Southern Pacific, zeigten schon bald, daß derartiges bei niedrigeren Investitionskosten auch mit Dampflokomotiven durchführbar war. Nachdem die hohen Anschaffungskosten der neuen Triebzüge aber erst einmal abgeschrieben waren, lagen die Betriebskosten niedriger als beim Dampfbetrieb. Doch ein Verkehrszuwachs ließ sich kaum verzeichnen, so nutzte man mehr als ein Drittel des vorhandenen Raums für die Post- und Paketbeförderung.

Zusätzliche Annehmlichkeiten der neuen Fahrzeuge wie Klimaanlage, verstellbare Sitzlehnen, Radioempfang, Grill-Büfett und Aussichtsraum waren recht schön, doch über die Fahreigenschaften des „Pioneer Zephyr" wurde lieber geschwiegen. Man kann wohl annehmen, daß sie im Gegensatz zum bisherigen schweren Wagenmaterial, zu wünschen übrig ließen. Es entstanden weitere „Zephyr"-Züge – allerdings nie mehr so leicht wie der erste – für das gesamte Netz der Burlington. Das Triebwagenkonzept gab man schon bald wieder zugunsten separater Lokeinheiten auf, aber noch heute erinnert der „San Francisco Zephyr" der Amtrak zwischen Oakland (bei San Francisco) und Chicago daran. Der ursprüngliche kleine Triebzug mit seinen 72 Sitzplätzen – später auf vier Wagen erweitert – legte trotz allem mehr als 3 Millionen Kilometer zurück und wird heute im Chicagoer Museum für Wissenschaft und Technik gehütet.

Rechts: *Die Vorderfront des „Pioneer Zephyr". Es fällt vor allem der Aufbau mit den starken Stirnlampen auf, die darauf aufmerksam machen sollten, daß sich hier trotz dem Fehlen einer großen Dampfwolke ein Schnellzug näherte.*

gegen einen V16-Motor ausgetauscht wurde. Hinter dem Motorwagen lief ein kombinierter Post-/ Packwagen, danach folgten drei Pullman-Schlafwagen und den Schluß bildete ein Sitzwagen mit Büfett, der ganze Zug bot 124 Passagieren Platz.

Am 22. Oktober 1934 schickte die UP ihren neuen Zug auf eine lange Reise nach New York, um einen neuen Rekord für die Überquerung des Kontinents aufzustellen. Den al-

Oben: *Der erste diesel-elektrische Triebzug, Nr. M-10001 der Union Pacific bei seiner Ablieferung im November 1934.*

ten Rekord von 71 ½ Stunden hatte 1906 ein Sonderzug des Eisenbahnmagnaten E. H. Harriman auf der Route über die Atchison, Topeka & Santa Fe aufgestellt – lebensnah beschrieben von Rudyard Kipling in seinem Werk „Captains Coura-

geous". 1934 legte man nun die 817 Kilometer von Cheyenne, Wyoming nach Omaha mit einer Reisegeschwindigkeit von 135 km/h zurück, östlich von Chicago fuhr man dann etwas verhaltener. Um nicht in Konflikt mit dem Anti-Rauch-Gesetz von New York City zu geraten, spannte man eine ältliche New York Central-Ellok aus dem Jahre 1904 auf den letzten Kilometern vor. Trotz solcher Handikaps und einiger längerer Aufenthalte zur Ergänzung der

Vorräte und zur Wartung brachte der Triebzug M-10001 die 5216 km lange Strecke vom Oakland Pier bei San Francisco bis in den Grand Central Terminal von New York in 57 Stunden hinter sich.

Der Eindruck auf die Öffentlichkeit war gewaltig. Im folgenden Jahr ging dieser Zug als „City of Portland" auf der 3652 km langen Strecke von Chicago nach Portland, Oregon in den regulären Einsatz und vermochte hier 18 Stunden der bisherigen 58 Stunden Fahrzeit einzusparen. Die Nachfrage nach derartigen Triebzügen war so stark, daß in den nächsten Jahren weitere Stromlinienzüge mit zuerst 11, später sogar 17 Wagen in Dienst gestellt wurden, die beispielsweise als „City of Los Angeles" und „City of San Francisco" liefen.

Reihe E428 (2'Bo)(Bo2')

Italien
Italienische Staatsbahnen (FS), 1934

Bauart: Elektrische Schnellzug-lokomotive
Spurweite: 1435 mm (4 ft 8½ in)
Stromversorgung: Gleichstrom von 3000 V über Oberleitung
Antrieb: 8 Motoren von je 346 kW (470 PS) sind im Rahmen gelagert und treiben paarweise je eine Achse über Gelenkantrieb an
Gewicht: 74 t (163140 lb) Reibungsgewicht; 135 t (297620 lb) Gesamtgewicht
Maximale Achslast: 16,5 t (36375 lb)
Gesamtlänge: 19000 mm (62 ft 4 in)
Zugkraft: 215 kN (48275 lb)*
Höchstgeschwindigkeit: 150 km/h (93 mph)*

* Ändert sich mit der verwendeten Übersetzung.

Mit Fortschreiten der Elektrifizierung in Italien wuchs bei den Verantwortlichen die Unzufriedenheit über die Einschränkungen des Drehstromsystems. Man hatte hier nur eine kleine Zahl fester Geschwindigkeitsstufen und der Aufbau der Doppelfahrleitungen über

Weichenstraßen war außerordentlich kompliziert. Ein alternatives System, das man untersuchte, verwendete Gleichstrom hoher Spannung und war zuerst in den USA von der Chicago, Milwaukee, St. Paul & Pacific Railroad für längere Strecken angewandt worden. Auch in Italien hatte man damit schon erste Erfahrungen beim Betrieb der 101 Kilometer langen Linie von Benevento nach Foggia in Süditalien sammeln können.

1928 entschied man, daß alle künftigen Elektrifizierungen mit diesem Gleichstromsystem durchgeführt werden sollten. 1934 eröffnete man schließlich die erste neue Gleichstrombahn von Rom nach

Links und unten: *Diese Abbildungen der FS-Reihe E428 zeigen die Lokomotive in einem leicht rötlichen Braunton. Meist kennt man sie dagegen in einem khakifarbenen Ton namens „Isabella" nach der Farbe der Kleider von Königin Isabella, die einmal gelobt haben soll, sie werde keine frischen Kleider anlegen, bis ihre Armee eine bestimmte Stadt eingenommen habe.*

„Lyntog"-Dieseltriebzug

Dänemark
Dänische Staatsbahnen (DSB), 1935

Bauart: Dreiteiliger diesel-elektrischer Gliedertriebzug
Spurweite: 1435 mm (4 ft 8½ in)
Antrieb: 4 Frichs-Dieselmotoren von je 202 kW (275 PS) mit Generatoren – zwei auf jedem Enddrehgestell – treiben je einen Tatzlagermotor von 76,5 kW (104 PS) an jeder der acht Achsen
Gewicht: 130 t (286596 lb)
Maximale Achslast: 16,5 t (36376 lb)
Gesamtlänge: 63703 mm (209 ft 0 in)
Höchstgeschwindigkeit: 144 km/h (90 mph)
Die Daten gelten für einen dreiteiligen Triebzug

In der Mitte der dreißiger Jahre wurde die Verwaltung einer der geruhsamsten Bahngesellschaften plötzlich sehr lebendig und begann mit einem außerordentlichen und gelungenen Programm zur Beschleunigung aller Verkehrsverbindungen, in dem diese diesel-elektrischen Triebzüge eine große Rolle spielten. Bisher hatte beispielsweise ein Reisender aus Großbritannien nach seiner Ankunft in Esbjerg auf einem der ausgezeichneten Schiffe der dänischen „Det Forende Dampskib Skelskab" noch einmal eine Fahrt von 7½ Stunden für 342 Kilometer und damit eine zweite Nacht in einem Eisenbahnwagen vor sich, bevor er nach zwei weite-

ren Meeresüberfahrten auf Eisenbahnfähren endlich die dänische Hauptstadt erreichte. Nicht weniger als 2 h 48 min sparte der neue „Englaenderen"-Express bei dieser Fahrt ein, auch alle anderen Städteverbindungen zwischen Jütland und Kopenhagen wurden entsprechend schneller.

Für 56 Minuten dieser Fahrzeitkürzungen war die riesige neue Brücke über den Kleinen Belt verantwortlich, die König Christian, ein großer Eisenbahnenthusiast, am 14. Mai 1935 eröffnete. Auch weiterhin mußte man noch die 1 h 40 min dauernde Überfahrt über den Großen Belt in Kauf nehmen. Doch von der bisherigen Fahrzeit

auf der Schiene von 4 h 40 min bei unserem Beispiel sparten die neuen „Lyntogs" (Blitzzüge) den beachtlichen Teil von 1 h 50 min ein. Die Reisegeschwindigkeiten auf der Schiene wurden fast verdoppelt. Die Triebzüge waren mit Jakobs-drehgestellen gelenkig verbunden, die Enddrehgestelle trugen die Motoranlagen aus insgesamt vier verhältnismäßig kleinen Dieselmotor-Generatorsätzen, die sicherstellten, daß der Ausfall von ein oder zwei Maschinen nicht zum Liegenbleiben des Zuges führen konnte. Darüber hinaus waren die Antriebsanlagen so angeordnet, daß sie für Wartungsarbeiten oder Reparaturen durch Ausbau des gesamten Dreh-

Mailand einschließlich des neu erbauten 18,5 km langen Apenin-
nen-Tunnels, der am 12. April 1934
eröffnet wurde. Die neue Strecke
bedurfte natürlich auch neuer
Schnellzuglokomotiven, Resultat
waren diese gewaltigen Maschinen.

Erst seit kurzem ist es möglich,
mit Hilfe von statischen Umrichtern,
eine hohe Gleichspannung in eine
niedrigere umzuwandeln und da
Fahrmotoren für eine Betriebsspan-
nung von 3000 Volt nicht sehr prak-
tikabel sind, war man gezwungen,
für den Antrieb 1500 V-Motoren
paarweise in Serie zu schalten. Daher treibt bei diesen Lokomotiven
jeweils ein derartiges Motorpaar
eine Treibachse an, die – von außen
kaum erkennbar – in zwei Drehgestellen gelagert sind.

Fast alle der 241 ausgezeichneten E428er sind heute noch im
ständigen Einsatz, wenn auch in
weniger exklusiven Diensten wie in
ihren bewegten Jugendtagen, als
es mehr ihnen, und weniger Mus-
solini zu verdanken war, daß die
italienischen Spitzenzüge wieder
pünktlich fuhren.

Oben: *Die italienische Reihe E428
in der späteren Form. Die ersten
Maschinen besaßen nicht die
stromlinienförmige Front.*

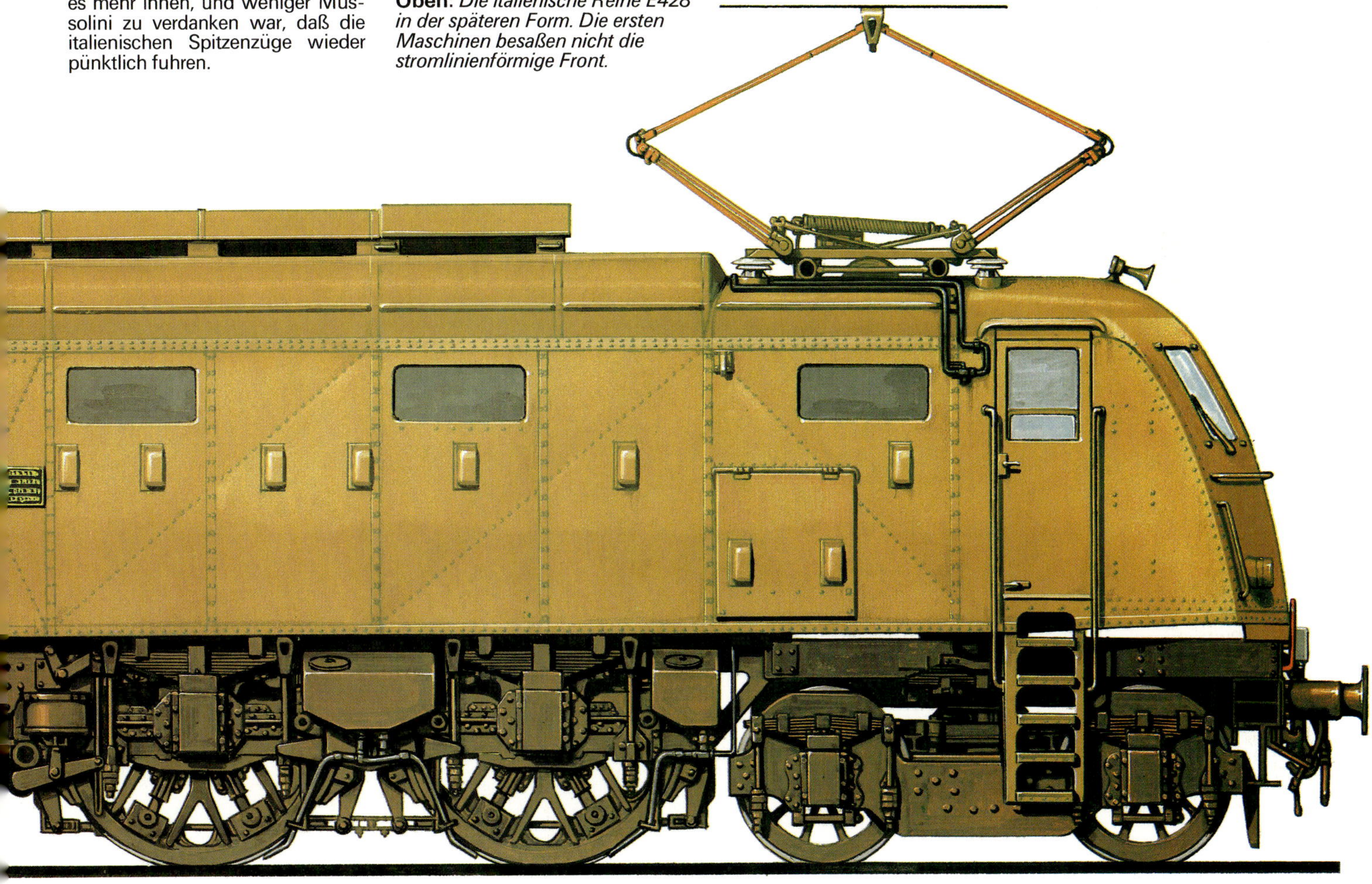

gestells leicht zugänglich waren.
Ein Allachsantrieb mit wiederum
recht kleinen Fahrmotoren von
76,5 kW (104 PS) ergab eine hohe
Anfahrbeschleunigung. Zusätzlich
zu den 36 Sitzplätzen erster und
104 Sitzplätzen dritter Klasse gab es
12 Plätze in einem kleinen Speiseraum mit Küche.

Der große Erfolg der ersten Züge
führte bald zu weiteren Bestellungen. Diese Serie erhielt zur Erhöhung des Platzangebots einen
zusätzlichen Wagen. Abgesehen
davon war man so zufrieden, daß
faktisch keine Änderungen, außer
denen, die der vierte Wagen erforderlich machte, erfolgten. Die damals ausgearbeiteten Fahrpläne ha-

ben ihre Bewährungsprobe so gut
bestanden, daß die Nachfolger der
usrpünglichen „Lyntogs" noch bis
1982 nach ihnen fuhren. Im Gegensatz zum allgemeinen Trend –
vielleicht ist das Gras auf der anderen Seite des Zauns tatsächlich grüner – begannen die Dänen 1982
viele Verbindungen auf lokbespannte Züge mit neuen Wende-
zugwagen umzustellen.

Links: *Ein „Lyntog"-Dieseltrieb-
zug der Dänischen Staatsbahnen
verläßt nach der Überquerung des
Großen Belts das Fährschiff.*

Bugatti-Triebwagen

Frankreich
Staats-Eisenbahn (Etat), 1934

Bauart: Benzin-mechanischer Schnelltriebwagen
Spurweite: 1435 mm (4 ft 8½ in)
Antrieb: 4 Bugatti „Royale"-Benzin-Motoren von je 147 kW (200 PS) treiben über hydraulische Kupplungen und Kardanwellen jeweils die Mittelachsen der beiden vierachsigen Drehgestelle
Gewicht: 16 t (35275 lb) Reibungsgewicht; 32 t (70545 lb) Gesamtgewicht
Maximale Achslast:
4 t (8820 lb)
Gesamtlänge: 22300 mm (73 ft 2 in)
Höchstgeschwindigkeit:
140/172 km/h (87/107 mph)

In der Zwischenkriegszeit gelangten die Verbrennungstriebwagen zur Reife, vor allem in jenen Ländern, in denen der Preis für Lokomotivkohle einen Wechsel der Traktionsform attraktiv erscheinen ließ. Frankreich war eines dieser Länder und zu den Produzenten von Triebwagen gehörten so bekannte Namen aus der Welt der Automobile wie Renault und Michelin.

Zu Beginn der dreißiger Jahre war die Technologie soweit fortgeschritten, daß man mit Triebwagen nicht nur Dampfzüge auf Nebenbahnen ersetzen konnte, sondern es auch mit den schnellsten Dampfleistungen auf den Hauptstrecken aufnahm. Damals betrat ein neuer Hersteller mit einem berühmten Namen die Szene: Ettore Bugatti. Er war berühmt für seine Rennwagen – von Geburt Italiener, war er ein

naturalisierter Franzose und baute seine Wagen in Molsheim im Elsaß. Nun beschäftigte er also seinen genialen Verstand auch mit den Problemen der Eisenbahntechnik, ausgehend von der Annahme, daß man mit entsprechend gestalteten Triebwagen die bisherigen Reisegeschwindigkeiten verdoppeln könne.

Sein erster Triebwagen ging an die Etat und strotzte förmlich vor Neuerungen. Schon die Form des Wagens und seine Proportionen ließen die Geschwindigkeit ahnen – bei einer Länge von 22300 mm war er nur 2692 mm hoch. Die Keilform der Stirnfronten entstand nach Versuchen im Windkanal. Den Fahrer plazierte Bugatti in einer Aussichtskuppel in Wagenmitte, von der er in

beiden Richtungen eine sehr gute Streckensicht hatte – was sich direkt vor seinem Fahrzeug abspielte, konnte er allerdings nicht sehen. Vier Bugatti-„Royale"-Motoren von jeweils 200 PS, die ein Benzol-Alkohol-Gemisch verbrannten, waren in der Wagenmitte quer angeordnet und trieben die Drehgestelle über seitlich liegende Kardanwellen an. Die vier Achsen der Drehgestelle waren so flexibel gelagert, daß sie nicht nur, wie üblich, Gleisunebenheiten folgen konnten, für einen guten Kurvenlauf waren sie teilweise auch seitlich verschiebbar. Nur die Mittelachsen der Drehgestelle wurden angetrieben. Die Motoren und die Kardanwellen wurden durch eine hydraulische Kupplung verbunden – die Motoren

„Fliegender Hamburger" SVT 877

Deutschland
Deutsche Reichsbahn Gesellschaft (DRG), 1932

Bauart: Zweiteiliger diesel-elektrischer Schnelltriebzug
Spurweite: 1435 mm (4 ft 8½)
Antrieb: Je ein Maybach-V12-Dieselmotor von 302 kW (410 PS) mit Gleichstromgenerator in den beiden Enddrehgestellen erzeugt Strom für Tatzlagermotoren im mittleren Jakobsdrehgestell
Gewicht:* 32,8 t (72310 lb) Reibungsgewicht; 93,8 t (206790 lb) Gesamtgewicht
Maximale Achslast:
16,4 t (36155 lb)
Gesamtlänge: 41906 mm (137 ft 6 in)
Höchstgeschwindigkeit:
160 km/h (100 mph)
* Die Gewichtsangaben gelten für die Nachkriegszeit. Für den Lieferzustand wird ein Gewicht von 78 t (171960 lb) angegeben.

Exakt um 8 Uhr 02 Minuten am 15. Mai 1933 begann eine neue Epoche in der Geschichte der Eisenbahnen: Der „Fliegende Hamburger" verließ den Lehrter Bahnhof in Berlin und begann seine erste planmäßige Fahrt nach Hamburg – mit einer Reisegeschwindigkeit von 124,7 km/h. Bemerkenswert war, daß dies damit die schnellste Fahrzeit der Welt war, noch bemerkenswerter war aber, daß dieser Rekord in Deutschland aufgestellt wurde. Trotz der aufsehenerregenden Ergebnisse der Schnellfahrten auf der Strecke Marienfelde–Zossen im Jahre 1903 waren die Geschwindigkeiten bei den deutschen Eisenbahnen hinter der allgemeinen Entwicklung zurück geblieben, erst

1933 hatte die zulässige Höchstgeschwindigkeit die Grenze von 100 km/h überschritten.

Dieseltriebwagen gab es in Deutschland seit 1915; in den zwanziger Jahren fanden sie allmählich Verwendung auf Nebenstrecken mit dem Ziel, hier die Betriebskosten gegenüber den bisherigen Dampfzügen zu senken. Das Neuartige am „Fliegenden Hamburger" war, daß man zum ersten Mal den Dieselantrieb anwendete, um die Geschwindigkeiten über das mit Dampfantrieb bislang mögliche Maß zu steigern.

Offiziell hieß das neue Fahrzeug „SVT 877" („S" = Schnellverkehr, „VT" = Verbrennungstriebwagen). Es besaß zwei, durch ein Jakobsdrehgestell verbundene Wagenkästen, in den Enddrehgestellen saßen die beiden Motor-Generatoranlagen, die die beiden Tatzlagermotoren im Mitteldrehgestell mit Strom versorgten. Dadurch war das Gewicht der Antriebsanlage so gleichmäßig wie nur möglich verteilt. Die Form der Wagenstirn entstand nach umfangreichen Versuchen im Windkanal der Zeppelin-Werft in Friedrichshafen. Die zulässige Höchstgeschwindigkeit betrug 160 km/h, bei Versuchsfahrten erreichte man sogar 175 km/h.

Die beiden Wagen besaßen 98 Polstersitze der zweiten Klasse, das kleine Büfett bot noch einmal 4 Fahrgästen Platz. Die auffällige Lackierung in creme und violett unterstrich das Besondere dieses Schnelltriebwagens. Bei seiner Lieferung gab man das Gewicht mit

78 t an, nach dem Krieg verzeichnete das Merkbuch der DB dagegen 93,8 t.

Der Fahrplan für die Strecke Berlin–Hamburg sah für die 287 Kilometer in westlicher Richtung eine Fahrzeit von 138 Minuten vor, in Gegenrichtung brauchte man 2 Minuten länger. Die Strecke war nur leicht geneigt und hatte kaum Langsamfahrstellen, bis auf einen

Oben: *Eine Hälfte des „Fliegenden Hamburgers" ist im Deutschen Verkehrsmuseum in Nürnberg zu besichtigen.*

Abschnitt auf der halben Distanz, der nur 60 km/h erlaubte.

Mit dem neuen Fahrzeug gab es kaum technische Probleme, wegen Wartungsarbeiten und auch für die Durchführung von Versuchsfahrten

waren so ausgelegt, daß auch ohne ein mechanisches Getriebe angefahren werden konnte.

Die Gesamtleistung von 800 PS war für ein Fahrzeug mit einem Dienstgewicht von 32 t außergewöhnlich hoch und ermöglichte bisher ungekannte Beschleunigungswerte und hohe Dauergeschwindigkeiten. In den beiden „Salons" standen jeweils 48 Sitzplätze zur Verfügung. Die Rücklehnen und Sitzflächen der Sitze waren gleich gestaltet und ließen sich mit einem einfachen Handgriff in die gewünschte Sitzrichtung bringen.

Bei den ersten Versuchsfahrten lief der Triebwagen auch noch bei einer Geschwindigkeit von 172 km/h sehr ruhig, im regulären Dienst zwischen Paris und Trouvil-

le-Deauville mußte man sich dann allerdings an die allgemeine Geschwindigkeitsgrenze von 120 km/h halten. Später gestattete man aufgrund der hervorragenden Laufeigenschaften eine Höchstgeschwindigkeit von 140 km/h.

Schon kurz nach der Indienststellung benutzte der französische Präsident den ersten Bugatti-Wagen für eine Fahrt von Paris nach Cherbourg, bei der eine Reisegeschwindigkeit von 118 km/h erreicht wurde. Nach dieser Fahrt war dieser Wagentyp nur noch als „Présidential" bekannt. Diesem ersten folgten weitere Wagen für die Etat. 1934 erhielt die PLM ein Doppelfahrzeug aus einem Triebwagen, der mit einem Beiwagen festgekuppelt war. Es entstanden weitere Versio-

nen, darunter ein besonders leichter Triebwagen mit geringerer Leistung und ein besonders langer Wagen. Bis zum Jahre 1938 war die Flotte der Bugatti-Triebwagen auf 76 angewachsen, davon gehörten 41 der Etat. Auf einer Vorführfahrt von Strasbourg nach Paris – 501,8 km – erzielte einer der Etat-Wagen die bemerkenswerte Durchschnittsgeschwindigkeit von 142,7 km/h.

Während des Zweiten Weltkriegs hatte man kaum Verwendung für derartige Fahrzeuge, aber nach Kriegsende leisteten sie einen erheblichen Beitrag bei der Wiederbelebung des Schnellzugverkehrs. Mit der Zeit führte die SNCF neue Triebwagentypen ein und der letzte der Bugattis wurde 1958 aus dem Verkehr gezogen. Glücklicherweise

fand einer von ihnen eine weitere Verwendung als Dienstfahrzeug und wurde so vor der Verschrottung gerettet. Nach seiner Restaurierung im Originalzustand erhielt ihn 1982 das Eisenbahnmuseum in Mulhouse als Exponat.

Die Bugatti-Wagen waren in ihren Jugendtagen in Frankreich das Sinnbild für Geschwindigkeit auf Schienen und sie haben sich den Titel, mit dem die PLM ihren Schnellverkehr anpries, wirklich verdient – „Vollblüter der Schiene".

Unten: Einer der Bugatti-Triebwagen der französischen Staats-Eisenbahn. Die Aussichtskanzel in Wagenmitte beherbergte den Führerstand.

Oben: *Nachfolger des „Fliegenden Hamburgers" war dieser Wagentyp, den wir hier als vereinigten „Fliegenden Münchner" und „Fliegenden Stuttgarter" im Frankenwald bei Lauenstein sehen.*

stand es nicht immer zur Verfügung, im ersten Halbjahr bestritt es aber immerhin 71% der planmäßigen Fahrten, nach zwei Betriebsjahren sah die Betriebsstatistik mit einer Verfügbarkeit von 90% noch wesentlich besser aus. Der große Erfolg des „Fliegenden Hamburgers" führte schon 1934 zur Bestellung 13 zusätzlicher Doppel-Triebwagen

für ein Schnellverkehrsnetz von Berlin nach Köln, Frankfurt und München und ein zweites Zugpaar Berlin–Hamburg, sowie eine Verbindung von Köln nach Hamburg. Als sie 1935 in Dienst gingen, gab es wieder einen neuen Weltrekord, die Reisegeschwindigkeit von 132,4 km/h von Berlin nach Hannover überstieg erstmals die Grenze von 80 Meilen pro Stunde (128,7 km/h).

Die Schnellverbindungen erfreuten sich immer größerer Beliebtheit und so war der nächste Schritt die Schaffung eines dreiteiligen Triebzuges mit zwei 600 PS-Motoren

(441 kW), bei dem die Fahrmotoren in den Enddrehgestellen untergebracht waren. Einer dieser „SVT Leipzig" fuhr 1936 bei einer Versuchsfahrt 205 km/h schnell. Das nun immer dichter werdende Schnellverkehrsnetz bestand bis zum 22. August 1939. Bei Kriegsausbruch stellte man die Schnelltriebwagen ab. Bis auf ein kurzes Intermezzo, als in den USA der „Super Chief" der Santa Fe schneller war, hielt Deutschland damit von 1933 bis 1939 den Weltrekord bei den Reisegeschwindigkeiten.

Nach Kriegsende tauchten die Fahrzeuge wieder im Eisenbahnbe-

trieb Westdeutschlands auf, zuerst allerdings nur im Dienst der Besatzungsmächte. Ab 1949 verfügte man in der französischen Zone wieder über den „Fliegenden Hamburger", jetzt mit der Nr. „SVT 04000". Erst 1950/51 kamen andere SVTs hinzu. Durch die Teilung Deutschlands und die Auswirkungen des Krieges war es natürlich nicht mehr möglich, an die Vorkriegsleistungen anzuknüpfen. Einige der Triebzüge baute man versuchsweise auf diesel-hydraulische Antriebe um. Den Vorkriegs-Schnelltriebzügen war aber kein langes Leben, zumindest im Westen Deutschlands, vergönnt – 1960 schieden die letzten bei der DB aus. Bei der Deutschen Reichsbahn in der DDR waren noch 1982 einige Exemplare vorhanden. Eine Hälfte des „Fliegenden Hamburgers" SVT 877, steht heute im Verkehrsmuseum in Nürnberg, die andere Hälfte wurde aus Platzgründen leider verschrottet.

Trotz des großen Vertrauens, daß die alte Reichsbahn-Gesellschaft in diese Triebwagen setzte, hatte sie 1939 eine größere Zahl von Stromlinien-Dampflokomotiven bestellt. Schon vorher hatte man immer wieder Triebwagen durch dampflokbespannte Züge ersetzen müssen, wenn die Nachfrage nach Plätzen das Angebot überstieg. Es bleibt daher Spekulationen überlassen, wohin die Entwicklung geführt hätte, wenn es nicht durch den Krieg zu einer Unterbrechung der Entwicklung gekommen wäre.

Baureihe E18   1'Do1'   Deutschland
Deutsche Reichsbahn Gesellschaft (DRG), 1935

Bauart: Elektrische Schnellzuglokomotive
Spurweite: 1435 mm (4 ft 8½ in)
Stromversorgung: Wechselstrom von 15000 V 16⅔ Hz über Oberleitung zum Loktransformator
Antrieb: Jede Achse wird von einem Fahrmotor von 760 kW (1033 PS) Stundenleistung über einen Federtopf-Antrieb angetrieben
Gewicht: 78,1 t (172180 lb) Reibungsgewicht;
108,5 t (239200 lb) Gesamtgewicht
Maximale Achslast:
19,6 t (43210 lb)
Gesamtlänge: 16920 mm (55 ft 6 in)
Zugkraft: 206 kN (46 250 lb)
Höchstgeschwindigkeit:
150 km/h (93 mph)

Von 1926 an ließ die Deutsche Reichsbahn für ihr wachsendes elektrisches Bahnnetz eine ganze Reihe neuer Elloks für den Schnellzugdienst erbauen. Zu ihnen gehörten die 38 Lokomotiven der Baureihe E 17 von 1928 mit der Achsfolge 1'Do1' und einer Dauerleistung von 2300 kW (3125 PS), die auf den 2'Do1'-Probeloks E 21 01-02 basierten. 1933/34 entstand eine leichtere Baureihe E 04 für Flachlandstrecken mit der Achsfolge 1'Co1' und dem gleichen von Kleinow verbesserten Westinghouse-Federtopfantrieb in insgesamt 23 Exemplaren. 3 ähnliche Loks der Baureihe E 05 konnten mit den Laufeigenschaften ihres Tatzlagerantriebs nicht so befriedigen. Die E 17 hatte eine Höchstgeschwindigkeit von 120 km/h, die E 04 09-23 und die E 05 103 waren 130 km/h schnell.
Zu dieser Zeit fand in Deutschland die große Revolution im Bereich der Schnellzug-Geschwindigkeiten durch die Schnelltriebwagen mit ihrer Höchstgeschwindigkeit von 160 km/h statt, auch erste Dampflokomotiven für diese und höhere Geschwindigkeiten gaben ihr Debüt. Die Elektrotraktion konnte hier natürlich nicht zurückbleiben. Als nächste Baureihe erschien 1935, im Jubiläumsjahr der ersten deutschen Eisenbahn, die E 18, eine 1'Do1'-Maschine mit einer Höchstgeschwindigkeit von 150 km/h und einer Dauerleistung von 2840 kW (3860 PS), die so ausgelegt war, daß sie einen Zug von 700 t noch mit 140 km/h befördern konnte.
Man war mit dem Laufverhalten der vorhandenen 1'Do1'-Maschinen durchaus zufrieden und übernahm darum die Laufwerkanordnung der E 18 von der E 17. Bei der elektrischen Ausrüstung und der Verwendung nur eines Fahrmotors pro Achse mit dem Kleinow-Federtopfantrieb folgte man dagegen der E 04. Das Äußere der deutschen Elloks war bisher recht kantig gewesen, bei der E 18 rundete man die Front windschnittig ab, stellte die Fensterfront des Führerstands etwas schräg und brachte unter den Pufferbohlen große Schürzen an. Das war zwar keine Stromlinienschale wie bei den Schnelltriebwagen oder den Hochgeschwindigkeits-Dampfloks, aber das glatte Erscheinungsbild der neuen Elloks zeigte doch jedem Betrachter, daß dies eine neue Lokomotivgeneration war.
Dem Lokführer erleichterte man die Bedienung der Lokomotive durch ein motorisch betriebenes Schaltwerk. Bei einer Geschwindigkeit von 70 km/h erhöht sich automatisch die Bremskraft der Lokbremsen. Wie bei den Vorgängerbaureihen verband man die Laufachsen mit der benachbarten Treibachse in Lenkgestellen der Bauart Krauss-Helmholtz-AEG, die mittleren Achsen sind für einen guten Kurvenlauf seitenverschieblich. Bei hohen Geschwindigkeiten ergaben sich durch diese Flexibilität des Fahrwerks Schwingungen der Lenkgestelle. Dieses Problem löste man durch den nachträglichen Einbau von Druckluftzylindern, die das Seitenspiel der Treibachse im Lenkgestell unterbinden konnten, nur die Laufachse blieb in geringerem Umfang seitenverschiebar. Beim Betätigen des Fahrtwendeschalters wurde automatisch die jeweils hintere Treibachse festgestellt.
Nach der Bewährung der ersten Maschinen bestellte man weitere, die höchste Nummer sollte die E 18 092 werden. Nach Ausbruch des Zweiten Weltkriegs stornierte man den Rest der Bestellung, es wurden bis 1940 nur 53 E 18er gebaut. Einige der Loks fielen dem Krieg zum Opfer, der Großteil befand sich 1945 im Westen und kam zur DB, 4 Loks verblieben der DR im Osten und 2 Loks wurden zu den 1018.101 und 1118.01 der ÖBB, die weitere 8 Loks in etwas geänderter Ausführung als 1018.201-208 besaß. Die DB erhielt 1953 aus vorhandenen Teilen noch zwei Nachbauten mit den Nummern E 18 054 und 055. Sie alle sollten noch mehrere Jahrzehnte lang – einige bis heute – vorwiegend im Schnellzugdienst Verwendung finden.
Der Baureihe E 18 folgten 1939 4 noch stärkere und schnellere Lokomotiven ähnlichen Aussehens für eine planmäßige Höchstgeschwindigkeit von 180 km/h, die so konstruiert waren, daß sie bei Versuchsfahrten 225 km/h erreichen sollten. Ihre Dauerleistung steigerte man dafür auf 3720 kW (5060 PS). Die von der AEG ausgerüsteten Loks erhielten die Bezeichnung E 19 01-02, die Siemens-Maschinen E 19 11-12. Leider führte der Krieg dazu, daß sie nie ihre hohe Geschwindigkeit im Plandienst ausspielen konnten; nach dem Krieg setzte die DB ihre Höchstgeschwindigkeit dann auf 140 km/h herab, ein Bedarf für schnellere Loks war nicht mehr vorhanden. Bis zum Erscheinen der Baureihe E 03 im Jahre 1965 waren sie aber wenigstens die stärksten deutschen Schnellzugloks.
Gleichzeitig mit der Entwicklung der E 18 begann die DRG einen Großversuch mit dem Industriestromsystem von 20000 V und 50 Hz. Die Höllentalbahn im Schwarzwald mit Steigungen von mehr als 5% bot ausreichende Erprobungsmöglichkeiten. Wäre nicht auch hier der Krieg dazwischen gekommen, hätte die Kombination dieses billigeren Stromversorgungssystems mit der vorhandenen Elloktechnologie möglicherweise Deutschland für Jahrzehnte eine Spitzenstellung im Eisenbahnwesen eingebracht.

Rechts: *Eine E 18 der Deutschen Bundesbahn mit der EDV-Nummer 118049-6 fährt mit einem außerplanmäßigen Schnellzug am alten Lokschuppen vorbei in den Hauptbahnhof von Aschaffenburg ein.*

Unten: *Mit ihrem Einzelachsantrieb und den Vorlaufachsen sind die Lokomotiven der Baureihe E 18 die klassische Bauform der dreißiger Jahre. Die abgebildete E 18 046 befand sich bei Kriegsende in Österreich und wurde dort zur ÖBB 1018.101.*

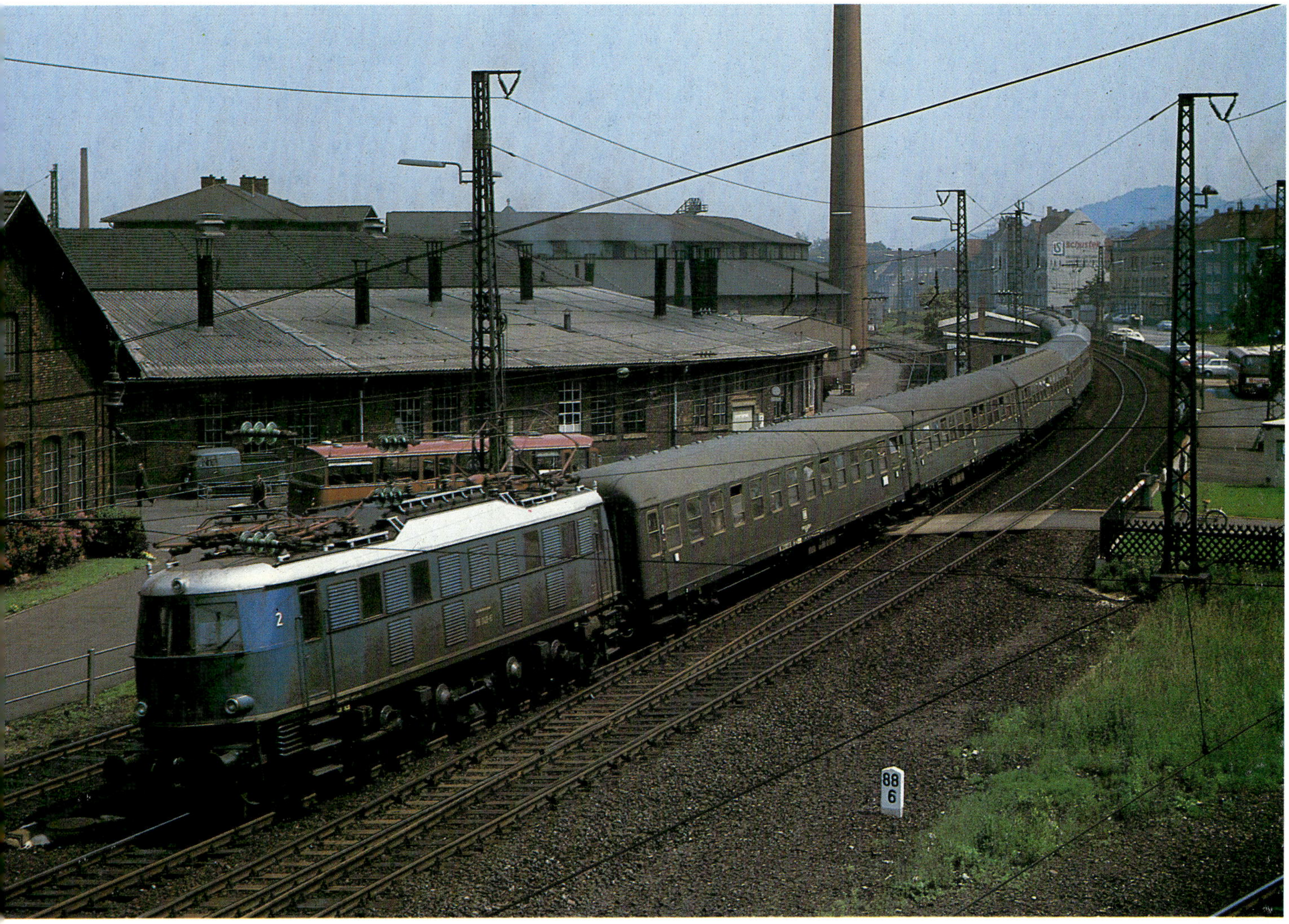
2
88
6

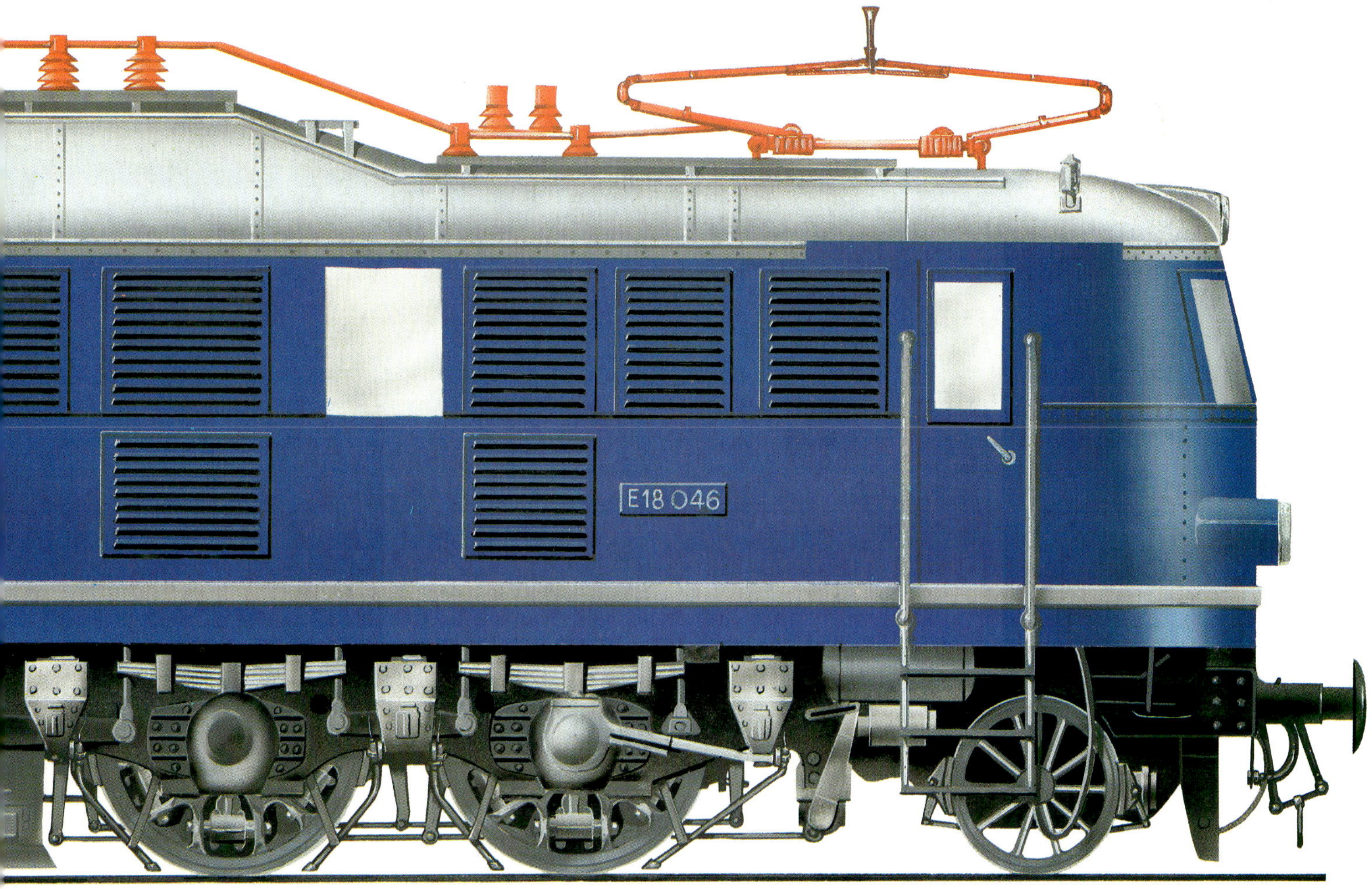
E18 046

262BD1   2′Co2′+2′Co2′   Frankreich
Paris, Lyon & Méditerranée-Bahn (PLM), 1937

Bauart: Zweiteilige diesel-elektrische Schnellzuglokomotive
Spurweite: 1435 mm (4 ft 8½ in)
Antrieb: Je Lokhälfte erzeugen zwei MAN-6-Zylinder-4-Takt-Dieselmotoren von je 754 kW (1025 PS) mit Generatoren Strom für drei im Hauptrahmen gelagerte Fahrmotoren mit Federtopfantrieb auf die Treibachsen
Gewicht: 108 t (238095 lb) Reibungsgewicht; 224 t (493830 lb) Gesamtgewicht
Maximale Achslast: 18,0 t (39680 lb)
Gesamtlänge: 33050 mm (108 ft 5³⁄₁₆ in)
Zugkraft: 314 kN (70500 lb)
Höchstgeschwindigkeit: 130 km/h (81 mph)

Mitte der dreißiger Jahre experimentierte die PLM auf ihrem algerischen Ableger mit der Dieseltraktion. Eines der Resultate waren zwei gewaltige diesel-elektrische Lokomotiven, die sie 1935 für ihre Hauptstrecke von Paris zur Riviera bestellte. Das Pflichtenheft verlangte die Beförderung eines 450 t-Zuges von Paris nach Menton in einer Fahrzeit, die eine Höchstgeschwindigkeit von 130 km/h und Beharrungsgeschwindigkeiten von mindestens 85 km/h auf den größten vorkommenden Steigungen erforderten. Züge von 600 t sollten von Paris nach Nizza im vorhandenen Fahrplan gefahren werden, die maximale Achslast betrug 18 t und für die ersten beiden Jahre erwartete

man die Bewältigung einer Jahresleistung von 275000 km.

Die benötigte Leistung von 4000 PS erzielte man auf zwei unterschiedliche Arten; erstens mit vier MAN-6-Zylinder-Reihen-Motoren und zweitens mit zwei Sulzer-12-Zylinder-12LDA 31-Doppelkurbelwellenmotoren. Um diese Leistung auf die Schienen zu bringen brauchte man sechs Treibachsen; und, um das Gesamtgewicht zu verteilen, waren weitere acht Laufachsen nötig. Man wählte eine Ausführung als Doppellok, deren Hälften die Achsfolge 2′Co2′ besaßen und im Betrieb nicht getrennt wurden. Ein Gang verband die beiden Führerstände. Wie bei Dampflokomotiven üblich, erhielten die Laufdrehgestelle Innenrahmen. Je-

des MAN-Motorenpaar besaß ein gemeinsames Gehäuse, aber getrennte Kurbelwellen. An jedem Ende des Gehäuses war ein Generator angeflanscht. Bei den Sulzer-Motoren wirkten die beiden Kurbelwellen dagegen auf eine gemeinsame Antriebswelle und einen Generator.

Jeder der MAN-Motoren entwickelte eine Leistung von 754 kW (1025 PS), die Hilfsbetriebe benötigten 221 kW (300 PS), für den Antrieb standen somit 2795 kW (3800 PS) zur Verfügung. Die Sulzer-Motoren erzeugten je 1397 kW (1900 PS), bei ihnen ergab sich eine Antriebsleistung von 2611 kW (3550 PS). Jede Treibachse wurde von einem einzelnen Fahrmotor über einen Kleinow-Federtopfan-

Klasse 11   C   Großbritannien
London, Midland & Scottish Railway (LMS), 1936

Bauart: Diesel-elektrische Rangierlokomotive
Spurweite: 1435 mm (4 ft 8½ in)
Antrieb: Ein English Electric 4-Takt-6-Zylinder-Reihenmotor, Typ 6K, von 261 kW (350 HP) Leistung mit Generator versorgt zwei Tatzlagermotoren von 130 kW (175 HP) an den äußeren Achsen. Alle drei Achsen sind über Kurbeln und Treibstangen verbunden.
Gewicht: 52,7 t (116260 lb)
Maximale Achslast: 17,6 t (38750 lb)
Gesamtlänge: 8705 mm (28 ft 6¾ in)
Zugkraft: 134 kN (30000 lb)
Höchstgeschwindigkeit: 48 km/h (30 mph)

Die erste von einem Ölmotor getriebene Lokomotive wurde 1894 in England gebaut – der Beginn zahlreicher Experimente der verschiedensten Firmen mit Antrieben durch Verbrennungsmotoren. Darunter waren neben großen Maschinenbaufirmen auch einige der kleineren Lokomotivhersteller. In den zwanziger Jahren boten etliche von ihnen kleine Standardtypen für den Verschubdienst an und Armstrong-Whitworth in Newcastle-upon-Tyne baute die ersten Diesellocks für den Streckeneinsatz. Diese Firma hatte erst nach dem Ersten Weltkrieg begonnen, neben Rüstungsgütern, auch Lokomotiven herzustellen.

Die großen Bahngesellschaften gestatteten zwar Versuche auf ihren Gleisen, zeigten ansonsten aber kaum Interesse. Für explosionsgefährdete Einsatzgebiete kauften

auch sie einige kleine Maschinen, die Vorherrschaft der Dampflokomotiven war aber nicht anzutasten; Kohle und Arbeitskräfte waren billig, für den verhältnismäßig teuren Dieselantrieb sprach nur wenig. 1932 baute Armstrong-Whitworth jedoch einen diesel-elektrischen Rangierlok-Prototyp der Achsfolge C, bei dem die Achsen über eine Blindwelle und Kuppelstangen von einem Traktionsmotor angetrieben wurden. Der Armstrong-Sulzer-Dieselmotor leistete 187 kW (250 HP). Bei der Betriebserprobung auf großen Rangierbahnhöfen der LNER und GWR beeindruckte vor allem ihre Zuverlässigkeit und Wirtschaftlichkeit.

1933 kam dann der Durchbruch, die LMS sah ein, daß Dieselloks im Rangierdienst wirtschaftliche Vorteile bieten könnten, vor allem dort wo rund um die Uhr rangiert wurde. Man bestellte bei fünf Herstellern neun Loks sechs unterschiedlicher Typen. Ein Zeichen für die große Aktivität im Diesellokbau war, daß es sich bei all diesen Lokomotiven um Standardmodelle handelte. Alle besaßen mechanische Kraftübertragungen, außer der Armstrong-Whitworth-Maschine, die mit ihrem diesel-elektrischen Antrieb der früheren Vorführlok ähnelte.

Gleichzeitig baute die Firma

Oben: *Die Rangierlokomotiven der Klasse „08" stammen von den LMS-Lokomotiven des Jahres 1936 ab.*

Hawthorn-Leslie in Newcastle eine andere dreiachsige diesel-elektrische Rangierlok mit Motor und Ausrüstung von English Electric. Der 300 HP-Motor (224 kW), eine 6-Zylinder-Reihenmaschine erzeugte den Strom für zwei Traktionsmotoren an den äußeren Achsen. Die drei Treibachsen verbanden Kuppelstangen. Nach eingehenden Prüfungen kaufte die LMS auch diese Lok.

Mit den gewonnenen Erfahrungen ging man nun an die Bestellung zweier Serien von dreiachsigen Diesellokomotiven mit einer Motorleistung von 350 HP (261 kW). Eine Serie lieferte Hawthorn Leslie mit direkt über Zahnradvorgelege angetriebenen Achsen, die anderen Loks von Armstrong-Whitworth erhielten wieder den Blindwellenantrieb. Der Erfolg dieser Lokomotiven ermutigte die LMS zum Bau weiterer, doch gab Armstrong-Whitworth zu diesem Zeitpunkt den Lokomotivbau wieder auf. Die LMS ging nun einfach selbst an den Bau von 30 derartigen Loks mit English Electric-Ausrüstung und einem Blindwellenantrieb mit einem Traktionsmotor, die zwischen 1939 und 1942 in den Werkstätten in Derby entstanden. 1942 genehmigte der Bahnvorstand noch einmal 100 Loks. Da aber der lange Radstand des Blindwellenfahrwerks Probleme in engen Kurven bereitete, ging man zur Bauform von Hawthorn Leslie mit zwei Traktionsmotoren über. Zwanzig dieser Loks baute man dann das Kriegsministerium und zwischen 1949 und 1952 entstanden dann die 100 bestellten Loks für den eigenen Bedarf. In der Zwischenzeit hatten auch die drei

trieb angetrieben, einer bei Elektrolokomotiven bewährten Bauform.

Die Lokomotiven verkleidete man fast bis zur Schienenhöhe strömungsgünstig. In späteren Jahren entfernte man einen Teil der Fahrwerksverkleidung wieder.

Die Maschine mit dem MAN-Antrieb, die 262BD1, wurde Ende 1937 abgeliefert und beförderte am 29. Dezember des gleichen Jahres den ersten französischen Zug mit Dieseltraktion. Zu dieser Zeit war sie die stärkste Diesellokomotive der Welt – mit Ausnahme der USA. Die 262AD1 war im April 1938 fertiggestellt und entriß ihrer Schwester für kurze Zeit den Titel der stärksten Diesellok, aber schon im Juli des Jahres mußte sie ihn an eine von Henschel gebaute Doppel-Loko-

motive für Ungarn abgeben, bei der aus den gleichen Sulzer-Motoren 1618 kW (2200 PS) geholt wurden.

Trotz der normalen Kinderkrankheiten übernahmen die beiden Lokomotiven schon bald Schnellzüge zwischen Paris und Lyon. Als sie bei Kriegsausbruch abgestellt wurden, um Kraftstoff zu sparen, hatten sie schon eine ansehnliche Laufleistung erreicht, aber nicht soviel, wie im Pflichtenheft vorgesehen war. Im Januar 1945 kehrten sie in den Betriebsstand zurück und trugen ihren Teil zur Linderung des großen Lokmangels im Nachkriegsfrankreich bei. Anfangs fuhren sie zwischen Paris und Lyon, später wurde das Depot Nizza ihre Heimat. Hier leisteten sie Hervorragendes vor

Zügen bis zu 750 t. 1955 nahm man sie schließlich aus dem Dienst; die 262AD1 hatte bis zu diesem Zeitpunkt immerhin eine Laufleistung von 1 585 000 km erreicht.

Für die damalige Zeit waren diese Lokomotiven bemerkenswert, sie bedeuteten einen großen Schritt vorwärts in der Entwicklung der europäischen Groß-Diesellokomotiven. Ihre Bedeutsamkeit ließen zwei Dinge nicht zur Geltung kommen – ihre mehr als vier Jahre währende Abstellung und die nach dem Krieg beginnende Elektrifizierung der französischen Hauptstrecken, auch der PLM-Strecke, für die sie gebaut worden waren. Diese Entwicklung ließ in Frankreich erst wieder in der Mitte der sechziger Jahre einen Bedarf an großen Dieselloks entste-

hen. Inzwischen hatten aber zwei Jahrzehnte technischen Fortschritts dieses Pionierwerk der Dieseltraktion in Vergessenheit geraten lassen.

Unten: *Jede Hälfte der dieselelektrischen Lokomotive Nr. 262BD1 der PLM von 1937 besaß zwei MAN-Dieselmotoren mit einer Gesamtleistung von 4100 PS (3015 kW).*

anderen großen Bahnen sehr ähnliche Maschinen beschafft, so daß man zum ersten Mal von einer britischen Einheits-Rangierlok sprechen konnte.

Unter diesen Voraussetzungen war es selbstverständlich, daß auch die neu entstandenen „British Railways" diesen Loktyp übernahmen. Schon bald nach der Verstaatlichung, lange bevor Interesse an Strecken-Dieselloks bestand, begannen die BR mit einem Programm zur vollständigen Verdieselung ihres Rangierbetriebs, in dessen Verlauf insgesamt 1193 dieser 350 HP-Rangierlokomotiven gebaut wurden, die – bis auf einige Versuchsmaschinen mit anderen Motortypen – identisch waren.

In einem Land, in dem die Bahngesellschaften seit alters her ihre eigenen Lokomotivtypen entwarfen, war die Einführung einer gemeinsamen Bauform sehr bemerkenswert und sie führte am Ende zum Bau der zahlenstärksten Lokomotivklasse Großbritanniens.

Rechts: *Auch diese Rangierloktype der Niederländischen Staatsbahnen basiert auf den Vorkriegslokomotiven der LMS.*

GG1 (2′Co)(Co2′)
USA
Pennsylvania Railroad (PRR), 1934

Bauart: Elektrische Schnellzug-
lokomotive
Spurweite: 1435 mm (4 ft 8½ in)
Stromversorgung: Wechsel-
strom von 15000 V 25 Hz über
Oberleitung zum Loktransformator
Antrieb: 12 Fahrmotoren von je
306 kW (416 PS) treiben paar-
weise über einen Federtopfantrieb
je eine der 6 Treibachsen
Gewicht: 137 t (303000 lb) Rei-
bungsgewicht; 216 t (477000 lb)
Gesamtgewicht
Maximale Achslast:
22,9 t (50500 lb)
Gesamtlänge: 24230 mm
(79 ft 6 in)
Zugkraft: 314 kN (70700 lb)
Höchstgeschwindigkeit:
161 km/h (100 mph)

Die Pennsylvania Railroad verwendete als Symbol das stilisierte Bild
eines Schlußsteins, der einem ge-
mauerten Gewölbe den Zusammenhang verleiht, weil man – mit
gewissem Recht – der Meinung
war, daß man in der Wirtschaft der
Vereinigten Staaten eine ähnliche
Stellung einnähme. Dieser „key-
stone" auf den Stirnfornten dieser
großartigen Lokomotiven mag gleichermaßen für ihre Stellung im
Personenverkehr der „Pennsy" stehen.
Von 1928 an arbeitete die PRR an
einem langfristigen Programm zur
Elektrifizierung ihrer wichtigsten
Strecken. Die Zahlen waren eindrucksvoll: Man benötigte – in der
Wirtschaftskrise schwer zu be-
schaffende – 175 Millionen Dollar,
um 1287 Streckenkilometer und
4505 Gleiskilometer (mit 830 täglichen Personenzügen und 60 täglichen Güterzügen) zu elektrifizieren.

Man hatte sich für ein Mittelfre-
quenz-Wechselstromsystem mit
Stromzuführung über eine Kettenfahrleitung entschieden. Das in
New York City verwendete Gleichstromsystem mit Stromschiene war
für längere Strecken ungeeignet;
vor allem aber hatte die PRR auf
ihren Vorortstrecken um Philadelphia schon seit 1913 Erfahrungen
mit Wechselstrom von 25 Hz gesammelt hatte. Nur eine derartig
große und gesunde Gesellschaft
wie die Pennsy war imstande ge-

Unten: *Die GG1 in einer der
schönsten Farbvarianten, dem
„toskanischen Rot" mit fünffa-
chem Goldstreifen. Man konnte
sie auch in dunkelgrün oder
schwarz antreffen.*

wesen, solch kostspielige Investitionen auch in den Jahren der Depression durchzuführen. 1934
stand die Elektrifizierung der
Strecke von New York nach Washington vor der Vollendung und
man beschäftigte sich mit der
Suche nach einer besonders lei-
stungsfähigen Schnellzuglokomotive. Zur Wahl standen zwei Bauformen; einmal eine 2′Do2′-Lokomo-
tive, die aus der 2′Co2′-Lok der
Reihe „P5a" weiterentwickelt worden war und zum zweiten eine
schlichte, kastenförmige Lokomotive mit einem Gelenkfahrwerk der
Achsfolge (2′Co)(Co2′), die man
sich vom Nachbarn New York, New
Haven & Hartford Railroad ausge-
liehen hatte.

Die Leihlok zeigte sich überlegen,
aber vor einer endgültigen Entscheidung baute man einen weiteren Prototyp. Hauptunterschied
war der stromlinienförmige Lokomotivkasten, der für die folgenden
Serienlokomotiven von dem berühmten Industriedesigner Ray-
mond Loewy überarbeitet wurde.
Zwischen 1935 und 1943 entstanden 139 Lokomotiven dieser Reihe
„GG1", die erst in den letzten Jahren durch modernere Elloks in der
Schnellzugförderung abgelöst
wurden.

Einige der GG1 bauten die bahneigenen Werkstätten in Altoona, andere lieferten Baldwin und General
Electric. Die elektrische Ausrüstung
stammte von GE und von Westinghouse. Hinter der Lokomotivkon-

Oben: *In den siebziger Jahren
übernahm die Amtrak die Durchführung des verbliebenen Perso-
nen-Fernverkehrs der USA. Dazu
gehörte natürlich die Übernahme
etlicher der GG1-Lokomotiven.*

Unten: *Eine GG1 der Pennsylvania Railroad durchfährt den Bahnhof von Glenolden, Pennsylvania
mit dem „George Washington"-
Express der Chesapeake & Ohio
Railroad.*

struktion standen die gleichen Grundsätze wie hinter der ganzen Bahn – alles mußte solide, verläßlich und vor allem, gut erprobt sein. Zum Beispiel war die gesamte Antriebsanordnung mit den Doppelmotoren, der Kraftübertragung und vielem anderen teilweise schon seit 20 Jahren bei der New Haven in Verwendung. Eine interessante Einrichtung der Pennsylvania Railroad war die Signalanzeige im Führerstand, bei der über isolierte Schienenstücke der Signalstand auf die Lok übertragen wurde. Für die damalige Zeit war dies eine erstaunliche Errungenschaft, vor allem wenn man bedenkt, daß über die Schienen ja auch der Fahrstrom zurückfloß.

Damals war das Glück der Pennsy noch hold; der schwache Verkehr der Depression hatte den Vorteil gehabt, daß die Störungen durch die Umstellungsarbeiten nicht so ins Gewicht gefallen waren. Zudem fiel die Fertigstellung der Verlängerung nach Harrisburg 1939 mit dem Beginn des größten Booms aller Zeiten im Personenverkehr zusammen, dem Beginn des Krieges in Europa. Absoluter Höhepunkt dieses Ansturms war der Weihnachtstag des Jahres 1944, als über 175000 Fernverkehrspassagiere im New Yorker Bahnhof der Pennsylvania gezählt wurden. Man verwendete alles, was Räder besaß, aber die gewaltigen Züge aus altem und neuem Material bereiteten den GG1 keine Mühe beim Einhalten der Fahrzeiten auf einer Strecke, auf der man die meisten Großstädte zwischen Florida und Illinois erreichen konnte.

In Zahlen ausgedrückt, besaß die GG1 eine Dauerleistung von 3680 kW (5004 PS), konnte aber kurzzeitig 6340 kW (8620 PS = 8500 HP) abgeben; für die Beschleunigung nach Aufenthalten und Langsamfahrstellen war dies ideal. In dieser Hinsicht konnten die GG1 ebensoviel leisten wie drei oder vier, der 30 oder 40 Jahre jüngeren Diesellokomotiven unserer Tage. Schwer waren sie allerdings auch und so geschah es einmal, daß bei einer GG1 die Bremsen versagten und sie durch die Bahnsteigsperre hindurch bis in die Bahnhofshalle der „Washington Union Station" gelangte. Diese war aber

nur für Menschen und nicht für Lokomotiven gebaut, die GG1 landete im Keller!

Je weniger Worte man über das Schicksal der Pennsy nach dem Zweiten Weltkrieg verliert, desto besser ist es wohl. Unsere herrliche GG1-Flotte ging Stück für Stück an die verschiedenen Nachfolgegesellschaften – die Penn Central, Amtrak, Conrail und die Verkehrsbetriebe des Staates New Jersey (NJDoT). Wenn es nicht so tragisch für die Eisenbahn gewesen wäre, hätte man über das reihenweise Versagen der groß als GG1-Nachfolger angepriesenen Lokomotiven lachen können, die den als Relikte einer schlechten Vergangenheit verachteten „Museumsstücken" nicht das Wasser reichen konnten. Erst vor nicht langer Zeit setzte das Erscheinen der Amtrak „AEM7"-Klasse dem Einsatz vor Schnellzügen auf Hauptstrecken ein Ende.

Die Conrail entfernte vor kurzem die elektrischen Einrichtungen auf dem nicht mehr durch Personenzüge genutzten Teil ihrer Strecken, die sie von der bankrotten Penn Central geerbt hatte und raubte damit der Handvoll ihrer noch vorhandenen GG1-Loks das letzte Einsatzgebiet. Nur das „New Jersey Department of Transportation – NJDoT – wickelt noch einen be-

scheidenen Vorortverkehr ab, bei dem einige dieser prächtigen Maschinen eine Verwendung finden.

Wenigstens zwei Loks werden in den Museen von Altoona und Strasburg der Verschrottung entgehen. Aber nie wieder werden wir eine dieser mächtigen Maschinen dabei beobachten, wie sie mit mehr als 90 Meilen in der Stunde mit einem 20-Wagen-Zug vorbeibraust, der für sie kaum schwerer als ein Sack Federn zu sein scheint.

Oben: *Die 10000 PS der beiden, schon ziemlich schäbig aussehenden, GG1-Maschinen reichten am Ende der Tage der großen Pennsylvania Railroad für die Beförderung der Güterzüge aus.*

Unten: *Die GG1 Nr. 4835 wurde im historischen schwarzen Farbkleid mustergültig restauriert; hinter ihr folgen zwei Loks im Amtrak-Anstrich, die vierte Maschine ist eine moderne E60P.*

4-COR Triebzug

Großbritannien
Southern Railway (SR), 1937

Bauart: Vierteiliger elektrischer Schnelltriebzug
Spurweite: 1435 mm (4 ft 8½ in)
Stromversorgung: Gleichstrom von 660 V über von oben bestrichene Stromschiene
Antrieb: 4 Tatzlagermotoren von je 205 kW (280 PS) treiben die beiden äußeren Drehgestelle der Einheit
Gewicht: 59,3 t (130816 lb) Reibungsgewicht; 158,7 t (349890 lb) Gesamtgewicht
Maximale Achslast: 14,8 t (32704 lb)
Gesamtlänge: 80620 mm (264 ft 5 in)
Höchstgeschwindigkeit: 120 km/h (75 mph)

Viele Jahre lang beanspruchte die englische Southern Railway für sich, daß sie über das größte elektrische Vorortnetz der Welt verfügte. Seine letzte Blütezeit begann mit der Netzerweiterung 1937-38 bis Portsmouth über gleich zwei verschiedene Hauptstrecken und der Eröffnung zusätzlicher Ergänzungsabschnitte. Dieses ehrgeizige Programm umfaßte die Elektrifizierung von 650 km Gleis. Im Sommerfahrplan verbanden an Samstagen mehr

Rechts: Ein Schnellzug vom Waterloo-Bahnhof nach Portsmouth, gebildet aus „4-COR" und „4-RES"-Einheiten, durcheilt das Weichbild von London bei Clapham Junction.

North Shore „Electroliner"

USA
Chicago, North Shore & Milwaukee Railroad (North Shore), 1941

Bauart: Elektrischer Schnelltriebwagen-Gelenkzug
Spurweite: 1435 mm (4 ft 8½ in)
Stromversorgung: Gleichstrom von 550 V (später 600/650 V) über Oberleitung und Trolley-Stangenstromabnehmer oder 600 V aus einer Stromschiene auf der Hochbahn
Antrieb: 8 Tatzlagermotoren von je 93 kW (127 PS) an den vier äußeren Commonwealth-Stahlgußdrehgestellen
Gewicht: 77,6 t (171030 lb) Reibungsgewicht; 95 t (210500 lb) Gesamtgewicht
Maximale Achslast: 9,7 t (21380 lb)

Gesamtlänge: 47345 mm (155 ft 4 in)
Höchstgeschwindigkeit: 137 km/h (85 mph)*

* Bei 600/650 V nach dem Zweiten Weltkrieg.

Unten: Die legendären „Electroliner" der Chicago, North Shore & Milwaukee Railroad bestanden aus vier gelenkig verbundenen Wagenkästen, von denen die Abbildung die beiden ersten darstellt. Ihren Kauf finanzierte man durch Kürzungen der Angestelltenlöhne, um die drohende Einstellung der Bahn abzuwenden.

In einer Zeit, in der es so aussieht, daß im Städteschnellverkehr die Zukunft den elektrischen Triebzügen gehört, muß man auch einmal daran erinnern, daß sich in den Vereinigten Staaten von Amerika schon vor Jahrzehnten ein riesiges, 29000 Kilometer langes, städteverbindendes Netz elektrischer Bahnen entwickelt hat. Einige fuhren schneller als die anderen, aber von den wenigsten ist heute noch etwas zu finden. Eine der langlebigsten – und schnellsten – Überlandbahnen

war die Chicago, North Shore & Milwaukee Railroad. Bei ihr konnte man die Fahrt an Haltestellen des berühmten Innenrings der Chicagoer Hochbahn beginnen – Bedin-

als 120 Schnellzüge und 70 Nahverkehrszüge London und Portsmouth. Der elektrische Betrieb umfaßte nun die ganze Südküste Englands von Portsmouth bis Hastings. Im Durchschnitt verdoppelte sich das bisherige Verkehrsangebot, vor allem waren die neuen Züge sauberer, schneller und verläßlicher. Es war eine Modernisation in einem Maß, das für uns – fast 50 Jahre später – völlig außer Reichweite liegt.

Zur Ausweitung des Angebots baute man 193 Triebwagen-Garnituren, 87 davon bestanden aus 4 Durchgangswagen für den Schnellverkehr. Aus ihnen bildete man Züge von 8 oder 12 Wagen; wegen der Durchgangsmöglichkeit erhielt dieser Fahrzeugtyp die Bezeichnung „4-COR" (corridor). Neunzehn Einheiten besaßen einen Speisewagen („4-RES") und 13 ein Büfett („4-BUF").

Die gesamte elektrische Ausrüstung war unter dem Wagenboden untergebracht und beeinträchtigte die Ausgestaltung der Fahrgasträume nicht. Die elektro-pneumatischen Fahrschalter erlaubten auch die Vielfachtraktion mit älteren Triebwagen, die eine elektromagnetische Steuerung besaßen. Nicht benutzte Führerstände innerhalb eines Zuges konnte man mit Falttüren verschließen, die den Durchgang freiließen. Wie bei den elektrischen Fahrzeugen der SR üblich, verwendete man die Luftdruckbremse.

Die Portsmouth-Garnituren – mit Spitznamen „Nelsons" genannt – verrichteten mehr als 30 Jahre lang zur vollen Zufriedenheit ihren Dienst. Die offizielle Höchstgeschwindigkeit wurde oft übertroffen, Geschwindigkeiten von 144 km/h (90 mph) waren häufig zu beobachten, wenn ihre Fahrt dabei auch etwas lebhafter wurde. Wichtiger als Geschwindigkeit war aber Zuverlässigkeit. Ihr ständiger Einsatz in einer Zeit, in der der Zweite Weltkrieg tobte und bevor die British Railways ernsthaft an

eine Modernisierung ihres Betriebes dachte, gab dem Schreiber eine völlig falsche Vorstellung von den Dingen, die die Zukunft bringen würde. Manches Mal hatte man in diesen Zügen zwar das Gefühl in einer Dampfwalze mit eckigen Rädern zu sitzen, aber in einem Punkt versagten sie selten – sie hielten auf jeden Fall die Versprechungen des Fahrplans ein. Inzwischen sind sie alle verschwunden, bis auf einen einzelnen Triebwagen, der für das Nationale Eisenbahnmuseum in York aufgehoben wird und eine

Oben: *Die Codezahl „80" im Stirnfenster bedeutet, daß diese 12-Wagen-Komposition die Strecke vom Waterloo-Bahnhof in London bis zum Hafenbahnhof von Portsmouth ohne Zwischenhalt durchfährt.*

zwar komplette, aber motorlose, 4-Wagen-Einheit, in der man hinter Dampflokomotiven die Nene Valley-Touristen-Bahn bei Peterborough bereisen kann.

gung waren dafür Züge, die so beweglich waren, daß sie Kurven innerhalb der Stadt mit einem Radius von nur 27,5 m durchfahren konnten. Man erreichte dies mit Gelenkwagen, die relativ kurze Wagenkästen besaßen. Nur wenige Minuten später verließ man die Stadtgrenzen

und raste auf den ausgezeichneten Gleisen der North Shore mit 135 km/h dahin. In Milwaukee angekommen, benutzte die Bahn – mit entsprechend niedrigen Geschwindigkeiten – die Gleise der städtischen Straßenbahn, um zu ihrem Endbahnhof in der Innenstadt zu gelangen. Es war fast so, als ob man mit einem heutigen Hochgeschwindigkeitszug aus Bristol vom Londoner Paddington Bahnhof durch die Oxford Street weiterfuhr, um endlich in die Regent Street einzubiegen.

Die phantastischen Triebzüge, die all dies so spektakulär vollbrach-

ten, waren in manchem ungewöhnlich, nicht zuletzt durch die Tatsache, daß sich die Bahnbeschäftigten zu Lohnkürzungen bereitgefunden hatten, um Verbesserungen – darunter auch diese „Electroliner" – zu finanzieren, mit denen die Bahn in letzter Minute vor der Einstellung gerettet werden sollte.

Die St. Louis Car Company baute die Wagen mit elektrischen Ausrüstungsteilen von Westinghouse. Sie boten 146 Sitzplätze und sogar den Komfort eines Barwagens. Die beiden „Electroliner" fuhren vom 9. Februar 1941 an planmäßig fünfmal täglich die 141 km lange

Strecke von Chicago nach Milwaukee und zurück. Schließlich trug der Individualverkehr doch noch den Sieg über die Eisenbahn davon – am 20. Januar 1963 war der letzte Betriebstag der North Shore.

Die „Electroliner" verkaufte man an die „Southeastern Pennsylvania Transportation Authority" (SEPTA) in Philadelphia, die sie von 1964 an als „Liberty Liners" mit den Namen „Valley Forge" und „Independence Hall" und in einem leuchtenden dunkelrot-weiß-blauen Anstrich einsetzte. 1980 endete dann auch hier ihr Einsatz.

NORTH SHORE LINE

„E"-Serie (A1A)(A1A)
USA
Electro-Motive Division, General Motors Corporation (EMD), 1937

Bauart: Diesel-elektrische Schnellzuglokomotiven – als „A"-Einheit mit, als „B"-Einheit ohne Führerstand
Spurweite: 1435 mm (4 ft 8½ in)
Antrieb: Zwei EMD 2-Takt-V12-Dieselmotoren mit Aufladung, Typ 567A, von 746 kW (1000 HP = 1014 PS) mit Gleichstromgeneratoren versorgen vier Tatzlagermotoren an den äußeren Achsen der beiden Drehgestelle
Gewicht: „A"-Einheit: 96,3 t (212310 lb) Reibungsgewicht; 142,9 t (315000 lb) Gesamtgewicht. „B"-Einheit: 93,3 t (205570 lb) Reibungsgewicht; 138,4 t (305000 lb) Gesamtgewicht
Maximale Achslast: „A" – 24,1 t (53080 lb); „B" – 23,3 t (51390 lb)
Gesamtlänge: „A" – 21 670 mm (71 ft 1¼ in); „B" – 21 340 mm (70 ft 0 in)
Zugkraft: 236 kN (53080 lb)
Höchstgeschwindigkeit: 137 km/h (85 mph), 148 km/h (92 mph), 158 km/h (98 mph), 188 km/h (117 km/h) – Je nach Übersetzung
Die Angaben beziehen sich auf die Type „E7" von 1945

Im Jahre 1930 tätigte die General Motors Corporation zwei Käufe, die sich dramatisch auf die amerikanische Lokomotivwelt auswirken sollten. Erstens kaufte sie die Winton Engine Co., die auf die Herstellung leichter Dieselmotoren spezialisiert war. Das zweite Kaufobjekt war Wintons Hauptkunde, die Electro-Motive Corporation, die 1922 gegründet worden war, um benzin-elektrische Triebwagen zu produzieren und die in zehn Jahren auch 500 Einheiten verkauft hatte. Durch die neu erstandenen Fabrikationsanlagen und die übernommenen Sachkenntnisse war es erst möglich geworden, daß EMD einen maßgeblichen Anteil an der Einführung der sensationellen neuen Stromlinien-Triebzüge des Jahres 1934 übernehmen konnte. Schon im folgenden Jahr stellte die Firma ihre ersten eigenen Diesellokomoti-

ven her, vier rechteckige „Boxcar"-Maschinen der Achsfolge Bo'Bo', die von jeweils zwei Winton-V12-Motoren mit einer Leistung von je 670 kW (900 HP) angetrieben wurden. Da die eigene Lokomotivwerkstatt noch nicht fertiggestellt war, mußten diese Loks noch bei anderen Herstellern zusammengebaut werden.

1936 konnte EMD endlich in die neuen Fabrikhallen in La Grange, Illinois einziehen und begann sofort mit dem Bau der nächsten Lokomotiven. Sie gehörten zur „E"-Serie, auch „Stromlinien"-Serie genannt, und erhielten die gleichen 900 HP-Motoren wie ihre Vorgänger; Fahrwerk und Aufbau waren aber völlig neu. Die Kastenwände gestaltete man als mittragende Bauelemente nach der Art von Fachwerkbrückenträgern. Um die Laufeigenschaften bei höheren Geschwindigkeiten zu verbessern, erhielten die Drehgestelle drei Achsen. Da aber nur vier Traktionsmotoren benötigt wurden, blieben die Mittelachsen antriebslos, die Achs-

anordnung lautete (A1A)(A1A). Man baute die Lokomotiven in zwei Versionen, als „A"-Einheiten mit und als „B"-Einheiten ohne Führerstand. Die Baltimore & Ohio RR war der erste Kunde. Sie kaufte sechs Maschinen jeder Type, die paarweise als 3600 HP-Lokomotiven (2685 kW) verwendet wurden. Die Santa Fe kaufte 8 „A"- und 3 „B"-Einheiten und die Betriebsgemeinschaft der „City"-Stromlinienzüge erstand zwei A-B-B-Garnituren für den „City of Los Angeles" und den „City of San Francisco", die mit ihrer Gesamtleistung von 5400 HP (4028 kW) bei ihrem Erscheinen 1937 die stärksten Diesellokomotiven der Welt waren. Die B&O-Loks klassifizierte EMD als „EA" und „EB", die der Santa Fe waren die „E1A" und „E1B" und die „City"-Maschinen nannte man „E2A" und „E2B".

Schon diese ersten Lokomotiven waren ein Erfolg, nicht nur durch ihre Leistungen, sondern auch durch ihre Zuverlässigkeit, die ein hervorragender Beweis für die Qua-

Oben: Ein Personenzug der Gulf, Mobile & Ohio RR, geführt von einer EMD „E7A" und einer „F3B".

lität der Konstruktionsarbeiten war, denn vor den ersten vier „Boxcar"-Loks hatte es keinen Prototyp der Baureihe gegeben. Beim Betrieb in Mehrfachtraktion konnten Unterhaltsarbeiten sogar unterwegs ausgeführt werden, auf weniger anstrengenden Streckenabschnitten schaltete man einfach die entsprechende Maschine ab. Dadurch waren bemerkenswerte Dauerleistungen möglich geworden: Eine der B&O A-B-Garnituren erlangte nationale Berühmtheit als sie 365 Tage lang ohne Unterbrechung ihren Dienst zwischen Washington, DC. und Chicago verrichtete und dabei 454000 Kilometer mit einer durchschnittlichen Geschwindigkeit von 90 km/h zurücklegte! Die technische Weiterentwicklung ging in La Grange rasch voran. Der Winton-Diesel erreichte bei der Leistung von 900 PS seine Grenzen, man entwickelte daher einen neuen

Unten: Die letzte Variante der „E"-Serie war die „E9". Die Abbildung zeigt sie in dem Anstrich, den die Rock Island RR für ihre „Rocket"-Expresszüge verwendete.

ROCK ISLAND

EMD-Motor. Seine Typnummer „567" gab den Rauminhalt eines seiner Zylinder in Kubikzoll an – ein Volumen von 9,29 Litern. Er war mit 8,12 und 16 Zylindern erhältlich und leistete dabei 600, 1000 und 1350 HP (448, 746 und 1007 kW). Gleichzeitig begann La Grange mit der Herstellung eigener Generatoren, Traktionsmotoren und anderer elektrischer Ausrüstungsteile.

Die ersten, komplett aus EMD-Teilen erbauten, Lokomotiven erhielt die Seabord Air Line – 14 „A" und 5 „B"-Lokomotiven des Typs „E4" – die ab Oktober 1938 abgeliefert wurden. Sie besaßen zwei 1000 HP-Motoren und wurden als 3-teilige Einheit mit 6000 HP Gesamtleistung betrieben. Die Typen „E3" – 18 Loks für die Santa Fe – und „E5" – 16 Stück für die Burlington folgten.

Bisher hatten die Bestellungen der einzelnen Bahnen einzelne Konstruktionsunterschiede aufgewiesen – daher die unterschiedlichen Bezeichnungen – aber EMD beabsichtigte die Lokomotivproduktion durch eine Großserienfertigung zu optimieren und versuchte, die Besteller von Sonderwünschen abzubringen. Die nächste Serie, die „E6", die 1939 im gleichen Monat wie das erste Vorführmodell einer Güterzuglokomotive erschien, war die erste Standardtype, die mit wenigen Variationsmöglichkeiten „von der Stange" verkauft wurde und damit der eigentliche Beginn der Massenproduktion von dieselelektrischen Lokomotiven. Bis der Kriegsproduktionsausschuß im Februar 1942 die Herstellung von Personenzuglokomotiven verbot, hatte EMD 118 Maschinen dieser Bauart abgeliefert.

Im Februar 1945 konnte man endlich den Bau von Personenzugloks mit dem ersten Exemplar der „E7"-Type wieder aufnehmen, bei dem man auf die Erfahrungen aus den Güterzuglokomotiven der „F"-Serie nutzte. Zu den Verbesserungen gehörte vor allem ein neues und größer dimensioniertes Kühlsystem. Äußerlich fiel die steiler abfallende Schnauze mit einem Neigungswinkel von 80° zur Horizontalen, wie bei der „F"-Serie, anstelle der 70° der bisherigen „E"-Lokomotiven, auf. Abgesehen davon bestehen die hauptsächlichsten äuße-

ren Unterschiede zwischen den verschiedenen Modellen der „E"-Serie in der Anordnung der Fenster und Lüftergitter. Viele Lokomotiven der amerikanischen Bahnen befanden sich durch die Kriegsanstrengungen in einem heruntergekommenen Zustand, ein weiterer Grund, der zu den zahlreich eingehenden Bestellungen von Diesellokomotiven für den Schnellzugdienst beitrug. „Electro Motive Division" richtete sich für eine monatliche Produktionsrate von durchschnittlich 10 „E7"-Lokomotiven ein. Innerhalb von 4 Jahren entstanden 428 „A"-Einheiten und 82 „B"-Einheiten; die Reihe „E7" war damit zahlenmäßig stärker vertreten als die Personenzug-Dieselloks aller anderen US-Hersteller zusammen. Käufer waren meist Bahnen mit schnellen Personenzugverbindungen auf verhältnismäßig flachen Strecken, bei schwierigeren Bahnverhältnissen hielt man sich lieber an die „F"-Serie mit ihrem Allachs-Antrieb.

Zu den Abnehmern gehörten die Pennsylvania und die New York Central – mit 60 bzw. 50 Lokeinhei-

ten besaßen sie die größten „E7"-Flotten. Auf der New York Central führte man im Oktober 1946 die gründlichsten Vergleichsuntersuchungen zwischen Diesel- und Dampftraktion durch, die es je gab. Zwei „E7"-Paare verglich man mit sechs neuen „Niagara" 2'D2' Schnellzuglokomotiven im Betrieb auf der 1493 km langen Strecke von Harmon, New York nach Chicago. Im Durchschnitt liefen die „E7" monatlich 46587 km, die „Niagaras" 43796 km (28954 und 27221 Meilen). Die durchschnittlichen Betriebskosten pro Meile ergaben sich mit 1,11 Dollar für die Dieselloks und mit 1,22 Dollar für die Dampfloks. Leider führte in der Folgezeit eine Reihe von Streiks in der Kohlenindustrie und Probleme mit der für die Kessel der „Niagaras" verwendeten Stahllegierung, dazu, daß die NYC die knappe Differenz nicht doch zugunsten der noch immer heiß geliebten Dampflokomotive interpretierte. Für den eingefleischten Dampflokenthusiasten ist es auch heute noch interessant, wie klein die Unterschiede waren, wenn hervorragende intensiv genutzte und entsprechend gut unterhaltene Dampflokomotiven durch Dieselloks ersetzt wurden. Bei vielen Bahnen gab es allerdings größere Kostendifferenzen und die Dieselloks erwirtschafteten nen-

nenswerte Einsparungen, die ausreichten, um die höheren Kapitalkosten zu kompensieren.

1949 stand der Motortyp „567B" mit einer Leistung von 839 kW (1125 HP) zur Verfügung, der für die nächste Loktype „E8" Anwendung fand. Inzwischen hatten die meisten Bahngesellschaften ihre wichtigsten Personenzugleistungen verdieselt und der Eindruck auf die Fachwelt war nicht mehr so spektakulär. Beim Erscheinen der letzten Version der „E"-Serie, der „E9", mit 1200 HP (895 kW) Dieselmotor, Typ „567C", war der Markt schon gesättigt, zwischen 1954 und 1963 entstanden nur noch 144 Einheiten, verglichen mit immerhin 457 Maschinen der Type „E8".

Angesichts der starken Konkurrenz von Luftverkehr und Auto ging der Niedergang des amerikanischen Personenzuges rasch vonstatten und vielen der späteren „E"-Lokomotiven war nur ein kurzes Leben vergönnt, man gab sie für neue Allzwecklokomotiven in Zahlung.

Die EMD-„E"-Lokomotiven leiteten die allgemeine Verdieselung der amerikanischen Personenzüge ein und etliche von ihnen hatten auch die zweifelhafte Ehre so manchen berühmten Expreßzug auf seiner letzten Fahrt zu führen. In ihrer Glanzzeit besaßen die USA in ihnen einen unumstrittenen Rekordhalter im Bereich der Schnellzuggeschwindigkeiten. Mit einer möglichen Höchstgeschwindigkeit von 188 km/h (obwohl die wenigsten Bahnen sie schneller als 160 km/h laufen ließen) waren die Lokomotiven der „E"-Type damals die schnellsten Dieselloks der Welt – trotzdem waren sie robuste und einfache Konstruktionen. Bemerkenswert ist, daß auch bei derartigen Geschwindigkeiten Tatzlagermotoren verwendet wurden, die offensichtlich keine nachteiligen Auswirkungen auf den ziemlich schweren Oberbau mit seinem engen Schwellenabstand hatten.

1980 waren bei der Amtrak noch einige der letzten „E"-Lokomotiven in Vielfachtraktion im Einsatz, ihre Reihen waren schon erheblich gelichtet. Zum Glück blieb der Lokomotivkasten der ersten B&O-Maschine als Museumsstück der Nachwelt erhalten.

Unten: *Diese „A"-Einheit – mit Führerstand – der Santa Fe weist noch die schräge Front der frühen „E"-Maschinen auf.*

THE ROCKET

645

„F"-Serie Bo'Bo'

USA
Electro-Motive Division, General Motors Corporation (EMD), 1939

Bauart: Diesel-elektrische Mehrzwecklokomotive – als „A"-Einheit mit, als „B"-Einheit ohne Führerstand
Spurweite: 1435 mm (4 ft 8½ in)
Antrieb: Ein EMD 2-Takt-V16-Dieselmotor mit Aufladung, Typ 567B, von 1120 kW (1500 HP = 1522 PS) Leistung erzeugt in einem Generator Gleichstrom für 4 Tatzlagermotoren
Gewicht: 104,3 t (230000 lb) – ohne Dampfheizkessel und Widerstandsbremse
Maximale Achslast: 26,1 t (57500 lb)
Gesamtlänge: „A" – 15443 mm (50 ft 8 in), „B" – 15240 mm (50 ft 0 in)
Zugkraft: 256 kN (57500 lb)
Höchstgeschwindigkeit: Zwischen 80 km/h und 164 km/h (50 bis 102 mph) je nach Übersetzung
Die Angaben beziehen sich auf den Typ „F3" von 1945

Lokomotiven wird in ihrem Leben nichts geschenkt, nur die Besten überleben. Meist bewegte sich die technische Evolution in kleinen Schritten voran, nur wenige Neuentwicklungen waren so umwälzend und auch erfolgreich, daß sie die Bezeichnung „revolutionär" verdient hätten. Eine dieser epochemachenden Entwicklungen waren die Allzweck-Diesellokomotiven der „F"-Serie der Electro-Motive Division von General Motors. Als die vierteilige Vorführ-Lokomotive Nr. 103 von 1939 ihre 134780 km lange Vorstellungsfahrt über 20 der größten amerikanischen Bahnen begann, dachte kaum jemand, außer vielleicht EMDs Chefingenieur Richard M. Dilworth, auch nur im Geringsten daran, daß damit das Ende der amerikanischen Dampftraktion eingeläutet wurde und man schon zwanzig Jahre später den Dampfloks die letzte Ehre erweisen würde.

1939 konnte EMD auf eine sechsjährige Erfahrung beim Bau von maßgeschneiderten Dieselloks für Hochgeschwindigkeitszüge zurückblicken. Ihre Fähigkeit, auch die besten Dampfloks hinter sich zu lassen, hatte in vielen Teilen des Landes Anerkennung eingebracht, aber es handelte sich nur um einen eng begrenzten Wirkungskreis. Auch Diesel-begeisterte Eisenbah-

Unten: Ein „F3"-Lokpaar wie es an die Baltimore & Ohio RR geliefert wurde.

ner konnten sich die Diesellokomotive nicht als Alternative zu den schweren Güterzug-Dampfloks mit 5, 6 oder 8 Treibachsen in ihrem harten Alltagstrott vorstellen.

Dilworth traute auch dies der Dieseltraktion zu und seine Firma unterstützte sein Vertrauen mit dem Bau der vierteiligen Vorführlokomotive mit einem Gesamtgewicht von 414 t (912000 lb) und einer Länge von 58830 mm. Die meisten bisher gebauten Personenzug-Dieselloks besaßen den Winton-Diesel Typ 201 in Leichtbauweise. Ab 1938 produzierte EMD seine eigene Motortypenreihe „567": 2-Takt-V-Maschinen mit einem Zylindervolumen von 567 Kubikzoll (9,29 Liter). Die 16-Zylinder-Version hatte eine Nennleistung von 1350 HP (1007 kW) und paßte bequem in eine vierachsige Lokomotive der Achsanordnung Bo'Bo'.

Zwei derartige Maschinen waren permanent gekuppelt, die „B"-Einheit wurde vom Führerstand der „A"-Einheit mitgesteuert; normalerweise kuppelte man zwei solche Garnituren mit den „B"-Einheiten zueinander. Über die Vielfachsteuerung kontrollierte ein Lokführer alle vier Maschinen. Dilworth rechnete damit, daß ein 2700 HP-Lokpaar leistungsmäßig einer der üblichen 1'D1' oder 1'E1'-Dampflokomotiven entsprach und daß die komplette Vierer-Garnitur mit den größten Gelenk-Dampfloks konkurrieren konnte. Da ihre Gesamtanfahr-

zugkraft mehr als doppelt so groß war, wie die der größten Dampfloks, hatte man allen Grund zu dieser Annahme. Die Vorführloks besaßen eine Getriebeübersetzung für 120 km/h, es war aber bei Verwendung anderer Zahnradpaarungen auch eine Höchstgeschwindigkeit von 164 km/h möglich. Damit waren diese neuen Maschinen wirkliche Mehrzweck-Lokomotiven.

Bei der Konstruktion des Fahrzeugteils verwendete man das Prinzip des mittragenden Wagenkastens – die Lokomotivwände und das Dach übernahmen gemeinsam mit dem Rahmenunterbau alle auftretenden Kräfte. Die glatte Stromlinienverkleidung der Dieselloks bildete einen scharfen Kontrast zu den Dampflokomotiven. Auch dies war eine der revolutionären Ideen, die man mit der Lok Nr. 103 demonstrieren wollte. Die bunten, leuchtenden Farbgebungen der Stromlinienzüge hatten zu deren Popularität beigetragen, nun hatte man die Chance, das Image des Güterverkehrs auf gleiche Art aufzumöbeln.

Trotz großer Skepsis der Dampflokexperten reagierten 20 Bahngesellschaften mit Strecken in 35 Staaten der USA auf das Angebot von EMD, die Nr. 103 auszuprobieren und wo immer sie auch auftauchte, übertrafen ihre Leistungen die der besten Dampfloks um nennenswerte Beträge, egal, ob auf Seehöhe oder in 3120 m über dem Meer, ob bei Temperaturen von

Oben: Eine einzelne „F"-Lokomotive der Denver & Rio Grande Western Railroad an der Spitze eines 3-Wagen-Zuges auf der Moffattunnelstrecke.

−40°C oder +46°C. Typische Leistungswerte waren Beharrungsgeschwindigkeit von 42 km/h mit einem 5400 t-Zug auf einer 158 km langen Rampe von 4‰ im Vergleich zur Geschwindigkeit von nur 16 km/h einer modernen (2'C)C2'-Dampflok. Die „B"-Einheiten besaßen Dampfkessel für die Zugheizung, Lok Nr. 103 war damit imstande, auch vor Personenzügen ihr Können zu beweisen; die Fachleute waren gehörig beeindruckt. Eine nicht gering zu schätzende Eigenschaft der „103" war ihre außergewöhnliche Zuverlässigkeit. In den elf Monaten ihrer Erprobungsfahrten war kein Ausfall zu verzeichnen und auch wenn man die gute Betreuung durch die EMD-Begleitmannschaft berücksichtigt, war dies sehr bemerkenswert.

Die Serienmaschinen der Type „FT" folgten der Vorführmaschine fast auf den Fersen, die Bestellungen kamen aus allen Teilen des Landes. Das EMD-Werk in La Grange stellte sich auf die Großserienproduktion ein und innerhalb von sechs Jahren entstanden hier 1096 „FT"-Einheiten, davon allein 320 für den Großabnehmer Santa Fe. Auch der Kriegsproduktionsausschuß war von dem Beitrag, den

diese Lokomotiven für die Kriegsanstrengungen leisten konnten, hinreichend beeindruckt und gestattete – bis auf eine kleine Unterbrechung – die Weiterführung der Produktion, trotz des Bedarfs an knappen Metallegierungen.

Bei Kriegsende hatte man die Güterzug-Diesellokomotive auf vielen Bahnen voll akzeptiert und so mancher Verantwortliche dachte schon an eine Vollverdieselung. Die erste Nachkriegsneuerung war die Entwicklung des „567B"-Dieselmotors mit einer Leistung von 1500 HP (1120 kW), der den „567A"-Motor mit 1350 HP ersetzte. Nach 104 Exemplaren der Übergangstype „F2" erschien eine vierteilige Vorführ-Einheit der Type „F3" mit einem an die Motorleistung von 1500 PS angepaßten stärkeren Generator und etlichen anderen Verbesserungen, die sich durch sechs Jahre Erfahrung mit den „FT"s ergeben hatten. Dazu gehörten auch selbsttätig arbeitende Kühlerlüfter; die Lüfter der „FT"-Loks wurden mechanisch – über Kupplungen – angetrieben und hatten von Hand zu bedienende Luftklappen. Stellte der Lokführer einmal die Motoren ab, mußte sich der – auch bei Dieselloks „fireman" (Heizer) genannte – zweite Mann sputen, um alle Lüfter abzustellen und alle Lüftergitter zu verschließen, wenn bei großer Kälte die Gefahr bestand, daß die Kühler schnell einfroren.

EMD pries die „F3" als die am vielseitigsten verwendbare Lokomotive der Geschichte an und die Eisenbahnen schienen dem zuzustimmen, denn in wenig mehr als 2 Jahren, bis 1949, konnte man 1807 Einheiten verkaufen. Man nutzte die Möglichkeiten einer einfallsreichen Farbgestaltung der Lokomotiven, die die großen glatten Außenflächen boten, ein EMD-Prospekt illustrierte 40 verschiedene Farbvarianten, in denen die Lokomotiven abgeliefert wurden.

Vereinfachte Wartung und ein verminderter Brennstoffverbrauch durch Verbesserungen der Motorkonstruktion, nannte EMD unter anderem als Vorzug der neuen „F3"-Loks. Auch für das nächste Modell „F7", das 1949 auf den Markt gebracht wurde, behauptete man dies wieder. Der Hauptunterschied zur „F3" bestand in Verbesserungen der Traktionsmotoren und anderer elektrischer Ausrüstungsteile. Bei gleicher Dieselleistung konnte man mit den neuen Fahrmotoren auf schweren Steigungen

25% höhere Zuglasten ziehen. Auch dieses Lokmodell bot EMD in verschiedenen Varianten an, darunter acht verschiedenen Getriebeübersetzungen.

Die „F7" entpuppte sich als Bestseller: 49 US-Bahnen kauften 3681 „F7"-Einheiten und 301 „FP7"-Loks, eine verlängerte Version mit Zugheizkessel, auch Kanada und Mexiko erstanden 238 beziehungsweise 84 Maschinen. Sie übernahmen alle Aufgaben von den schnellsten Personenzügen bis hin zu schwersten Güterzügen. Gemessen an den Verkaufszahlen war die „F7" die erfolgreichste „carbody"-Lokomotive, die je gebaut wurde. Die „F7"-Produktion endete 1953 mit dem Erscheinen der „F9". Ihr wesentlichster Unterschied zur „F7" war der neue Motortyp „567C" mit einer Leistung von 1750 HP (1305 kW). Inzwischen begann aber die Nachfrage nach „carbody"-Loks nachzulassen, denn die „hood"-Bauarten (mit schmaler Motorverkleidung und offenen Seitengängen) erfreuten sich wachsender Popularität. So entstanden innerhalb der nächsten drei Jahre nur noch 175 „F9"-Einheiten.

Zu Beginn der sechziger Jahre war die Dampftraktion in den U.S.A. praktisch völlig verschwunden und die Dieselhersteller mußten nun versuchen, neue Dieselloks zu verkaufen, die ältere Dieselloks ersetzen sollten. Die Inzahlungnahme älterer Modelle wurde alltäglich, so manches Teil, vor allem die Drehgestelle, wurde weiterverwendet. Viele „F"s verschwanden auf diese Weise, um Platz für neue und stärkere „hood-units" zu machen, der Niedergang des Eisenbahnpersonenverkehrs trug seinen Teil dazu bei. Trotzdem überlebte so manche „F7" oder „F9" bis heute, vor allem in Kanada kann man sie noch immer vor respektablen Schnellzügen sehen.

Die „F"-Serie zeigte, mehr als jede andere Bauart, daß man durch eine Verdieselung Leistungen und Wirtschaftlichkeit in allen Einsatz-

Oben: *Ein Personenzug der Gulf, Mobile & Ohio RR verläßt Chicago hinter einer „F"-Lokomotive.*

gebieten verbessern konnte, obwohl die Beschaffungskosten über denen vergleichbarer Dampflokomotiven lagen und trotz anfänglicher Unkenntnis der tatsächlichen Lebensdauer, die von einer Diesellokomotive zu erwarten war.

Unten: *EMD „F"-Loks in Mehrfachtraktion vor einem Personenzug der Canadian Pacific im Januar 1963 in London, Ontario.*

Reihe 1020 Co'Co'
Österreich
Österreichische Bundesbahnen (ÖBB), 1940

Bauart: Schwere elektrische Güterzuglokomotive
Spurweite: 1435 mm (4 ft 8½ in)
Stromversorgung: Wechselstrom von 15000 V 16⅔ Hz über Oberleitung zum Loktransformator
Antrieb: 6 Tatzlagermotoren von 650 kW (884 PS) Stundenleistung mit beidseitigen Zahnradgetrieben treiben alle Achsen an
Gewicht: 120 t (264550 lb)
Maximale Achslast: 20 t (44090 lb)
Gesamtlänge: 18600 mm (61 ft 0 in)
Zugkraft: 290 kN (65115 lb)
Höchstgeschwindigkeit: 90 km/h (56 mph)

Diese stattlichen Lokomotiven, die eine angenehme Abwechslung vom heute üblichen eckigen Erscheinungsbild bieten, entstanden während und nach dem Zweiten Weltkrieg in größerer Zahl in Deutschland und Österreich, das damals als „Ostmark" unter deutscher Herrschaft stand. Sie sind eine Weiterentwicklung der DRG-Baureihe „E 93" (heute „193"). Von

den insgesamt 200 Lokomotiven verblieben nach 1945 auf Anordnung der Alliierten 44 Stück im wieder erstandenen Österreich, weil ein Teil der Maschinen hier gebaut worden war. Noch einmal 3 Loks stellten die Wiener Lokomotivfabrik und die AEG-Wien nach Kriegsende fertig, damit besaßen die ÖBB 47 Loks, die die Nummern 1020.01-47 erhielten. Die meisten der E 94 gelangten zur DB, etliche

Rechts: Die ÖBB 1020.41 im alten grünen Anstrich in St. Anton am 2. Juni 1967.

CC1 Co'Co'
Großbritannien
Southern Railway (SR), 1941

Bauart: Elektrische Lokomotive für gemischten Dienst.
Spurweite: 1435 mm (4 ft 8½ in)
Stromversorgung: Gleichstrom von 600 V über seitliche Stromschiene oder Oberleitung
Antrieb: Zwei Motor-Generator-Aggregate mit Schwungrädern erhöhen die Fahrspannung auf eine Spannung von 1200 V für die sechs Tatzlagermotoren
Gewicht: 101,2 t (222990 lb)
Maximale Achslast: 16,9 t (37296 lb)
Gesamtlänge: 17297 mm (56 ft 9 in)
Zugkraft: 200 kN (45000 lb)
Höchstgeschwindigkeit: 120 km/h (75 mph)

Von 1932 an dehnte die Southern Railway ihren elektrisch betriebenen Personenverkehr über die Vorortstrecken hinaus auf die Hauptstrecken aus und setzte auch dort Triebzüge ein. Der Güterverkehr auf der SR war verhältnismäßig schwach; die Betriebsabteilung war bereit, die meist nachts verkehrenden Güterzüge auch weiterhin mit Dampflokomotiven zu fahren, die man ja für die nicht elektrifizier-

ten Strecken noch benötigte. Alfred Raworth, der leitende Elektroingenieur der Bahn war allerdings darauf aus, auch elektrische Güterzuglokomotiven zu bauen und schaffte es 1937 endlich, den Bau von drei Elloks genehmigt zu bekommen. Der Fahrzeugteil fiel in die Zuständigkeit des Obermaschineningenieurs – ein Posten, den ab 1938 O. V. S. Bulleid innehatte.

Bulleid argumentierte, daß die hohen Anschaffungskosten einer elektrischen Lokomotive nur gerechtfertigt seien, wenn sie am Tage Personenzüge und nachts dann die Güterzüge befördere, daß sie also in der Lage sein mußte, die schwersten Personen- und Güterzüge zu übernehmen, die künftig auf der SR zu erwarten waren. Man legte also fest, daß die Elloks Züge von 475 t mit 120 km/h und 1000 t-Züge mit 64 km/h befördern sollten. Weil damals die britischen Güterzüge keine durchgehenden Bremsen besaßen, mußte die Maschine imstande sein, die Züge von 1000 t Gewicht auch sicher abzubremsen, nur mit der bescheidenen Mithilfe des üblichen Bremswagens. Die erforderliche Bremskraft machte ein Reibungsgewicht von 100 t nötig, für das man sechs Treibachsen brauchte –

die Loks erhielten also die Achsanordnung Co'Co'.

Die von der Lok geforderte Leistung war nicht außergewöhnlich, eine weitere Bedingung war schwieriger zu erfüllen. Die unver-

Oben: *Lok Nr. 20001 der British Railways (ehem. CC1 der Southern Railway) bringt den Sonderzug der Königin von England vom Victoria-Bahnhof zum Derbyrennen nach Tattenham Corner.*

sind heute auch noch bei der DR im Einsatz.

In ihrem Aufbau ähneln diese Loks den „Krokodilen", auch hier tragen die Fahrgestelle die Zug- und Stoßvorrichtungen und halbhohe Apparateaufbauten, während der Hauptkasten der Lok mit dem Transformator und der Fahrelektrik über Drehzapfen auf den beiden Fahrgestellen aufliegt. Mit ihrer Widerstandsbremseinrichtung, der hohen Zugkraft und dem kurzen

Links: *Zwölf Treibachsen für einen Zug! Die modernisierte ÖBB 1020.14 leistet einer Co'Co'-Lok der Reihe 1110 Vorspann.*

festen Achsstand sind sie vorzüglich geeignet für die Bergstrecken Österreichs mit ihren Steigungen und engen Kurven. Ihre einfache und konventionelle Konstruktion ist ein Grund für ihre Langlebigkeit. Zwar werden sie nicht mehr für die Beförderung internationaler Expreßzüge herangezogen, aber fast alle sind noch vor den schweren Güterzügen anzutreffen, für die sie ja entworfen wurden.

Einige der DB-Nachbauten erhielten Fahrmotoren mit einer Stundenleistung von 830 kW und teilweise auch eine andere elektrische Ausrüstung mit einer Hochspannungssteuerung. In späteren Jahren erhöhte man ihre zulässige Höchstgeschwindigkeit auf 100 km/h, um sie in der Einsatzmöglichkeit an ihre Nachfolgereihe E 50 anzupassen.

Links: *Die 1020.38 der Österreichischen Bundesbahnen ist die frühere E 94 100 der Deutschen Reichsbahn Gesellschaft. Die Abbildung zeigt sie im heutigen, modernisierten, Zustand.*

meidlichen Lücken der Stromschienen konnten sogar bei einem Drei-Wagen-Triebzug dazu führen, daß dieser kurzzeitig ohne Fahrstrom war. Man forderte nun, daß die Loks in der Lage sein sollten, auch dann mit einem 1000 t-Zug anzufahren, wenn sie in einem stromlosen Abschnitt zu stehen gekommen waren. Genauso wichtig war es, daß es zu keiner plötzlichen Unterbrechung der Zugkraft kommen durfte, wenn man Stromschienenlücken passierte, denn sonst konnte es geschehen, daß durch den starken Ruck eine der einfachen Kettenkupplungen der Güterwagen riß. Für dieses ungewöhnliche Problem fand Raworth in Zusammenarbeit mit English Electric eine ungewöhnliche Lösung. Der Strom aus der Stromschiene trieb zwei Motor-Generator-Aggregate, für jedes Drehgestell eines, die 600 V Gleichstrom erzeugten. Den Generator schaltete man in Serie mit den Lokstromabnehmern, so daß für die Fahrmotoren eine Gesamtspannung von 1200 V zur Verfügung stand. Die drei Fahrmotoren eines Drehgestells waren ebenfalls in Reihe geschaltet, die Motorspannung betrug somit 400 V.

Auf den Antriebswellen der Motor-Generator-Aggregate saßen Schwungräder mit einem Gewicht von 1 Tonne. Fiel die äußere Stromversorgung aus, sorgte das Schwungrad dafür, daß die Aggregate weiterliefen. Der Motor, seiner Versorgungsspannung ledig, arbeitete nun ebenfalls als Generator und erzeugte weiterhin, in Reihe mit dem eigentlichen Generator, eine Gesamtspannung von 1200 V für die Antriebsmotoren, bis die Bewegungsenergie des Schwungrads aufgezehrt war.

Die Fahrmotorspannung regelte man durch Änderung des Generatorfeldes. Die benötigten Anfahrwiderstände konnten dadurch so klein ausfallen, daß es möglich war, alle 26 Fahrstufen auf Dauer einzuhalten, ohne daß es zu Problemen mit der Wärmeabfuhr kam. Im Vergleich dazu besitzen die gleichaltrigen LNER 1500 V-Bo'Bo'-Elloks nur 10 Dauerfahrstufen. Diese Vorteile mußte man natürlich mit der schweren elektrischen Zusatzausrüstung bezahlen, die während der gesamten Fahrtdauer in Betrieb sein mußte.

Auch im mechanischen Teil boten diese Loks Neues: sie besaßen

keine Drehzapfen, der Lokkasten stützte sich über Gleitflächen auf die Drehgestellrahmen ab. Die Führung übernahmen Gleitführungen mit einem Krümmungsradius von 1372 mm, die zwischen Kasten und Drehgestell nur eine Drehbewegung zuließen. Ohne Drehzapfen hatte man einen freien Raum für den Fahrmotor der Mittelachse zur Verfügung. Die notwendige Beweglichkeit bei Gleisunebenheiten und Neigungswechseln bot die Abfederung der Achsen. Diese Anordnung schien den bisher gewohnten Konstruktionsregeln für Drehgestelloks zuwider zu laufen, aber sie stellte sich als so zufriedenstellend heraus, daß sie später bei 396 anderen diesel-elektrischen Lokomotiven von SR und BR angewendet wurde.

Die erste Lokomotive, die „CC1" wurde 1941 fertiggestellt und erfüllte die gestellten Forderungen. Nach umfangreichen Versuchen begann ihr Dienst mit der Beförderung von Güterzügen. Im Februar 1942 setzte man sie zwei Wochen lang vor einen Schnellzug von London nach Portsmouth als Ersatz für einen Triebzug ein. Dies war das erste Mal, daß in Großbritannien ein

Schnellzug mit einer elektrischen Lokomotive auf einer Hauptstrecke fuhr.

Nach dem Krieg fanden die Loks, es waren nunmehr zwei, Verwendung vor den Schiffszügen von London nach Newhaven, auf einer Strecke, die ansonsten nur von Triebzügen befahren wurde. 1948 erhielten sie Gesellschaft durch eine dritte Maschine, mit der sie sich die Beförderung von Schiffszügen, Sonder-Personenzügen und Güterzügen bis 1969 teilten. Von den BR erhielten sie die Nummern 20001-3. 1969 waren auch in der Südregion durch die allgemeine Flaute und den damit verbundenen Rückgang des Güterverkehrs viele Lokomotiven überzählig, man stellte die „Schwungrad"-Lokomotiven ab, die verbliebenen Dienste übernahmen vielseitiger verwendbare diesel-elektrische Maschinen.

Zwischenzeitlich hatten die BR weitere 24 Bo'Bo'-Elloks mit einer einfacheren Version des Schwungradantriebs für die Südregion gebaut, die aber auch nach einem kurzen Leben der diesel-elektrischen Traktionsform zum Opfer fielen.

Ae 4/4 Bo'Bo'
Schweiz
Bern-Lötschberg-Simplon-Bahn (BLS), 1944

Bauart: Elektrische Lokomotive für gemischten Dienst
Spurweite: 1435 mm (4 ft 8½ in)
Stromversorgung: Wechselstrom von 15000 V 16⅔ Hz über Oberleitung zum Loktransformator
Antrieb: 4 Fahrmotoren von je 736 kW (1000 PS) treiben die Achsen über BBC-Scheibenantriebe an
Gewicht: 80 t (176365 lb)
Maximale Achslast: 20 t (44090 lb)
Gesamtlänge: 15600 mm (51 ft 2 in)
Zugkraft: 236 kN (52990 lb)
Höchstgeschwindigkeit: 125 km/h (78 mph)

Die Kunst des Lokomotivbaus machte einen großen Sprung nach vorne, als diese kleine, aber fortschrittliche, Schweizer Eisenbahngesellschaft einen einfach aussehenden Lokomotivtyp mit zweiachsigen Drehgestellen in Betrieb nahm. Das Außergewöhnliche war, daß man hier auf vier Achsen eine Leistung von 4000 PS untergebracht hatte, so man sich bisher bei Lokomotiven ähnlicher Bauart und Größe mit der Hälfte begnügen mußte.

Die frühen BLS-Maschinen mit Stangenantrieb der Reihe „Be 5/7" wurden schon beschrieben. Mit einer Leistung von 1840 kW (2500 PS) waren sie zu ihrer Zeit die stärksten Loks Europas, die auch die schwersten Züge auf dieser schwierigen Hauptbahn zufriedenstellend bewältigten.

Unten: *Bei den Ae 4/4 der Bern-Lötschberg-Simplon-Bahn gelang es erstmals eine Leistung von 1000 PS pro Achse zu erzielen.*

friedenstellend bewältigten. 1926 erschienen dann zwei neue (1'Co)(Co1')-Lokomotiven, Reihe „Be 6/8", mit einer Gesamtleistung von 3310 kW (4500 PS), bei denen die gewünschte Leistungssteigerung mit einer recht komplexen und schweren und damit auch kostspieligen Grundanordnung verbunden war. Weitere Loks gleicher Bauart folgten, aber zu Beginn der vierziger Jahre begann man sich mit der Konstruktion einer neuen Lokomotive zu beschäftigen.

Der Gedanke, daß man die Achsen einer Lok in zwei Drehgestellen anordnet, war noch nicht lange Allgemeingut; man hatte noch manches Problem zu lösen. Vor allem mußte man die Achslast auf die vorgegebene Größe von 20 t beschränken. Bei dem verwendeten niederfrequenten Wechselstrom war vor allem das Gewicht des Haupttransformators ein kritischer Punkt – durch Verwendung eines sternförmigen Kerns konnte das

Oben: *Das schlichte Aussehen der 1944 eingeführten BLS-Reihe Ae 4/4 täuscht etwas über das komplexe Innenleben der Lokomotiven hinweg.*

Trafogewicht von 16 auf 9,5 t vermindert werden. Beim Bau des geschweißten Lokkastens fanden Leichtmetallegierungen umfangreiche Verwendung.

Mit einer Verminderung des Lokgewichts verringert sich aber auch die verfügbare Zugkraft; dieses Problem ging man mit einer Kombination mechanischer und elektrotechnischer Maßnahmen an. Die Spannungssteuerung auf der Hochspannungsseite des Haupttransformators ermöglichte eine – mit 28 Fahrstufen – feinere Abstufung der Zugkraft, die die Gefahr des Räderschleuderns durch Spannungssprünge herabsetzte. Die Anlenkung der Drehgestelle legte man so tief wie möglich, um die unvermeidliche Entlastung der vorderen

Treibachsen auf ein Mindestmaß zu beschränken. Zusätzlich verbesserte eine mechanische Ausgleichsvorrichtung die Gewichtsverteilung zwischen den beiden Drehgestellen. Dem Schleudern der Räder wirkte eine selbsttätige Schleuderschutzbremse entgegen, darüber hinaus gibt es dagegen die althergebrachte Abhilfe durch Sandstreuer. Bei Talfahrten wird die Bremskraft automatisch so geregelt, daß die Räder nicht blockieren können. Bei den langen Gefällestrecken hilft die Widerstandsbremse den Verschleiß der Bremsklötze auf ein erträgliches Maß zu beschränken. Wegen dem damit verbundenen zusätzlichen Gewicht verzichtete man auf eine Rückspeisung des Bremsstroms in die Fahrleitung; im Vergleich zu anderen Maschinen waren die „Ae 4/4" auch so schon kompliziert genug.

Über ihre Qualitäten braucht man im einzelnen nicht zu sprechen; es reicht wohl, wenn man erwähnt, daß die Mehrzahl der heutigen elektrischen (und diesel-elektrischen) Hochleistungslokomotiven in der Grundanordnung diesen wegweisenden Maschinen folgt. Ursprünglich waren es vier Loks (Nr. 251-254), 1955 kamen noch einmal vier Stück (Nr. 255-258) hinzu. Ab 1959 entstanden drei Doppelloks, Reihe „Ae 8/8" (Nr. 271-273), die permanent gekuppelten „Ae 4/4"-Paaren – unter Fortfall zweier Führerstände – entsprachen. 1965/66 baute man die „Ae 4/4" Nr. 253 bis 256 in zwei weitere „Ae 8/8" mit den Nummern 274 und 275 um. Die verbliebenen vier ursprünglichen Loks rüstete man mit einer Vielfachsteuerung aus, die den Einsatz in Doppeltraktion oder im Wendezugverkehr mit Steuerwagen gestattete. Der Grund

gebaut wurde und meist die Achsfolge Co'Co' erhielt.

Mit dem „244"-Motor gab es etliche Probleme, vor allem bei der 2000 HP-Version, wenn längere Strecken mit Vollast durchlaufen wurden. Die „PA"-Lokomotiven besaßen einige Sicherungsvorrichtungen, die Schäden der elektrischen Ausrüstung verhindern sollten, so manches Mal aber überempfindlich reagierten und falschen Alarm auslösten. Im Vergleich mit dem Konkurrenzprodukt von EMD hatten die Alco-Loks einen einfa-

cheren Aufbau mit nur einem Motor, aber offensichtlich zahlte sich der zusätzliche Aufwand der zweiten Maschinenanlage bei der EMD „E"-Serie durch den höheren Grad der Zuverlässigkeit wieder aus. Obwohl sie an insgesamt 16 amerikanische Bahnen verkauft wurden und auch vor vielen hochwertigen Schnellzügen Verwendung fanden, waren sie gegenüber den EMD-Loks gewöhnlich in der Minderzahl. Mit dem Rückgang des Personenverkehrs wurden die „PAs" entweder aus dem Dienst genommen

oder für den Güterzugdienst eingesetzt, oft mit einer geänderten Getriebeübersetzung. Die großen GE-Traktionsmotoren waren gegenüber kurzzeitigen Überlastungen unempfindlich und damit für derartige Einsätze sehr gut geeignet. Einige wenige „PAs" baute man mit EMD-1750 HP-Dieselmotoren (1305 kW) um, aber keine erhielt die modernere „Alco 251"-Maschine.

Die vier letzten „PA"-Lokomotiven beschlossen ihre aktiven Tage in Mexiko bei den Staatsbahnen

Oben: *6000 PS erzeugen die Motoren der dreiteiligen PA-PB-PA-Komposition, die mit ihrem Stromlinien-Schnellzug die Steigung zum Cajon Paß hinaufdonnert.*

(NdeM), wohin sie 1978 von der Delaware & Hudson vermietet worden waren. Im Gegensatz dazu war die „FA"-Serie langlebiger; von den 1072 gebauten Einheiten waren etliche auch noch 1980 in den Vereinigten Staaten, Kanada und in Mexiko im Dienst.

Nr. 10000 Co'Co'

Großbritannien
London Midland & Scottish Railway (LMS), 1947

Bauart: Diesel-elektrische Loko-
motive für gemischten Dienst
Spurweite: 1435 mm (4 ft
8½ in)
Antrieb: Ein English Electric
V16-Dieselmotor mit Turbolader,
Typ 16SVT, von 1194 kW
(1600 HP) erzeugt in einem Gene-
rator Fahrstrom für sechs Tatzla-
germotoren
Gewicht: 129,7 t (285936 lb)
Maximale Achslast:
21,7 t (47824 lb)
Gesamtlänge:
18644 mm (61 ft 2 in)
Zugkraft: 184 kN (41400 lb)
Höchstgeschwindigkeit:
145 km/h (90 mph)

Die LMS verwendete als erste britische Bahn Dieselloks im regulären
Dienst. Erste Experimente mit Rangierlokomotiven datieren aus dem
Jahr 1932, und schon während des
Zweiten Weltkriegs verfügte man
über einen Einheitstyp einer
dreiachsigen 350 PS-Rangierlok
für größere Bahnhöfe. Die dreißiger
Jahre waren aber auch die Blütezeit
der britischen Dampflokomotive
und so bestand keinerlei Interesse
an Dieselokomotiven für Haupt-
streckendienste. 1942 fand bei der
LMS ein wichtiger Wechsel statt;
der Chefingenieur des Maschinen-
dienstes Sir William Stanier wurde
durch C. E. Fairburn abgelöst, der
bei der LMS seit 1934 die elektro-
technische Abteilung leitete und
schon vorher etliche Jahre lang
Erfahrungen mit der Diesel- und
Elektrotraktion bei English Electric
gesammelt hatte. Unter den Einschränkungen der Kriegszeit konnte
er aber nicht mehr tun, als das allgemeine Interesse an der Dieseltraktion zu wecken. Nach seinem plötzlichen Tod hatte dann sein Nachfolger, H. G. Ivatt, die Möglichkeit,
diese Interessen weiter zu entwickeln, als English Electric einen
1620 PS-Diesel vorstellte, bei weitem der bislang stärkste Motor, der
für Eisenbahnzwecke in Großbritannien zur Verfügung stand.

Unten: *Die Lokomotive
Nr. 10000 wurde in den Derby-
Werkstätten kurz vor der Verstaatli-
chung der LMS vollendet.*

Ivatt war an allen Neuerungen interessiert und plante auch schon etliche Experimente mit der Dampftraktion, darunter zwei Pazifiks, die
sich von ihren Vorgängern in vielen
Details unterschieden und mit denen man den Wartungsbedarf herabsetzen und die jährliche Laufle-
stung vergrößern wollte. Sie sollten
ihre Kräfte mit zwei diesel-elektrischen Lokomotiven messen, die
eine vergleichbare Leistung aufweisen sollten. Da die Pazifiks etwa
2500 PS am Zughaken entwickelten, waren für einen direkten Vergleich Doppellokomotiven mit zwei
1620 PS-Dieselmotoren erforderlich.

Es folgte eine Zeit hektischer Be-
triebsamkeit in den Werkstätten von

Derby, die erste Diesellokomotive
entstand in nur sechs Monaten.
Man sputete sich, denn Ende 1947
sollte die LMS in den neuen Britischen Eisenbahnen aufgehen und
Ivatt war entschlossen, wenigstens
eine der Maschinen noch mit den
„LMS"-Initialen in Betrieb zu nehmen; von der Verstaatlichung war er
nicht sonderlich begeistert. Die
zweite Lok folgte erst acht Monate
später, nachdem man die in der Eile
liegengebliebenen Arbeiten nach-
geholt hatte!

Man hatte verschiedene Grund-
bauformen untersucht; nachdem
English Electric aber entschied, daß
man sechs Traktionsmotoren pro
Lokomotive benötigte, einigte man
sich auf die Achsfolge Co'Co'. Die

Oben: *Die diesel-elektrische
Co'Co'-Lokomotive Nr. 10000
der BR vor einem Schnellzug der
Südregion in Richtung London
durcheilt Basingstoke im Mai
1953.*

durch das enge britische Lichtraumprofil beschränkte Bauhöhe
ergab Probleme, die man in anderen
Ländern nicht kennt. Man ersann
eine neuartige Abstützung des Kastens auf dem Drehgestell, die niedriger baute und Raum für den Fahrmotor der Mittelachse ließ: von den
Drehzapfen aus übertrugen H-för-
mige Rahmen das Gewicht des Kastens über Federgruppen an den
Rahmenecken auf die Drehgestellrahmen.

Man war der Auffassung, daß dampflokgewohnte Lokführer irritiert wären, wenn sie direkt vor sich die Schwellen unter dem Führerstand verschwinden sähen, man ordnete daher vor den Führerstandsfenstern Vorbauten an, die die direkte Sicht auf das Gleis vor der Lok nahmen. Diese „Nasen" wiesen eine erstaunliche Ähnlichkeit mit den gleichaltrigen EMD-Erzeugnissen auf, waren aber kürzer.

Wenn man bedenkt, daß diese Loks Prototypen waren, die von dampflok-orientierten Konstrukteuren entworfen wurden, waren sie bemerkenswert erfolgreich. Da das BR-Lokomotivprogramm die Beibehaltung der Dampftraktion bis zu ihrer Ablösung durch einen elektrischen Betrieb vorsah, bestand in den ersten Jahren kaum Interesse an diesen Hauptbahn-Dieselloks. Auch die von Ivatt angestrebten Vergleiche zwischen ihnen und den Pazifiks fanden nie statt. Darüber hinaus war allein schon die große Länge der Doppeleinheit ein schwerwiegender Nachteil auf einer Bahn, bei der schon jetzt manche Personenzüge länger waren als die längsten verfügbaren Bahnsteige der Kopfbahnhöfe. Trotzdem bewiesen sie, daß sie mit 3200 PS Motorleistung erheblich mehr leisten konnten als eine einzelne Pazifik und, wenn alles gut lief, erhebliche Laufleistungen von den Dieselloks zu erwarten waren. Leider wurden sie in schmutzigen Dampflok-Werkstätten unterhalten und der akute Arbeitskräftemangel der Eisenbahn verhinderte, daß man ihnen die notwendige Aufmerksamkeit angedeihen ließ. Ergebnis war, daß sie oft längere Zeit durch Defekte außer Gefecht gesetzt waren.

1953 lieh sich die Südregion die beiden Dieselloks in der Hoffnung, in Verbindung mit ihren drei eigenen Dieselmaschinen, die Probleme zu lindern, die die hohe Ausfallrate der neuartigen und unkonventionellen „Bulleid-Pazifiks" mit sich brachte. Im Laufe der Zeit verschwand aber auch hier der vorhandene Enthusiasmus in Anbetracht der Wartungsschwierigkeiten, die man auch mit den Diesellokomotiven hatte und alle fünf Ma-

schinen gingen zur London Midland-Region, um dort den Rest ihres Lebens zu verbringen. An ihrer wechselnden Beliebtheit änderte sich nichts. Zeitweise beförderten sie als Lokpaar den „Royal Scot" und Schlafwagenzüge; einzeln übernahmen sie Leistungen von London nach Birmingham und Manchester, aber sie wurden von Schwierigkeiten mit den Dampfheizkesseln verfolgt, die endlich dazu führten, daß sie während der Heizperiode nur noch vor Güterzügen Verwendung fanden.

1955 änderten die BR ihre Lokomotivpolitik und begannen mit Vorbereitungen für ein groß angelegtes Verdieselungsprogramm. Die beiden Prototypen lieferten zwar weiterhin wertvolle Erkenntnisse für die künftige Entwicklung, aber ihre häufigen Besuche in der Werkstatt von Derby wurden immer lästiger, je mehr der neuen Dieselloks ihren Dienst aufnahmen. Nachdem sie lange Zeit auf dem Abstellgleis ver-

bracht hatten, musterte man sie schließlich 1963 bzw. 1966 aus. Leider ignorierte man die Bedeutung der Lok Nr. 10000 in der Geschichte der Lokomotive, so daß nichts von der ersten britischen Groß-Diesellokomotive erhalten blieb.

Oben: *Der Lack der Lok Nr. 10000 ist noch frisch. Derby, Dezember 1947.*

Unten: *3200 PS für den „Royal Scot". Mit ihren vereinten Kräften haben die Loks Nr. 10000 und 10001 mit ihrem 13-Wagen-Zug keine Mühe auf der berühmten Steigung von Shap.*

M-1 2'(1Co)2'(1Co)Bo'

USA
Chesapeake & Ohio Railway (C&O), 1947

Bauart: Dampf-turbo-elektrische Schnellzuglokomotive
Spurweite: 1435 mm (4 ft 8½ in)
Antrieb: Ein kohlegefeuerter Röhrenkessel erzeugt Dampf mit einem Druck von 21,8 kp/cm² (310 psi) für eine 6000 HP-Turbine (4476 kW/6085 PS). Zwei mit ihr gekuppelte Generatoren erzeugen den Fahrstrom für 8 Traktionsmotoren.
Gewicht: 230,4 t (508032 lb) Reibungsgewicht; 559,7 t (1233970 lb) Gesamtgewicht*
Maximale Achslast: 28,8 t (63475 lb)
Zugkraft: 436 kN (98000 lb)

Gesamtlänge: 46965 mm (154 ft 1 in)*
Höchstgeschwindigkeit: 160 km/h (100 mph)
* Einschließlich Tender

Schon seit ihr frühester Vorläufer, die James River Company, ihre Konzession erhalten hatte und George Washington persönlich deren Direktor war, war die Kohle das Lebenselixier der Chessie, wie die Chesapeake & Ohio schon seit langem von ihren Freunden genannt wird. Es ist darum kein Wunder, daß sie alles unternahm, um sich dem Wechsel von der Dampf- zur Dieseltraktion zu widersetzen.

Der größte Teil des elektrischen Stroms wird in Kraftwerken mit Dampfturbinen erzeugt und so sprach 1945 auch nichts dagegen, einen derartigen Antrieb bei einer Lokomotive auszuprobieren. Die Chessie bestellte bei Westinghouse Electric und bei den Baldwin Locomotive Works drei Maschinen einer Bauart, die die größten und schwersten Dampflokomotiven sein sollten, die je gebaut wurden.

Man beabsichtigte, sie vor einem projektierten Stromlinienzug zwischen Washington und Cincinnati einzusetzen. Der gebirgige Charakter der Strecke verlangte nach einer Lokomotive mit einem hohen Anteil

angetriebener Achsen, was sich bei einer elektrischen Kraftübertragung leicht verwirklichen ließ. Die Treibachsen der „M-1" waren übrigens nicht die vom äußeren Anschein offensichtlichen; jeweils drei der vier Achsen der großen Drehgestelle und die beiden Achsen des hinteren zweiachsigen Drehgestells trugen die acht Fahrmotoren. Der Lokomotivkessel normaler Bauart mit einer Rostfläche von 10,4 m² (112 sq ft) war umgekehrt zur üblichen Praxis mit der Feuerbüchse nach vorne eingebaut, der Bunker für 17 t Kohle lag im vorderen Vorbau der Lok. Der sechsachsige Tender nahm nur die Wasservorräte auf,

W1 (Bo'Do)(DoBo')

USA
Great Northern Railway (GN), 1947

Bauart: Elektrische Lokomotive für gemischten Dienst auf Bergstrecken.
Spurweite: 1435 mm (4 ft 8½ in)
Stromversorgung: Wechselstrom von 11500 V und 25 Hz über Oberleitung.
Antrieb: Zwei Motor-Generator-Sätze erzeugen Gleichstrom für 12 Tatzlagermotoren von je 279 PS (202 kW)
Gewicht: 239 t (527000 lb)
Maximale Achslast: 20 t (43917 lb)
Gesamtlänge: 30785 mm (101 ft 0 in)
Zugkraft: 802 kN (180000 lb)
Höchstgeschwindigkeit: 105 km/h (65 mph)

Die vierte große transkontinentale Eisenbahn, die die Westküste der USA erreichte war die Great Northern Railway, die durch den berühmten Eisenbahnmagnaten James J. Hill erbaut wurde. Die ersten 7 Jahre des Bestehens mußte man sich auf einer provisorischen Strecke mit Steigungen von 4% über das Cascade-Gebirge quälen, bis endlich im Jahre 1900 der 4,2 km lange Cascade-Tunnel eröffnet werden konnte.

1909 elektrifizierte man die Tunnelstrecke mit dem Dreiphasensystem, das einzige Beispiel dieser Technik in Nordamerika. 1927 gab man dieses Stromsystem wieder auf und installierte das herkömmlichere Einphasensystem, das nun auch die Zufahrtstrecken, sowie den 12,5 km langen neuen Cascade-Tunnel einschloß, mit dem man den schwierigsten Teil der bisherigen Strecke unterfahren konnte. Nunmehr umfaßte das elektrische Betriebsnetz eine Streckenlänge von 117 km zwischen Wenatchee und Skykomish im Staate Washington.

Rechts: Die Loks der Reihe „W1" der Great Northern Railway hatten nicht weniger als 12 Treibachsen.

eine Kondensationseinrichtung zur Rückgewinnung des Speisewassers war nicht vorhanden.

In Betrieb und Unterhalt waren die „M-1" sehr teuer, sie waren für die konventionellen Dampflokomotiven keine ernsthafte Konkurrenz, ganz zu schweigen von der Dieseltraktion. Nach nur wenigen Betriebsjahren wurden sie schon Anfang der fünfziger Jahre verschrottet.

Rechts und unten: *Drei dieser riesigen dampf-turbo-elektrischen Lokomotiven der Reihe „M-1" wurden 1947 für die Chesapeake & Ohio gebaut.*

In ihrem Antriebskonzept waren die verwendeten Lokomotiven ihrer Zeit weit voraus, denn man formte bei ihnen den eingespeisten Wechselstrom in Gleichstrom für die Fahrmotoren um. Selbstverständlich gab es damals noch keine Halbleiter-Gleichrichter, sondern große Synchronmotoren trieben Gleichstromgeneratoren an. Die ersten beiden Exemplare derartiger Umformerlokomotiven entstanden an einem Ort, den man wohl kaum mit Eisenbahnen in Verbindung bringt, den Ford-Motorwerken, denn sie waren ursprünglich für eine Bahn bestimmt, die Henry Ford gehörte, die Detroit, Toledo & Ironton RR. Die elektrische Ausrüstung lieferte Westinghouse. Der GN-Betrieb begann mit vier „Y1"-(1'Co)(Co1')- und zwölf „Z1"-1'D1'-Loks. Die „Z1" waren ebenfalls in gewisser Hinsicht zukunftsweisend, mit ihrer Vielfachsteuerung konnte man sie wie Bausteine zu Lokomotiven fast beliebiger Größe zusammenstellen.

Das letzte Aufbäumen dieses kleinen Betriebs war der Kauf der beiden riesigen „W1"-Lokomotiven, die 1947 von General Electric erbaut wurden. Ihre Leistung war nur mittelmäßig, in Verbindung mit dem Allachsantrieb ergaben sich aber enorme Zugkräfte, wie sie für eine Lokomotive, die nur im Gebirge verwendet wurde, auch nötig waren. Sie konnten miteinander oder auch mit den älteren „Y1"- und „Z1"-Loks in Mehrfachsteuerung gefahren werden. Wie alle anderen Elloks der Great Northern besaßen sie Rekuperationsbremsen, das heißt sie erzeugten bei Talfahrt einen Teil des Stroms, mit dem die bergfahrenden Züge versorgt wurden. Die Elektrifizierung war ein voller Erfolg, als Inselbetrieb auf Dauer aber ein Fremdkörper im Bahnnetz. So kam es, daß 1956, nachdem eine neue Ventilationseinrichtung im zweiten Cascade-Tunnel installiert worden war, auch hier Dieselloks den Betrieb übernahmen. Eine der „W1"-Maschinen wurde für die Union Pacific in eine Gasturbinen-Lokomotive umgebaut, die anderen fielen der Verschrottung zum Opfer.

Oben: *Nur zwei Exemplare dieser riesigen Loktype wurden 1947 gebaut. Für ihre Größe war die Leistung von 3350 PS (2460 kW) recht mäßig.*

Unten: *Eine „W1"-Ellok der Great Northern Railway verläßt mit ihrem Güterzug das Ostportal des Cascade-Tunnels im Staate Washington.*

Nr. 18000 (A1A)(A1A)
Großbritannien
British Railways (BR), 1950

Bauart: Gasturbo-elektrische Schnellzuglokomotive
Spurweite: 1435 mm (4 ft 8½ in)
Antrieb: Eine Brown Boveri Gasturbine von 1839 kW (2500 PS) mit Generator erzeugt Strom für vier Fahrmotoren von je 394 kW (535 PS), die über Gelenkantriebe die äußeren Achsen der Drehgestelle antreiben
Gewicht: 79 t (174000 lb) Reibungsgewicht; 118 t (260000 lb) Gesamtgewicht
Maximale Achslast: 19,5 t (43000 lb)
Gesamtlänge: 19202 mm (63 ft 0 in)
Zugkraft: 140 kN (31500 lb)
Höchstgeschwindigkeit: 145 km/h (90 mph)

Oben: *Die in der Schweiz von Brown Boveri gebaute gasturbo-elektrische Lokomotive vor einem Schnellzug.*

Die Flugzeug-Gasturbine gab gegen Ende des Zweiten Weltkriegs ihr spektakuläres Debüt in der Welt des Maschinenbaus und so hatte man nach dem Krieg große Hoffnungen, daß diese mechanisch einfache Maschine mit einem sehr günstigen Leistungsgewicht den komplexeren Dieselmotor in vielen Anwendungsbereichen ablösen könnte. Genaugenommen arbeitete man schon seit etlichen Jahren, ohne großes Aufsehen zu erregen, an der Entwicklung von Gasturbinen für Industriezwecke. Schon 1940 war in der Schweiz von Brown Boveri und der Schweizer Lokomotivfabrik SLM eine gas-

turbo-elektrische Lokomotive entstanden, die bei Kriegsende einige Jahre der Betriebsbewährung hinter sich hatte.

In Großbritannien führten die Eisenbahnen nach dem Krieg grundlegende Untersuchungen über ihre zukünftige Lokomotivpolitik durch, vor allem im Angesicht des rapiden Wachstums der Dieseltraktion in den USA. Die Great Western hielt sich weiterhin an ihre Tradition, daß sie anders war als andere Bahnen und entschied, daß die Gasturbine gute Aussichten hatte, im Laufe der Zeit den Dieselantrieb abzulösen und daß es wohl am besten sei, wenn man gleich diese endgültige

Antriebsform wählte. Sie bestellte deshalb eine Gasturbinenlokomotive mit elektrischer Kraftübertragung bei Metropolitan-Vickers, einer Firma mit einer langen Erfahrung auf dem Gebiet der elektrischen Traktion, die sich aber auch recht früh auf dem Gebiet der Flugzeug-Gasturbinen betätigte. Metro-Vick sollte die Lokomotive entwerfen und bauen, die mit Dieselöl betrieben werden sollte; die Kosten

wollten sich Hersteller und Besteller teilen.

Die Fachleute der GWR besuchten nun auch die Schweiz, um sich die Ergebnisse von Brown Boveri anzusehen und sie waren davon so beeindruckt, daß sie dort umgehend eine zweite Gasturbinenlok bestellten. Sie sollte sich eng an das Schweizer Vorbild anlehnen, angepaßt an das britische Lichtraumprofil, und für die Verwendung von schwerem „Bunker C"-Öl vorgesehen. Obwohl sie schon 1946 bestellt wurde, traf sie erst 1950 in England ein. Die frühere Great Western Railway bildete zu diesem Zeitpunkt schon seit zwei Jahren die Westregion der neuen British Railways, die beschlossen hatten, weiter Dampflokomotiven zu bauen, bis genügend Geld für eine Elektrifizierung zur Verfügung stand.

Die Gasturbine mit einer Leistung von 2500 PS trieb einen Generator an, der den Strom für vier Fahrmotoren erzeugte. Jedes Drehgestell besaß eine Tragachse zwischen den beiden Treibachsen, die Achsfolge lautete daher (A1A)(A1A). Ein Wärmetauscher erwärmte mit Hilfe der Abgaswärme die Verbrennungsluft zwischen dem Kompressor und der Verbrennungskammer. Die Details der Lokomotive entsprachen Schweizer Normen, der Dampfheizkessel und die Vakuumbremse entstanden nach den Vorschriften der BR. Ein Dieselmotor

RDC (1A)(A1)
USA
The Budd Company (Budd), 1949

Bauart: Diesel-mechanischer Triebwagen
Spurweite: 1435 mm (4 ft 8½ in)
Antrieb: Zwei General Motors 6-Zylinder-Dieselmotoren, Typ 6-110, von 205 kW (279 PS) unter dem Wagenboden treiben über Kardanantriebe die jeweils innere Achse der Drehgestelle
Gewicht: 29 t (63564 lb) Reibungsgewicht; 57,5 t (126728 lb) Gesamtgewicht
Maximale Achslast: 14,5 t (31782 lb)
Gesamtlänge: 25910 mm (85 ft 0 in)
Höchstgeschwindigkeit: 137 km/h (85 mph)

Nach dem Zweiten Weltkrieg bemühte sich die Budd Company ihren Anteil am Personenwagenmarkt mit ihren Konstruktionen aus rostfreiem Stahl auszubauen, die erstmals für den „Pioneer Zephyr" verwendet worden waren. 1948 nahm Budd die zweite Position hinter Pullman ein und man plante nicht nur Stromlinienwagen für den Fernverkehr herzustellen, sondern auch Fahrzeuge für untergeordnete Dienste.

In diesem Bereich verwendete man etwa seit den zwanziger Jahren benzin- und diesel-elektrische Triebwagen, es war aber an der Zeit für Moderneres als diese „doodlebugs" mit noch niedrigeren Betriebskosten. Der bei Budd für das Maschinenwesen zuständige Direktor, Generalmajor G. M. Barnes, hatte von einem neuen V6-Dieselmotor gehört, den General Motors für den Antrieb von Panzern entwickelt hatte. Darüber hinaus besaß er aus seiner Armeezeit einige Erfahrung mit Drehmomentwandlern.

Mit einer Leichtbaukonstruktion aus rostfreiem Stahl und mit einem Paar solcher Motoren und Getriebe sollte es doch möglich sein, einen ausgezeichneten Triebwagen mit einem günstigen Leistungsgewicht von etwa 8 PS/t zu bauen. Das niedrige Gewicht würde eine hohe Beschleunigung ermöglichen, auf Steigungen von 2% noch mehr als 40 mph (64 km/h) erlauben und vor allem befriedigende Höchstgeschwindigkeiten ergeben. Scheibenbremsen mit Gleitschutzvorrichtungen würden für kurze Bremswege sorgen. Man beschloß, einen derartigen Triebwagen zu bauen, um ihn den Bahnen vorführen zu können, anstatt zu versuchen, ihnen erst einmal die bloße Idee schmackhaft zu machen.

Folglich baute man 1949 einen ersten RDC (Rail Diesel Car), der überall Erfolge verbuchen konnte. Genaugenommen verkaufte er sich so ausgezeichnet, daß bis 1956 mehr als 300 RDCs entstanden. Die meisten besaß die Boston & Maine

mit 64 Stück, andere bedienten den Lokalverkehr auf der 1478 km langen Strecke von Salt Lake City nach Oakland bei San Francisco. Die längste planmäßige Fahrstrecke mit RDCs waren die 1613 Kilometer von Port Piree bis Kalgoorlie auf der Trans-Australischen Eisenbahn! Die Bahnen konnten unter mehreren unterschiedlichen Wagenaufteilungen mit Personen-, Pack- oder Postabteilen wählen. Mehrere RDCs konnten problemlos zu Zügen zusammengestellt werden, die Vielfachsteuerung gehörte zur Grundausrüstung.

Meist fuhren die Budd-Triebwagen schon im ersten Jahr ihre Anschaffungskosten durch reduzierte Betriebskosten und das gesteigerte Verkehrsaufkommen ein. Man muß allerdings berücksichtigen, daß viele RDCs nur beschafft wurden, weil die Eisenbahnen mit ihnen ihrer Verkehrspflicht im Lokalverkehr am billigsten nachkommen und die unvermeidlichen Defizite möglichst gering halten konnten. Um 1970

Oben: *Im Sommer 1958 verläßt ein aus „RDC"-Triebwagen der Canadian Pacific gebildeter Zug Montreal.*

war diese Verkehrspflicht in den USA fast generell entfallen und noch nicht einmal mit einem billigen RDC konnte man Gewinne einfahren. Trotzdem findet man noch viele von ihnen, 33 Jahre nach dem Erscheinen des ersten, vor allem in Kanada. Zweifellos hat der unverwüstliche Wagenkasten aus rostfreiem Stahl seinen Teil dazu beigetragen und auch die Leichtigkeit, mit der sich Tauschmotoren einbauen lassen, aber der Hauptgrund für diese amerikanische Langlebigkeit ist wohl die hervorragende Verwirklichung des ursprünglichen Konzepts.

Rechts: *Ein RDC der Chicago & North Western Railway im Sommer 1952.*

von 150 PS (110 kW) versorgte die Hilfsbetriebe, wenn die Turbine abgeschaltet war und konnte die Lokomotive innerhalb von Betriebswerken mit Schrittgeschwindigkeit bewegen. Die Höchstgeschwindigkeit dieser Lokomotive Nr. 18000 wurde auf 145 km/h festgelegt.

Nach einer dreimonatigen Erprobung setzte man sie im Plandienst vom Londoner Paddington-Bahnhof nach Plymouth ein. Verschiedene Probleme traten auf, und wurden gemeistert. Man stellte aber fest, daß die Fahrmotoren besser für hohe Geschwindigkeiten als für die starken Steigungen in Devon geeignet waren und stationierte sie

Unten: *Die 2500 PS-Gasturbinen-Lokomotive Nr. 18000 der BR wurde noch von der Great Western Railway bei Brown Boveri bestellt.*

darum zur Strecke Paddington–Bristol um. Die meisten Störungen traten an der Verbrennungskammer auf, man verzeichnete Verformungen und Risse. Dynamometer-Versuche enthüllten die grundlegende Schwäche der Gasturbine im Eisenbahnbetrieb. Der Wirkungsgrad fiel im Teillastbereich stark ab und eine britische Lokomotive der damaligen Zeit fuhr nun einmal den geringsten Teil der Fahrzeit mit Vollast. Der Gesamtverbrauch an Öl lag kaum niedriger als der durchschnittliche Kohlenverbrauch einer 2'C-Lokomotive der „King"-Klasse, wenn man das Gewicht der verbrauchten Brennstoffe verglich. Allerdings lag im günstigsten Fall der Wirkungsgrad der Turbolok doppelt so hoch wie der einer „King".

Die Metro-Vick-Lokomotive mit der Nummer 18100 wurde im Dezember 1951 abgeliefert. Sie besaß die Achsfolge Co'Co', ihre Gastur-

bine entsprach der Bauart der Flugzeugturbinen. Sie hatte keinen Wärmetauscher zur Luftvorwärmung, dadurch sank der Wirkungsgrad etwas, teilweise durch eine höhere Gastemperatur ausgeglichen, die aber der Haltbarkeit der Turbinenschaufeln abträglich war. Die Nominalleistung der Turbine betrug 3500 HP (2611 kW), die Anfahrzugkraft der Lok von 267 kN (60000 lb) war höher als die jeder anderen damals vorhandenen britischen Schnellzuglokomotive und ermöglichte die Anfahrt mit einem Zug von 600 t auf den stärksten Steigungen der westlichen Grafschaften, verglichen mit 290 t Zuggewicht der Lok Nr. 18000. Entsprechend fand die „18100" ihre Verwendung auf der westenglischen Strecke, wo man die hohe Zugkraft am besten nutzen konnte. Da es sich bei den Turboloks aber nur um Einzelstücke handelte, war es nicht möglich die Fahrpläne ihrer hohen Leistungsfähigkeit anzupassen, um sie bis an ihre Grenzen auszunutzen.

Während man in der Westregion Erfahrungen mit den Gasturbinen-Maschinen sammelte, erprobte die BR in anderen Regionen dieselelektrische Antriebe. Man war sich im klaren darüber, daß beide Traktionsformen der weiteren Entwicklung bedurften, die Dieselloks wiesen aber günstigere Verbrauchswerte als die Turbinen auf und

waren inzwischen schon näher zur Serienreife entwickelt. Als die GWR die beiden Loks bestellt hatte, fanden mit Unterstützung der britischen Regierung auch Versuche mit kohlegefeuerten Gasturbinen statt, die aber nach einigen Jahren erfolglos abgebrochen wurden. Serienmäßige Gasturbinen hätte man also ebenfalls mit teurem importiertem Öl betreiben müssen, ein weiterer Faktor zuungunsten einer Weiterentwicklung in dieser Richtung.

Als 1955 die BR mit einem Programm zur Ablösung der Dampftraktion begannen, war die Begeisterung für die Gasturbinen merklich abgekühlt. Prototypen für eine Serienproduktion wurden dringend benötigt, die Kapazität der britischen Lokomotivindustrie war aber beschränkt und es war unausweichlich, daß die Wahl auf den Dieselantrieb fiel. Nr. 18000 blieb noch 10 Jahre – mit Unterbrechungen – im Einsatz. Planmäßig übernahm sie täglich den 9 Uhr 15-Zug von Paddington nach Bristol und fuhr 16 Uhr 15 zurück. Im Dezember 1960 stellte man sie ab und gab sie nach einigen Jahren Abstellzeit der Herstellfirma zurück, die sie für Versuchszwecke weiterverwendete. Die Nr. 18100 hatte ein kürzeres Leben, sie wurde 1958 in eine elektrische Lokomotive für Versuchszwecke und Personalschulung zur Vorbereitung der Westküsten-Elektrifizierung umgebaut.

„GP''-Serie Bo'Bo'

USA
Electro-Motive Division, General Motors Corporation (EMD), 1949

Bauart: Diesel-elektrische Lokomotive für Rangier- und Streckendienst
Spurweite: 1435 mm (4 ft 8½ in)
Antrieb: Ein EMD 2-Takt-V16-Dieselmotor, Typ 567D2, mit Turbolader von 1492 kW (2000 HP = 2028 PS) Leistung erzeugt in einem Generator Gleichstrom für vier Tatzlagermotoren
Gewicht: 110,7 t (244000 lb) bis 117,9 t (260000 lb) je nach Ausstattung
Maximale Achslast: 27,7 t (61000 lb) bis 29,5 t (65000 lb)
Gesamtlänge*: 17069 mm (56 ft 0 in)
Zugkraft: 272 kN (61000 lb) bis 289,5 kN (65000 lb) je nach Gewicht
Höchstgeschwindigkeit: 105, 114, 124, 134, 143 km/h (65, 71, 77, 83, 89 mph) je nach Übersetzung

* Die angegebenen Daten beziehen sich auf die Type „GP20'' von 1959

Zur Befriedigung des Nachfragebooms nach Diesellokomotiven in der Nachkriegszeit offerierte EMD eine Anzahl unterschiedlicher Modelle in drei Grundbauarten. Erstens die „E''-Serie mit der Achsfolge (A1A)(A1A) für den Schnellzugdienst, zweitens die Bo'Bo'-Maschinen der „F''-Serie vorwiegend für Güterzüge, mit entsprechender Übersetzung aber ebenfalls für Schnellzüge verwendbar. Drittens produzierte EMD eine Anzahl unterschiedlicher Maschinen für den Rangier- und Übergabedienst. Zwischen diesen Rangierloks und den anderen gab es einen wichtigen Unterschied. Bei den Rangierlokomotiven übertrug allein der Lokrahmen alle Kräfte, die auf ihm angeordnete Ausrüstung wie Motor, Generator und Steuerung wurde durch Hauben verkleidet, die allein dem Schutz vor äußeren Einflüssen dienten – man bezeichnete sie als „hood-units'' (Hauben-Einheiten). Im Gegensatz dazu hatten die „E''- und „F''-Lokomotiven mittragende Kastenkonstruktionen – „carbodies'' –, die die Ausrüstung so umschlossen, daß im Maschinenraum das Personal auch bei Wartungsarbeiten während der Fahrt geschützt war und die auch nach ästhetischen Gesichtspunkten ansprechender waren.

Mit diesen Modellen eroberte sich EMD einen Anteil von etwa 70% des amerikanischen Lokomotivmarktes. Dieser Erfolg beruhte gleichermaßen auf der Leistungsfähigkeit und Zuverlässigkeit der Lokomotiven, niedrigen Unterhaltskosten – zu denen auch die große Zahl der Teile beitrug, die bei den verschiedenen Loktypen gleich waren – und auf günstigen Preisen, die die Großserienfertigung ermöglichte. Die Vorteile der Fließbandfertigung konnte man aber nur durch eine Beschränkung der lieferbaren Varianten voll nutzen und dies gab den Konkurrenzfirmen die Chance, sich durch Auffüllen der Lücken des EMD-Angebots ihren Marktanteil zu sichern. Anfänglich legte EMD das Schwergewicht seiner Wer-

Oben: *Die 1750 HP-Lokomotive Nr. 6137 der Chesapeake & Ohio RR gehört zur „GP9''-Serie von General Motors.*

bung auf die Vorteile, die sich für die Bahnen ergäben, wenn sie ihre Dampfloks durch die Dieseltraktion ersetzen würden, aber als die Konkurrenz mit ihren „Lückenfüllern'' auch nur mäßige Erfolge verzeichnete, verlegte man sich mehr und mehr darauf, die Überlegenheit der eigenen Erzeugnisse gegenüber allen anderen zu verkünden.

Um diese Überlegenheit zu erreichen, mußte man die Angebotspalette abändern. Die wichtigste Neuerung beruhte auf Kundenwünschen, die schon vor dem Krieg nach einer Lokomotive verlangt hatten, die vorwiegend Rangierlok sein sollte, aber auch auf Nebenbahnen, vor allem Nahgüterzügen und sogar bei Personenzügen des Nahverkehrs verwendbar war. Man baute eine kleine Serie von Lokomotiven auf der Basis der Rangierloks, mit einem zur Unterbringung eines Heizkessels verlängertem

Rahmen und auf Drehgestellen der „F''-Serie und nannte sie „roadswitcher'' (Strecken-Rangierloks). Nach dem Krieg nahm man die Produktion dieser Loks wieder auf und änderte die Konstruktion nach den Vorstellungen der Kunden ab.

Um 1948 waren die Konkurrenten EMDs, vor allem Alco, recht erfolgreich mit einer – „hood-unit'' – Vielzwecklokomotive für den Nebenbahndienst. In diesem Verwendungsbereich war die leichte Zugänglichkeit aller Teile wichtiger als der Schutz bei Wartungsarbeiten während der Fahrt, vor allem hatte der Lokführer an den schmalen Aufbauten vorbei einen besseren Streckenüberblick. 1948 stellte darum auch EMD eine Loktype „BL'' vor, die für Nebenstrecken (branchlines) bestimmt war. Der 1500 HP-„567B''-Dieselmotor und die restliche Ausrüstung stammten von der „F''-Serie und waren in einem windschlüpfrig gestalteten Kasten untergebracht, dessen Hauptvorteil gegenüber der „carbody''-Form die bessere Streckensicht vom Führerstand aus war. Es gab nur einen einzigen, aber schwerwiegenden, Nachteil – die „BL'' war zu teuer.

EMD entwarf nun eine echte „hood''-Lokomotive, die als „Allzweck''-Lokomotive („General Purpose'') die Typenbezeichnung „GP'' erhielt. Richard Dilworth, Chefingenieur von EMD, sagte später, daß sein Ziel eine Lokomotive gewesen sei, die so häßlich sein sollte, daß die Eisenbahnen froh waren, wenn sie sie in die fernsten Ecken ihres Netzes schicken konnten (wo sie die letzten Dampfloks ersetzten) und die so simpel sein sollte, daß sie noch weniger als eine gewöhnliche Güterzuglokomotive kostete.

Man pries zwar die „GP'' als eine völlig neue Konstruktion an, vieles stammte aber von der gleichzeitig gebauten „F7''. Der klassische

Rechts: *Eine der neuesten Versionen der „GP''-Serie ist die 2000 HP-Lokomotive „GP-38-2''. Nr. 3018 der Canadian Pacific entstand im kanadischen Werk von General Motors.*

EMD-Dieselmotor, Typ 567, war als 2-Takter zwar etwas weniger effizient als ein 4-Takter, dafür aber auch einfacher gebaut. Im Laufe der Jahre unternahm EMD große Anstrengungen, den Wirkungsgrad zu erhöhen, um den 4-Takt-Maschinen der Konkurrenz zu begegnen. Die Blomberg-Drehgestelle, eine einfache Bauart mit Pendelaufhängung des Querträgers, wurden schon 1939 bei den „FT"-Lokomotiven eingeführt und sind noch heute – mit geänderter Abfederung – bei den EMD Bo'Bo'-Lokomotivmodellen der achtziger Jahre die Norm. Der Erfolg dieser langlebigen Drehgestellbauart steht im starken Gegensatz zu den radikalen Änderungen, von denen andere Drehgestelltypen in anderen Ländern im Laufe der Zeit betroffen waren.

Vom Führerstand aus hatte man eine gute Sicht in beiden Richtungen, die Aufbauten waren leicht zugänglich und trotz der Absicht ihres Konstrukteurs gelang es den EMD-Designern, das Ganze ansehnlich zu verpacken. Die elektrische Ausrüstung war gegenüber der „F"-Serie zwar vereinfacht worden, trotzdem gestattete sie dem Lokführer eine bessere Steuerung der Zugkraft bei der Anfahrt und eine bessere Beherrschung der Lokomotive im gesamten Geschwindigkeitsbereich.

Das erste Serienmodell dieses Typs war die „GP7" des Jahres 1949, die sofort ein Verkaufsschlager wurde. Von 1949 bis 1953 lieferte EMD 2610 Maschinen an US-Bahnen, weitere 112 nach Kanada und 2 Stück nach Mexiko – und dies zu einer Zeit, in der auch der Verkauf der „F7" Rekordzahlen erreichte.

Rechts: *Das Erscheinungsbild der Güterzüge auf dem 28485 km langen Netz der Conrail wird von Lokomotiven wie diesen EMD „GP"s bestimmt.*

1954 stand eine neue Version des „567"-Diesels, die „C"-Serie mit einer Leistung von 1750 HP (1306 kW) zur Verfügung und fand bei der Type „GP9" Verwendung, bei der verschiedene Detailänderungen den Wartungsanfall gegenüber der „GP7" weiter vermindern sollten. Inzwischen hatte man die „hood-units" allgemein akzeptiert, die Verkaufszahlen erreichten mit 4157 Lokomotiven einen neuen Rekordwert. Die „GP" war nun in Amerika (und damit auch der ganzen Welt) die meistverkaufte Diesellokomotive.

Bisher wurde der Dieselmotor durch ein mechanisch angetriebenes Roots-Gebläse aufgeladen; nachdem die Konkurrenz aber höhere Motorleistungen offerierte, begann EMD mit der Produktion

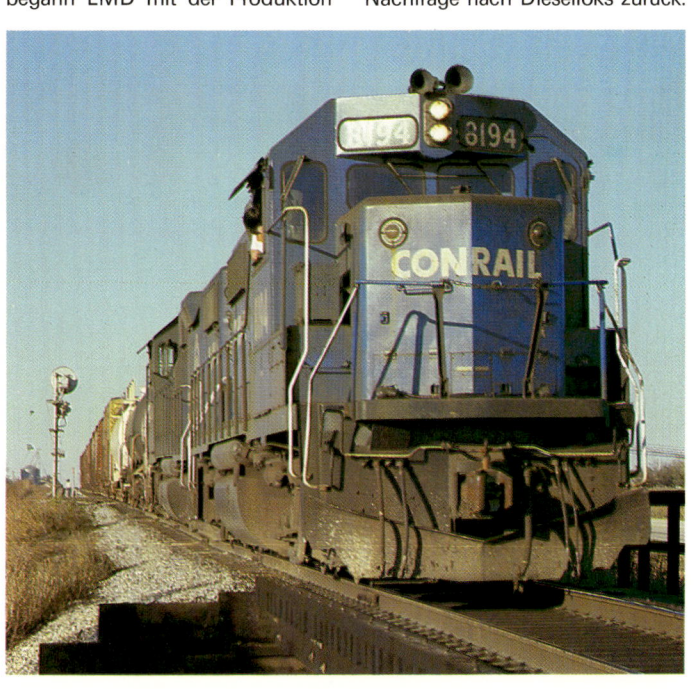

einer Motorversion mit Turboladung, Typ 567D2, die 2000 HP (1492 kW) lieferte. Für Kunden, für die sich die mit der Leistungssteigerung verbundenen Mehrkosten nicht lohnten, bot man den 1800 HP-Motor (1343 kW) des Typs 567D1 an. Beide Motortypen hatten eine höhere Verdichtung als ihre Vorgänger, in Verbindung mit einer verbesserten Brennstoffeinspritzung ergaben sich Brennstoffeinsparungen von 5%. In Anlehnung an die Motorleistung bezeichnete man die Lokomotiven mit diesen Motoren als „GP20" und „GP18".

Inzwischen waren die US-Eisenbahnen vollständig verdieselt, zusammen mit einem Nachlassen der Wirtschaftstätigkeit ging auch die Nachfrage nach Dieselloks zurück.

Um den Verkauf anzukurbeln, startete EMD seinen „Lokomotiven-Austausch-Plan". Man machte geltend, daß drei neue „GP20" genausoviel leisteten wie vier „F3"-Maschinen. Man bot den Bahngesellschaften also an, beim Kauf von drei „GP20" vier „F3" in Zahlung zu nehmen, noch brauchbare Teile sollten wiederverwendet werden. Man behauptete, daß die Kosten dieser Aktion sich schon in drei oder vier Jahren amortisieren würden und daß die Eisenbahnen dann ja über drei fast neue Maschinen verfügten an Stelle von vier älteren mit ihren viel höheren Unterhaltskosten. Es klang zwar recht plausibel, trotzdem verkaufte man in 13 Jahren nur 260 „GP20" und 390 „GP18".

Die nächste Entwicklungsstufe war zugleich die letzte mit dem 567er-Motor, 1961 erschien die „GP30" mit dem Motortyp „567D3" mit einer Leistung von 2250 HP (1679 kW). Die Bezeichnung „GP30" war nur ein Werbegag, die „30" sollte auf 30 Verbesserungen des neuen Lokmodells verweisen, mit denen der Unterhalt um 60% verringert werden sollte. Sie wurde wiederum von der „GP35" mit 2500 HP (1865 kW) abgelöst. Die Wirtschaft war wieder im Aufschwung und viele der frühen Dieselloks mußten nun doch ersetzt werden, so daß von diesen Modellen 2281 Exemplare verkauft wurden. Zu diesem Zeitpunkt ersetzte der neue Motortyp „645" den alten „567", mit dem auch in den achtziger Jahren die Produktion der „GP"-Serie weiterläuft.

Von der „GP"-Serie mit der 567er-Maschine entstanden insgesamt 10647 Lokeinheiten, das ist etwa ein Drittel aller nordamerikanischen Diesellokomotiven. Sie etablierte damit die „hood-unit" endgültig als Standardausführung des modernen amerikanischen Lokomotivbaus.

2D2-9100 2'Do2'

Frankreich
Französische Staatsbahn (SNCF), 1950

Bauart: Elektrische Schnellzug-lokomotive
Spurweite: 1435 mm (4 ft 8½ in)
Stromversorgung: Gleichstrom von 1500 V über Oberleitung
Antrieb: 4 Fahrmotoren von je 1255 PS (923 kW) wirken auf die vier Treibachsen über Buchli-Gelenkantriebe
Gewicht: 82 t (180775 lb) Reibungsgewicht; 144 t (317460 lb) Gesamtgewicht
Maximale Achslast: 20,5 t (45195 lb)
Gesamtlänge: 18040 mm (59 ft 2¼ in)
Zugkraft: 226 kN (50745 lb)
Höchstgeschwindigkeit: 140 km/h (87 mph)

25 Jahre lang waren 2'Do2'-Lokomotiven die modernsten elektrischen Schnellzuglokomotiven Frankreichs. Zur Elektrifizierung der Strecke von Paris nach Vierzon baute 1925-26 die PO eine Anzahl verschiedener Schnellzuglokomotiven. Fast allen war gemeinsam, daß man in vielerlei Hinsicht Schwierigkeiten mit ihnen hatte, vor allem verursachten sie einen großen Unterhaltungsaufwand. Ausnahme waren zwei 2'Do2'-Maschinen aus dem Jahre 1925, die einen bedeutenden Einfluß auf den französischen Lokomotivbau der nächsten 25 Jahre haben sollten. Die Lokomotiven Nr. E501-2 waren ein Entwurf der Schweizer Firmen Brown Boveri und SLM und sie folgten in vielen Details den damals üblichen Schweizer Wechselstromlokomotiven.

Viele Lokomotiven besaßen damals noch plumpe und komplizierte Stangenantriebe; ein wichtiges Merkmal der beiden PO-Loks war darum ihr Buchli-Antrieb, ein System aus Zahnsegmenten und Gelenkhebeln, das innerhalb des Großrades untergebracht war. Dieser Gelenkantrieb überträgt das Drehmoment vom starr im Rahmen gelagerten Fahrmotor so auf die abgefederte Treibachse, daß diese sich

unter dem Einfluß der Gleisunebenheiten ungehindert bewegen kann. Ein beachtenswerter Unterschied zu den Schweizer Maschinen war, daß diese den Buchli-Antrieb nur an einem Ende der Treibachse besaßen, während die Achsen der französischen Loks beidseitig angetrieben wurden. Die französischen Ingenieure führen darauf die äußerst geringe Abnutzung ihrer Buchli-Antriebe zurück, die zwischen den Untersuchungen festzustellen ist.

Nach umfangreichen Versuchen

baute man zwischen 1933 und 1943 weitere 48 2'Do2'-Lokomotiven, die die PO-Nummern E503-50 erhielten und später von der SNCF in Nr. 5503-50 umgezeichnet wurden. Ihre maximale Leistung lag bei 2600 kW (3535 PS). 23 sehr ähnliche Maschinen entstanden 1938 für die damalige Elektrifizierung der Staatsbahn (Etat) von Paris nach Le Mans.

Für die Nachkriegselektrifizierung der früheren PLM-Hauptstrecke beschaffte man eine neue Baureihe von 2'Do2'-Loks, die

Oben: *Die SNCF-Gleichstrom-Ellok „2D2-9119" fährt mit einem Schnellzug von Paris nach Marseille im Jahre 1967 in den Bahnhof von Dijon ein.*

9100, die auf den letzten PO-Maschinen basierte, aber in vielem verbessert wurde. Die Motorsteuerung wurde in großem Umfang abgeändert, zusätzliche Feldschwächungsstufen wurden durch Verbesserungen der Kompensationswicklungen der Fahrmotoren möglich. Die wesentlich größere Anzahl der Fahrstufen verminderte die immer mit einem Ruck verbundenen Zugkraftsprünge beim Weiterschalten auf die nächste Widerstandsstufe auf etwa ein Fünftel der bei den 5500ern üblichen Größe. Die zusätzliche Feldschwächung verbesserte das Verhalten bei höheren Geschwindigkeiten. Die Höchstgeschwindigkeit setzte man auf 140 km/h fest, 10 km/h mehr als bei den Vorgängern.

Die geforderten Leistungen umfaßten die Beförderung von 900 Tonnen mit 140 km/h in der Ebene und von 1000 t auf 0,5% mit 100 km/h. Anfänglich waren niedrigere Leistungswerte vorgesehen gewesen, aber noch während der Entwurfsphase hatte man sie unter dem Eindruck der großartigen Versuchsergebnisse der Chapelon-2'D2'-Dampflokomotive erhöht. Zwar war die Elektrifizierung der logische nächste Schritt in einem Land, das kein Öl und nur wenig Kohle besaß und die SNCF stand auch zu ihrem Entschluß, aber die Elektroingenieure wollten sicherstellen, daß ihr Geistesprodukt nicht von einer anderen „älteren" Traktionsform überboten wurde. Die

Dauerleistung der Elloks lag bei 3236 kW (4400 PS), die Stundenleistung bei 3590 kW (4880 PS). Trotz dieser Leistungssteigerung wogen die „9100" nur 3,5 t mehr als die „5500".

Man bestellte eine erste Serie von 35 Loks und beabsichtigte, den Bestand im Laufe der Zeit auf 100 Stück zu erhöhen. Bei der Ablieferung in den Jahren 1950-51 war dieser Loktyp allerdings schon überholt. Lokomotiven mit Allachsantrieb hatten in der Schweiz ihre Bewährungsprobe hinter sich und der umständliche Buchli-Antrieb war durch die Entwicklung neuer Motoren, die sich im Drehgestell unterbringen ließen, überflüssig geworden. Die nächsten Bestellungen waren darum für Lokomotiven der Achsfolge Co'Co'.

Nichtsdestotrotz spielte die Reihe 9100 eine Hauptrolle beim Betrieb auf der „Ligne Impériale", der kaiserlichen Linie. Im Sommer 1951 beförderten sie die vier schnellsten Züge Frankreichs. Sie wurden für ihre Zuverlässigkeit gerühmt und erreichten genauso hohe Laufleistungen wie ihre moderneren Zeitgenossen. Zu Beginn des Jahres 1983 hatten etliche von ihnen die Grenze von 7 Millionen Laufkilometern schon überschritten, die anderen waren nicht weit davon entfernt. Leider hat die Ausmusterung dieser interessanten Lokomotiven schon begonnen, die ersten mußten 1982 den Dienst quittieren.

Unten: *Die 2'Do2'-Lokomotiven der SNCF-Reihe 9100 entstanden 1950 als jüngste Angehörige einer großen Familie mit dieser eleganten Achsanordnung.*

Oben: *Die Front der „2D2-9104. Zur sicheren Übertragung der hohen Stromstärken besitzen die Pantografen doppelte Schleifstücke.*

Nr. 10201-3   (1'Co)(Co1')

Großbritannien
British Railways, Southern Region (BR), 1951

Bauart: Diesel-elektrische Lokomotive für gemischten Dienst
Spurweite: 1435 mm (4 ft 8½ in)
Antrieb: Ein English Electric 4-Takt-V16-Dieselmotor, Typ 16SVT, von 1775 PS (1305 kW) mit Generator erzeugt den Fahrstrom für 6 Tatzlagermotoren
Gewicht: 112 t (246950 lb) Reibungsgewicht; 137 t (302400 lb) Gesamtgewicht
Maximale Achslast: 18,9 t (41440 lb)
Gesamtlänge: 19430 mm (63 ft 9 in)
Zugkraft: 139 kN (31200 lb)
Höchstgeschwindigkeit: 145 km/h (90 mph)

Der Nachkriegs-Entwicklungsplan der Southern Railway sah die Einführung der Dieseltraktion auf bestimmten Strecken vor, auf denen sich eine Elektrifizierung nicht lohnte. Man dachte an Lokomotiven für den Hauptstreckendienst mit einer Leistung von 2500 PS. Verantwortlich für die Entwicklung dieser Diesellokomotiven, mit Ausnahme des elektrischen Teils, war der Chefingenieur der Maschinenabteilung, O. V. S. Bulleid, ein starker Befürworter der Dampflokomotive, der zu dieser Zeit mit dem Bau einer großen Zahl unkonventioneller Pazifiks beschäftigt war und noch weit unkonventionellere Dampfloktypen plante. Bulleid war von der Dieseltraktion nicht überzeugt, aber er glaubte, daß es die beste Art der Konkurrenz zu begegnen war, wenn man sie überzeugend besiegte. Da der damals stärkste in Großbritannien erhältliche Dieselmotor mit seinen 1600 PS erheblich unter der anvisierten Leistung von 2500 PS lag, hatte er keine Bedenken, daß seine Pazifiks in den Schatten gestellt würden.

Der Bau von drei Probelokomotiven wurde genehmigt, die eigentliche Entwurfsarbeit begann 1946. Die Achslastbegrenzung der SR machte acht Achsen erforderlich. Bulleid übernahm das Drehgestell von seiner Ellokkonstruktion und fügte jeweils eine Laufachse hinzu, so daß sich die Achsfolge (1'Co)(Co1') ergab. Die Laufachse wurde durch zwei horizontale Lenker geführt, die eine seitliche Bewegung um einen imaginären Drehpunkt gestattete. Der Großteil des Lokgewichts wurde über Gleitflächen in Drehgestellmitte übertragen, zwei zusätzliche Abstützpunkte lagen in der Nähe der Dreh-

gestellenden. Wie bei den Elloks gestatteten allein die Blattfedern über den Achslagern und ihre Gummiauflagen Bewegungen der Drehgestellkonstruktion. Im Unterschied zu den Elloks waren die Kupplungen und Puffer hier an den Drehgestellen und nicht am Lokkasten angebracht.

Der 16-Zylinder-Dieselmotor stammte von English Electric und war schon an die LMS und die Ägyptische Staatsbahn geliefert worden, English Electric lieferte

Oben: *Die diesel-elektrische Lokomotive Nr. 10201 stammt von der Southern Railway. Im Juni 1960 durcheilt sie Kenton in der Grafschaft Middlesex, das zur London Midland-Region der BR gehört.*

auch die elektrische Ausrüstung. Die Form des Lokkastens paßte man an das Nachkriegs-Wagenmaterial der SR an. Zahlreiche Seitentüren erlaubten den Ausbau des Motors und der Ausrüstungsteile

Nr. 10100   2'D2'

Großbritannien
British Railways (BR), 1951

Bauart: Diesel-mechanische Lokomotive für gemischten Dienst
Spurweite: 1435 mm (4 ft 8½ in)
Antrieb: 4 Davey Paxman 12-Zylinder-2-Takt-Dieselmotoren von 368 kW (500 PS) wirken gemeinsam über ein patentiertes System aus hydraulischen Kupplungen und Differentialgetrieben auf die vier stangengekuppelten Treibachsen.
Gewicht: 77,2 t (170240 lb) Reibungsgewicht; 121,9 t (268800 lb) Gesamtgewicht
Maximale Achslast: 19,3 t (42560 lb)
Gesamtlänge: 15240 mm (50 ft 0 in)
Höchstgeschwindigkeit: 125 km/h (78 mph)

In Nordamerika hatte sich gegen Ende des Zweiten Weltkriegs die elektrische Kraftübertragung für Diesellokomotiven als Standardbauform etabliert. In Europa aber gab es noch Ingenieure, die hofften, daß es ihnen gelingen würde, das hydraulisch-mechanische Antriebssystem zu perfektionieren. Das anvisierte Ziel war ein höherer Wirkungsgrad und ein niedrigeres Gewicht. Der Großteil der Entwicklungstätigkeit konzentrierte sich auf Westdeutschland, aber auch ein Engländer war auf diesem Gebiet aktiv. Oberstleutnant L. F. R. Fell besaß eine Ausbildung als Dampflokkonstrukteur und war nach Beendigung seiner Armeelaufbahn in die Dienste einer Flugzeugfirma getreten. In seiner freien Zeit beschäftigte er sich mit Dieselantrieben und mechanischen Kraftübertragungen für Lokomotiven und meldete etwa zwanzig seiner Erfindungen zum Patent an.

Fell bevorzugte mehrmotorige Lokomotiven, teilweise um die Auswirkungen von Maschinendefekten zu verringern, aber auch weil die Wartung kleinerer Motoren einfacher ist. Bei einer üblichen Diesellokomotive steigt die Leistung mit der Geschwindigkeit, Fell aber war der Meinung, daß die Leistung über den größten Teil des nutzbaren Drehzahlbereichs konstant bleiben sollte, damit sich eine ähnlich abfallende Zugkraftkurve ergäbe wie bei einer Dampflokomotive. Dazu schlug er vor, den Ladekompressor so zu steuern, daß mit steigender Drehzahl die Aufladung abnahm und damit die Leistung annähernd konstant gehalten wurde.

Das Fell-Getriebe verband nicht nur die Abtriebe der Dieselmotoren – bei der beschriebenen Versuchslokomotive waren es vier –, sondern es sorgte auch für eine Verringerung des beim Anfahren hohen Übersetzungsverhältnisses mit zunehmender Geschwindigkeit. Während beim Differentialgetriebe eines Autos der Motor auf den Planetenradträger wirkt und die Antriebsleistung an den Sonnenrädern abgenommen wird, war hier jeder Dieselmotor mit einem Sonnenrad verbunden und der Planetenradträger leitete ihre vereinigte Antriebskraft weiter. Wenn bei laufendem Motor ein Antriebsrad eines Autos an der Bewegung gehindert wird, dreht sich das andere Rad doppelt so schnell. Das Übersetzungsverhältnis zwischen dem Planetenradträger und dem Sonnenrad des sich drehenden Rads hat sich gegenüber dem Zustand mit zwei sich gleich schnell drehenden Rädern verdoppelt. Entsprechend war beim Fell-Antrieb das Übersetzungsverhältnis auch doppelt so hoch, wenn nur ein Motor eines Motorpaares lief.

Bei der viermotorigen Lokomotive vereinte ein drittes Differentialgetriebe die Antriebsleistungen der beiden Motorpaare und leitete sie zu den Rädern. Wenn nur ein Motor lief, war das Übersetzungsverhältnis viermal so groß wie beim Betrieb aller vier Dieselmaschinen. Beim Zuschalten der einzelnen Motoren

vollzog sich der Wechsel der Übersetzungen stufenlos.

Die LMS besaß schon früh Erfahrungen mit diesel-elektrischen Rangierlokomotiven und begann 1946 mit dem Bau von zwei 1600 PS-Versuchslokomotiven für den Personenverkehr. Im darauffolgenden Jahr überredete Fell den Maschinenbau-Oberingenieur der LMS, H. G. Ivatt, zum Bau einer Lokomotive nach seinen Ideen, um sie mit den diesel-elektrischen Maschinen zu vergleichen. Der Vorstand der LMS genehmigte dieses Projekt noch kurz vor der Verstaatlichung. Die Lokomotive besaß Kuppelstangen zwischen den vier Treibachsen, die mittleren Achsen waren aber schon durch das Getriebe verbunden. Einige Zeit lief die Lok daher auch mit entfernter mittlerer Kuppelstange.

Die Endvorbauten der Lok beherbergten die vier Paxman-Motoren für den Antrieb, zwei zusätzliche 150 PS-Motoren trieben die Ladekompressoren und die Hilfsbetriebe an. Ein Antriebsmotor reichte für den Geschwindigkeitsbereich bis 11 km/h, zwei von 11 bis 30,5, drei von 30,5 bis 43 und alle vier Motoren liefen bis zur Höchstgeschwindigkeit von etwa 121 km/h. Im Betrieb liefen dann aber doch meist alle Dieselmotoren, hydraulische Kupplungen arretierten die Sonnenräder, wenn die Motoren leer liefen.

Die Lokomotive wurde 1951 in den Werkstätten von Derby fertig.

Unten: *Die diesel-mechanische "Fell"-Versuchs-Diesellokomotive der British Railways wurde 1951 gebaut.*

auch in Werkstätten, die über keinen Kran zum Ausbau durch das Dach der Lokomotive verfügten. Auf einer Bahn, auf der die Lokführer durch den elektrischen Betrieb an Fahrerpositionen am Fahrzeugende gewöhnt waren, konnte man auf sichtbehindernde Lokschnauzen verzichten, die Führerstände der Dieselloks ordnete man an den Lokenden an.

Die Arbeiten gingen nur langsam voran; die Southern Railway ging in den neu erstandenen British Railways auf, die nur ein geringes Interesse an Groß-Dieselloks hatte. Auf jeden Fall ließen die Nöte der Nachkriegszeit die Verdieselung der Südregion in weite Ferne rücken. Schließlich wurde 1951 in den Werkstätten von Ashford die erste Lokomotive fertiggestellt, die Nr. 10201. Die Stundenleistung des Diesels hatte man inzwischen auf 1775 PS steigern können. Bei der Festlegung der Übersetzung für eine Höchstgeschwindigkeit von 177 km/h war man wohl etwas zu optimistisch gewesen, schon bald änderte man dies auf realistischere 145 km/h, damit verbunden war eine entsprechende Erhöhung der Zugkraft. Die Lokomotive bewies bald, daß sie imstande war, die gleichen Zugleistungen wie die Bul-

leid-Pazifiks zu erbringen, wenn sie auch hinter deren Höchstleistung zurückblieb. Sie war aber imstande, zweimal täglich die 276 Kilometer von London nach Exeter und zurück zu fahren, mehr als die damaligen Dampflokomotiven leisten konnten. Nach Erscheinen der zweiten Maschine, der Nr. 10202, erweiterte man die Einsätze auf die Strecke London–Bournemouth.

Indessen war das fünfte Jahr der Staatsbahnen angebrochen und in so mancher Amtsstube war man inzwischen zur Meinung gelangt, daß man die Möglichkeiten der Dieseltraktion doch einmal gründlich untersuchen sollte, wenn auch weiter allgemein die Absicht bestand, die Dampftraktion als wichtigste Antriebsform beizubehalten. Man stoppte den Weiterbau der dritten Diesellokomotive, um erst einmal festzustellen, welche Verbesserungen bei dieser nun schon mehr als sechs Jahre alten Konstruktion durchführbar waren.

1954 war dann auch sie endlich fertiggestellt, die Hauptunterschiede waren eine auf 2000 PS gesteigerte Motorleistung und eine erheblich verbesserte Antriebssteuerung. Bei den Loks Nr. 10201-02 besaß der Fahrschalter nur acht Positionen und es war da-

mit ziemlich schwierig, die Leistung so einzustellen, daß exakt die gewünschte Geschwindigkeit ergab. Die Nr. 10203 erhielt eine stufenlose Einstellmöglichkeit, die bei allen künftigen BR-Diesellokomotiven zur Norm werden sollte.

Während die beiden ersten Loks die Leistungen einer Pazifik in guter Form nicht ganz erreichten, war die Nr. 10203 in der Lage, sie sogar zu übertreffen. Eine Zeitlang schlug der Enthusiasmus der Südregion für die Dieselloks hohe Wellen, man lieh sich sogar die zwei LMS-Maschinen Nr. 10000-1. Der Zustand der Dampflokomotiven war zu dieser Zeit äußerst unbefriedigend und die Dieselloks übernahmen Leistungen, für die man bis zu zehn Dampfloks gebraucht hätte. Die Dampflokmalaise besserte sich mit der Zeit, dafür wuchsen die Probleme, die die Wartung der Diesellokomotiven in den dafür wenig geeigneten, schmutzigen Dampflokwerkstätten mit sich brachten und die Zuverlässigkeit litt. Die SR verlor die Lust an ihrer neuen Traktionsform und sie wurden zur London Midland Region umgesetzt.

Auch hier war ihr Schicksal sehr wechselvoll. Sie übernahmen einige der schwersten Zugleistungen auf den vom Euston Bahnhof in

London ausgehenden Strecken. Gewöhnlich verwendete man die kleineren Loks paarweise vor Fernzügen; die Nr. 10203 konnte nicht in Mehrfachtraktion fahren, aber sie zeigte sich imstande, Züge bis zu 500 t bei den großzügig bemessenen Fahrplänen dieser Jahre mit durchschnittlichen Geschwindigkeiten von etwa 88 km/h (55 mph) zu führen. Eine Zeitlang setzte man die Loks auch auf der Hauptstrecke der früheren Midland Railway vom Londoner St. Pancras-Bahnhof ausgehend ein.

In ihren besten Tagen erreichten diese Lokomotiven jährliche Laufleistungen, von denen man in Großbritannien bisher nur geträumt hatte, aber nicht immer konnte man sich auf ihre Zuverlässigkeit stützen. Als die Hauptwerkstätten in Derby sich vorrangig mit dem Modernisierungsprogramm von 1955 beschäftigen mußte, verbrachten die Prototypen immer mehr Zeit mit Warten auf Reparaturen. 1963 wurden die SR-Maschinen dann ausgemustert.

Trotz ihres wechselhaften Schicksals, lieferten diese Lokomotiven den Konstrukteuren der BR wertvolle Informationen und die Lok Nr. 10203 wurde zum Vorbild der ersten Generation großer BR-Seriendiesellokomotiven.

gestellt und einer langen Reihe von Versuchsfahrten im Midland-Bezirk der London Midland-Region unterzogen. Schließlich gelangte sie in den Planeinsatz und übernahm vorwiegend auf der Strecke Derby-Manchester bis zu 12 Wagen starke Personenzüge.

In den ersten Jahren zeigten sich die BR wie schon erwähnt an Groß-Dieselloks wenig interessiert, das änderte sich mit dem Beginn des Modernisierungsprogramms. Bei Leistungsmeßfahrten untersuchte man 1956 die Leistungsfähigkeit der Fell-Lokomotive eingehend. Im großen Ganzen fiel der Versuchsbericht positiv aus, vor allem hob man hervor, daß es mit dem Fell-System möglich sei, eine Lokomotive zu entwickeln, deren Zugkraftcharakteristik dem gewünschten Verlauf sehr nahe kam. Tatsächlich besaß die Lokomotive im Bereich von 64 bis 97 km/h (40 bis 60 mph) eine höhere Zugkraft als eine diesel-elektrische 2000 PS-Lokomotive, bei niedrigeren Geschwindigkeiten fiel die Zugkraft aber stark ab. Die maximale Zugkraft wurde mit 129 kN (29000 lb) gemessen, verglichen mit 223 kN (50000 lb) einer diesel-elektrischen Lok. Die Fell-Kraftübertragung hatte einen höheren Wirkungsgrad als die elektrische, aber die wurde durch den erheblich größeren Leistungsbedarf der Hilfsbetriebe der Fell-Lokomotive mehr als ausgeglichen.

Links: *Nach einem Schaden am Hauptgetriebe nahmen die BR die „Fell"-Diesellokomotive 1957 aus dem Betrieb.*

Klasse EW Bo'Bo'Bo'

Neuseeland
New Zealand Railways (NZR), 1952

Bauart: Elektrische Lokomotive für gemischten Dienst.
Spurweite: 1067 mm (3 ft 6 in)
Stromversorgung: Gleichstrom von 1500 V über Oberleitung
Antrieb: Mit 6 Tatzlagermotoren von je 220 kW (300 PS)
Gewicht: 76 t (167505 lb)
Maximale Achslast: 12,6 t (27770 lb)
Gesamtlänge: 18898 mm (62 ft 0 in)
Zugkraft: 187 kN (42000 lb)
Höchstgeschwindigkeit: 96 km/h (60 mph)

Das gebirgige und Öl-lose Neuseeland ist wieder eines der Länder, das für elektrischen Betrieb prädestiniert ist, in dem sich aber in dieser Richtung nur wenig getan hat. 1932 begann man zwar mit der Elektrifizierung der 685 km langen Hauptstrecke auf der Nordinsel von Wellington ausgehend in Richtung Auckland. Man kam aber nicht weit, noch fünfzig Jahre später endete die überspannte Strecke in Paekakariki, 42 Kilometer von Wellington entfernt.

Für den Verkehr auf dieser kurzen Strecke baute English Electric 1952 sieben elektrische Gelenklokomotiven in einer ungewöhnlichen Anordnung; die elektrische Ausrüstung von der Firma Robert Stephenson & Hawthorn war dagegen sehr konventionell und im Verhältnis zu ihrem Gewicht kann man die Leistung nur bescheiden nennen.

Die „EWs" gehören zu den Loktypen, die sich am Besten beschreiben lassen, wenn man aufführt, was sie nicht besitzen. So haben sie keine komplizierten Gelenkantriebe, sondern jede Achse besitzt einen simplen Tatzlagermotor, ebenso fehlt eine elektrische Bremseinrichtung. Obwohl Neuseeland in vielem mehr nach Großbritannien ausgerichtet ist, folgen die Eisenbahnen der amerikanischen Baupraxis und statt der eigentlich zu erwartenden Vakkuumbremse benutzt man hier die Luftdruckbremse. Die Bo'-Bo'Bo'-Achsfolge ist der Trassierung der NZR mit ihren scharfen Kurven angepaßt, die sechs Fahrmotoren ergeben durch Reihen-/Parallelschaltung etliche Dauerfahrstufen. Mit ihrem schlichten, glatten Äußeren wirken sie sehr ansprechend auf das Auge des Beschauers. Auf der Minusseite muß man sehen, daß im gleichen Jahrzehnt für die Rhätische Bahn in der Schweiz Lokomotiven gleicher Anordnung und ähnlich in Gewicht und Spurweite entstanden, die eine 50% höhere Leistung aufweisen können.

1967 begannen die NZGR damit, die Fernzüge bis Wellington durchgehend mit Dieselloks zu bespannen. Die „EWs" wurden dadurch auf Nahverkehrszüge abgedrängt, die den elektrifizierten Bereich nicht verlassen. Zwar hat man inzwischen die Elektrifizierung des Hauptteils der Strecke Wellington-Auckland in

Oben: Ein kurzer Personenzug mit einer EW-Lokomotive unterquert gleich den Weg eines Güterzugs mit zwei Dieselloks.

Rechts: Die Lokomotive „EW 165" der New Zealand Government Railways verläßt mit ihrem Personenzug den Bahnhof von Wellington.

Angriff genommen, aber die Verwendung von hochgespanntem Wechselstrom wird dazu führen, daß diese gefälligen und tüchtigen Maschinen dort keine Verwendung mehr finden können.

Reihe 277* Co'Co'

Spanien
Spanische Staatsbahn (RENFE), 1952

Bauart: Elektrische Lokomotive für gemischten Dienst
Spurweite: 1676 mm (5 ft 6 in)
Stromversorgung: Gleichstrom von 3000 V über Oberleitung
Antrieb: Mit 6 Tatzlagermotoren von je 441 kW (600 PS)
Gewicht: 120 t (264550 lb)
Maximale Achslast: 20 t (44090 lb)
Gesamtlänge: 20657 mm (67 ft 9½ in)
Zugkraft: 307 kN (69000 lb)
Höchstgeschwindigkeit: 110 km/h (68 mph)

* Ursprünglich Reihe 7701

Diese Reihe ziemlich massiv wirkender Zugpferde war einer der wenigen Exporterfolge, den die britische Lokomotivindustrie auf dem europäischen Festland verzeichnen konnte. Sie waren für zwei Bergstrecken im Nordwesten Spaniens bestimmt. Die Hauptbahn von der Hauptstadt Madrid zum Atlantikhafen Gijon überquert das Kantabrische Gebirge mit Hilfe eines 3,1 km langen Tunnels unterhalb des Pajares-Passes in einer Höhe von 1271 m. Die nördliche Anfahrt von Ujo (249 m über dem Meer) zum 62 km entfernten Paß ist besonders schwierig, in den Tagen der Dampfloks erschwerten die 71 Tunnels den Betrieb außerordentlich. Dieser verhältnismäßig kurze Abschnitt mit einer maßgeblichen

Rechts: Die 277 004-8 der RENFE, ehemals Lok Nr. 7704, im September 1975 in Oviedo.

Steigung von 2,1% wurde schon 1924 elektrifiziert.

Als das Land sich langsam von den Folgen des Bürgerkriegs zu erholen begann, gab man grünes Licht für eine Verlängerung der elektrischen Strecke bis nach Gijon und Leon, eine Entfernung von 172 km. Darüber hinaus begann man mit der Elektrifizierung einer weiteren Gebirgsbahn von Leon in Richtung Corunna bis Ponferrada. Aus dieser Zeit stammt die Bestellung bei English Electric; für einen Teil der Serie baute auch die Vulcan Foundry den Mechanteil. Ähnliche Lokomotiven entstanden 1950 für die brasilianische Santos-Jundiaí-Bahn und der Zufall wollte es, daß just zu diesem Zeitpunkt die spanische Einkaufskommission das Werk besuchte, als die Maschinen für Brasilien zusammengebaut wurden. Die Konstruktion sagte den Spaniern zu und so diente sie als Basis – mit vielen gemeinsamen Bauteilen – für die RENFE-Loks.

Wie bei Gleichstromlokomotiven üblich, wird die Geschwindigkeit mit Widerstands-Zwischenstufen, Serien-/Parallelschaltung und Feldschwächung geregelt. Bei der Bewältigung der schweren Aufgaben im Gebirge sind auch die Vielfachsteuerung und die Rekuperationsbremsen sehr hilfreich. Für die damals in Spanien noch üblichen Vakuumbremse erhielten die Loks einen Exhaustor.

English Electric konnte diesen Loktyp noch ein weiteres Mal erfolgreich an den Mann – oder die Bahn – bringen. Mit einigen Abweichungen lieferte man 1954 eine Serie an die Central Railway of India, die ihrerseits wieder Vorbild für die ersten in den Chitteranja-Werkstätten der Indian Railways – in denen vorher nur Dampflokomotiven entstanden waren – selbstgebauten Elektrolokomotiven des Jahres 1961 wurden.

Seit damals erweiterte die RENFE das elektrische Netz in Nordwest-Spanien auf 605 km Länge und die Reihe 277, die frühere Reihe 7701, wuchs auf 75 Exemplare an; die letzten wurden 1959 abgeliefert. Als dieses Buch entstand, waren sie noch alle im Dienst.

Oben: *RENFE 277 037-8 im Bahnhof von La Robla.*

ETR 300 „Settebello"
Italien
Italienische Staatsbahn (FS), 1953

Bauart: Siebenteiliger elektrischer Luxus-Gliedertriebzug
Spurweite: 1435 mm (4 ft 8½ in)
Stromversorgung: Gleichstrom von 3000 V über Oberleitung
Antrieb: 12 Fahrmotoren von je 184 kW (250 PS) treiben über Hohlwellenantriebe 6 der 10 Drehgestelle an
Gewicht: 204 t (449 735 lb) Reibungsgewicht; 325 t (716 490 lb) Gesamtgewicht
Maximale Achslast: 17 t (37 480 lb)
Gesamtlänge: 165 202 mm (542 ft 0 in)
Höchstgeschwindigkeit: 158 km/h (98 mph)

Es war der 20. Juli 1939 und der Zweite Weltkrieg war kaum einen Monat entfernt, als die Italienischen Staatsbahnen einen neuen Geschwindigkeitsweltrekord für Fahrten über größere Entfernungen aufstellten, der mehr als 25 Jahre ungebrochen bleiben sollte. Der Rekordzug war ein dreiteiliger elektrischer Schnelltriebzug, Reihe ETR 200, mit einer Nennleistung von 1084 kW (1475 PS) und aufgestellt wurde der Rekord auf der Strecke von Florenz nach Mailand mit dem neuen 18,4 km langen Appenninentunnel. Die 314 Kilometer wurden in 1 Stunde 55 Minuten heruntergespult, die Durchschnittsgeschwindigkeit betrug 164 km/h.

Um die verfügbare Leistung für die Rekordfahrt zu erhöhen, hatte man die Fahrleitungsspannung von 3000 auf 4000 Volt gesteigert und die meisten Geschwindigkeitsbeschränkungen gelockert. Als Höchstgeschwindigkeit verzeichnete man aufregende 203 Stundenkilometer, für die, die im Bilde waren, vielleicht etwas zu aufregend, wie die ganze Fahrt.

Als der Zweite Weltkrieg endlich vorüber war und man die schlimmsten Zerstörungen beseitigt hatte, benutzte man das Fachkönnen, das schon den Weltrekordzug hervorbrachte, um einen neuen, besseren Zug zu bauen, der nicht nur schnell, sondern auch äußerst luxuriös werden sollte. Man bedenke, daß dies immer noch zu einer Zeit war, in der andernorts die Nöte der Nachkriegszeit das Regiment führten, vor allem bei den Eisenbahnen.

Der ETR 300 „Settebello" (Glücks-Siebener) ist ein Sieben-Wagen-Zug mit nur 160 Plätzen der ersten Klasse und entsprechend üppiger Ausstattung. An beiden Enden befinden sich geräumige Aussichtssalons (den Fahrer verbannte man in einen Dachausguck) mit jeweils 11 Sitzplätzen. Beide Endwagen sind mit dem benachbarten Wagen durch ein gemeinsames Drehgestell verbunden. Diese vier Wagen bildeten anfänglich den gesamten gewinnbringenden Teil des Zuges, hier befanden sich alle offiziellen Sitzplätze des Zuges. Ele-

ganz und Komfort der Einrichtung waren in einem Maße luxuriös, daß es kaum noch zu übertreffen war.

In der Mitte des Zuges befindet sich der Speisewagen mit 56 Plätzen, in den beiden angrenzenden Wagen brachte man die Küche und Räume für das Personal, Gepäck und Postsendungen unter, auch ein Kiosk fand noch Platz. Später verkleinerte man diese großzügig bemessenen Diensträume und schaffte dadurch Raum für 30 weitere zahlende Fahrgäste.

Sechs der zehn Drehgestelle sind angetrieben, jedes mit einem Paar von 1500 V-Motoren, die dauernd in Reihe geschaltet sind. Die siebzehn Stufen des Fahrschalters ergeben sich durch Serien-, Serien-Parallel- und Parallelschaltung mit zusätzlichen Feldschwächungsstufen. Das Motormoment übertragen Hohlwellenantriebe auf die Treibachsen. Die Bremskraft wird selbsttätig der Geschwindigkeit angepaßt und verringert sich bei langsamerer Fahrt.

Nach einiger Zeit rüstete man die Triebzüge auch mit Widerstandsbremsen aus. Gleichzeitig baute man neue Fahrmotoren mit einer um 28% höheren Nennleistung und eine Führerstands-Signalanzeige ein. Die theoretische Höchstgeschwindigkeit legte man auf 200 km/h fest, wenn auf der Strecke auch jetzt nicht mehr als 160 km/h möglich waren.

Man darf nicht vergessen, daß zu solch hohen Geschwindigkeiten mehr gehört als nur die Fahrzeuge. Daß das Gleis verbessert werden muß, ist offensichtlich, aber das ist nicht alles. Das Signalsystem muß so eingerichtet werden, daß der Bremsweg auch bei der Höchstgeschwindigkeit ausreicht. Man kann dies auch mit einer Anzeige der Signale im Führerstand erreichen, dann

Links: *Die eindrucksvolle Front eines „Settebello"-Triebzugs. Die großen Fenster sind für die Fahrgäste und nicht für den Triebwagenführer bestimmt.*

Unten: *Ein „Settebello"-Expreßzug eilt über ein schönes Viadukt der Strecke von Rom nach Mailand.*

sind kostspielige Streckeninstallationen erforderlich. Ein großes Problem ist die Kapazität der Strecke. Auf ausgelasteten Strecken – und die Strecke Rom–Mailand ist sehr stark ausgelastet – können einige wenige Züge, die von der durchschnittlichen Geschwindigkeit stark abweichen, die Zahl der möglichen Zugläufe überproportional herabsetzen.

Aus all diesen Gründen war es anfänglich nicht möglich, die beste Vorkriegs-Fahrzeit von 6 Stunden für die 627 km lange Verbindung Rom–Mailand zu unterbieten. Änderung verspricht erst die seit längerem im Bau befindliche Schnellstrecke „direttissima" von Rom nach Florenz, die für Geschwindigkeiten von 250 km/h trassiert ist. Der erste südliche Abschnitt von 122 km Länge liegt zu mehr als der Hälfte in Tunnels und auf Brücken und Viadukten und wurde 1977 dem Verkehr übergeben. Die Streckengeschwindigkeit ist zwar immer noch auf 180 km/h begrenzt, aber immerhin konnte man die Fahrzeit des „Settebello" auf 5 h 35 min, einschließlich Aufenthalten in Bologna und Florenz, verkürzen. Inzwischen hat man die Fahrt stillschweigend wieder verlangsamt, 6 Stunden oder etwas mehr ist das Beste, das zur Zeit geboten wird.

Eigenartig ist, daß in der Vergangenheit die besten Züge, beispielsweise in Frankreich und England, von Lokomotiven gezogen wurden, während man in Italien Triebzüge verwendete. Jetzt wendet man sich in Frankreich und auch England Schnelltriebzügen zu und die Italiener kehren zur Loktration zurück. Die Schnellfahrlokomotiven der Reihe „E444" mit der Achsfolge Bo'Bo' und dem Spitznamen „Tartaruga" (Schildkröte) befördern heute Wagenzüge, die in ihrer Luxusausstattung den „ETR 300" vergleichbar sind und auch für die gleiche – theoretische – Höchstgeschwindigkeit von 200 km/h gebaut sind. Nur hatten auch sie bislang keinerlei Möglichkeit, ihre Fähigkeiten zu beweisen. Auch ihnen fehlt bislang die Strecke, auf der sie ihre Fähigkeiten unter Beweis stellen können.

Oben: *Diese Aufnahme eines „Settebello"-Zuges läßt den Ausguck des Fahrers auf dem Dach erkennen.*

Unten: *Die sieben Wagen eines FS ETR 300-Triebzugs bieten 160 Fahrgästen eine luxuriöse Reisemöglichkeit.*

„Gas Turbine" (Bo'Bo')(Bo'Bo')
USA
Union Pacific Railroad (UP), 1951

Bauart: Gasturbo-elektrische Güterzuglokomotive
Spurweite: 1435 mm (4 ft 8½ in)
Antrieb: 1 ölgefeuerte Gasturbine von 3357 kW (4565 PS = 4500 HP) Leistung erzeugt in einem Generator Gleichstrom für 8 Tatzlagermotoren
Gewicht: 250,3 t (551 720 lb) *
Maximale Achslast: 31,3 t (68970 lb)
Gesamtlänge: 25464 mm (83 ft 6½ in) *
Zugkraft: 600 kN (135000 lb)
Höchstgeschwindigkeit: 105 km/h (65 mph)

* Die Angaben gelten für die Lok ohne Brennstofftender

Die Union Pacific ist eine große Bahngesellschaft und auch ihre letzten drei Dampflokkonstruktionen gehörten zu den größten und stärksten der Welt. Es war also ein seltsamer Gegensatz, als die Bahn auf einmal Diesellloks „von der Stange" mit nur 1750 HP anstelle von selbst entworfenen 6000 HP-Dampfloks kaufte. Aber die ganze UP ist eine Bahn der Gegensätze. Eine ihrer Hauptstrecken durchquert Wüstenland, in dem Wasser und Kohle rar sind, Öl aber im Überfluß vorkommt – also eine ideale Strecke für die Verdieselung. In anderen Gebieten besaß die Gesellschaft dagegen eigene Kohlengruben, wirtschaftliche Vorteile von Dieselloks waren hier nicht so klar erkennbar. Man war ganz besonders an allem interessiert, das Kohle als Brennstoff verwenden konnte und damit eine Alternative zum Diesel bot.

Oben: *Die dreiteilige 8500 HP-Gasturbinenlok Nr. 26 der Union Pacific. Der erste Lokteil beherbergt die Gasturbine, in den anderen sind die Hilfsbetriebe und die Brennstoffvorräte untergebracht.*

„Trainmaster" H-24-66 Co'Co'
USA
Fairbanks Morse & Co (FM), 1953

Bauart: Diesel-elektrische Vielzweck-Lokomotive
Spurweite: 1435 mm (4 ft 8½ in)
Antrieb: Ein Fairbanks-Morse 12-Zylinder-Dieselmotor mit gegenläufigen Kolben, Typ 38D-12, von 1790 kW (2400 HP) mit Generator versorgt 6 Tatzlagermotoren
Gewicht: 170,1 t (375000 lb)
Maximale Achslast: 28,4 t (62500 lb)
Gesamtlänge: 20117 mm (66 ft 0 in)
Zugkraft: 501 kN (112500 lb)
Höchstgeschwindigkeit: 105, 113, 129 km/h (65, 70, 80 mph)

Fairbanks Morse in Beloit, Wisconsin war eine der Maschinenfabriken, die schon lange Zeit technisches Zubehör für Eisenbahnen produzierte, beispielsweise Wasserkräne. In den dreißiger Jahren entwickelte diese Firma ein Spezialprodukt, einen Gegenkolben-Dieselmotor, bei dem zwei Kolben pro Zylinder auf zwei außenliegende Kurbelwellen arbeiteten, die durch Zahnradgetriebe verbunden waren.

Man verwendete diese Motoren in einer Anzahl Triebwagen, weitere Anwendungen im Eisenbahnbereich scheiterten am Interesse der US Navy – die ganze Produktion der nächsten vier Jahre wurde in Unterseeboote eingebaut. Nach dem Krieg brachte FM mit diesen Motoren eine Reihe von „Hoodunits" für den Rangier- und Übergabedienst auf den Markt. Von 1950 an baute man damit auch „carbody"-Lokomotiven der sogenannten „Consolidation"-Type („C-Liner"), bei denen der Käufer die Wahl zwischen Motoren von 1600 HP (1190 kW), 2000 HP (1490 kW) oder 2400 HP (1790 kW) hatte, die Strom für die vier Traktionsmotoren erzeugten. Nur 22 Maschinen mit der 2400 HP-Maschine konnte man 1952-53 verkaufen, die Kundenwünsche änderten sich rasch und die „carbody"-Lokomotiven mußten den vielseitiger verwendbaren „Hood-units" mit schmalen Vorbauten weichen.

Fairbanks Morse handelte ebenso rasch und stellte schon 1953 eine „Hood-unit" mit dem 2400 HP-Motor und der Typenbezeichnung „H-24-66" vor („Hood", 2400 HP, 6 Fahrmotoren, 6 Achsen). Sie hatte zwei dreiachsige Drehgestelle mit Allachsantrieb einer neuen Bauart. Im Vergleich mit der Konkurrenz waren die Loks in allem größer – in der Zugkraft, der Bremskraft der dynamischen Bremse, den Brennstoffvorräten, dem Zugheizkessel (wenn vorhanden). EMD offerierte zwar eine „carbody"-Lokomotive von 2400 PS, aber mit zwei Dieselmotoren, der FM-Motor war der größte auf dem Markt. Mit einiger Berechtigung wählte FM für seine neue Baureihe den anspruchsvollen Namen „Trainmaster" und führte die erste Einheit auf einer Verkaufsmesse der Eisenbahnzulieferer in Atlantic City vor, wo sie allem anderen die Schau stahl. Diese gelungene Werbung und der Eindruck, den die vier Vorführloks machten, führten schon bald zu ersten Bestellungen.

Der Höhepunkt der „trainmaster"-Produktion folgte aber allzu bald; nachdem man 1954 die Höchstzahl von 32 Einheiten verkaufen konnte, ließ der Bestelleingang schon wieder nach. Die Eisenbahnen hatten Schwierigkeiten mit dem Gegenkolbenmotor und der elektrischen Einrichtung. Einer der Schwerpunkte der EMD-Serviceorganisation war schon immer die prompte und gründliche Beseitigung aller vorkommenden Mängel und die Kunden fanden nun zu ihrem Leidwesen heraus, daß die viel kleinere Firma hierzu nicht in der Lage war. 1954-55 war man immer noch mit den Schwachstellen des Motors beschäftigt, vor allem mit den Kolben und den Lagern, als ein anderes Geschehen dem Unternehmen schwer zusetzte.

Ein großer Anteil der Firma war im Besitz der Familie Morse und schwere Streitigkeiten innerhalb der Familie ließen große Zweifel an der Stabilität der ganzen Unternehmung aufkommen; es kam schließlich zur Übernahme durch eine andere Gesellschaft. Als sich die Situation langsam stabilisiert hatte, befand sich der Diesellokmarkt in seiner großen Flaute und die Konkurrenz hatte den Vorsprung von FM inzwischen aufgeholt. Ein Ne-

General Electric verfügte über eine gute Position, als nach dem Krieg das Interesse für Gasturbinen hohe Wellen schlug. GE könnte auf eine lange und erfolgreiche Tätigkeit auf dem Gebiet der Dampfturbinen zurück schauen und auch mit Gasturbinen hatte man sich erstmals im Jahre 1904 beschäftigt. 1946 begann man mit der Entwicklung von Gasturbinen für Lokomotivantriebe, 1948 erschien eine erste Versuchslokomotive. Attraktive Vorzüge der Gasturbine waren ihr niedriges Leistungsgewicht, der einfache mechanische Aufbau und die Möglichkeit, Brennstoffe minderer Qualität zu verwerten. Die verwendete Turbine verbrannte sogenanntes „Bunker C"-Schweröl, man arbeitete aber auch schon an einer Verwendung von Kohlenstaub als Energielieferant.

Die Gasturbine trieb einen Generator, der acht herkömmliche Fahrmotoren in vier Drehgestellen mit Gleichstrom versorgte, die Achsanordnung lautete (Bo'Bo')(Bo'Bo'). Der Hauptrahmen der Lok war gleichzeitig als Brennstofftank ausgebildet, ein Kessel sorgte für die Erwärmung des Öls, das im kalten

Zustand nicht fließfähig ist. Mit einer Nennleistung von 4500 HP war sie die stärkste Lokomotive der Welt mit Verbrennungsantrieb und zog schon bald die Aufmerksamkeit der UP auf sich, die sie für Versuchsfahrten auslieh.

Die erfolgreichen Probefahrten zahlten sich für GE sehr bald aus. Der neue Präsident der UP, A. E. Stoddard, war ein überzeugter Anhänger großer Lokomotiven, dem die Maschine zusagte; er bestellte umgehend zehn 4500 HP-Einheiten. Sie wurden 1951-52 mit den Nummern 51-60 abgeliefert und folgten weitgehend dem als Nr. 50 übernommenen Prototyp, besaßen aber nur einen Endführerstand. Sie übernahmen sofort die Beförderung von Güterzügen zwischen Ogden, Utah und Green River, Wyoming; ihre zulässige Zuglast betrug 4435 Tonnen. Sie waren von Beginn an so erfolgreich, daß schon nach Ablieferung der ersten sechs Loks weitere fünfzehn nachbestellt wurden.

Dreizehn Monate nach Inbetriebnahme der 25sten Gasturbinenlok, entschied sich die Union Pacific in ihrer Begeisterung für einen zweiten Schritt – sie be-

stellte eine Serie von 15 (später auf 30 aufgestockt) 8500 HP-Gasturbinen-Lokomotiven geänderter Bauform Die neuen Maschinen bestanden aus zwei Lokeinheiten mit der Achsfolge Co'Co', eine trug die Turbine mit Generator, die andere die Steuer- und Hilfseinrichtungen. Ein umgebauter Dampfloktender nahm die Brennstoffvorräte auf. Mit ihrer – erheblich – gesteigerten Leistung übernahmen sie selbstverständlich auch den Titel der stärksten Brennkraftlokomotive der Welt.

Der wärmetechnische Wirkungsgrad der Gasturbine liegt von Natur aus unter dem eines Dieselmotors und der Schlüssel zu niedrigeren Betriebskosten war die Verwendung billigeren Brennstoffs. Das benutzte Schweröl machte sich aber bald durch Korrosionsschäden und Ablagerungen an den Turbinenschaufeln unangenehm bemerkbar, abgesehen von den Schwierigkeiten, die die Handhabung dieser zähen Masse mit sich brachte. Man versuchte ersatzweise verflüssigtes Propangas zu verbrennen, es war aber noch teurer und schwieriger zu handhaben. Korrosion der Turbinenschaufeln war

auch der Hauptgrund für die Einstellung der Versuche mit der Kohlenstaubfeuerung von Gasturbinen.

Die 55 „Big Blow" genannten Maschinen (sie sorgten für ziemlich viel Wind) leisteten Hervorragendes, aber die Zeit arbeitete gegen sie. Umstellungen in der petrochemischen Industrie ließen den Preis für das Bunker C-Öl steigen, gleichzeitig wurden die Diesellokomotiven immer effizienter und leistungsfähiger und damit auch zu einer immer größeren Konkurrenz für die „Gas Turbines". Als diese endlich zu einer grundlegenden Überholung anstanden, besaß die UP schon die stärksten Diesellokomotiven der Welt, weitere Ausgaben für die Gasturbinenloks hielt man nicht mehr für gerechtfertigt. Schrittweise wurden sie durch Dieselloks abgelöst; die letzte mußte im Dezember 1969 ihren Abschied nehmen.

Unten: *Die achtachsige 4500 HP-Gasturbinenlokomotive Nr. 55 der Union Pacific. Ein ehemaliger großer Dampfloktender nahm die Brennstoffvorräte auf.*

gativresultat des Familienstreits war gewesen, daß sich die Illinois Central gegen eine beabsichtigte Bestellung von 50 bis 60 Einheiten entschied, eine Bestellung, die großen Einfluß auf das künftige Geschick der Firma gehabt hätte. So entstanden im Ganzen nur 105 „Trainmaster"-Lokomotiven für 8 US-Bahnen, weitere 22 wurden in Kanada montiert.

Zu den Großkunden gehörten die Norfolk & Western, die durch Bahnfusionen zu einem Bestand von 33 Stück kam und die Southern Pacific, die mit ihnen einen großen Teil ihres Vorortpersonenverkehrs bediente. Die meisten Maschinen beendeten ihre Tage im Rangierdienst, wo ihr hohes Reibungsgewicht auch dann noch geschätzt wurde, nachdem sie stärkere Lokomotiven

anderer Hersteller aus dem Streckendienst verdrängt hatten.

Eine 1600 HP-Version des „Trainmasters", oft als „Baby Trainmaster" bezeichnet, erzielte ebenfalls nur einen unzureichenden Absatz, insgesamt 58 Exemplare. Die Gegenkolben-Motoren hatten im Eisenbahnbereich ihr Klassenziel verfehlt. Immerhin haben sich diese Lokomotiven eine Zeitlang einer

Oben: *Die beiden dieselelektrischen Fairbanks-Morse-Vorführlokomotiven „TM-1" und „TM-2" leisteten in Doppeltraktion 4800 HP, vor mehr als 30 Jahren eine bemerkenswerte Leistung.*

wohlverdienten Anerkennung erfreut.

CC 7100 Co'Co'
Frankreich
Französische Staatsbahn (SNCF), 1952

Bauart: Elektrische Schnellzuglokomotive
Spurweite: 1435 mm (4 ft 8½ in)
Stromversorgung: Gleichstrom von 1500 V über Oberleitung
Antrieb: 6 in den Drehgestellen untergebrachte Fahrmotoren treiben die Achsen über Alsthom-Gelenkhebelantriebe
Gewicht: 107 t (235890 lb)
Maximale Achslast: 17,8 t (39240 lb)
Zugkraft: 225 kN (50520 lb)
Höchstgeschwindigkeit: 160 km/h (100 mph)

Französische Lokomotiven waren schon immer etwas anders als ihre Zeitgenossen und viele ihre Eigenheiten beruhten auf französischer Erfindergabe, aber von Zeit zu Zeit hatten auch ausländische Entwicklungen großen Einfluß auf sie, wie man schon gesehen hat. So führte bei der Konstruktion von Schnellzuglokomotiven für die neu elektrifizierte Paris-Orleans-Bahn die Verwendung des schweizerischen Buchli-Antriebs zur Entstehung bemerkenswerter 2'Do2'-Lokomotiven, die auch äußerlich ihren Schweizer Schwestern ähnelten. Die letzten 2'Do2'-Maschinen der Reihe 9100 wurden von der SNCF als Standard-Schnellzugloks für die Nachkriegselektrifizierung der PLM-Hauptstrecke nach Lyon konzipiert. Doch bevor überhaupt die vorgesehene Anzahl erbaut war, änderte eine andere Neuerung aus der Schweiz den Kurs der französischen Lokomotivpolitik.

Bis zu dieser Zeit war man der Meinung gewesen, daß führende Laufachsen oder Laufdrehgestelle bei Schnellzuglokomotiven unentbehrlich sind, nicht nur um einen Teil des Lokgewichts zu übernehmen, sondern vor allem, um die Führung beim Kurvenlauf zu verbessern. Bo'Bo'-Maschinen mit Allachsantrieb, die den größeren Teil des französischen Ellokparks bildeten, hatte man bisher nur für den unteren und mittleren Geschwindigkeitsbereich tauglich gehalten. Zwei bemerkenswerte

Schweizer Loktypen änderten diese Auffassung über derartige Lokomotiven grundlegend. 1946 führten die Schweizerischen Bundesbahnen ihre 56 t schweren „Re 4/4 I''-Bo'Bo'-Lokomotive für Geschwindigkeiten bis zu 125 km/h ein. Diese Loks erregten schon bald durch ihre Fähigkeit, Züge von 400 t mit der Höchstgeschwindigkeit zu befördern, große Aufmerksamkeit in der ganzen Fachwelt. Schon zwei Jahre früher hatte die Lötschbergbahn die schon beschriebenen 80 t schweren Bo'Bo'-Loks „Ae4/4'' erhalten. Der Erfolg dieser Baureihen bewies die Eignung laufachsloser Drehgestellokomotiven für den Schnellzugdienst und veranlaßte die SNCF zur Bestellung von zwei Bo'Bo'-Lokomotiven bei den Schweizer Herstellern, zusammen mit zwei Bo'Bo'- und zwei Co'Co'-Loks, die in Frankreich bestellt wurden.

Die Co'Co'-Loks entstanden bei Alsthom nach Maßgabe des Pflichtenhefts für die PLM-Elektrifizierung. Mit 600 t sollten in der Ebene 160 km/h erreicht werden, mit 850 t noch 140 km/h. Mit dem 600 t-Zug sollten sie auf einer Steigung von 0,8% anfahren und bis zu einer Höchstgeschwindigkeit von 120 km/h beschleunigen können.

Jede Achse wird von einem eigenen Fahrmotor über einen Alsthom-Gelenkhebelantrieb angetrie-

Oben: *Die Co'Co'-Lokomotive Nr. CC-7135 der Französischen Staatsbahnen für das 1500 V-Gleichstromsystem.*

ben. Neuartig waren die Drehgestellbefestigung und die Achslagerführung. Lokkasten und Drehgestell verbinden zwei senkrechte Lenkerstangen in der Drehgestell-Längsachse jeweils auf halber Distanz zu benachbarten Achsen, ihre Enden ruhen in konischen Gummilagern. Die seitliche Bewegungsmöglichkeit begrenzen zwei horizontale Federn. Versucht der Lokkasten bei Einfahrt in eine Kurve sich durch die Zentrifugalkraft nach außen zu bewegen, üben diese Federn eine Rückstellkraft aus. Wird das Drehgestell gegenüber dem Kasten verdreht, werden die Lenker in entgegengesetzter Richtung schräg ausgelenkt und wirken dadurch der Verdrehung entgegen. Beginnen die Drehgestelle auf geradem Gleis zu schlingern, wirken sich diese Rückstellkräfte als Dämpfung für die Schwingungen aus und verhindern weitgehend das Anlaufen der Spurkränze am Schienenkopf.

Jedes Achslager ist mit dem Drehgestellrahmen durch zwei horizontale Achslenker verbunden, die nur vertikale Bewegungen zulassen. Damit vermied man die bisher üblichen verschleißanfälligen Gleitführungen. Zwischen den Achs-

enden und den Achslagerdeckeln brachte man steife Schraubenfedern an, die seitliche Stöße gemildert auf das Drehgestell weiterleiten. An den Gelenkstellen und Auflagern verwendete man in einem bisher unbekanntem Umfang Gummielemente zur Dämpfung und Verschleißminderung.

An der elektrischen Ausrüstung war die große Zahl der Fahrstufen bemerkenswert, die durch das starke Maß der Feldschwächung ermöglicht wurden. Die klare Linienführung der Maschine wurde durch die Lackierung in zwei verschiedenen Blautönen und die silberfarbigen Fensterrahmen und Zierleisten noch betont.

Die beiden Lokomotiven, Nr. 7001-2, wurden 1949 abgeliefert und umfassend auf der Hauptstrecke Paris–Bordeaux, der damals längsten elektrischen Strecke, untersucht. Schon zu Beginn der Erprobung durchfuhr die Nr. 7001 diese Relation mit einem Zug von 170 t Gewicht mit einer durchschnittlichen Geschwindigkeit von 131 km/h und erreichte dabei eine höchste Geschwindigkeit von 170 km/h – damals ein Weltrekord für elektrische Lokomotiven, aber nur ein erstes Zeichen für die Dinge, die noch folgen sollten.

Nach drei Jahren Versuchsbetrieb bestellte man eine Serie von 35 Lokomotiven, die sich in Details von den Nr. 7001-2 unterschieden und 1952 als Nr. 7101 bis 7135 geliefert wurden. Eine weitere Bestellung von 23 Maschinen brachte die Gesamtzahl dieser Bauform auf 60. Im Vergleich zu den Prototypen erhöhte sich bei der Serie die Leistung von 2942 kW (4000 PS) auf 3486 kW (4740 PS) und das Gewicht von 96 t auf 107 t. Verglichen mit den Vorgängern der Reihe 2D2-9100 steigerte sich das Reibungsgewicht von 88 t auf 107 t, während sich die Achslast von 22 t auf 17,8 t verminderte. Damit wurde der Oberbau stärker geschont. Sechs Loks rüstete man mit Stromabnahmeschuhen aus, um sie auf der Mont Cenis-Strecke der früheren PLM von Culoz nach Mo-

dane zu verwenden, die damals seitliche Stromschienen besaß.

Die Elektrifizierungsarbeiten zwischen Paris und Lyon waren 1952 beendet und die Reihe CC-7100 teilte sich mit der 202-9100 in die schwersten und schnellsten Leistungen. Im Sommer 1954 gab es drei Züge zwischen Paris und Dijon bzw. Paris und Lyon mit einer planmäßigen Durchschnittsgeschwindigkeit von 124 km/h bei einer zulässigen Zuglast von 650 t. Ein weiterer Zug von 730 t schaffte von Paris nach Dijon immer noch 122,4 km/h. Wenn man bedenkt, daß noch nicht einmal zehn Jahre zuvor der Krieg die Bahnen Europas verwüstet hatte, waren das wirklich außergewöhnliche Leistungen.

Im Februar 1954 begannen die ersten Schnellfahrversuche mit der CC 7121, noch in Normalausführung, auf einem geraden Streckenabschnitt zwischen Dijon und Beaune. Man beabsichtigte dabei, daß Verhalten der verschiedenen Komponenten bei hohen Geschwindigkeiten festzustellen. Dazu gehörte auch die Messung der auf das Gleis ausgeübten Kräfte und das Verhalten der Pantographen. Mit einer Zuglast von 111 t erreichte man 243 km/h, ein neuer Weltrekord für jegliche Bauart von Schienenfahrzeugen; auch die Rekordmarke von 230 km/h des Kruckenberg-Schienenzeppelins aus dem Jahre 1931 war nun überboten worden.

Man verlegte nun den Versuchsbetrieb auf die ehemalige PO-Strecke, auf der südlich von Bordeaux ein langes Stück fast schnurgeraden Gleises vorhanden ist. Zuerst untersuchte man die Stromabnahme bei großen Stromstärken mit zwei CC 7100 in Doppelbespannung. Bei einer um 25% gesteigerten Fahrdrahtspannung erreichte man mit ihnen 195 km/h vor einem 714 t-Zug und 201 km/h vor 617 t.

Das nächste anvisierte Ziel hieß „300 km/h". Man änderte die Getriebeübersetzung der CC 7107 entsprechend und stellte einen Versuchszug mit drei Wagen und einem Gesamtgewicht von 100 t zusammen; der letzte Wagen erhielt ein stromlinienförmiges Heck und die Wagenübergänge verkleidete man bündig, um den Luftwiderstand möglichst weit herabzusetzen. Die Wunschgeschwindigkeit von 300 km/h erreichte man nach einer Fahrt von 21 Kilometern. Es blieb aber nicht dabei, das Tempo stieg weiter an, bis die Tachometernadel für 2 Kilometer bei 330,8 km/h verharrte; insgesamt fuhr man 12 Kilometer mit mehr als 300 km/h. Dafür war eine maximale Leistung von 12000 PS (8826 kW) nötig gewesen. Noch bemerkenswerter war, daß am nächsten Tag die gleiche Rekordgeschwindigkeit

mit der 81 t schweren Bo'Bo'-Lok BB 9004, einer der beiden erwähnten französischen Versuchsloks, noch einmal erzielt werden konnte. Die beiden Maschinen teilen sich seitdem den Titel der schnellsten Lokomotive der Welt und da die weitere Entwicklung der Hochgeschwindigkeitszüge sich auf Triebzüge beschränkte, ist es sehr wahrscheinlich, daß dieser Rekord nicht so schnell von einer anderen Lokomotive gebrochen wird.

Besonders bedeutungsvoll war die Leistung der BB 9004, einer Lokomotive, die nur wenig mehr als die Hälfte der Reihe 7100 gekostet hatte, ein Zeichen für die damalige rapide Fortentwicklung des französi-

schen Lokbaus. Man konzentrierte sich völlig auf die vierachsigen Maschinen, erst 1964 erschienen wieder sechsachsige Elloks, die sich aber durch die inzwischen eingeführten einmotorigen „monomoteur"-Drehgestelle stark von den CC 7100 unterschieden.

Obwohl die Co'Co'-Maschinen also schon bald durch ihre kleineren Kollegen in den Schatten gestellt wurden, übernahmen sie natürlich ihren Teil des Schnellzugbetriebs auf der früheren PLM-Strecke und 1982 war die CC 7001 die erste französische Lokomotive, die eine Gesamtlaufleistung von 8 Millionen km, bei einem Tagesdurchschnitt von 658 km, überschritt.

Oben: *Die CC-7140 der SNCF im Pariser „Gare de Lyon" im Februar 1979.*

Unten: *Die Baureihe CC 7100 in der Seitenansicht. Eine Lokomotive dieser Reihe, die CC-7107 stellte 1954 einen Geschwindigkeitsweltrekord auf, der lange Bestand haben sollte.*

EM2 Co'Co'

Bauart: Elektrische Schnellzug-
lokomotive
Spurweite: 1435 mm (4 ft 8½ in)
Stromversorgung: Gleichstrom
von 1500 V über Oberleitung
Antrieb: Mit 6 Tatzlagermotoren
von je 360 kW (490 PS)
Gewicht: 98,5 t (217280 lb)
Maximale Achslast:
16,5 t (36288 lb)
Gesamtlänge: 18098 mm
(59 ft 4½ in)
Zugkraft: 199 kN (44600 lb)
Höchstgeschwindigkeit:
135 km/h (84 mph)

Sieben dieser soliden und verläßli-
chen Maschinen (etwas unpassend
nach ziemlich launischen griechischen Göttinen benannt) bauten
1954 die Werkstätten der British
Railways in Gorton für den recht
spärlichen Personenverkehr der neu
elektrifizierten 112 km langen
Strecke über das Penninische Gebirge von Manchester nach Sheffield. Wer hätte damals gedacht, daß
sie eines Tages einige der besten
Expreßzüge Kontinentaleuropas auf
den ersten Teil ihrer Reise bringen
würden?

Vor dem Zweiten Weltkrieg begann die London & North Eastern
Railway mit Unterstützung der Regierung die Vorarbeiten zu einem
umfangreichen Elektrifizierungsprojekt, das die stark belastete Koh-

Oben: *Lok Nr. 1501, die wir hier
in Hoek van Holland im Mai 1971
vor dem „Lorelei-Expreß" nach
Basel sehen, kauften die Niederländischen Staatsbahnen von den
Britischen Eisenbahnen.*

leabfuhrstrecke von Süd Yorkshire
durch den Woodhead-Tunnel nach
Manchester umfaßte. Auf dieser
Strecke bereitete die Zugförderung
mit Dampflokomotiven große
Schwierigkeiten, aber bei Kriegsausbruch mußten die Planungsar-
beiten wieder eingestellt werden.
Nach Kriegsende wurde eine Wie-
deraufnahme der Arbeiten zuerst
durch die kommende Verstaatlichung verzögert, später ging dann
die staatliche Verwaltung sehr be-
dächtig vor, schließlich gab man ja
jetzt das Geld des Steuerzahlers aus.
Man fand es notwendig, einen
neuen 4,8 km langen Tunnel zu
bauen und so wurde es 1954, bis
der elektrische Betrieb eröffnet werden konnte. Die LNER hatte beabsichtigt, die schon beschriebenen
„North Eastern" Bo'Bo'-Maschi-
nen von 1914 hier weiterzuverwen-
den, die BR verwarf dieses Vorhaben aber zugunsten neuer Güterzuglokomotiven völlig abweichenden Aussehens, aber ähnlicher
Grundanordnung.

Über all dem Streit über die Notwendigkeit derartiger Ausgaben,
vergaß man ebenso wichtige Dinge
und zeigte sich beispielsweise bei
der Überarbeitung des Oberbaus als
Pfennigfuchser. Die Auswirkungen
ließen nicht lange auf sich warten
und man bekam einen unfreiwilli-
gen Unterricht über die Auswirkun-

Klasse 4E (1'Co)(Co1')

Bauart: Elektrische Lokomotive für
gemischten Dienst
Spurweite: 1067 mm (3 ft 6 in)
Stromversorgung: Gleichstrom
von 3000 V über Oberleitung
Antrieb: Mit 6 Tatzlagermotoren
von je 377 kW (512 PS) mit
gefederten Zahnrädern.
Gewicht: 131,1 t (288960 lb)
Reibungsgewicht; 157,5 t
(347200 lb) Gesamtgewicht
Maximale Achslast:
21,85 t (48160 lb)
Gesamtlänge: 21844 mm
(71 ft 8 in)
Zugkraft: 320 kN (72000 lb)
Höchstgeschwindigkeit:
97 km/h (60 mph)

Es sagt wohl genug über die
Voraussicht, Zielstrebigkeit und
Einsicht derjenigen aus, die hier
Entscheidungen zu treffen haben,
daß die Südafrikanischen Eisenbahnen nach 25 Jahren umfangrei-
cher Elektrifizierungen erst bei der
vierten Lokomotivtype angelangt
waren. Und doch repräsentieren
diese Loks der Klasse „4E" eine
kleine Abschweifung von der simplen Drehgestell-Lokomotive durch
die Anwendung zusätzlicher Laufachsen an den äußeren Enden der
dreiachsigen Drehgestelle. Abgesehen davon besaßen sie die gleiche
solide, verläßliche und erprobte
Technik, die schweren Zügen half,
die langen und steilen Rampen zum
afrikanischen Zentralhochland zu
erklimmen und die wilde Karroo-
Wüste zu durcheilen, mit der aber

auch die täglichen Pendlerströme
zwischen London und Sevenoaks
oder Surbiton bewältigt wurden.

North British in Glasgow und
General Electric in Manchester lieferten 1954 40 dieser Lokomotiven
an die South African Railways für
eine 238 km lange Erweiterung des
elektrischen Netzes bis nach Touws
River. Die neuen Loks verkörperten
eine Leistungssteigerung von
12,5% über die bisher stärksten
SAR-Maschinen. Sie waren in der
Lage, einen 1000 t-Zug in einer
Steigung von 1,5% anzufahren und
auf 40 km/h zu beschleunigen.

Zu dem Elektrifizierungsprojekt
gehörte auch eine Neutrassierung
des berüchtigten Anstiegs zum Hex
River-Paß, mit der die Steigung von
2,5% auf die erwähnten 1,5% ermä-
ßigt werden sollte und man legte

die Lokomotiven entsprechend aus.
Der Bau der neuen Linie verzögerte
sich jedoch und die elektrischen
Züge mußten die alte Strecke benutzen. Zum Glück besaßen die
Loks eine Vielfachsteuerung, so boten die erforderlichen Doppeltrak-
tionen keine unüberwindlichen
Schwierigkeiten. Am Ende des
steilsten Abschnitts kuppelte man
die zweite Lok ab und fuhr sie auf
ein Wartegleis. Der nächste Talfah-
rer übernahm die wartende Ma-

Unten: *Die (1'Co)(Co1')-Loko-
motiven der südafrikanischen
Klasse „4E" bauten 1954 die
North British Locomotive Co in
Glasgow und General Electric in
Manchester.*

gen der großen ungefederten Massen eines Tatzantriebs auf einen schwachen Gleisbau. Bei den langsamen Kohlenzügen fiel das nicht ins Gewicht, aber der Personenverkehr mußte sich mit andauernden Geschwindigkeitsbeschränkungen auf 96 km/h (60 mph) oder Ähnlichem auf der ganzen Strecke abfinden und das in einer Region, in der Dampfzüge häufig die Marke von 160 km/h (100 mph) überschritten.

1968 verlegte man den durchgehenden Personenverkehr von Manchester nach Sheffield auf eine andere Strecke und so fanden sich die „EM2" nach einem Zeitraum, der für eine Diesellok schon eine ansehnliche Länge besaß, für eine Ellok aber wenig mehr als ein Augenblick war, ohne Arbeit auf dem Abstellgleis; eine Umsetzung auf andere Strecken war wegen der unterschiedlichen Stromsysteme nicht möglich. Glücklicherweise fand sich ein Käufer, dem die Maschinen zusagten und nach Einbau einiger Zutaten, wie der elektrischen Zugheizung, Luftbremsen und anderer Zugsicherungseinrichtungen, sowie einer Generalüberholung wurde aus den „EM2" die Reihe „1500" der Niederländischen Staatsbahnen.

Diese hatten die Absicht, sie für kurze Zeit als Lückenfüller bei einem momentan vorhandenen Lokman-

gel in den Niederlanden zu verwenden. Wie es scheint, blieb es nicht dabei, die robuste, einfache Bauweise gefiel und führte zu einer erheblichen Verlängerung des Lebens dieser Maschinen. So hat die Verwendung von gefederten Zahnrädern dem Tatzantrieb viel von der schädlichen Auswirkung auf das Gleis genommen, das einfache Antriebsprinzip brauchte dazu nicht geändert werden. Weitere Vereinfachungen waren möglich, da man

nun die Einrichtung für die Rekuperationsbremse der Metropolitan-Vickers-Elektrik nicht mehr brauchte, die für die Steigungen in der Heimat der „EM2" konzipiert war. Genausowenig benötigte man jetzt den Exhaustor der Vakuumbremse oder den elektrisch geheizten Dampfkessel für die Zugheizung.

Es soll nicht unerwähnt bleiben, daß der gesamte 1500 V-Betrieb zwischen Manchester und Shef-

Oben: *Die „EM2" Co'Co'-Lokomotiven beschafften die British Railways für die Strecke von Manchester nach Sheffield.*

field 1981 bis auf einen Vorortbetrieb in Manchester bis Hadfield und Glossop eingestellt wurde. Damit fand die Güterzugversion unserer Lokomotiven, die „EM1" (später Klasse „76") ihr Ende durch den Schneidbrenner.

schine, die nun mit ihrer Rekuperationsbremse die Bremskraft erhöhte. Darüber hinaus besitzen die „4E"-Loks Druckluftbremsen für die Abbremsung der Lok und eine Vakuumbremseinrichtung für den Zug, die übrigens selbsttätig betätigt wird, falls die Rekuperationsbremse durch ein Versagen der Elektrik ausfallen sollte.

Rechts: *Lok Nr. 219 der SAR-Klasse „4E". Obwohl die Eisenbahnen Südafrikas auf Schmalspur fahren, sind die Lokomotiven genauso groß und schwer wie europäische Normalspurmaschinen.*

BB-12000 Bo'Bo'

Frankreich
Französische Staatsbahn (SNCF), 1954

Bauart: Elektrische Lokomotive für gemischten Dienst
Spurweite: 1435 mm (4 ft 8½ in)
Stromversorgung: Wechselstrom von 25000 V 50 Hz über Oberleitung und den Loktransformator zu einem Quecksilbergleichrichter
Antrieb: Im Drehgestell untergebrachte Fahrmotoren wirken auf die vier Treibachsen. Jeweils die beiden Achsen eines Drehgestells sind durch Zahnräder gekuppelt
Gewicht: 85,6 t (188710 lb)
Maximale Achslast: 21,4 t (47180 lb)
Gesamtlänge: 15200 mm (49 ft 10⅜ in)
Zugkraft: 240 kN (54000 lb)
Höchstgeschwindigkeit: 120 km/h (75 mph)

Nach dem Zweiten Weltkrieg war das 1500 V-Gleichstromsystem die Norm auf den elektrifizierten Hauptstrecken Frankreichs, aber die Fachleute waren, wie in etlichen anderen Ländern auch, an der Verwendungsmöglichkeit des Industriestromsystems mit einer Stromfrequenz von 50 Hz sehr interessiert. Es bot ja einiges an Vorteilen: Man konnte den Strom an beliebiger Stelle des öffentlichen Hochspannungsnetzes entnehmen und benötigte nur einen verhältnismäßig kleinen Transformator zum Umspannen auf die Fahrleitungsspannung. Da sich die Spannung auf der Lokomotive weiter heruntertransformieren läßt, konnte man die Versorgungsspannung sehr hoch wählen; je höher die Spannung, desto kleiner der Strom und um so leichter auch der Fahrdraht und seine Abstützung. Durch die kleineren Ströme verringert sich der Spannungsabfall und die Einspeisungsstellen können einen größeren Abstand voneinander erhalten.

Unten: *Die Gleichrichter-Lokomotiven der Reihe 12000 wurden für eine frühe Industriefrequenz-Elektrifizierung gebaut. Spätere Exemplare besaßen offene Stützrahmen für die Pantografen anstelle der dargestellten Blechträger.*

Der zweite und bis dato umfangreichste 50 Hz-Versuchsbetrieb fand auf der Höllentalbahn im Schwarzwald statt, die nach dem Krieg in der französischen Besatzungszone lag. Die französischen Ingenieure hatten damit eine ausgezeichnete Möglichkeit, die verwendete Technologie und die Ergebnisse von 10 Betriebsjahren zu studieren. Sie beurteilten das System positiv, vor allem als Mittel zur Elektrifizierung von Strecken, deren Verkehrsdichte bislang als zu niedrig für einen wirtschaftlichen Erfolg angesehen wurde. Die SNCF wählte daraufhin die Strecke von Aix-les-Bains nach

La-Roche-sur-Foron in Savoyen für einen eigenen Versuchsbetrieb. Sie war vorwiegend eingleisig ohne komplizierte Gleisanlagen trassiert, besaß aber Steigungen, die schwierig genug waren, um die Fahrzeuge ausreichend zu fordern. Französische und schweizerische Firmen lieferten eine Anzahl von Versuchslokomotiven und -triebwagen, von denen ein Teil nur mit Wechselstrom, andere auch mit Gleichstrom fahren konnten.

Der Erfolg mit dem Projekt in Savoyen ermutigte zu einem großen Schritt nach vorne – die Umstellung der 303 km langen Bahnlinie von Thionville nach Valenciennes im

Oben: *Die Lokomotiven der SNCF-Reihe BB-12000 markieren den Beginn einer neuen Ära der elektrischen Bahntechnologie.*

Norden mit Wechselstrom von 25000 V und 50 Hz. Obwohl als Nebenstrecke eingestuft, verkehrten hier täglich drei Expreßzüge und bis zu 100 Güterzüge in jeder Richtung und die maximale Steigung betrug 1,1%.

Die normale Wechselstromelektrifizierung in Deutschland und der Schweiz wurde über ein eigenes Bahnstromsystem mit einer Stromfrequenz von 16⅔ Hz versorgt. Ein normaler Elektromotor läuft sowohl mit Gleichstrom, als auch mit Wechselstrom, aber bei jedem Wechsel des Stromflusses werden im Motor Spannungen induziert, die die Kommutierung erschweren. Diese Effekte sind dem Quadrat der Frequenz proportional; bei 16⅔ Hz lassen sie sich noch gut beherrschen, aber bei 50 Hz ist dies etwas völlig anderes. Bisher – auch beim Höllentalversuch – war es noch nicht gelungen, zufriedenstellende Fahrmotoren für diese Frequenz herzustellen; man behielt das Ziel aber weiter im Auge.

Es gab also beim 50 Hz-System zwei grundsätzliche Möglichkeiten: an den 50 Hz-Motoren festzuhalten oder den Strom in eine besser verwendbare Form umzuwandeln. Tatsächlich entschied sich die SNCF, vier verschiedene Anordnungen zu untersuchen, die Umwandlung in Gleichstrom in einem statischen Umrichter, die direkte Verwendung des 50 Hz-Stroms, die Umwandlung in Gleichstrom in einem Drehumformer und die Umwandlung in Drehstrom ebenfalls in einem Drehumformer.

Zu diesem Zweck entwarf man vier Loktypen, für die beiden erstgenannten Systeme als B'B', für die anderen als Co'Co'. Die einfachste Technik besaß die zweite Type, wie beim 16⅔ Hz-System benötigte man hier nur einen Haupttransformator und einen Satz Leistungsschalter, um die Fahrmotoren aus den verschiedenen Trafoanzapfungen zu speisen. Für die statische

Umwandlung des Wechselstroms in Gleichstrom wählte man Ignitrons, eine Quecksilberbad-Gleichrichter-Bauart mit einem Stahlbehälter, die Westinghouse in den USA entwickelt hatte. Die elektrische Ausrüstung der beiden Umformerloktypen war schwerer, deshalb mußten sie sechs Achsen erhalten. In der vorhin aufgeführten Reihenfolge erhielten die Loks die Reihenbezeichnungen „12000", „13000", „14000" und „14100".

Die Grundanordnung der Lokomotiven war ziemlich ungewöhnlich. Sie besaßen nämlich nur ein Führerhaus in der Lokmitte, eine sonst nur bei Rangierlokomotiven übliche Bauform. Hauptgrund war, daß die SNCF festgestellt hatte, daß die Hälfte aller Defekte auf freier Strecke bei elektrischen Lokomotiven in den Steuerorganen auftrat. Hatte die Lokomotive zwei Führerstände an den Enden, war eine störanfällige Fernbedienung verschiedener Schalteinrichtungen unumgänglich, bei einem einzigen Mittelführerstand für beide Fahrrichtungen konnte der Lokführer zumindest einen Teil direkt betätigen. Außerdem war die gute Rundumsicht und der Schutz des Lokführers bei Kollisionen nicht zu verachten. Ein auffälliges Merkmal der Loks waren auch die weit vorgezogenen Dachauskragungen für die beiden Pantografen.

Die Drehgestelle der B'B'-Typen waren aus denen der Hochgeschwindigkeits-Versuchsloks, Nr. 9003-4, abgeleitet, wegen der

niedrigeren Geschwindigkeiten aber etwas verkürzt und mit einer vereinfachten Abfederung. Für die Strecke nach Thionville reichte es aus, wenn eine der vier Baureihen für den Schnellzugverkehr geeignet war, man legte daher nur die Reihe „12000" für 120 km/h aus, die „13000" für 105 km/h und die beiden Co'Co'-Reihen für 60 km/h.

Die erste „12000"er, die BB-12001, wurde im Juli 1954 abgeliefert und sofort vor Personen- und Güterzügen von 500 t bis 1300 t eingesetzt. Die Höhe der Motorspannung stellte man mit Hilfe von Anzapfungen auf der Hochspannungsseite des Haupttransformators ein. Lok Nr. 12006 zeigte bei Versuchsfahrten eine erstaunliche Leistungsfähigkeit: auf einer Steigung von 1% fuhr sie einen Zug von 2424 t an und entwickelte dabei eine maximale Zugkraft von etwa 373 kN, das entspricht einem Reibwert von 44%; fast die Hälfte des Lokgewichts wurde für den Antrieb genutzt. Bei 8,5 km/h betrug die Zugkraft immer noch 330 kN. Diese hervorragenden Ergebnisse und die Fähigkeit der Lokomotiven, die Zugkraft, hart am Schleudern, aufrecht zu erhalten, ohne tatsächlich ins Schleudern zu geraten, führte man auf den Ignitron-Gleichstromantrieb in Verbindung mit der Kopplung der Drehgestellachsen durch Zahnräder zurück. Auch die anderen Reihen waren leistungsfähig, aber nicht so wie die „12000", vor allem aber waren die „12000"er am zuverlässigsten von allen.

Die anderen Reihen wurden nicht über die anfängliche Stückzahl hinaus weiterbeschafft, aber von der Reihe „12000" entstanden im Laufe der Zeit 148 Stück. Der Erfolg der Elektrifizierung Thionville-Valenciennes führte zu einer grundlegenden Entscheidung über die Zukunft der SNCF – alle künftigen Elektrifizierungen, abgesehen von Erweiterungen bestehender Gleichstromstrecken, würde man nur noch mit dem Wechselstromsystem 25000 V/50 Hz ausführen. Erste davon betroffene Strecke war die ehemalige Nordbahn, die an das nördliche Ende der vorhandenen Wechselstromstrecke anschloß. Die letzten der „12000"er wurden auch für diese Linie bestellt.

Noch während der Bauzeit dieser Lokomotivtype entwickelte die Elektrotechnik eine umwälzende Neuheit, den Festkörper-Leistungsgleichrichter. Diese Silizium-Dioden waren sehr viel kleiner, einfacher und robuster als das Ignitron und für die rauhe Existenz als Lokomotivbauteil viel besser geeignet. Die 15 letzten Exemplare der Reihe „12000" wurden schon mit diesen Silizium-Gleichrichtern gebaut, die anderen erhielten sie im Laufe der fälligen Untersuchungen. Als erfolgreichste und zahlenstärkste der vier Typen des elektrischen Betriebs um Thionville dominieren sie auch heute noch den Betrieb auf dieser Strecke.

Die Erfahrungen mit diesen vier verschiedenen Bauformen entschieden endgültig die Frage, welche Technik zukünftig beim Fahrmaterial der Wechselstromstrecken zu verwenden war. Wieder einmal hatte der direkte 50 Hz-Antrieb nicht zufrieden stellen können und die Entwicklung der simplen Silizium-Gleichrichter sprach entschieden gegen die Anwendung jeglicher elektromechanischer Umformermaschinerie.

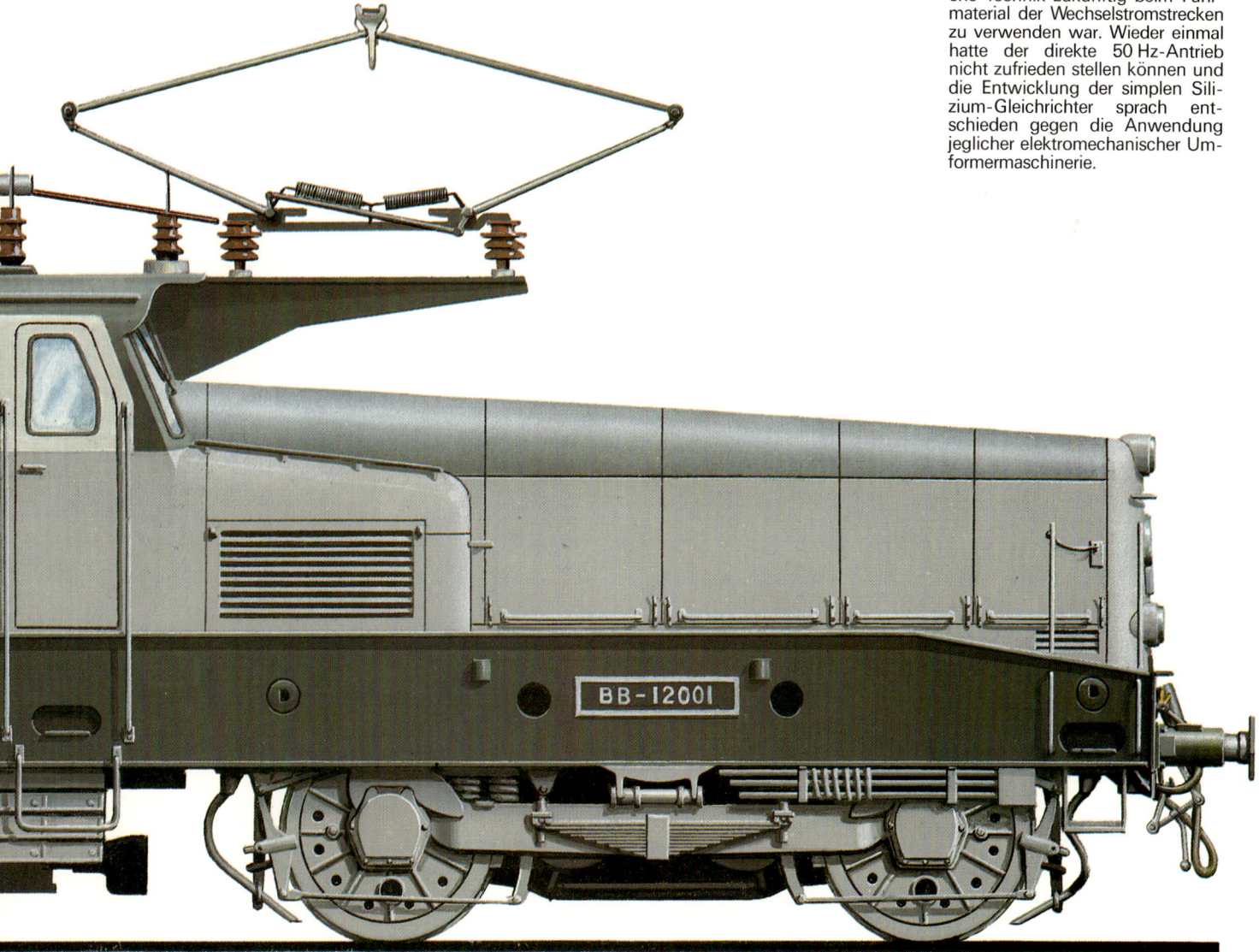

FL9 Bo'(A1A)

Bauart: Zweikraft-Lokomotive mit Diesel- und elektrischem Antrieb
Spurweite: 1435 mm (4 ft 8½ in)
Antrieb: Ein General Motors 2-Takt-V16-Dieselmotor, Typ 567C, von 1305 kW (1750 HP = 1775 PS) mit Generator – oder Gleichstrom aus seitlichen Stromschienen – speist vier Tatzlagermotoren
Gewicht: 105,2 t (231937 lb) Reibungsgewicht;
130 t (286614 lb) Gesamtgewicht

Maximale Achslast:
26,3 t (57984 lb)
Gesamtlänge: 17983 mm (59 ft 0 in)
Zugkraft: 258 kN (58000 lb)
Höchstgeschwindigkeit:
113 km/h (70 mph)

Diese ungewöhnlichen und interessanten Maschinen, sind wie so manch andere, das Ergebnis der berühmt-berüchtigten New Yorker Anti-Rauch-Verordnung, die innerhalb der Grenzen von New York City den Gebrauch aller Lokomotiven verbot, die Rauch von sich gaben. In den fünfziger Jahren erwog die New Haven die Stillegung ihres einstmals zukunftsweisenden Wechselstromnetzes, das bis auf das Jahr 1905 zurückgeht, und die Umstellung auf Dieselbetrieb. Nur mußte man einen Weg finden, wie man nach New York hineinfahren konnte.

Die Züge der New Haven benutzten gleichermaßen den Grand Central-Bahnhof der New York Central RR und die Pennsylvania Station. Die beiden Strecken besaßen unterschiedliche Stromschienensysteme, deren verhältnismäßig niedrige Gleichspannung in der gleichen Größenordnung lag wie die Generatorspannung einer diesel-elektrischen Lokomotive. Man schlug also vor, „FP9"-„cab units" von General Motors so abzuändern, daß man sie bei Bedarf auch als

My* (A1A)(A1A)

Bauart: Diesel-elektrische Lokomotive für gemischten Betrieb
Spurweite: 1435 mm (4 ft 8½ in)
Antrieb: Ein General Motors EMD 2-Takt-V16-Dieselmotor, Typ 567B, von 1250 kW (1700 PS) Leistung erzeugt in einem Generator Gleichstrom für vier Tatzlagermotoren an den äußeren Achsen der Drehgestelle
Gewicht: 70 t (154320 lb) Reibungsgewicht; 98,6 t (217730 lb) Gesamtgewicht
Maximale Achslast:
17,5 t (38580 lb)
Gesamtlänge: 18900 mm (62 ft)
Zugkraft: 176 kN (39520 lb)
Höchstgeschwindigkeit:
133 km/h (83 mph)

* Ab 1968 Reihe Mv

Für die Dänischen Staatsbahnen waren diesel-elektrische Fahrzeuge nichts Neues – ihre hervorragenden „Lyntog" (Blitz)-Züge liefen schon seit den dreißiger Jahren. 1954 war endlich die Zeit gekommen, um den Versuch zu wagen, „einen Zeh ins Wasser zu stecken", und eine kleine Serie von 5 großen modernen Dieselloks für die Beförderung von Personen- und Güterzügen auf Hauptstrecken zu bestellen. Man entschied sich vernünftigerweise für eine Lokomotivtype, die man mehr oder weniger als amerikanische Einheitslok bezeichnen konnte und

deren Hersteller General Motors damals wohl beinah der einzige wirklich erfahrene Diesellokfabrikant der Welt war. Tatsächlich entstanden sie dann bei der schwedischen Lokomotivschmiede von Nydquist & Holm, besser bekannt als NOHAB, die die europäische Lizenz für EMD-Produkte gekauft hatten. Mit Bausteinen aus dem großen EMD-Baukasten waren sie imstande in kurzer Zeit das Gewünschte für die DSB zusammenzubauen. Die Lokomotiven der Type „My" waren im Grunde „F"-Lokomotiven, deren Aufbau so abgeändert war, daß sich Platz für zwei Endführerstände fand. Um die Achslasten auf die niedrigeren europäischen Werte zu ermäßigen, ordnete man zwischen den Treibachsen der Drehgestelle je eine unmotorisierte Tragachse an. Die dreiachsigen Drehgestelle ähnelten denen der EMD „E"-Einheiten, besaßen aber eine geänderte Abfederung. Abgesehen von den Puffern, den Schraubenkupplungen und den dänischen Königskronen an den Schnauzen war alles an ihnen

Rechts: *Die diesel-elektrische Lok Nr. 1019 der DSB gehört zur Nachfolgereihe „Mx" und wurde ebenfalls von der schwedischen Firma Nydquist & Holm unter Lizenz von General Motors gebaut.*

Gleichstrom-Ellok verwenden konnte. Man konnte dann die Einrichtungen des Wechselstrombetriebs abbauen und trotzdem weiterfahren, ohne gegen das Gesetz zu verstoßen. Die Beschränkung der Achslasten führte zu einer auffälligen Änderung – das hintere Drehgestell erhielt eine mittlere Tragachse; es ergab sich die einzigartige Achsanordnung Bo'(A1A). Das Endprodukt bezeichnete man als Typ „FL9", von 1956 bis 1960

lieferte EMD davon 60 Stück. Auf ihr ungewöhnliches Innenleben wiesen von außen nur die einziehbaren Stromabnehmer an den beiden Drehgestellen hin, ein Satz für die von unten bestrichene Stromschiene der New York Central, die anderen für die von oben bestrichene der Long Island RR. Abgesehen davon war der hauptsächliche Unterschied zur serienmäßigen „FP9" die zusätzliche Kontrolleinrichtung für den reinen Gleich-

strombetrieb – und natürlich das hintere Drehgestell.
Die New Haven änderte zwar ihre Pläne über die Abschaffung ihres eigenen elektrischen Betriebs, aber die „FL9" fanden trotzdem Beschäftigung und überlebten lange genug, um in den siebziger Jahren noch zur Amtrak zu gelangen. Solange sie existierten sorgten sie für etwas Abwechslung in einem Land, dessen Lokomotiven – von Oregon bis Florida und von Arizona bis

Maine – meist Gleiche unter Gleichen (abgesehen von der Farbgebung) waren.

Unten: *Die Zweikraft-Lokomotiven „FL9" der New Haven RR mit ihrer ungewöhnlichen Achsfolge konnten den Betriebsstrom für die Fahrmotoren mit einem Dieselmotor erzeugen oder aus den beiden unterschiedlichen Stromschienensystemen von New York City entnehmen.*

„von der anderen Seite des großen Teichs".
Es war ein NOHAB-Werksgeheimnis, wieviel man selbst machte und wieviel schon fertig von EMD angeliefert wurde, aber der DSB konnte das egal sein; sie war mit dem Endergebnis zufrieden und zeigte dies auch, indem sie insgesamt 54 auf 1950 PS (1434 kW) verstärkte „My" kauften. Nicht nur das, sie beschafften auch nach dem gleichen Rezept 45 „Mx"-Lokomotiven mit 12-Zylinder-Motoren von 1425 und 1445 PS (1048 und 1063 kW). Die spätere Co'Co'-Reihe „Mz" folgte ihnen in der Antriebstechnik, sie besitzt aber einen viel kantigeren Kasten, die Leistung dieser 61 Maschinen beträgt 3300 bzw. 3900 PS (2427 und 2868 kW). Lokomotiven wie „My/Mx"-Loks besitzen auch Norwegen, Belgien und Ungarn; viele andere Länder und Bahnverwaltungen sollten dem Beispiel des „Kaufs von der Stange" bei der erfahrensten Firma in diesem Geschäft – EMD – folgen.

Links: *Auch die Norwegische Staatsbahn bezog Lokomotiven der gleichen NOHAB-Type. Lok Nr. 3.641 der Reihe „Di.3b" entspricht der verstärkten Ausführung der DSB „My".*

Baureihe V200⁰   B'B'   Deutschland
Deutsche Bundesbahn (DB), 1953

Bauart: Diesel-hydraulische Schnellzuglokomotive
Spurweite: 1435 mm (4 ft 8½ in)
Antrieb: Zwei schnellaufende, aufgeladene 12-Zylinder-4-Takt-Dieselmotoren von je 809 kW (1100 PS) wirken auf die Achsen je eines der beiden Drehgestelle über hydraulische Getriebe und Kardanwellen
Gewicht: 73,5 t (162035 lb)
Maximale Achslast: 18,4 t (40565 lb)
Gesamtlänge: 18470 mm (60 ft 7 in)
Zugkraft: 234 kN (52540 lb)
Höchstgeschwindigkeit: 140 km/h (87 mph)

Ein erhebliches Hindernis für die Entwicklung großer Diesellokomotiven in den dreißiger Jahren war das große Gewicht im Verhältnis zur erreichbaren Leistung. Im Vergleich mit späteren Maschinen sieht man, daß drei Hauptfaktoren daran beteiligt waren. Erstens die niedrigen Drehzahlen der Motoren, zweitens die schwere elektrische Ausrüstung und drittens Lokkästen, bei denen wie bei den Dampflokomotiven nur das Untergestell alle Kräfte übernahm. Abgesehen von Nordamerika, wo die zulässigen Achslasten bis zu 50% höher waren als beim Rest der Welt, war es damals üblich, daß große Dieselloks mehrere Laufachsen besaßen, weil das Lokgewicht größer war als das nutzbare Reibungsgewicht.

Deutsche Ingenieure gingen das erste Problem an, indem sie schneller laufende Dieselmotoren entwickelten; das zweite versuchten sie durch die Verwendung hydraulischer Kraftübertragungen zu lösen, die weniger wiegen und leichter zu regeln sind als elektrische Übertragungssysteme. 1939 war schon eine ganze Anzahl dieselhydraulischer Rangierloks in Betrieb und auch eine erste Großdiesellok von 1400 PS (1030 kW) mit hydrodynamischem Antrieb war 1935 erbaut worden. Weitere Erfahrungen gewann man auch aus der Verwendung einer großen Zahl dieselhydraulischer Loks mit Leistungen bis zu 550 PS durch die deutsche Wehrmacht.

Nach Kriegsende nahm man Bau und Fortentwicklung derartiger Lokomotiven wieder auf. Die Deutsche Bundesbahn arbeitete schon

Rechts: *Lok 221 145-6 der Reihe V200' im Jahre 1976 auf der Emslandstrecke bei Lingen.*

bald am Entwurf größerer Lokeinheiten, die auf den nicht zur Elektrifizierung vorgesehenen Strecken den Betrieb übernehmen sollten. Ein erster großer Schritt in dieser Richtung war 1952 der Bau von 10 B'B'-Lokomotiven mit Motoren von 800 und 1000 PS (588 und 736 kW), die später durch 1100 PS-(809 kW)-Maschinen ersetzt wurden. Die hydrodynamischen Strömungsgetriebe lieferte die Firma Voith, die etwa 70% aller derartigen Getriebe für die DB herstellen sollte. Durch Einbeziehung des gesamten – geschweißten – Lokkastens in die Tragkonstruktion und leichte Innenrahmendrehgestelle gelang es, das Gewicht auf

etwa 57 t zu beschränken. Diese Baureihe V 80 (später 280) mit einer Höchstgeschwindigkeit von 100 km/h war für Nahverkehrs- und Güterzüge vorgesehen.

Diese Maschinen hatte Krauss-Maffei in Zusammenarbeit mit der DB entwickelt. Zwar blieb es bei den 10 V 80, sie waren aber die Grundlage für den Entwurf einer B'B'-Schnellzuglokomotive mit zwei 1100 PS-Motoren (809 kW) und einer Höchstgeschwindigkeit von 140 km/h. Jeder der Motoren wirkt über ein Voith-Getriebe und Kardanwellen auf eines der Drehgestelle. Hauptelemente der Tragkonstruktion sind zwei Stahlröhren, die mit Blechen verbunden sind.

Der mittragende, geschweißte Lokaufbau wurde strömungsgünstig gestaltet und im oberen Teil entsprechend dem Fahrzeugbegrenzungsprofil abgeschrägt. 5 Prototypen erschienen 1953 mit drei verschiedenen 1100 PS-Motorbauarten und Gewichten von 70,5 bis 73,5 t, die für die damalige Zeit bemerkenswerte spezifische Leistungswerte ergaben.

Nachdem man diese Loks mit den Nummern V 200 001-005 eingehend erprobt hatte, vergab die DB 1955 eine Bestellung über 51 Serienlokomotiven, denen 1958 noch einmal 31 Stück folgen sollten. Wieder war die Verwendung von drei Motortypen möglich, da-

ChS2   Co'Co'   UdSSR
Sowjetische Staatsbahnen (SZD), 1958

Bauart: Elektrische Schnellzuglokomotive
Spurweite: 1524 mm (5 ft 0 in)
Stromversorgung: Gleichstrom von 3000 V über Oberleitung
Antrieb: 6 Fahrmotoren von je 609 kW (828 PS) wirken über Skoda-Gelenkantriebe auf alle Achsen
Gewicht: 123 t (271165 lb)
Maximale Achslast: 20,5 t (45195 lb)
Gesamtlänge: 18920 mm (62 ft 1 in)
Zugkraft: 314 kN (70500 lb)
Höchstgeschwindigkeit: 160 km/h (100 mph)

Nach dem Ende des Krieges konzentrierte sich die UdSSR beim Bau elektrischer Lokomotiven viele Jahre lang ausschließlich auf die Fertigung von Güterzugmaschinen, Personenzugloks wurden auf dem Importweg beschafft. Zu ihrem Glück besaß die Sowjetunion in einem ihrer Satellitenstaaten eine günstige Bezugsquelle, die weltberühmte tschechische Lokbaufirma Skoda in Pilsen, deren Erzeugnisse durchaus neben denen der westlichen Industriestaaten Bestand hatten.

Für Versuchszwecke entstanden 1958 zwei Prototypen; die Ergebnisse mit ihnen waren zufriedenstellend und die Serienfertigung begann 1962; sie sollte erst 1972 nach dem Bau von 944 Stück dieser

sehr einfachen und zuverlässigen Type enden. Spätere Exemplare erhielten zusätzlich Widerstandsbremsen und zur Unterscheidung die Bezeichnung „ChS2T'' statt „ChS''.

Ungewöhnliche Merkmale sind kaum vorhanden, bemerkenswert ist aber die Glasfaserkonstruktion des Lokaufbaus, der nicht dem russischen, sondern dem europäischen Lichtraumprofil folgt. Um den Höhenunterschied von etwa 600 mm auszugleichen, mußte man die Pantografen auf Stelzen montieren. Die Höchstgeschwindigkeit von 160 km/h kann abseits der Hauptstrecke von Moskau nach Leningrad im Alltagsbetrieb allerdings kaum ausgenutzt werden.

Es wurde gesagt, daß die Pro-

duktion der „ChS2T'' 1972 endete, offiziell hießen aber auch die danach gebauten Maschinen so, sie wiesen aber so große Unterschiede auf, daß man sie als eigene Reihe ansehen muß. Sie besitzen einen erheblich höheren Stahlaufbau, der das russische Profil voll ausnutzt und ihr Aussehen völlig verändert. Auch in ihrem Inneren sind diese Loks abgeändert, ihre elektrische Ausrüstung gestattet eine um 30% höhere Leistungsabgabe.

Das Durcheinander vervollständigen gleich aussehende Skoda-Lokomotiven der Reihen „ChS4'' und „ChS4T'' für die sowjetischen 25000 V/50 Hz-Wechselstromstrecken. Zwar unterschiedlich im Erscheinungsbild, aber gleichen Familie angehörig sind einige

von stammten die meisten von Maybach. Die V 200er erwiesen sich als sehr gelungene Maschinen und es gab in den ersten Jahren nur wenige Schwierigkeiten mit den Antrieben. Um 1960 führten schwerere Züge und ein erhöhtes Verkehrsaufkommen in Verbindung mit höheren Laufleistungen zu einer ganzen Reihe von Ausfällen der Lokantriebe. Man beseitigte die Mängel und konnte 1962 Laufleistungen von 233000 km pro Lokomotive in Diensten erreichen, die um 30% über den beim Entwurf geforderten Belastungswerten lagen. Die V 200 zogen 700 t-Züge in der Ebene mit 100 km/h und auf einer 1%-Steigung 305 t mit 80 km/h.

1962 erschienen die ersten Exemplare einer verstärkten Reihe V 200¹ (Nr. V 200 101-150) mit zwei 1350 PS-Motoren (993 kW) und einer Anzahl weiterer Verbesserungen, unter anderem bei der Drehgestellkonstruktion. Ihr Gewicht lag zwischen 78 und 79,5 t. Bei der Umzeichnung auf das EDV-System erhielten die V 200⁰ die Bezeichnung 220, die V 200¹ wurden zu 221, die Ordnungsnummern blieben unverändert. Die fortschreitende Elektrifizierung und der Bau neuer Dieselloks der V 160-Familie führten Ende der siebziger

Jahre zur Ausmusterung der ersten V 200er, einige gingen als Bauloks nach Saudi-Arabien, die meisten fielen aber dem Schneidbrenner zum Opfer. Die verbliebenen Lokomotiven wurden im norddeutschen Raum konzentriert.

Obwohl deutsche Lokomotiven immer mit einem Auge auf den Exportmarkt konstruiert wurden, ließen sich nur wenige der zweimotorigen Maschinen exportieren. Größte Verwendung im Ausland fand diese Bauart bei der Westregion der British Railways; diese Loks der „Warship" (Kriegsschiff)-Klasse wurden aber in Großbritannien in Lizenz hergestellt.

Rechts: *Eine V200 mit der neuen Nummer 220 023-6 verläßt im Herbst 1969 den Bahnhof von Aalen mit einem Schnellzug von Nürnberg nach Stuttgart.*

Unten: *Für nicht elektrifizierte Strecken beschaffte die DB eine große Zahl leistungsstarker dieselhydraulischer Lokomotiven. Der Reihe V200 folgte die V160-Familie, von der wir eine Vertreterin vor einem Lastprobezug des AW Nürnberg aus alten Heizkesselwagen sehen.*

Bo'Bo'+Bo'Bo'-Versuchs-Doppellokomotiven mit einer Leistung von 7885 kW (10720 PS). Diese „ChS200"-Loks, mit einer Übersetzung für eine Höchstgeschwindigkeit von 200 km/h sind für den noch fernen Tag bestimmt, an dem die SZD ihren geduldigen Kunden derartige Geschwindigkeiten anbieten wird.

Rechts: *Eine der in der Tschechoslowakei gebauten „ChS2"-Lokomotiven bei Versuchsfahrten auf der „Oktober-Eisenbahn" 1959 in Kalinin.*

Klasse 30* (A1A)(A1A) Großbritannien
British Railways (BR), 1957

Bauart: Diesel-elektrische Lokomotive für gemischten Dienst.
Spurweite: 1435 mm (4 ft 8½ in)
Antrieb: Ein Mirrless V12-Dieselmotor, Typ VST12T, von 934 kW (1270 PS) Leistung mit einem Generator erzeugt den Fahrstrom für vier Tatzlagermotoren
Gewicht: 74 t (163100 lb) Reibungsgewicht: 105,5 t (232520 lb) Gesamtgewicht
Gesamtlänge:
17297 mm (56 ft 9 in)
Zugkraft: 190 kN (42800 lb)
Höchstgeschwindigkeit:
128 km/h (80 mph)

* Nach dem Bezeichnungsschema von 1968, später erhielten die Loks andere Motoren und wurden in Klasse 31 umgezeichnet.

Diese unauffälligen Maschinen gehören zu den ersten, die nach dem Leitprogramm der British Railways für die Verdieselung entstanden, das die Lieferung einer Vielzahl von Lokomotiven unterschiedlicher Leistung und Gewichte durch eine ganze Anzahl von Lokbaufirmen vorsah, die 1955 bestellt wurden. Brush Engineering in Loughborough lieferte die Lok „D5500" im Oktober 1955 als erste von 20 Loks an die Britsih Railways ab, die auf einer Serie von 25 Maschinen für Ceylon aus dem Jahre 1953 basierten.

Anfänglich besaßen sie einen Mirrless-Motor von 1270 PS, spätere Exemplare rüstete man mit der stärkeren English Electric „12VV"-V12-Maschine mit einer Leistung von 1490 PS (1097 kW) aus. Nachdem im Laufe der Zeit alle Loks der Serie diesen Motor erhielten, zeichnete man sie in Klasse „31" um. Um die Achslast dieser sonst sehr konventionell konstruier-

ten Lokomotiven auf das zulässige Maß zu beschränken, ordnete man zwischen den Treibachsen zusätzliche Laufachsen an. Wie üblich besaßen sie Dampfheizkessel und eine Vakuumbremseinrichtung. Die Drehgestellrahmen waren einteilige Stahlgußstücke, die – wie die Lokrahmen – bei Beyer Peacock in Manchester hergestellt wurden.

Ihr spezifisches Leistungsgewicht von 8,7 kW/t war ziemlich niedrig, aber das verwendete Rezept einer soliden, einfachen und konventionellen Bauweise war richtig, denn sie erwiesen sich langfristig als eine der zuverlässigsten Baureihen des gesamten BR-Diesellokparks, wenn auch eine dieser Maschinen Schande über sich brachte, indem sie versagte, als man die Beförderung des königlichen Sonderzugs, mit der Queen höchstpersönlich an Bord, zum ersten Mal der Dieseltraktion anvertraute.

Wichtiger war, daß man mit ihnen so zufrieden war, daß sie im

Laufe der Jahre in einer Stückzahl von 362 Loks gebaut wurden und noch heute mehr als 200 als Klasse „31" gute Dienste leisten, wenn ihre Zahl auch langsam aber stetig abnimmt. Immerhin fand man es der Mühe wert, 24 von ihnen (Unterklasse „31.4") mit einer zusätzlichen Druckluftbremseinrichtung und elektrischer Zugheizung zu modernisieren.

Rechts: *Eine (A1A) (A1A)-diesel-elektrische Lokomotive der BR-Klasse 31 in York im September 1982.*

Unten: *Diesellok Nr. D5603 der British Railways in Oakleigh Park vor einem Zug von Welwyn zum Kings Cross-Bahnhof.*

„Kodama"-Triebzug Japan
Japanische Staatsbahnen (JNR), 1958

Bauart: Achtteiliger elektrischer Schnelltriebzug
Spurweite: 1067 mm (3 ft 6 in)
Stromversorgung: Gleichstrom von 1500 V über Oberleitung zu den beiden End-Triebwagen
Antrieb: 16 Fahrmotoren von je 100 kW (136 PS) treiben alle Achsen an vier Wagen an
Gewicht: 146 t (321870 lb) Reibungsgewicht;
276 t (608465 lb) Gesamtgewicht
Maximale Achslast:
9,6 t (21165 lb)
Gesamtlänge:
166420 mm (546 ft 0 in)
Höchstgeschwindigkeit:
120 km/h (75 mph)

Die Elektrifizierung der Tokaido-Linie, der wichtigsten Bahn in Japan, die die Hauptstadt Tokio mit Osaka verbindet, war eine günstige Gelegenheit für die Staatsbahn, den Personenverkehr erheblich zu beschleunigen. Es wird allgemein angenommen, daß man auf schmalen Spurweiten nicht schnell fahren kann. Dies ist aber nicht unbedingt

so, sondern meist besitzen die Schmalspurbahnen nur keinen genügend schweren, gut unterhaltenen, Oberbau. Die bisher besten Leistungen verzeichnete man auf der Insel Java, wo man 1939 mit Dampfloks regelmäßig 120 km/h schnell war, aber diese imposanten japanischen Triebzüge – „Kodama" (Echo) genannt – waren etwas gänzlich anderes. Die 553 Kilometer von Tokio bis Osaka durcheilten sie in 6 h 50 min. Die Durchschnittsgeschwindigkeit von 81 km/h war sicher ein Weltrekord für Schmalspurlinien.

Die beiden äußeren Wagen sehen zwar so aus, als ob man ihnen den Antrieb des Zuges anvertraut hätte, sie sind aber nur Steuerwagen. Die elektrische Ausrüstung ist in den nächsten Wagen untergebracht, also dem zweiten und dem siebten; Fahrmotoren besitzen außerdem

Rechts: *Der achtteilige „Kodama"-Schnelltriebzug der Japanischen Staatsbahnen.*

der dritte und der sechste Wagen, zu deren Ausstattung kleine Bufett-räume gehören. Die beiden Mittel-wagen sind einfache Zwischenwa-gen mit 104 Sitzplätzen der Zweiten Klasse. Der Rest des Zuges bietet insgesamt 321 Fahrgästen der Drit-ten Klasse Platz. Dem Komfort der Passagiere dienen Luftkühler auf dem Dach für heiße Tage, Trinkwas-serspender, Telefonzellen, Ohrhörer zum Radioempfang und Tachome-ter für Geschwindigkeitsbewußte in den Speiseräumen. So beeindruckt wie die ersten Reisenden von den erreichten 120 km/h gewesen sein müssen, so wenig ahnten sie da-mals, was gerade auf dieser Strecke an Geschwindigkeit nachfolgen sollte.

Diese „Kodama"-Züge, heute JNR-Reihe „481", wurden zum

Rechts: *Die stromlinienförmige Schnauze und die Führerstands-kanzel des japanischen „Kodama" (Echo)-Triebzugs.*

Vorbild einer ganzen Dynastie elek-trischer Schnelltriebzüge, die schon bald den Großteil des Schnellzug-verkehrs der staatlichen Schmal-spurstrecken übernehmen sollten. Schon bald erschienen Zwölf-Wagen-Züge und auch Fahrzeuge, die sowohl auf Gleichstromstrecken als auch auf Industriefrequenz-Wechselstrombahnen eingesetzt werden konnten. Kompliziert wurde das Ganze durch die seltsame Tat-sache, daß die Wechselstromelek-trifizierungen in verschiedenen Tei-len Japans Frequenzen von 50 und auch 60 Hz verwendeten, so mußte man auch entsprechende Drei-systemfahrzeuge beschaffen. Trotz aller Kompliziertheit der Technik, gelang es alle Einrichtungen so un-terzubringen, daß kein wertvoller Fahrgastplatz verloren ging. Außer den vielen elektrischen Triebzügen, entstanden auch dieselhydraulische Triebzüge ähnlichen Aussehens für die nicht-elektrifizierten Strecken.

Klasse 40 (1'Co)(Co1')

Großbritannien
British Railways (BR), 1958

Bauart: Diesel-elektrische Lokomotive für gemischten Dienst
Spurweite: 1435 mm (4 ft 8½ in)
Antrieb: Ein English Electric 4-Takt-V16-Dieselmotor mit Turbolader, Typ SVT, von 1492 kW (2029 PS = 2000 HP) Leistung erzeugt in einem Generator den Fahrstrom für sechs Tatzlagermotoren
Gewicht: 108 t (238032 lb) Reibungsgewicht; 133 t (293132 lb) Gesamtgewicht
Maximale Achslast: 18 t (39672 lb)
Gesamtlänge: 21037 mm (69 ft 6 in)
Zugkraft: 232 kN (52000 lb)
Höchstgeschwindigkeit: 145 km/h (90 mph)

Nach Bildung der Britischen Eisenbahnen im Jahre 1948 entschied der Verwaltungsrat, daß Grundlage der Lokomotiventwicklung die Verwendung einheimischer Brennstoffe sein sollte. Da Großbritannien damals kaum über eine eigene Ölproduktion verfügte, bedeutete dies, daß die Dampftraktion beibehalten werden sollte, bis eine Elektrifizierung möglich wurde. Ausgenommen davon war der Einsatz von Dieselloks im Rangierdienst, da die Erfahrungen der LMS gezeigt hatten, daß trotz des importierten Brennstoffs hier nennenswerte Einsparungen zu erzielen waren. Die fünf großen Strecken-Dieselloks, die die BR von der LMS und der SR übernahm, fanden daher wenig Interesse, obwohl sie, soweit es die Umstände zuließen, eingesetzt wurden und dabei den Ingenieuren der BR wertvolle Kenntnisse verschafften. Die fünfte dieser Lokomotiven, die dritte der SR-Loks, mit der Nummer 10203 unterschied sich erheblich von ihren Vorgängern, vor allem durch ihren 2000 HP-Dieselmotor. Man war auf dem richtigen Weg, aber man unternahm nichts, um die gelernten Lektionen umgehend in eine Konstruktion nach dem neuesten Stand umzusetzen.

1955 machten es die immer schlechter werdende Qualität der Kohle und die wachsenden Schwierigkeiten, Arbeitskräfte für die unangenehmeren Arbeiten der Dampflokunterhaltung zu finden, allen Verantwortlichen klar, daß die Lokomotivpolitik einer dringenden Revision bedurfte. Die Regierung stimmte einem umfangreichen Modernisierungsprogramm zu, daß eine Elektrifizierung der wichtigsten von London ausgehenden Strecken mit einem Oberleitungssystem vorsah; das elektrische Stromschienennetz der SR sollte erweitert werden und den gesamten Rest der BR wollte man verdieseln. Man plante eine ganze Diesellokflotte, die in vier Hauptgruppen unterteilt wurde, die entsprechend ihrer Leistung fortlaufend numeriert wurden. Die höchste Gruppe war die „Type 4", die Lokomotiven mit Leistungen von 2000 bis 2300 HP umfaßte, eine fünfte Gruppe kam später hinzu, um den 3300 HP „Deltic"-Loks gerecht zu werden.

Rechts: Die BR-Diesellok Nr. 40151 legt sich bei Montrose mit dem Schnellzug von Aberdeen nach Edinburgh in die Kurve. Die „Pfeiltafel" weist auf eine vorläufige Geschwindigkeitsbeschränkung von 40 mph (64 km/h) hin.

Zur damaligen Zeit gab es nur einen Industriekonzern in Großbritannien, der komplette diesel-elektrische Lokomotiven einschließlich Motoren und elektrischer Ausrüstung bauen konnte: English Electric. Er hatte komplette Rangierloks oder auch nur die Motoren und die Elektrik an alle vier großen Bahnen vor der Verstaatlichung geliefert und auch die Motoren und die Ausrüstung aller fünf vorhandenen Groß-Dieselloks. Anfänglich baute English Electric die Diesellokomotiven in seinem Werk in Preston zusammen, vergab aber nach dem Zweiten Weltkrieg die Montage der Lokomotiven an einen Lokomotivhersteller großer historischer Bedeutung. Diese Firma war ein Zusammenschluß der Firmen Robert Stephenson, Hawthorn Leslie und der Vulcan Foundry, mit einer lückenlosen Geschichte des Dampflokbaus seit 1825. 1955 ging diese Firma dann vollständig in der English Electric auf.

Abgesehen von English Electric gab es Firmen, die Dieselmotoren oder elektrische Ausrüstungen lieferten oder Lokomotiven montierten, aber nicht alles zusammen. Man dachte bei der BR auch an den Import einiger EMD-Dieselloks, denen der Bau weiterer gleicher Maschinen in Lizenz im eigenen Land folgen sollte, aber dies wurde aus politischen Gründen abgelehnt. Die BR widmeten sich daraufhin einem umfangreichen Versuchsprogramm, das 171 Lokomotiven 13 verschiedener Typen umfaßte. Die Herstellung dieser Loks wurde auf eine ganze Reihe von Firmen verteilt, um die vorhandenen Fähigkeiten und die Kapazitäten der Industrie und der BR-eigenen Werkstätten möglichst weitgehend zu nutzen.

Es überraschte kaum, daß English Electric den größten Anteil erhielt; 40 Lokomotiven wurden hier bestellt, darunter 10 der stärksten „Type 4". Das Konzept der Maschinen legten die BR fest, die Details überließ man dem Hersteller. In Anbetracht der Eile, mit der das ganze Programm durchgezogen werden sollte, blieb keine Zeit für mehr als die nötigsten Konstruktionsarbeiten. Die Co'Co'-Achsanordnung der LMS-Loks verwarf man, weil

Oben: Die diesel-elektrische Lokomotive Nr. 40183 der British Railways im August 1982 in Scarborough.

die hohen Achslasten den allgemeinen Einsatz auf den BR nicht gestatteten und die einzige erprobte Anordnung mit acht Achsen war die der SR-Maschinen. Man übernahm die komplette Drehgestell-Bauart mitsamt dem Plattenrahmen, der altertümlichen Achslagerbauform und der ringförmigen Kastenabstützung. Nach heutigen Maßstäben war dies alles nicht so richtig ausgereift, aber es hatte sich bei den SR-Loks bewährt und vor allem ermöglichte es die Beschränkung der Achslasten auf 18 t.

Auch die Ausrüstung ähnelte sehr der dritten SR-Lokomotive, der Nr. 10203, wie bei den LMS-Lokomotiven war man aber auch hier der Meinung, daß ein nach hinten versetzter Führerstand dem Lokpersonal mehr Schutz bot. Die Vorderseiten der Loks erhielten Türen, um einen Übergang zwischen den Loks bei Mehrfachtraktion herzustellen; sie wurden aber nur selten benutzt und später entfernt. Alle lokomotivbeförderten Züge der BR waren damals dampfgeheizt und die neuen Dieselloks besaßen nicht nur einen Kessel und einen großen Wasserbehälter, sondern auch Wasserschöpfvorrichtungen, um während der Fahrt Wasser aufnehmen zu können.

Die 10 Lokomotiven wurden zwischen März und September 1958 abgeliefert und dem Londoner Kings Cross-Bahnhof für die Ostküstenstrecke sowie dem Liverpool Street-Bahnhof für die Hauptstrecke der ehemaligen Great Eastern zugeteilt. Sie trugen die Nummern D200–D209 und waren bis zur Einführung eines neuen Bezeichnungssystems 1971 allgemein als „EE Type 4" bekannt. Man nahm sie mit gemischten Gefühlen auf; sie litten unter mancher Kinderkrankheit, von der eine die BR plagen sollte, bis die Dampfheizung völlig abgeschafft wurde – der Zugheizkessel. Obwohl sie bei hohen Geschwindigkeiten die Leistungen der LNER oder BR-Pazifiks nicht erreichen konnten, verschafften ihnen ihre hohe Anfahrzugkraft und das hohe Reibungsgewicht Vorteile gegenüber den Dampfloks im niedrigeren Geschwindigkeitsbereich.

Noch wichtiger war aber, daß sie ihren Dienst tagein, tagaus über lange Zeiträume hin verrichteten und es war diese Fähigkeit, die ihnen einen Vorsprung über die nachlässig gewarteten und mit schlechtem Brennstoff versehenen Dampflokomotiven verschaffte. Sie erreichten schon bald Tagesleistungen, die die Möglichkeiten jeder britischen Dampflok übertrafen, wenn auch oft, vor allem in ihrer Anfangszeit, zu sehen war, daß Dampflokomotiven, denen man die nötige Aufmerksamkeit schenkte,

diesen Leistungen bemerkenswert nahe kommen konnten.

Noch bevor die 10 ersten Loks überhaupt abgeliefert waren, zwang politischer Druck die BR das Programm zur Abschaffung der Dampfloks weiter zu beschleunigen. Man hatte zwar vorgehabt, die Prototypen des Versuchsprogramms eingehend zu erproben, bevor man an weitere Bestellungen ging, bis 1960 bestellte man nun aber fünf Serien der „EE Type 4", die die Gesamtzahl auf 200 Stück brachten.

Die wichtigsten Einsatzgebiete dieser Klasse waren die Hauptstrecken an Ost- und Westküste. Im Osten ersetzten sie größtenteils die LNER-Pazifiks, bis sie wiederum durch „Deltics" und die „Brush Type 4" abgelöst wurden. An der Westküste beherrschten sie den Personenverkehr bis zur Fertigstellung der Elektrifizierung vom Euston-Bahnhof in London nach Liverpool und Manchester im Jahre 1967. Zur gleichen Zeit übernahmen die größeren English Electric 2700 HP-Lokomotiven den Verkehr von Crewe weiter in Richtung Norden. Die „EE Type 4" wanderten in weniger anspruchsvolle Dienste ab, vor allem in den Güterzugverkehr im Norden Englands. Man hatte zwar im Laufe der Zeit verschiedene Probleme kuriert, sie litten aber weiterhin unter Rahmenrissen und anderen Störungen in Verbindung mit der primitiven Plattenrahmen- und Achslagerkonstruktion der Drehgestelle. Die Loks litten, aber auch das

Gleis nahm Schaden, doch im großen ganzen waren sie verläßliche und beliebte Maschinen. Im Bezeichnungsschema von 1971 wurden sie zur Klasse „40".

Ende der siebziger Jahre sank der Bedarf der BR an Dieselnomotiven und eine Anzahl älterer Maschinen wurde zur Abstellung freigegeben. Die Ausmusterung der Klasse 40 begann 1980, wurde aber nach einer Weile hinausgeschoben und so übernahmen sie weiterhin auch Personenzüge in Nord Wales, wenn sommerliche Temperaturen die Zugheizung entbehrlich machten.

Ursprünglich war die Baureihe im Einheits-Grün der BR lackiert, das eigentlich das Great Western „Lokomotiv-Grün" war. Ab 1967 tauchten sie dann im BR-Blau auf, das Interesse der Öffentlichkeit an dieser Lokklasse war aber so groß, daß die BR gegen Ende ihrer Tage eine der Loks für Sonderzugeinsätze wieder grün lackierte.

Die 2000 HP-Motoren der Klasse „40" stammten aus einer langen Reihe von English Electric-Motoren mit Zylindern von 10 × 12 Zoll (254 × 305 mm). Die erste Verwendung fanden sie als Sechszylindermaschine in Rangierloks ab 1934. Zwischen 1934 und 1962 wurden insgesamt 1233 dieser Motoren an die BR und ihre Vorgänger geliefert. Ende der dreißiger Jahre begann man die Entwicklung von Motoren in V-Anordnung mit einer Zweizylinder-Versuchsmaschine, die erste Produktionseinheit dieser Form war der 16-Zylinder-Motor, den die LMS- und SR-Großdieselloks sowie die Klasse „40" erhielten.

Für das Modernisierungsprogramm der BR baute man auch 8- und 12-Zylinderversionen, die in 228 1000 HP-Bo'Bo'-Loks und den 309 Co'Co'-Loks der Klasse „37" mit 1750 HP Verwendung fanden. Die Klasse „37" war der direkteste Nachfolger der LMS-Prototypen Nr. 10000-1, die mit ihrem Gewicht von 127,5 t nur auf wenigen Strecken eingesetzt werden konnten, wogegen die „37" mit 101 bis 105 t (je nach Ausrüstung) auf dem gesamten BR-Netz freizügig verwendbar waren. Alles zusammen genommen lieferte English Electric bis 1975 2082 Dieselmotoren an die BR, und die Entwicklung dieser Motortypen sollte auch unter der folgenden Schirmherrschaft der GEC nicht enden.

Die Klasse „40" war weder die stärkste noch die zahlenstärkste Baureihe der frühen BR-Dieselloks, aber sie war die erste erfolgreiche Groß-Diesellokreihe dieser Bahn, deren Beitrag zur Anerkennung der Dieseltraktion in dem vorwiegend dampf-orientierten Betrieb von großer historischer Bedeutung ist. Die Klasse wird auch wegen dem hohen durchdringenden Pfeifton ihres Turboladers immer im Gedächtnis bleiben, die sie zu einer der am leichtesten am Geräusch erkennbaren BR-Dieselloks machte.

Oben: *Im Oktober des Jahres 1979 verläßt BR 40152 York mit einem Zug leerer Selbstentladewagen nach Morpeth, Northumberland.*

Unten: *Die (1'Co)(Co1')-Lokomotive Nr. D312 der British Railways erklimmt im September 1964 die Steigung von 1,33% bei Shap Wells mit dem Schnellzug von London nach Carlisle.*

Klasse 44 „Peak" (1'Co)(Co1')

Großbritannien
British Railways (BR), 1959

Bauart: Diesel-elektrische Schnellzuglokomotive
Spurweite: 1435 mm (4 ft 8½ in)
Antrieb: Ein Sulzer Zweireihen-Dieselmotor mit Turbolader, Typ 12LDA28, von 1716 kW (2300 HP = 2333 PS) Leistung erzeugt in einem Generator Strom für 6 Tatzlagermotoren mit gefederten Zahnrädern
Gewicht: 115,9 t (255360 lb) Reibungsgewicht; 140,2 t (309120 lb) Gesamtgewicht
Maximale Achslast: 19,3 t (42560 lb)
Gesamtlänge: 20701 mm (67 ft 11 in)
Zugkraft: 311 kN (70000 lb)
Höchstgeschwindigkeit: 144 km/h (90 mph)

Die berühmten „Peaks" (Gipfel) waren bei ihrem Erscheinen die leistungsstärksten diesel-elektrischen Lokomotiven der BR. Sie waren die ersten aus einer beispiellos großen Bestellung über 147 Schnellzuglokomotiven (später noch auf 193 erhöht) mit Sulzer Zweireihen-Motoren (mit zwei parallelen Kurbelwellen im gleichen Motorgehäuse). Die meisten der später gebauten Loks entstanden in Lizenz bei Vickers-Armstrong in Barrow-in-Furness. Nach Lieferung

der ersten 10 Stück erhöhte man die Motorleistung um 200 HP (149 kW).

Die Fahrgestellanordnung stammte von der Klasse „40", die schon

Oben: *BR „46004" überquert mit einem Schnellzug von Newcastle nach Liverpool die King Edward-Brücke über den Tyne, April 1977.*

beschrieben wurde. Den gesamten mechanischen Teil bauten die Werkstätten der BR in Derby und Crewe, wo die Maschinen auch montiert wurden. Die elektrische Ausrüstung der ersten 137 Loks kam von Crompton Parkinson (CP), beim Rest von Brush Engineering.

Ursprünglich besaßen die „Peaks" die Nummern D1 bis D193, führten also die Liste der BR-Dieselloks an. Später wurde aus den 10 Sulzer/CP-Lokomotiven von 2300 HP die Klasse „44", die Sulzer/CP-Loks von 2500 HP wurden zur Klasse „45" und die 2500 HP Sulzer/Brush-Maschinen zur Klasse „46". Alle besaßen die übliche Ausrüstung wie einen automatischen Zugheizungskessel, einen Vakuum-Exhaustor für die Zugbremsen, einfache Druckluftbremsen für die Lok, Vielfachsteuerung und eine Toilette fürs Personal. Später erhielten sie auch eine Druckluftbremseinrichtung für den Zug und teilweise elektrische Zugheizanlagen. Die ersten 10 taufte man auf Namen britischer Berggipfel, andere erhielten die Namen britischer Regimenter und anderer Militäreinheiten.

Obwohl ihre Leistung 15% höher war, als die der Klasse „40", hatten auch die „Peaks" kaum Leistungsreserven, wenn sie in den anstren-

TEP-60 Co'Co'

UdSSR
Sowjetische Staatsbahnen (SZD), 1960

Bauart: Diesel-elektrische Schnellzuglokomotive
Spurweite: 1524 mm (5 ft 0 in)
Antrieb: Ein 16-Zylinder-2-Takt-Dieselmotor mit Turbolader, Typ D45A, von 2207 kW (3000 PS) erzeugt in einem Generator den Fahrstrom für sechs abgefederte Fahrmotoren mit je 306 kW (416 PS) die auf die Treibachsen über Alsthom-Gelenkantriebe wirken
Gewicht: 129 t (284390 lb)
Maximale Achslast: 21,5 t (47400 lb)
Gesamtlänge: 19250 mm (63 ft 2 in)
Zugkraft: 248 kN (55750 lb)
Höchstgeschwindigkeit: 160 km/h (100 mph)

Diese kräftigen diesel-elektrischen Maschinen bilden eine der wichtigsten sowjetischen Schnellzuglokomotivreihen, wenn auch inzwischen die 4000 PS-Baureihe „TEP-70" dabei ist, sie vor den markantesten Leistungen zu verdrängen. Die „TEP-60" wurden mindestens 15 Jahre lang gebaut, die Gesamtzahl wurde aber nicht enthüllt. Lange Zeit waren sie die einzigen sowjetischen Dieselokomotiven, die schneller als 140 km/h laufen durften, wenn auch dafür auf dem Netz der SZD bisher kaum Gelegenheit vorhanden ist.

Vor dem Zweiten Weltkrieg besaßen die Russen kaum Erfahrungen mit Dieselokomotiven und soweit sie vorhanden waren, kann man sie nur als wenig zufriedenstellend bezeichnen. Die Ingenieure mußten daher 1945 am Nullpunkt beginnen

und stützten sich vernünftigerweise auf die Entwicklung in Nordamerika. Um 1960 herum besaß man dann aber schon ausreichend Mut, um sich an die Verwirklichung eigener Ideen zu wagen.

Ein ernster Mangel, der sich bei Verwendung der frühen Güterzuglokomotiven im Personenverkehr zeigte, waren die schlechten Laufeigenschaften der Drehgestelle. Die SZD besaßen schon damals Ambitionen nach einer Beschleunigung der Personenzüge und hatten darum einige elektrische Lokomotiven bei Alsthom in Frankreich bestellt, den Herstellern der Drehgestelle der französischen Weltrekordlokomotive CC-7107.

Man folgte bei dem Entwurf der Drehgestelle für die „TEP-60" der Alsthombauart, vor allem erhielten sie auch den Gelenkantrieb, der es

erlaubte, die Fahrmotoren im abgefederten Teil der Lokomotive unterzubringen. Bei Probefahrten erreichte der Prototyp der Serie eine Höchstgeschwindigkeit von 189 km/h. Man reklamierte den Titel der schnellsten Diesellokomotive der Welt für sich und bewies auf diese Weise seine doch noch beschränkte Kenntnis der allgemeinen technischen Entwicklung. Zu den erwähnenswerten Merkmalen der Maschinen gehören auch die elektrische Zugheizung und ihre Fähigkeit, auch bei erheblich höheren oder tieferen Außentemperaturen einwandfrei zu funktionieren, als sie sonst auf einem einzelnen Eisenbahnnetz anzutreffen sind.

Rechts: *Typische russische Dieselloks in Doppelbespannung.*

gendsten Dampflokplänen eingesetzt wurden. Man kann zwar kritisieren, daß beim Entwurf dieser Maschinen wenig Mut zu Neuem gezeigt wurde, aber man muß feststellen, daß die konservative Bauweise sich durch ihre Langlebigkeit bezahlt machte. Noch heute, nach mehr als 20 Jahren, sind 130 der anfänglichen 193 im Dienst, während so mancher ihrer Nachfolger mit seinen brillanten Leistungen recht schnell den Weg zum Schrottplatz fand.

Rechts: *Ein Entlastungs-Schnellzug von Newcastle nach Kings Cross passiert am Ostermontag 1978 Brandon in der Grafschaft Durham hinter der „Peak" Nr. 46042. Außerhalb der Hauptreisetage ist diese Klasse jetzt vorwiegend im Güterverkehr beschäftigt.*

Unten: *Eine der ersten 10 (1'Co)(Co1')-Lokomotiven der „Peak"-Klasse, heute Klasse „44" im Zustand bei ihrer Ablieferung.*

Reihe 060DA Co'Co' Rumänien
Rumänische Staatsbahnen (CFR), 1960

Bauart: Diesel-elektrische Lokomotive für gemischten Dienst
Spurweite: 1435 mm (4 ft 8½ in)
Antrieb: Ein Sulzer 12-Zylinder-Zweireihen-Dieselmotor mit Turbolader, Typ 12LDA28, von 1692 kW (2300 PS) erzeugt in einem Generator Strom für die 6 Traktionsmotoren, die über abgefederte Zahnräder auf die Achsen wirken
Gewicht: 117 t (257935 lb)
Maximale Achslast: 19,5 t (42990 lb)

Gesamtlänge: 17000 mm (55 ft 9 in)
Zugkraft: 285 kN (63990 lb)
Höchstgeschwindigkeit: 100 km/h (62 mph)

Der Großteil der diesel-elektrischen Lokomotiven der Rumänischen Staatsbahnen basiert auf sechs Prototypen, die 1959 in der Schweiz gebaut wurden. Den mechanischen Aufbau lieferte die Schweizer Lokomotivfabrik, die elektrische Ausrüstung Brown Boveri und den Dieselmotor schuf Sulzer. Die Motoren sind Zweireihen-Maschinen mit zwei parallelen Zylinderreihen, die auf zwei Kurbelwellen arbeiten.

Der elegant wirkende geschweißte Lokkasten ist typisch für die schweizer Bauweise. Eine Zugheizeinrichtung ist nicht vorhanden; bei Bedarf übernehmen separate Heizwagen diese Aufgabe.

Auf der maßgeblichen Steigung von 2,5% der Hauptstrecke von Brasov nach Bukarest können sie einen 550 t-Zug anfahren und auf 14 km/h beschleunigen. Bei schwereren Zuglasten kann man sie in Vielfachtraktion fahren. Es gibt keine Widerstandsbremsen, nur die üblichen Druckluftbremseinrichtungen für Lok und Wagenzug. Die Schleuderschutzvorrichtung ist eine große Hilfe auf diesen schweren Gebirgsstrecken.

Die Lokomotivtype wurde in Rumänien in Lizenz weitergebaut und wird auch für den Export angeboten.

Klasse 124 ,,Trans-Pennine'' Großbritannien
British Railways (BR), 1960

Bauart: Sechsteiliger diesel-mechanischer Schnelltriebzug
Spurweite: 1435 mm (4 ft 8½ in)
Antrieb: Vier Wagen besitzen je zwei Leyland-Albion 6-Zylinder-Dieselmotoren in liegender Anordnung, Typ EN602, von 172 kW (233 PS) unter dem Wagenboden, die über eine hydraulische Kupplung, Wilson-Viergang-Planetengetriebe und Kardanantriebe auf die Achsen wirken
Gewicht: 164 t (361455 lb) Reibungsgewicht;
227 t (500310 lb) Gesamtgewicht
Maximale Achslast: 10,5 t (23140 lb)
Gesamtlänge: 120650 mm (395 ft 10 in)
Höchstgeschwindigkeit: 120 km/h (75 mph)

Hauptgegenstand des 1955 verkündeten Modernisierungsplan der Britischen Eisenbahnen war der Ersatz der Dampftraktion durch die Diesel- und Elektrotraktion. Erste Auswirkungen dieses Programms konnte das Bahnpublikum schon bald in ländlichen Gegenden und im Nahverkehr feststellen. Die nötige Sachkenntnis war bei der BR durch die diesel-mechanischen Triebwagen, die von 1933 bis 1941 für die Great Western gebaut worden waren, schon vorhanden. So entstand innerhalb sehr kurzer Zeit eine große Flotte von Dieseltriebwagen mit Vielfachsteuerung (,,DMU''-diesel multiple-unit), die letztendlich eine Zahl von 3740 Fahrzeugen erreichen sollte und die meisten Personenzugleistungen im Lokal- und Vorortverkehr auf nicht-elektrifizierten Strecken übernahm. Gewinne konnte man zwar auch mit ihnen nicht erwirtschaften, aber im Allgemeinen konnten die Gemeinkosten spürbar gesenkt werden und die Einnahmen stiegen.

Nach einigen Jahren widmete man sich auch dem Schnellzugverkehr auf kurzen Relationen und eines der bemerkenswertesten Projekte der Zeit war die Verdieselung des Verkehrs über das Penninische Gebirge zwischen Liverpool, Manchester, Leeds und Hull. Die Triebzüge, die 1960 für diesen Einsatz entstanden, waren eine Weiterentwicklung des DMU-Prinzips mit mehreren kleinen Unterflurmotoren, die über fernbediente mechanische Getriebe auf die Treibachsen wirkten.

Für die ,,Trans-Pennine''-Züge aus sechs Wagen verwendete man Motoren von 172 kW (233 PS) anstelle der üblichen 112 kW (152 PS)-Maschinen der anderen

Oben: *Ein diesel-mechanischer ,,Trans-Pennine''-Triebzug der British Railways im Herbst 1976 bei Selby in Yorkshire.*

,,DMUs''. Jeder Triebzug besaß 8 Motoren in den beiden Endwagen und zwei Zwischenwagen. Es gab ein Grill-Bufettabteil und den Fahr-

Links, rechts und unten: *Drei Abbildungen der diesel-elektrischen Co'Co'-Lokomotive Nr. 062 0433-3 der Reihe 060DA der Rumänischen Staatsbahnen. Diese Mehrzweckmaschinen Schweizer Herkunft wurden über einen längeren Zeitraum produziert und sind auf dem ganzen Netz vor Personen- und Güterzügen anzutreffen. Die lebhafte Farbgebung ist eine Neuerung – lange Zeit waren sie in dem in vielen Ländern Europas verwendeten blassen Grünton lackiert.*

gästen der ersten Klasse bot sich in den Endwagen durch die unverbauten Stirnfenster eine herrliche Rundumsicht. Es waren 60 Sitzplätze erster und 232 Sitzplätze zweiter Klasse mit dem im Fernverkehr üblichen Komfort vorhanden. Die Steuerung der Fahrzeuge war so ausgelegt, daß sie auch zusammen mit anderen „DMUs" gefahren werden konnten.

Der mittlere Abschnitt der Strecke besitzt relativ starke Steigungen und das günstige Leistungsgewicht von 6 kW/t war hier von Vorteil. Die Fahrzeit von 3 h 30 min für die 204 km von Hull nach Liverpool hinter Dampfloks verkürzte sich auf nunmehr 2 h 51 min. Davon entfielen nicht weniger als 5½ min auf die schnellere Bewältigung des 11,4 km langen Anstiegs von Huddersfield bis zum Standedge-Tunnel mit meist 1,04% Steigung.

Durch die Existenz acht unabhängiger Antriebsaggregate waren die Züge sehr zuverlässig, allerdings waren meist ein oder zwei Motoren „aus" und die genaue Einhaltung des Fahrplans litt manches Mal darunter. Trotzdem gelang es etliche Jahre lang Leute, die bisher mit dem Auto die Penninen auf engen Land-

straßen überquert hatten, zur Benutzung der Bahn zu bringen, frei nach dem Motto „Nicht Sie strengen sich an, sondern Ihr Zug".

Der Bau der Autobahn M62 parallel zur Bahn kam dann zu einer Zeit, als die Züge erste Anzeichen ihres Alters zeigten und stellte den Status quo wieder her. Das Nachlassen der Nachfrage führte zu Sparmaßnahmen wie der Einstellung des Restaurantbetriebs, der Einführung zusätzlicher Halte, dem Ausbau der Maschinenanlagen in den Zwischenwagen und Geschwindigkeitsbeschränkungen auf den erneuerungsbedürftigen Gleisen. All dies zusammen führte zu Fahrzeitverlängerungen von 20 Minuten und damit wiederum zu einem weiteren Verlust an Fahrgästen und einer Umorientierung des Betriebs. Heute fahren lokbespannte Züge von Nord Wales oder Liverpool nach Leeds und „DMUs" von Leeds nach Hull.

Rechts: *Ein umgebauter vierteiliger „Trans-Pennine"-Triebzug durchfährt im Oktober 1980 die Ortschaft Hessle bei Hull.*

TEE-Triebzug

Niederlande/Schweiz
Niederländische Staatsbahnen (NS)/Schweizerische Bundesbahnen (SBB), 1957

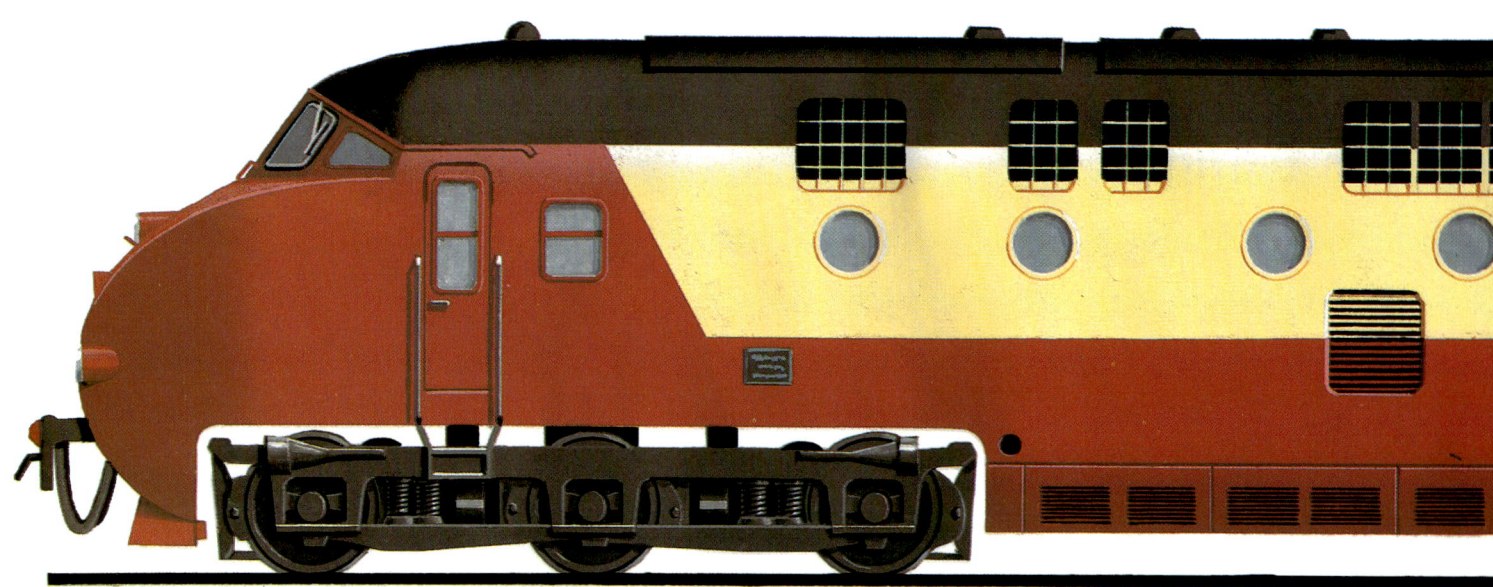

Bauart: Diesel-elektrischer Luxus-Schnelltriebzug
Spurweite: 1435 mm (4 ft 8½ in)
Antrieb: 2 Werkspoor 16-Zylinder-Dieselmotoren, Typ RUHB1616, von 736 kW (1000 PS) mit Generatoren erzeugen den Strom für 4 Fahrmotoren mit Gelenkantrieben an den äußeren Drehgestellachsen der beiden Antriebseinheiten
Gewicht: 80 t (176 365 lb) Reibungsgewicht; 230 t (507 055 lb) Gesamtgewicht
Maximale Achslast: 20 t (44 090 lb)
Gesamtlänge: 96 926 mm (318 ft 0 in)
Höchstgeschwindigkeit: 140 km/h (87 mph)

Eine hervorragende Persönlichkeit der europäischen Eisenbahngeschichte war ein niederländischer Ingenieur namens F. Q. den Hollander. Er war der Mann, der in wenigen Jahren nach Beendigung des Krieges aus Trümmern die modernen Niederländischen Staatsbahnen schuf – ein effizientes (wenn auch kleines) Bahnnetz, das für viele andere Bahnen ein erstrebenswertes Vorbild war und ist. In den fünfziger Jahren hinterließ er seine Spuren auch in anderen Ländern Europas als treibende Kraft bei der Schaffung eines internationalen Netzes luxuriöser Schnellverbindungen, den allseits bekannten Trans-Europ-Expreß- oder TEE-Zügen.

Wichtiges Prinzip des TEE-Verkehrs war die möglichst vollständige Vermeidung von Grenzaufenthalten; die nötigen Kontrollen sollten während der Fahrt an Bord der Züge stattfinden. Der Einsatz von Triebzügen sollte die Zeitverluste durch Lokwechsel und das Umrangieren von Wagen ausmerzen. Die bisher üblichen, manchmal stundenlangen Standzeiten in Grenzstationen wollte man auf wenige Augenblicke abkürzen, die 3 Minuten in Basel waren für die TEE-Züge schon eine große Ausnahme. Man wollte auf diese Weise dem Geschäftsreisenden ein attraktives Angebot mit kürzesten Fahrzeiten in Verbindung mit großer Bequemlichkeit durch große Laufruhe, Klimaanlagen und eine ausgezeichnete Restauration machen. Dafür mußte der Fahrgast zum Fahrpreis der ersten Klasse noch einen TEE-Zuschlag entrichten. Frankreich, die Bundesrepublik Deutschland, die Niederlande, Belgien, Italien und die Schweiz waren die wichtigsten Partner dieser Unternehmung, außerdem nahm auch noch Spanien – trotz abweichender Spurweite – daran teil. Zugegeben, der Spurwechsel an der spanisch-französischen Grenze nahm mehr als einen Augenblick in Anspruch. Jede

Unten: *Ein „RAm TEE I" der SBB als TEE „Bavaria" von Zürich nach München im Oktober 1972 bei Mörschwil in der Schweiz.*

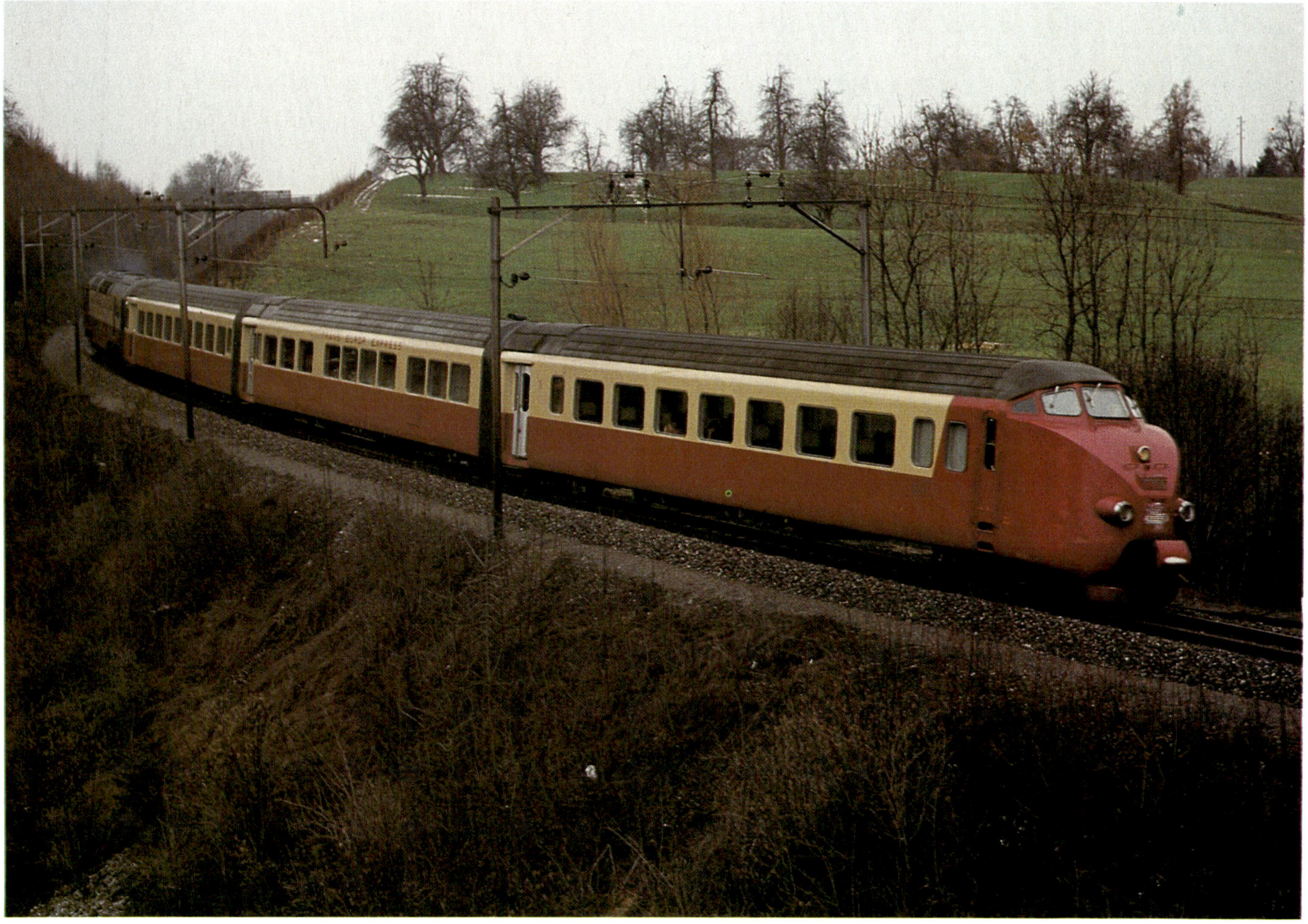

der beteiligten Bahngesellschaften stellte Zuggarnituren zur Verfügung. Die hier beschriebenen Triebzüge wurden gemeinschaftlich von den Niederländischen und Schweizerischen Eisenbahnen gebaut und betrieben. Von den fünf Zugeinheiten gehörten drei der NS und zwei der SBB. Sie enthielten 114 Sitzplätze, Speiseraum, Räumlichkeiten für das Zollpersonal und an beiden Enden Führerstände.

Der Triebwagen war im Grunde eine starke Diesellokomotive, die auch fernbedient werden konnte. Zusätzlich zu den beiden 1000 PS-Dieselmotoren für den Antrieb besaß er einen weiteren 350 PS-Motor (257 kW), der Zugheizung, Küche, Klimaanlage und Beleuchtung versorgte. Damals war es noch nicht möglich, die benötigte Leistung auf vier Achsen bei der vorgegebenen Achslast unterzubringen, darum mußte man jeweils in Drehgestellmitte Laufachsen einfügen und erhielt eine Achsfolge (A1A)(A1A).

Vorrangig vorgesehen waren die Züge für den Einsatz als TEE „Edelweiß", der täglich von Amsterdam

über Brüssel und Luxemburg nach Basel und Zürich verkehrte. Die 1050 Kilometer legte er bei 13 Zwischenhalten in 9 Stunden 33 Minuten zurück, bei einer bemerkenswerten Durchschnittsgeschwindigkeit von 110 km/h. 1957 war die Elektrifizierung dieser Strecke noch nicht komplett und auch wenn es der Fall gewesen wäre, hätte man mit vier verschiedenen Stromsystemen zu tun gehabt: Gleichstrom von 1500 V in den Niederlanden, von 3000 V in Belgien, Wechselstrom von 25000 Volt/50 Hz in Frankreich und von 15000 V/16⅔ Hz in der Schweiz; der Dieselantrieb war darum das einzige Mittel der Wahl.

Die Entwicklung von Mehrsystem-Fahrzeugen für elektrischen Betrieb führte im Laufe der Zeit zur Ablösung der Dieselzüge, aber sie waren noch nicht am Ende ihrer Tage angelangt. Einer der Schweizer Züge war zwar 1971 einem schweren Unfall als TEE „Bavaria" zum Opfer gefallen, drei Züge konnten aber in den siebziger Jahren von einer der höchsttechnisiertesten Gegenden der Welt in die „Wildnis" verkauft werden – an die kanadische Ontario Northland Railway, wo sie als täglicher „Northlan-

der" auf den 388 Kilometern zwischen Toronto und Timmins Verwendung fanden, in einer Gegend, die bisher kaum durch Straßen erschlossen war.

Reihe Dm + Dm3 1'D + D + D1'

Schweden
Schwedische Staatsbahn (SJ), 1960

Bauart: Dreiteilige elektrische Lokomotive für schweren Güterverkehr
Spurweite: 1435 mm (4 ft 8½ in)
Stromversorgung: Wechselstrom von 15000 V 16⅔ Hz über Oberleitung zum Loktransformator
Antrieb: 6 Fahrmotoren von je 1200 kW (1630 PS) wirken über Zahnradgetriebe, Blindwellen und Kuppelstangen auf insgesamt 12 Treibachsen
Gewicht: 243,2 t (536155 lb)
Reibungsgewicht;
273,2 t (602290 lb) Gesamtgewicht
Maximale Achslast:
20 t (44090 lb)
Gesamtlänge:
35250 mm (115 ft 8 in)
Zugkraft: 932 kN (209260 lb)

Höchstgeschwindigkeit:
75 km/h (47 mph)

Um die riesigen Eisenerzlager, die im Inneren Nordschwedens gefunden wurden, ausbeuten zu können, mußte eine Eisenbahn gebaut werden. Es war verhältnismäßig einfach, eine Bahn vom Ostseehafen Luleå in das Bergwerksgebiet von Kiruna, nördlich des Polarkreises, zu bauen, aber die nördliche Ostsee friert im Winter regelmäßig zu, ein Weitertransport per Schiff ist dann nicht möglich. Also war man gezwungen, die Bahn weiter in Richtung Norden über den Gebirgszug der Ofoten und die heutige norwegische Grenze bis zum Hafen von Narvik zu verlängern, der durch den Golfstrom das ganze Jahr über eisfrei gehalten wird. Die Erzbahn von

Luleå bis Narvik nahm 1883 den durchgehenden Betrieb auf einer Entfernung von 473 km auf.

Der Dampfbetrieb litt unter unsäglichen Schwierigkeiten – vor allem im Winter – wegen der schweren Zuglasten, den extrem niedrigen Temperaturen, den Steigungen und, nicht zu vergessen, der monatelangen Dunkelheit. Abgesehen von den Milliarden von Mücken war es hier im Sommer erheblich angenehmer – beispielsweise kann sich das an der Strecke gelegene Touristenhotel in Abisko (nur durch die Bahn zu erreichen) einer nach Norden zeigenden Sonnenveranda rühmen, auf der man die Mitternachtssonne genießen kann!

Es überrascht darum nicht, daß die Erzbahn in Lappland die erste wichtige Eisenbahnstrecke Skandi-

naviens war, die elektrifiziert wurde. Der elektrische Betrieb begann 1915, die gesamte Strecke war bis 1923 umgestellt. Man übernahm das schon in der Schweiz und anderswo bewährte Einphasen-Wechselstromsystem.

Die Qualität des Eisenerzes aus Kiruna und die Leichtigkeit, mit der es gewonnen wird, in Verbindung mit der langwährenden Neutralität Schwedens, die – man muß es so ausdrücken – bedeutete, daß kein Kunde aus politischen Gründen abgelehnt wurde, sorgte für eine jahrzehntelang nicht nachlassende

Unten: *Eine „Dm + Dm 3"-Lokomotive der Schwedischen Staatsbahn zieht ihren Eisenerzzug durch die endlosen Wälder der schwedischen Lappmark.*

Nachfrage, die mit der Zeit noch anstieg. Das einzige Problem, das die Bahn zu meistern hatte, war die Bewältigung des starken Verkehrs, der erst durch die Krise der letzten Jahre nachließ.

Bisher konnte die Verlegung eines zweiten Streckengleises durch fortwährende Erhöhung der Zuglasten vermieden werden, die heute zu den schwersten in Europa gehören.

Es ist typisch für das schwedische Eisenbahnwesen, daß die heute dort verwendeten Triebfahrzeuge nur leicht veränderte Versionen der ausgesprochen einfachen, frühen Ellokreihe „D" sind, die schon beschrieben wurde. Ergebnis ist diese Reihe „Dm + Dm3" von 9780 PS (7200 kW), die Lasten von 5200 t über die Steigungen von 1% ziehen und sie auch bei Polartemperaturen anfahren kann; die maximale Zugkraft beträgt ja mehr als 900 kN.

Man mag sich fragen, warum die Schwedischen Staatsbahnen diese Riesenmaschinen als Unterbauart der bescheidenen und alltäglichen 1'C1'-Loks der Reihe „D" bezeichnet. Grund ist, daß die „Dm"-Loks (das „m" in „Dm" steht für „malm", das heißt „Erz") im Prinzip aus zwei „D" entstanden, die unter Fortfall von zwei Führerständen gekuppelt und bei denen jeweils die inneren Laufachsen durch zusätzliche Kuppelachsen ersetzt wurden. Diese zweiteiligen „Dm"-Maschinen wurden Anfang der fünfziger Jahre eingeführt. Mit der Zeit verfügten die SJ über eine ganze Flotte dieser Zwillingsloks, die Norwegische Staatsbahn NSB hatte vier weitere, die sie „El 12" nannte. Sowohl die braunen Schwedenloks als auch die grünen Norweger werden ohne Unterschied auf der ganzen Strecke eingesetzt.

1960 wollte man die Leistung noch weiter erhöhen und baute drei zusätzliche Lokeinheiten ohne Führerstände oder Pantografen des Typs „Dm3" und kuppelte sie zwischen vorhandene Lokpaare. Bis 1970 entstanden auf diese Weise 19 dreiteilige Maschinen „Dm + Dm3".

Jede einzelne Lokeinheit trägt ihre eigene Nummer, obwohl die Lokomotiven im Betrieb im Allgemeinen nicht getrennt werden. Die riesigen Zugkräfte ergaben Probleme mit den herkömmlichen Schraubenkupplungen und man

Unten: *Die dreiteilige 9780 PS-Erzzuglokomotive, Reihe „Dm + Dm3" der Schwedischen Staatsbahn. Die Verwendung des Stangenantriebs ist für eine neuzeitliche Lokomotive ungewöhnlich.*

versuchte es mit kräftigeren automatischen Mittelpufferkupplungen nach russischem Vorbild.

Als Stangenlokomotive war die Reihe „Dm" die letzte ihrer Art. Nach 1970 entwickelte man eine neue Erzloktype, bei der sich die Geschichte wiederholte. Auch sie entstanden durch Abwandlung der modernsten schwedischen Hoch-

leistungslokomotive, Reihe „Rc4". Zu den Änderungen gehören eine geänderte Übersetzung, eine sehr komplizierte Schleuderschutzeinrichtung und die Erhöhung des Gewichts durch Ballast um 10 t, alles, um die Zugkraft zu erhöhen. Darüber hinaus isolierte man die Führerstände zusätzlich gegen die arktischen Temperaturen.

Oben und unten: *Schwere Güterzuglokomotiven der Schwedischen Staatsbahn, Reihe „Dm + Dm3". Diese gewaltigen Zugmaschinen finden Verwendung vor den Eisenerzzügen vom nordschwedischen Erzberg bei Kiruna zum nördlich des Polarkreises gelegenen eisfreien Hafen von Narvik in Norwegen.*

U25B Bo'Bo'

USA
General Electric Company (GE), 1960

Bauart: Diesel-elektrische Lokomotive für Strecken- und Rangierdienst
Spurweite: 1435 mm (4 ft 8½ in)
Antrieb: Ein GE 4-Takt-V16-Dieselmotor, Typ FDL16, von 1865 kW (2500 HP = 2536 PS) mit Generator erzeugt den Fahrstrom für 4 Tatzlagermotoren
Gewicht: 118 t (260000 lb)
Maximale Achslast: 29,5 t (65000 lb)
Gesamtlänge: 18340 mm (60 ft 2 in)
Zugkraft: 360 kN (81000 lb) bei 105 km/h Höchstgeschwindigkeit
Höchstgeschwindigkeit: 105, 121, 129 oder 148 km/h (65, 75, 80 oder 92 mph)

Wenn jemand in den zwanziger Jahren zu einem amerikanischen Lokomotivingenieur gesagt hätte: „Die diesel-elektrische Lokomotive scheint sehr entwicklungsfähig zu sein; welcher Lokomotivhersteller ist in der Lage, dies zu nutzen?", hätte er ganz sicher zur Antwort bekommen: „General Electric", denn diese Firma begann gerade mit dem Bau von Diesel-Rangierlokomotiven mit Motoren verschiedener Hersteller und konnte sich dabei auf mehr als 30 Jahre Erfahrung mit elektrischen Antrieben stützen. Trotzdem hätte der Prophet unrecht gehabt, denn es waren erst die fast unbegrenzten Mittel der General Motors Corporation, die hinter der Electro Motive Division standen, die die revolutionäre Verdieselungswelle in den Vereinigten Staaten in Gang brachte und am Leben hielt.

GE war in diesem Spiel zu einer kleinen Rolle verurteilt, aber an den 25% oder so des Lokomotivmarkts, die nicht auf EMD entfielen, hatte sie immer einen großen Anteil. Als die American Locomotive Company (Alco) sich ernsthaft mit der Produktion von Streckendiesellocks zu beschäftigen begann, traf sie eine Vereinbarung mit GE, daß sie die elektrischen Ausrüstungen nur von dort beziehen würde und daß dafür GE von einer Konkurrenz auf

Unten: *Eine vierachsige „U-Boot"-Lokomotive der Louisville & Nashville Railroad.*

dem Dieselloksektor absah. Von 1940 bis 1953 zogen beide Firmen Nutzen aus diesem Vertrag; Alco profitierte von der Erfahrung des größten Herstellers elektrischer Antriebe und GE hatte einen sicheren Absatzmarkt für die Produkte, für deren Erzeugung sie besonders qualifiziert und ausgerüstet war. Ein zweiter Lokhersteller, Fairbanks Morse, bot seine Lokomotiven ebenfalls mit GE-Ausrüstungen an.

Anfang der fünfziger Jahre war die totale Verdieselung der US-Eisenbahnen sichergestellt, und obwohl Alco schon lange auf diesem Gebiet tätig war, lag man bei den Verkaufszahlen weit abgeschlagen hinter EMD auf dem zweiten Platz und war nicht in der Lage aufzuholen. GE hielt den Zeitpunkt für gekommen, um den Sprung ins kalte Wasser zu probieren; man beendete ohne Aufsehen die Zusammenarbeit mit Alco und begann mit der Entwicklung einer eigenen Baureihe großer Diesellokomotiven. Man hatte bisher meist mit kleineren Rangierloks zu tun gehabt, schon 1936 war allerdings eine große Maschine gebaut worden, die mit ihrem 2000 PS-Sulzer-

Motor 10 Jahre lang die stärkste einmotorige Diesellokomotive Nordamerikas gewesen war und in den Nachkriegsjahren hatte man sich einen interessanten Exportmarkt für Streckenlokomotiven erobern können.

Wichtigste Voraussetzung für einen Erfolg GE's auf dem heimischen Markt war ein großer Dieselmotor. Die Rangierloks, die man gerade baute, besaßen 6-Zylinder-Reihen- und 8-Zylinder-V-Motoren von Cooper-Bessemer. Man erwarb die Rechte zur Weiterentwicklung dieser Maschinen und baute zwei Versionen: der 8-Zylinder-Motor entwickelte 1200 HP (895 kW), aus 12 Zylindern holte man 1800 HP (1343 kW).

Das erste sichtbare Zeichen für GE's neue Unternehmung war eine vierteilige Lokomotive mit geschlossenen Aufbauten, also „cab-units". Zwei Einheiten erhielten die V8-Maschine und zwei die V12. Diese Lok lief von 1954 bis 1959 auf der Erie RR im Versuchsbetrieb. Gestützt auf die erfolgversprechenden Ergebnisse brachte GE 1956 eine neue Reihe von Exportmodellen heraus, die sie als

Oben: *Eine General Electric „U36C" 3600 HP-Lokomotive der Union Pacific.*

„Universal"-Serie bezeichnete. Mit den Erfahrungen aus den V8- und V12-Motoren gerüstet, wagte GE jetzt einen weiteren Schritt nach vorne, eine 16-Zylinder-Version von 2400 HP (1790 kW) Leistung. Zwei dieser Motoren installierte man in Bo'Bo'-„Hood"-Lokomotiven und testete sie intensiv auf der Erie RR; in 11 Monaten legten sie dort 160000 km zurück. Man versteckte sie zwar etwas hinter der Bezeichnung „XP24" (Versuchsversion einer 2400 PS-Exportlok), aber in Wirklichkeit waren sie als Vorführlokomotiven für den US-Markt vorgesehen.

1960, sieben Jahre nach Beendigung der Partnerschaft mit Alco kündigte GE sein neues Lokmodell, die 2500 HP (1865 kW) Bo'Bo'-„Universal"-Lokomotive des Typs „U25B", an. Wichtigste Werbeaussage war, daß sie die höchste PS-Leistung aller in den USA angebotenen Lokomotiven aufweisen konnte – der Vorsprung zu EMD be-

trug 100 PS – aber um in den EMD/Alco-Markt einzubrechen, mußte man mehr anbieten, um die Käufer zu verlocken.

Bei der Ausarbeitung des Entwurfs hatte GE die Chefs der Maschinenabteilungen von 33 Bahngesellschaften gefragt, was sie an den Dieselloks, die sie schon hatten, mochten und was sie bemängelten. Man analysierte auch deren Betriebskosten und fand heraus, daß 28,7% der gesamten Unkosten für Reparaturen aufgewendet werden mußten. Die Bemühungen der Konstrukteure zielten nun einerseits auf eine Steigerung der Leistungsfähigkeit, andererseits aber auch auf eine Vereinfachung der Ausrüstung, damit sie zuverlässiger und wartungsärmer wurde. Sehr viele Klagen gab es über das Lüftungssystem, gleichermaßen über die Zufuhr der Verbrennungsluft und über die Kühlung. Die eintretende Luft wurde gefiltert, die meisten Modelle der Luftfilter mußten aber nach etwa 4000 km Fahrstrecke gereinigt werden. Man entwarf also einen selbstreinigenden mechanischen Luftfilter. Anlaß zu Beanstandungen war auch, daß die Kühlluft für die Räume mit den Steuereinrichtungen durch die Motorräume geführt und dabei verunreinigt und aufgeheizt wurde. Bei der „U25B" leitete man diese Luft vom Lüftergebläse durch Luftkanäle im Hauptrahmen, so kam sie nicht mit dem Motor in Berührung. Eine weitere Vereinfachung war der Fortfall elektrisch fernbetätigter Verschlußklappen für das Motorkühlsystem.

Im Gegensatz zu solchen Neuerungen war der Großteil der elektrischen Ausrüstung, auch die Fahrmotoren, von bewährter Bauweise und Bahnen, die Alco-Lokomotiven besaßen, konnten hier auf vorhandene Ersatzteile zurückgreifen. Eine wichtige Neuerung gab es aber auch im elektrischen Bereich – man verwendete elektronische Steuereinrichtungen in Modulbauweise.

Der Startschuß für das neue Lokmodell fiel in einer Zeit mit sehr ungünstigen wirtschaftlichen Bedingungen bei den Eisenbahnen und so dauerte es mehr als ein Jahr, bis die ersten Bestellungen eingingen. Erster war wieder einmal die Union Pacific, die immer auf der Suche nach starken Lokomotiven war, dann folgten auch andere Bahnen, die einen Bedarf an leistungsfähigeren Maschinen hatten. Über einen Zeitraum von sechs Jahren verkaufte GE 478 „U25Bs", nicht viel nach dem Maßstab der EMD-Produktion, aber genügend, um Alco von seinem zweiten Platz zu verdrängen.

Es war inzwischen allgemein üblich, daß von amerikanischen „road-switcher"-Loks neben vierauch sechsachsige Versionen angeboten wurden, die für Kunden interessant waren, die entweder eine höhere Reibungslast oder niedrigere Achslasten wünschten. Die Type „U25C" erschien 1963 und konnte 113mal verkauft werden. Die „U"-Serie fand immer weitere Verbreitung, irgendwann bezeichnete sie jemand als „U-Boote" und dieser Spitzname blieb haften.

Oben: *Diese GE „U25C"-Einheiten gehören der Lake Superior & Ishpeming RR, die sie an die Detroit, Toledo & Ironton RR vermietet hat.*

Die Konkurrenz wurde durch den Erfolg der „U-Boote" angespornt, ihre eigenen Lokmodelle zu verbessern; der Konkurrenzkampf war hart. Die GE 16-Zylinder-Motoren und die Generatoren waren noch nicht bis zur Grenze ausgenutzt, eine Leistungssteigerung war ohne große Änderungen (mit noch mehr Ersatzteilen, die gelagert werden müssen) möglich und so erschienen 1966 die „U28B" und „U28C"-Modelle mit 2800 HP-Motoren (2089 kW).

Die UP kaufte 16 „U25B"-Maschinen, bestellte dann aber eine Sonderausführung, um der Sucht ihres Lokomotivdezernenten, D. S. Neuhart nach Lokomotiven großer Leistung Genüge zu tun. Die Bahn besaß schon eine Anzahl von 8500 HP-Gasturbinenloks von GE, jetzt entstanden dort zweimotorige 5000 HP-Versionen der „U"-Serie auf vier Drehgestellen und mit einem Gewicht von 247 t, die Reihe „U50B". Später erschien eine vereinfachte Co'Co'-Ausführung gleicher Leistung. Beide Typen waren nicht sonderlich erfolgreich und als 3000 HP-Standardmodelle angeboten wurden, war sogar die UP damit zufrieden, Serienmaschinen – wie jede andere Bahn – zu kaufen.

Der nächste Markstein in der nordamerikanischen Diesellokgeschichte war die Entwicklung von 3000 HP-Motoren (2238 kW), die 1965-66 fast gleichzeitig bei EMD, Alco und GE auftauchten. Die GE-Loks „U30B" und „U30C" kamen Ende 1966 heraus und schon weniger als ein Jahr später gab es eine 3300 HP-Version (2462 kW) davon. 1969 konnte man die Leistung noch einmal auf 3600 HP (2686 kW) steigern. Die GE-Entscheidung, in den ersten „U-Booten" die Motorleistung nicht schon bis zum letzten auszunutzen, zahlte sich aus, denn man konnte diese Leistungserhöhungen durch Weiterentwicklung der 16-Zylindermaschine erreichen, EMD mußte dagegen zu einer 20-Zylinderversion übergehen. Die Bahnen zeigten aber nicht lange Interesse an Antriebsleistungen über 3000 PS, denn schon bald fanden sie heraus, daß damit erheblich höhere Unterhaltskosten einhergingen.

1976 wurde eine weitere Umstellung des GE-Angebots, die „7er-Serie", von einer Änderung der Typenbezeichnung begleitet, die 3000 HP-Co'Co'-Lokomotiven hießen nun „C30-7". Mit diesen Modellen besitzt GE auch heute eine sichere Position auf dem US-Markt, sie werden auch direkt oder über Partner in Übersee exportiert. In jüngster Zeit frischte auch das Interesse an 3600 HP-Einheiten auf.

GE bewies, daß es möglich war, mit EMD zu konkurrieren. Die „U"-Serie offerierte attraktive technische Alternativen zu den EMD-Produkten und verhinderte damit auch eine Monopolstellung der größeren Firma.

Klasse 47   Co'Co'   Großbritannien
British Railways (BR), 1962

Bauart: Diesel-elektrische Lokomotive für gemischten Dienst
Spurweite: 1435 mm (4 ft 8½ in)
Antrieb: Ein Sulzer 12-Zylinder-Zweireihen-Dieselmotor, Typ 12LDA28C, von 2052 kW (2790 PS) mit Generator erzeugt den Fahrstrom für 6 Tatzlagermotoren
Gewicht*: 120 t (264480 lb)
Maximale Achslast*: 20 t (44080 lb)
Gesamtlänge: 19329 mm (63 ft 5 in)
Zugkraft: 275 kN (62000 lb)
Höchstgeschwindigkeit: 152 km/h (95 mph)

* Einzelne Unterbauarten weichen von diesen Angaben ab.

Diese tüchtigen Lokomotiven sind die Arbeitstiere im Diesellokstall der BR und stellen fast die Hälfte aller Diesellokomotiven mit Leistungen von 2000 PS und mehr. Von 1962 bis 1967 bauten Brush Engineering und die BR-Werkstätten in Crewe insgesamt 528 Stück. Alle erhielten die gleiche elektrische Ausrüstung von Brush und die gleichen Sulzer-motoren – mit leicht erhöhter Leistung – wie die „Peak"-Klasse, aber durch sorgfältige Durcharbeitung des Entwurfs konnte man so viel Gewicht einsparen, daß die beiden Vorlaufachsen der Vorgängertype entfallen konnten. Die Motoren baute Vickers-Armstrong in Barrow, England in Lizenz. Ursprünglich war die Reihe von D1500-99 und von D1100 aufwärts numeriert, die Umnummerung des Jahres 1968 ließ sie zur Klasse „47xxx" werden.

Es gibt etliche Untertypen in dieser Klasse mit abweichenden Details. Die Gruppe „47.0" (243 Stück) besaß anfänglich Dampf-heizkessel, durch die hohe Zahl belegt sie auch die Reihen „471xx"

Oben: Lok Nr. 47083 „Orion" der BR-Klasse „47.0" in York im September 1981.

Unten: Eine diesel-elektrische Lokomotive der Klasse „47" legt sich mit ihrem Entlastungs-Schnellzug bei Durham in die Kurve, Aufnahme von 1979.

und „472xx". Die Gruppe „47.3" (81 Stück) hat keinerlei Heizeinrichtungen, aber eine besondere Fahrsteuerung für niedrige Geschwindigkeiten, die beim automatischen Beladen von Kohlenzügen benötigt wird. Die 185 Loks der Gruppe „47.4" (Nrn. „474xx, 475xx") verfügen über elektrische Zugheizeinrichtungen (einige haben auch noch Dampfkessel). Einzelgänger der Klasse ist die frühere Nr. 47046, die ab 1975 als Testobjekt für die Erprobung des Paxman-Motors, „16RK3CT" von 2425 kW (3296 PS) dient und dadurch einziges Mitglied der Gruppe „47.6", später der Gruppe „47.9", Nr. 47901, wurde. Zu guter Letzt gibt es noch Loks, die für Wendezüge des Städteschnellverkehrs zwischen Edinburgh und Glasgow ausgestattet und in die Gruppe „47.4" eingereiht wurden. Alle „47"er besitzen eine doppelte Bremsausrüstung für vakuum- und druckluftgebremste Züge und automatische Schleuderschutz- und Gleitschutzvorrichtungen. Ihre Drehgestelle besitzen einteilige Stahlgußrahmen.

Man muß einmal erwähnen, daß die elektrische Zugheizleistung ebenfalls vom Motor erzeugt wird und daher die Antriebsleistung entsprechend vermindert – immerhin um etliche hundert PS, das ist etwa der gleiche Betrag, den man durch die Steigerung der Motorleistung in mehrjähriger Entwicklungsarbeit gewonnen hat! Wenn diese Lokomotiven im Schnellzugdienst verwendet werden, muß man diesen Verlust berücksichtigen. Heute ist das nicht mehr ganz so wichtig, seitdem viele hochrangige diesel-beförderte Schnellzüge an die „HST125"-Garnituren übergingen. Um kurzfristig über die volle Motor-leistung zu verfügen, besitzt die Klasse „47" eine zusätzliche Schaltstufe am Fahrregler. Der Lokführer muß den Reglerhebel gegen den Widerstand einer Feder drücken und unterbricht damit momentan die Heizversorgung.

Bemerkenswert ist, daß zum Rüstzeug der „47" keine Vielfachsteuerung gehört und dies unterstreicht die Denkweise der BR, daß (mit Ausnahmen) immer nur eine einzelne Lokomotive mit ausreichender Leistung vorhanden sein muß, um jeden vorhandenen Zug übernehmen zu können. Dies steht im völligen Gegensatz zum nordamerikanischen Prinzip, bei dem man die Dieselloks als Bausteine eines Systems ansieht, bei dem sich fast beliebig starke Lokgarnituren zusammenstellen lassen.

Aus der Versuchslok Nr. 47901 von 1975 entstand 1976 die BR-Klasse „56". Sie gleichen der Klasse „47" in Achsfolge, Größe, Gewicht und Aussehen (abgesehen vom Anstrich), besitzen aber durch das größere Antriebsaggregat eine um 18% höhere Leistung.

Unten: Vor den Tagen der automatischen Zugmeldung stattete man die Lokomotiven mit Anzeigetafeln für die Zugnummer aus. Heute werden sie nicht mehr benötigt, daher sehen wir hier nur verrutschte Nullen.

Klasse 309 „Clacton"-Triebzug

Großbritannien
British Railways (BR), Ostregion, 1962

Bauart: Vierteiliger elektrischer Schnelltriebzug
Spurweite: 1435 mm (4 ft 8½ in)
Stromversorgung: Wechselstrom von 25000 V und 50 Hz (anfänglich auch von 6250 V 50 Hz) über Oberleitung zum Haupttransformator und zu Silikongleichrichtern
Antrieb: Mit 4 Gleichstrom-Tatzlagermotoren von je 210 kW (285,5 PS) an den Achsen eines Mittelwagens
Gewicht: 58 t (127830 lb) Reibungsgewicht; 171 t (376885 lb) Gesamtgewicht
Maximale Achslast: 14,5 t (31960 lb)
Gesamtlänge: 81000 mm (265 ft 9 in)
Höchstgeschwindigkeit: 160 km/h (100 mph), aber Streckengeschwindigkeit nur 144 km/h (90 mph)

Ende der fünfziger Jahre entschieden sich die BR, bei künftigen Elektrifizierungen nur noch das Industriefrequenzsystem als Norm zu verwenden. Bei der vorgesehenen Verlängerung des vom Londoner Liverpool-Bahnhofs ausgehenden 1500 V-Gleichstromnetzes für den Vorortverkehr stellte sich die Frage, ob man nicht zuerst dieses Netz umstellen sollte, bevor man es erweiterte. Um eine Antwort zu erleichtern, elektrifizierte man erst einmal versuchsweise die Zweigstrecken von Colchester nach Clacton-on-Sea und Walton-on-the-Naze mit dem neuen System. Unter großen betrieblichen Schwierigkeiten stellte man anschließend auch den Vorortbetrieb auf Wechselstrom um und schloß 1961 die Lücken der Oberleitung zwischen Shenfield und Colchester. Jetzt bestand erstmals Bedarf an schnellen elektrischen Zügen für die Verbindung London-Clacton.

Es entstanden diese „Clacton"-Triebzüge, insgesamt 15 vierteilige Einheiten, sowie 8 passende Zwei-Wagen-Garnituren zur Ergänzung der Züge im Spitzenverkehr. Man konnte 4-, 8- oder 10-Wagen-Züge

– mit durchgehenden Übergangsvorrichtungen – fahren. Trotz der hohen Anschaffungskosten und des hohen Gewichts verwendete man „Commonwealth"-Stahlgußdrehgestelle, um gute Laufeigenschaften zu erzielen. Die Leistung war reichlich bemessen, ein 10-Wagen-Zug von 460 t verfügte über 2520 kW (3426 PS) Gesamtleistung. Die Umschaltung zwischen den beiden Fahrdrahtspannungen erfolgte automatisch, der Strom wurde in – damals noch neuartigen – Silikon-Dioden gleichgerichtet. Sowohl elektro-pneumatische als auch normale automatische Druckluftbremsen waren vorhanden.

Die beste Zugleistung der „Clactons" war der „Essex Coast Express", der die 113 km vom Liverpool Street-Bahnhof nach Clacton in 80 Minuten durchmaß. Die stündlich verkehrenden normalen Züge hielten unterwegs fünfmal und setzten in Thorpe-le-Soken eine Einheit nach Walton ab; dafür brauchten sie 8 Minuten länger. Leider konnte die hohe Geschwindigkeit dieser Fahrzeuge im dichten Londoner Vorortverkehr nicht genügend genutzt werden.

Es war klar, daß diese großartigen Züge für Besseres bestimmt waren; eine Verlängerung der Elektrifizierung von Colchester nach Ipswich, Harwich und Norwich schien greifbar, wurde aber erst 1982 genehmigt. Eigenartigerweise bestand seit 1962 kein weitergehender Bedarf an Wechselstrom-Schnelltriebzügen (wenn man vom „APT" absieht) und so sind die „Clacton"-Züge, inzwischen alle in 4-Wagen-Einheiten umgebaut die einzigen Exemplare ihrer Art im Lande.

Unten: Ein elektrischer Triebzug der Klasse „309" im Bahnhof von Clacton, Essex im September 1982 als Sonderzug zur Hundertjahrfeier.

„Krauss-Maffei" C'C' USA

Denver & Rio Grande Western RR/Southern Pacific RR (D&RGW/SP), 1961

Bauart: Diesel-hydraulische Güterzuglokomotive
Spurweite: 1435 mm (4 ft 8½ in)
Antrieb: Zwei aufgeladene Maybach-16-Zylinder-4-Takt-Dieselmotoren, Typ MD870, von je 1471 kW (2000 PS) treiben über zwei dreistufige Voith-Hydraulikgetriebe die Achsen je eines Drehgestells an
Gewicht: 150 t (330690 lb)
Maximale Achslast: 25 t (55115 lb)
Gesamtlänge: 20100 mm (65 ft 11⁵/₁₆ in)
Zugkraft: 400 kN (89800 lb)
Höchstgeschwindigkeit: 113 km/h (70 mph)

In den fünfziger Jahren stieg der Anteil der weltweit produzierten Großdiesellokomotiven mit mehr als 2000 PS Leistung mit hydraulischer Kraftübertragung dank der intensiven Entwicklungsarbeit in Westdeutschland von 4 auf 17% an. Bis 1960 hielten die größten Verwender von Dieselloks der Welt, die US-Bahnen ausschließlich an der elektrischen Kraftübertragung fest. Dazu kam noch, daß diesel-hydraulische Lokomotiven vorwiegend in Westdeutschland gebaut wurden und die USA schon seit Jahrzehnten praktisch keine fremden Lokomotiven mehr gekauft hatten. Es war deshalb für beide Seiten des Atlantiks eine Sensation, als zwei Bahnen der USA, die Denver & Rio Grande Western und die Southern Pacific, verkündeten, daß sie jeweils drei diesel-hydraulische Lokomotiven bei Krauss-Maffei in München bestellt hätten und daß außerdem die Leistung dieser Lokomotiven von 4000 PS um 1600 PS über der der stärksten erhältlichen US-Lokomotivtype lag.

Die D&RGW war zuerst an Krauss-Maffei herangetreten, um aber eine Produktion wirtschaftlich interessant zu machen, brauchte man eine zweite Bestellung; die SP zog mit. Drei Hauptgründe führten zu diesem revolutionären Schritt: Diesel-hydraulische Loks hatten ein günstigeres Leistungsgewicht; die deutschen Erfahrungen hatten gezeigt, daß mit hydraulischen Antrieben die Rad-Schiene-Reibung wesentlich besser ausgenutzt werden konnte; und in den USA hatte man die bittere Erfahrung machen müssen, daß die elektrische Übertragung sehr anfällig war, denn bis zu zwei Drittel der Pannen auf freier Strecke waren auf sie zurückzuführen. Durch das günstige Leistungsgewicht war es möglich, zwei 2200 PS-Motoren in einer C'C'-Maschine unterzubringen.

Diese Motoren waren verstärkte Versionen der in deutschen Loks verwendeten Maybach-Motoren und fielen in den USA vor allem durch ihre Drehzahl von 1500 Upm auf, die fast 50% höher war als die amerikanischer Dieselmotoren. Die Motoren hatten eine Ausgangsnennleistung von 2000 PS; durch die unvermeidbaren Übertragungsverluste ergab sich damit eine Traktionsleistung von 2604 kW (3540 PS), eine Zahl, die einen ehrlicheren Vergleich mit den amerikanischen Loks zuließ, bei denen im allgemeinen auch die Traktionsleistung angegeben wird.

Jeder Motor war über eine Kardanwelle mit einem Voith-Getriebe in der Nähe der Lokenden verbunden. Von dort führten geneigte Kardanwellen zu Getrieben am inneren Ende der Drehgestelle, von denen die Antriebskräfte über weitere Kardanantriebe auf die einzelnen Achsen verteilt wurden. Die Getriebeanordnung erlaubte die hydrodynamische Abbremsung des Zuges, die pneumatische Fahrsteuerung war für Vielfachsteuerung ausgelegt.

Die erste fertiggestellte Lokomotive war die D&RGW Lok Nr. 4001. Um die Lok unter ähnlich schwierigen Betriebsbedingungen wie in den USA zu erproben, arrangierten die Hersteller einen einwöchigen Versuchsbetrieb auf der berühmten österreichischen Semmeringbahn mit Steigungen von 2,5%. In der größten Steigung fuhr für die Maschine einen Zug von 867 t an und beschleunigte ihn auf 26,5 km/h.

Oben: *12000 PS leisten die drei diesel-hydraulischen Lokomotiven von Krauss-Maffei, die im Zuge der transkontinentalen Strecke der Denver & Rio Grande Western schwere Güterzüge über die Rocky Mountains nach Salt Lake City zogen.*

Links: *Die spätere Ausführung der diesel-hydraulischen Krauss-Maffei-Loks für die Southern Pacific erhielt offene Umläufe.*

Unten: *Krauss-Maffei lieferte 1961 die diesel-hydraulische Lokomotive Nr. 4003 der Denver & Rio Grande Western RR.*

Nur einmal kam es zu einem leichten Rädergleiten und auch die dynamische Bremse arbeitete einwandfrei.

Die sechs Loks wurden umgehend nach den USA verschifft und begannen 1961 ihren Dienst. Auf der D&RGW setzte man zu zweit oder zu dritt vor Zügen von 4000 bis 7000 t auf den 2%-Steigungen ein. Obwohl die Bahn mit ihnen zufrieden war, beschloß man, es bei diesem einen Experiment zu belassen und verkaufte die Maschinen an die Southern Pacific, nachdem sie 320000 km gelaufen waren. Die SP war ihrerseits von den Loks so beeindruckt, daß sie 15 weitere bestellte, die 1963 in geänderter äußerer Form abgeliefert wurden. Mit insgesamt 21 dieser deutschen Maschinen konnte die SP die wirtschaftlichen und technischen Möglichkeiten dieser Bauart genau beurteilen.

Dieses Urteil wurde 1968 verkündet; die hydraulische Übertragung „war als zuverlässige Antriebsform mit konkurrenzfähigen Unterhaltskosten geeignet", aber die Motoren „litten unter der Kompliziertheit ihrer Konstruktion und der Unzugänglichkeit bei Reparaturen". Schwierigkeiten mit der Luftansaugung in den zahlreichen Tunnels und Schneegalerien und mit der pneumatischen Steuerung bereiteten viel Kopfzerbrechen. Man führte einige Änderungen durch, aber als die Loks zu einer umfangreichen Überholung anstanden, nahm man sie aus dem Dienst.

Dies sollte aber noch nicht das Ende aller diesel-hydraulischen Lokomotiven der SP sein, denn 1964 hatte auch Alco drei C'C'-Ausführungen seiner „Century" (Jahrhundert)-Serie mit Voith-Getrieben gebaut. Sie waren recht vielversprechend, aber die Produktionseinstellung bei Alco im Jahre 1969 verhinderte abrupt jegliche Weiterentwicklung.

GT3 2'C Großbritannien
English Electric Co Ltd, 1960

Bauart: Gasturbinen-Lokomotive mit direktem Antrieb für gemischen Dienst
Spurweite: 1435 mm (4 ft 8½ in)
Antrieb: Eine Zweiwellen-Gasturbine mit einer Ausgangsnennleistung von 2074 kW (2820 PS) wirkt direkt auf die Treibräder über Zahnradgetriebe und Kuppelstangen
Gewicht: 60 t (132720 lb) Reibungsgewicht;
125 t (276416 lb) Gesamtgewicht*
Maximale Achslast:
20,5 t (44800 lb)
Gesamtlänge:
20726 mm (68 ft 0 in)
Zugkraft: 169 kN (38000 lb)
Höchstgeschwindigkeit:
144 km/h (90 mph)

* Mit Tender

Im Großbritannien der Nachkriegszeit schlug die Begeisterung für Gasturbinenantriebe große Wellen und als die Great Western Railway eine Turbolokomotive bei Metropolitan-Vickers bestellte, überraschte es kaum, daß der Hauptkonkurrent English-Electric auf eigene Kosten die Entwicklung und den Bau einer eigenen Gasturbinenlok unternahm. Es gab aber große Unterschiede zwischen beiden Projekten, nicht zuletzt, daß Metro-Vick die Lokomotive nach fünf Jahren ablieferte, wogegen EE geschlagene 14 Jahre brauchte.

Die Metro-Vick-Lokomotive folgte dem Vorbild von Brown Boveri in der Schweiz und General Electric in den USA, indem die Turbine einen Generator antrieb, der Strom für konventionelle Gleichstrom-Fahrmotoren erzeugte. English Electric nutzte dagegen die Fähigkeit einer Turbine, beim Anfahren ein hohes Drehmoment abzugeben, für einen direkten Antrieb der Lokomotive aus, wie er schon bei einigen Dampfturbinen-Loks angewendet worden war. Dazu gestaltete man das Fahrwerk mit der

Unten: *Auf den ersten Blick unterscheidet sich die „GT3" kaum von einer Dampflok, und doch hatte sie keinen Kessel und keine Zylinder mit dem zugehörigen komplexen Übertragungssystem.*

Achsanordnung 2'C ähnlich dem einer Dampflokomotive.

Die Turbine ruhte auf dem Rahmen vor der ersten Treibachse und war, anders als sonst üblich, eine Zweiwellenmaschine. Der Hochdruckteil der Turbine trieb den Kompressor; der Niederdruckteil wirkte über eine eigene Antriebswelle auf ein Getriebe an der mittleren Treibachse. Ein Wechselgetriebe ermöglichte die Wahl der Fahrrichtung. Die Verwendung von zwei separaten Turbinen war eine Grundbedingung für den direkten Antrieb, sie ergab aber auch ein weniger unwirtschaftliches Verhalten im Teillastbereich, das ja sonst eine große Schwäche der Turbinenloks war. Ein Wärmetauscher über dem Turbinengehäuse heizte mit Hilfe der Abgase die Verbrennungsluft hinter dem Kompressor weiter auf. Der Führerstand war wie bei einer Dampflok am hinteren Ende angeordnet und ein dreiachsiger Tender nahm die Brennstoffvorräte und den Zugheizkessel auf.

Einzigartig bei der Entwicklung der Lok war, daß jedes einzelne Bauelement vor und nach dem Einbau ausgiebig getestet wurde. Dabei machte man ausgiebig Gebrauch von der Lokomotivversuchsstation der BR in Rugby, das erste Mal, daß diese Anlage in solchem Umfang von Außenstehenden genutzt wurde. Viel Erfindungsgabe steckte in der Konstruktion, vor allem in der Kraftübertragung, die ja das Neuartigste daran war. Die Turbine war ein erprobtes Industriemodell.

Grund für die Wahl der Achsanordnung war die Tatsache, daß – abgesehen vom Federspiel – die angetriebene Achse hier fest im Rahmen lagerte. Damit umging man die Probleme, die sich ergeben hätten, wenn man Drehgestelle vorgesehen hätte.

Oben: *Die English Electric Co baute 1960 diese Gasturbinenlok mit Direktantrieb. Sie war sehr einfach aufgebaut und bewährte sich gut. Hier ist sie vor einem 12-Wagen-Zug im Norden der britischen Insel zu sehen.*

Unten: *Die „GT3" wurde 1961 auf einer Fachschau im Güterbahnhof von Marylebone ausgestellt.*

Die Lokomotive wurde 1960 endlich fertiggestellt und nach Probefahrten in der Nähe der Versuchsanstalt von Rugby auch auf die Strecke gelassen. Dem Betrachter bot sich ein ungewohnter Anblick, denn die ersten Fahrten unternahm man ohne äußere Verkleidung der Maschine – alle Teile, wie Turbine, Wärmetauscher und anderes waren klar zu erkennen.

1961 erprobte man die Lok, nunmehr dezent verhüllt und mit der rätselhaften Bezeichnung „GT3" versehen, auf verschiedenen Teilen der London Midland Region der BR. Höhepunkt war eine Reihe von Fahrten zwischen Crewe und Carlisle mit Zügen bis zu 15 Wagen (etwa 450 t) über die Rampe von Shap mit Geschwindigkeiten, die genauso hoch waren, wie man sie je mit Dampf- oder 2000 PS-Dieselloks hatte ereichen können. Die Leistung der Lok war zufriedenstellend, obwohl die Turbine nie die rechnerische Leistung von mehr als 2800 PS erzielte. Beim Anfahren betrug die Zugkraft 160 kN (36000 lb), bei Geschwindigkeiten zwischen 48 und 130 km/h lag sie im gleichen Bereich wie die einer „Merchant Navy"-Pazifik bei maximaler Leistung des Lokheizers und sie lag um einiges über der einer 2000 PS-Diesellok.

Nach Abschluß der Probefahrten war man an dem Punkt angelangt, an dem man die Erfahrungen aus 14 Jahren Entwicklungsarbeit an dieser und anderen Lokomotivtypen in ein Serienprodukt umsetzen konnte. Grundvoraussetzung dafür war aber viel Geld für weitere Investitionen, die nur bei Vorliegen ausreichender Bestellungen zu rechtfertigen waren. Die BR hatten aber inzwischen ihre beiden Gasturbinenloks abgestellt und waren schon im Begriff, die zweite Generation ihrer Dieselloks zu erproben, Dieselloks mit Motoren von 2700 bis 2750 PS bei einem Gewicht von weniger als 120 t. Die BR hatten sich auf die Dieseltraktion festgelegt und waren so eingehend mit den Problemen der Verdieselung beschäftigt, daß sie kein Interesse an Alternativen hatten; auch Bestellungen aus dem Ausland trafen nicht ein. Darüberhinaus wuchsen die finanziellen Schwierigkeiten

English Electrics und es sollte nicht mehr lange dauern, bis sie ihrem früheren Rivalen Metro-Vick in der GEC-Gruppe Gesellschaft leisten konnte. Es war unvermeidlich, daß die weiteren Arbeiten an der Gasturbolok eingestellt wurden und die „GT3" verschrottet wurde. 14 Jahre intensiver Arbeit hatten keine Früchte getragen.

Oben: *Obwohl sie so manches Mal Darsteller in derartigen Szenerien war, fand dieses Muster an Einfachheit keine allgemeine Anerkennung.*

Klasse 55 „Deltic" Co'Co'

Großbritannien
British Railways (BR), 1961

Bauart: Diesel-elektrische Schnellzuglokomotive
Spurweite: 1435 mm (4 ft 8½ in)
Antrieb: Zwei Napier „Deltic" 18-Zylinder-2-Takt-Dieselmotoren, Typ 18-25, von je 1305 kW (1775 PS) mit zwei in Reihe geschalteten Generatoren erzeugen Strom für 6 Tatzlagermotoren
Gewicht: 101 t (222600 lb)
Maximale Achslast: 16,25 t (36920 lb)
Gesamtlänge: 21180 mm (69 ft 6 in)
Zugkraft: 222 kN (50000 lb)
Höchstgeschwindigkeit: 160 km/h (100 mph)

Das Traurige an Diesellokomotiven ist, daß bei ihnen, anders als bei Dampflokomotiven, der gesamte faszinierende Antriebsmechanismus im Inneren versteckt ist. Deshalb ist es sehr ungewöhnlich, daß ihr Name diese unsichtbaren Dinge widerspiegelt. Aber bei den „Deltics" war der Antriebsmechanismus so interessant, daß er auch außerhalb der Fachwelt bekannt wurde. Im Griechischen ist der Großbuchstabe „Delta" – Δ – ein Dreieck, das, auf den Kopf gestellt, die Anordnung einer Reihe von Dieselmotoren genau wiedergibt, die für ihr Gewicht und ihre Größe eine bemerkenswert hohe Leistung abgeben. Sie wurden kurz nach dem Zweiten Weltkrieg von der English Electric-Tochtergesellschaft Napier für Schnellboote der Königlich Bri-

tischen Marine entwickelt, um Benzinmotoren zu ersetzen, die vor allem bei Gefechten sehr feuergefährlich waren.

Die Vorteile einer Maschine mit gegenläufigen Kolben sind ja wohlbekannt. Anstelle eines Kolbens im Zylinder, mit einem massiven Zylinderkopf, der dem Druck Widerstand leisten muß, gibt es hier zwei Kolben, die sich in entgegengesetzter Richtung voneinander abstoßen. Man erhält zwar nicht gerade „zwei für den Preis eines einzigen", aber man kommt der Sache recht nah. Einziges Problem sind die Schwierigkeiten, die sich ergeben, wenn man die gegenläufigen Bewegungen auf eine einzige Antriebswelle übertragen will. Der „Deltic"-Motor besitzt nun drei Reihen dieser Doppelkolbenzylinder, die zueinander

ein gleichschenkeliges Dreieck bilden und auf drei Kurbelwellen an den Spitzen des Dreiecks arbeiten. Die Bewegung der drei Wellen wird dann über Zahnräder zu einer mittigen Abtriebswelle geleitet. Ergebnis war ein sehr günstiges Leistungsgewicht von nur 3,8 kg/kW, mehr als zweieinhalbmal besser als bei den üblichen Dieselmotoren, die seinerzeit für Lokomotiven Verwendung fanden. Vor allem waren hier auch alle erzeugten Kräfte im völligen Gleichgewicht.

English Electric war bekanntlich einer der Hauptlokomotivlieferanten der BR und der EE-Präsident Lord Nelson erkannte, daß man mit einer Napiermaschine auf einem English Electric-Fahrgestell die Leistung einer typischen diesel-elektrischen Lokomotive würde verdoppeln können. Gegen den Widerstand der eigenen Schienenfahrzeugabteilung und auf eigene Kosten der Firma entstand 1955 ein Lokomotivprototyp. Während der mehrjährigen Erprobung vollbrachte er alles, was sich nur von einer Lok erwarten ließ, die über 3350 PS (2463 kW) anstelle der 2000 PS ihrer Konkurrenten verfügte. Vor allem war sie unerwartet zuverlässig.

Der BR-Modernisierungsplan sah gleichermaßen eine Elektrifizierung von London in den Norden Englands vom Euston-Bahnhof, wie auch vom Kings Cross-Bahnhof ausgehend vor. Es sollte aber nur das erstgenannte Projekt ausgeführt werden, so daß die Verantwortlichen der Ost-/Nordost- und Schottland-Regionen nach einer Möglichkeit suchten, mit möglichst geringen Ausgaben Fahrzeiten wie bei einem elektrischen Betrieb zu erreichen. Man entschied sich 1959 für die Bestellung von 22 dieser großartigen Lokomotiven einer

Links: *„Deltic" Nr. 55021 vor einem Schnellzug von Kings Cross nach Edinburgh in Ouston Junction, Grafschaft Durham im Juli 1978.*

Unten: *So sahen die ersten Einheiten der leistungsstarken diesel-elektrischen „Deltic"-Klasse bei ihrer Anlieferung aus.*

Klasse, die noch zu Lebzeiten zur Legende werden sollte. Bei ihrer Ablieferung waren sie mit Abstand die stärksten einteiligen Lokomotiven der Welt.

Sie besaßen zwei separate „Deltic"-Motor-Generatorsätze, die normalerweise in Serie geschaltet waren. Beim Ausfall einer Anlage konnte die Lok mit unveränderter Zugkraft, aber mit verminderter Geschwindigkeit ihre Fahrt fortsetzen.

Zur Ausrüstung der „Deltics" gehörte ein automatischer ölgefeuerter Zugheizkessel. Die Wassertanks waren so angeordnet, daß sie aus Wasserkränen und auch – erstaunlicherweise – während der Fahrt mit einer Schöpfvorrichtung aus Wassertrögen zwischen den Fahrschienen gefüllt werden konnten. Später wurden die Generatoren so verändert, daß man auch Leistung für die elektrische Zugheizung abzweigen konnte; dann standen aber etliche hundert PS weniger für den Antrieb zur Verfügung. Sowohl ein Luftpresser als auch ein Exhaustor für die Zugbremsung waren vorhanden, genauso wie eine Kochstelle und eine Toilette für das Lokpersonal.

Die Drehgestelle stammten von der English Electric „Typ 3" – 1775 PS-Lokomotive (heute BR-Klasse 37) und besaßen Schleuderschutzeinrichtungen. Die Fahrsteuerung ähnelte ebenfalls den anderen EE-Loks, allerdings mußte der Lokführer sie mit viel Gefühl handhaben, denn durch die niedrige Massenträgheit des Motors kam es sonst zur Selbstabschaltung durch Überlastung. Trotzdem verdienten sie sich durch ihre Fähigkeit die 0,5%-Rampe von Stoke bei Peterborough, mit dem schweren „East Coast Express" hinter sich, mit 90 Meilen pro Stunde (144 km/h) emporzustürmen die Hochachtung aller Lokmänner. Nach alter LNER-Tradition erhielten alle „Deltics" Namen – einige die von Rennpferden, andere die von englischen oder schottischen Regimentern. Anfänglich trugen sie die Nummern D9000 bis D9021, später wurden D9001-21 zu Nr. 55001-21, die D9000 zur 55022.

Einer der entscheidenden Punkte der Lieferbedingungen der „Del-

tics" war, daß die Unterhaltsarbeiten im Kaufpreis enthalten waren und Geldbußen fällig wurden, wenn die Maschinen nicht in der Lage waren, vereinbarte Laufleistungen zu erreichen. Die Aufgabe, die Maschinen betriebsfähig zu halten, vereinfachte man durch den Austausch kompletter Motoren bei Defekten, die dann in Ruhe repariert werden konnten. Nach einigen Anlaufschwierigkeiten, die nie ausbleiben, etablierte sich mit der Zeit die Jahresleistung bei etwa 275000 km, etwa 800 km/Tag, bei einer sehr niedrigen Ausfallquote.

Nach Verbesserung der Gleisanlagen und einigen Streckenbegradigungen fuhren die „Deltics" mit dem „Flying Scotsman" (zum Beispiel 1973) die 433 km von Kings Cross nach Newcastle in 3 h 37 min und die 632 km nach Edinburgh in 5 h 30 min, das sind Durchschnittsgeschwindigkeiten von 119,8 bzw. 114,5 km/h). Aber nicht nur ein oder zwei „Vorzeigezüge" fuhren so schnell, sondern der ganze Betrieb profitierte von den „Deltics". So verkürzte sich die Fahrzeit von London nach Edinburgh gegenüber dem Stand 12 Jahre zuvor im Schnitt um 1½ Stunden. Für Fahr-

Rechts: *Ein Ostküsten-Schnellzug mit einer „Deltic" in der heutigen Standardfarbgebung rollt südwärts durch das Hügelland.*

Oben: *Die „Deltic" Nr. 55010 namens „Kings Own Scottish Borderer" („des Königs schottischer Grenzwächter") unter Fahrdraht im Kings Cross-Bahnhof.*

gäste aus dem Norden verlängerte sich der mögliche Aufenthalt in London um bis zu 1¾ Stunden bei gleichlanger Abwesenheit von Zuhause. Die Britischen Eisenbahnen wurden durch eine nennenswerte Zunahme der Nachfrage belohnt und dies wog die Tatsache auf, daß der Unterhalt dieser komplexen Maschinen zugegebenermaßen teurer war, als der ihrer einfacheren Schwestern mit weniger Leistung.

15 Jahre und 50 Millionen „Deltic"-Meilen später schien eine Elektrifizierung noch genausoweit entfernt wie zuvor und eine weitere Entwicklungsstufe wurde wünschenswert. Man dachte an „Super-Deltics" mit erhöhter Motorleistung, die aber zugunsten der „HST" (High Speed Train) Hochgeschwindigkeits-Triebzüge mit konventionelleren Paxman-Motoren fallengelassen wurden. Man hoffte, die dadurch verdrängten „Deltics" zur Verbesserung der Verhältnisse auf weniger wichtigen Strecken nutzen zu können, wo ihre niedrige Achslast willkommen war, aber am Ende wurde ihr Unterhalt doch zu teuer und die nüchternen Zahlen der BR-Buchhalter entschieden gegen sie.

So fuhr am 2. Januar 1982 zum letzten Mal eine „Deltic" mit ihrem Zug in den Kings Cross-Bahnhof ein. Alles was bleibt sind Erinnerungen an die imposanten Leistungen dieser legendären Maschinen. Mindestens zwei werden der Nachwelt erhalten – der Prototyp im Wissenschaftsmuseum von London und die „Kings Own Yorkshire Light Infantry" („des Königs leichte Yorkshire-Infanterie") im Nationalen Eisenbahnmuseum in York.

Klasse 52 „Western" C'C'

Großbritannien
British Railways (BR)-Westregion, 1962

Bauart: Diesel-hydraulische Schnellzuglokomotive
Spurweite: 1435 mm (4 ft 8½ in)
Antrieb: Zwei Bristol-Siddeley/ Maybach V12-Dieselmotoren, Typ MD655, von je 1007 kW (1370 PS) treiben je ein Drehgestell über ein dreistufiges Voith/ North British-Hydraulikgetriebe, Kardanwellen und Wendegetriebe an
Gewicht: 110 t (242440 lb)
Maximale Achslast: 18,5 t (40775 lb)
Gesamtlänge: 20726 mm (68 ft 0 in)
Zugkraft: 323 kN (72600 lb)
Höchstgeschwindigkeit: 144 km/h (90 mph)

Die Geschichte der „Western"-Klasse gleicht dem furiosen, aber vergeblichen letzten Kavallerieangriff einer Armee, die ihr unausweichliches Schicksal vor Augen hat. Von all den Bahngesellschaften, die am 1. Januar 1948 in den Britischen Eisenbahnen aufgegangen waren, fand sich die Great Western Railway am wenigsten mit diesem Schicksal ab. Ihre eigenen hohen Standards, die sich in mehr als einem Jahrhundert entwickelten, wurden plötzlich durch solche „minderer Güte" ersetzt, die von „fremden" Gesellschaften stammten. Eine Zeitlang mußte sich die Regionalverwaltung mit Worten begnügen – der Generaldirektor verfügte sogar, daß Züge, mit denen er reiste, nur mit GWR-Lokomotiven bespannt werden durften!

Nachdem ein Jahrzehnt vergangen war, konnte man endlich zur Tat schreiten. Das BR-Modernisierungsprogramm sah eine eingehende Erprobung diesel-hydraulischer Lokomotiven in einer der BR-Regionen vor und die Westregion war dazu geeignet. Dies war die Chance für Paddington, endlich wieder einmal eigene Lokomotiven zu erarbeiten, die der geheiligten GWR-Tradition folgten – sie sollten sich soweit wie möglich von allen anderen unterscheiden.

Damals war die Wahl der hydraulischen Kraftübertragung anstelle der elektrischen ein weniger radikaler Schritt als heute. Die Hauptverwaltung der BR hatte sich bei den meisten vorgesehenen Dieselloks auf die elektrische Übertragung festgelegt – im Nachhinein gesehen mit Recht – aber auch die hydraulischen Antriebe boten gute Aussichten. Da diese Antriebe in Westdeutschland am weitesten entwickelt worden waren, baute man ganz auf den dortigen Erfahrungen auf. Zusätzlich zu den Hydraulikgetrieben hatten die deutschen Dieselloks auch sehr schnell laufende leichte Dieselmotoren. Ihre Drehzahl war doppelt so hoch wie bei den anderen BR-Lokomotiven und sie wogen bei gleicher Leistung nur die Hälfte.

Die erste Baureihe von Bedeutung war die 2000 PS-B'B'-„Warship"-(Kriegsschiff)Klasse von 1958, die so ausgelegt war, daß sie das Gleiche wie die (1'Co)(Co1')-Klasse „40" leistete, dabei aber 40% weniger wog. Man baute 66 „Wahrships", aber ein Gleichziehen mit dem Rest der BR war nicht genug. Was man wünschte, war eine Maschine, die mit ihren Leistungen die anderen BR-Dieselloks in Grund und Boden versinken ließ.

Die Lok Nr. D1000 „Western En-

Oben: *Lok Nr. D1005 der Klasse 52 durchfährt Lostwithiel, Cornwall mit dem „Cornish Riviera Express" aus London, Oktober 1974.*

Unten: *Lok Nr. 1028 „Western Hussar" verrichtet mindere Dienste vor einem Zug aus fünf Milchwagen.*

FIREBRAND

terprise" („Westliches Wagnis") erschien Ende 1961; ihr folgten 73 Schwesterloks. Auch ihre Namen waren oft beschwörend oder, wie bei der ersten, sogar offen provokativ für die Ohren der Herren in der Marylebone Road Nr. 222 in London. So hieß Nr. D1001 „Western Pathfinder" („Westlicher Bahnbrecher"), D1019 „Western Challenger" („Westlicher Herausforderer") oder D1059 „Western Empire" („Westliches Reich"). Man folgte auch der GWR-Tradition der Schreibfehler – Nr. D1029 „Western Legionnaire" („Westlicher Legionär") schrieb man erst einmal als „Legionaire".

Leider konnten sich die Maschinen nicht mit „Westlichem Ruhm" („Western Glory" – D1072) bedecken. Zuerst einmal konnten sie ihren Leistungsvorsprung nicht lange auskosten, denn schon im folgenden Jahr erschien die Brush-Co'Co'-Klasse „47" (schon beschrieben), die ein kleines bißchen mehr Leistung aufweisen konnte, bei etwa gleichem Gewicht und 1967 zog auch English Electric mit der Klasse „50" gleichauf. Zu allem Überfluß entschied schon 1963 die Hauptverwaltung, daß diesel-hydraulische Lokomotiven gegenüber den im Überfluß vorhandenen diesel-elektrischen Maschinen keine Vorteile boten. So waren die „Westerns" schon aus dem Dienst verschwunden, als gegen Ende der Siebziger Jahre die „HST125"-Züge die Dienste auch des Paddington-Bahnhofs übernahmen. Die Ausmusterung begann schon Mitte 1973 mit Nr. 1019 und war Anfang 1977 beendet. Nicht weniger als 6 Stück überlebten die Verschrottung, im Gegensatz zu ihnen sind aber fast alle ihrer Konkurrenten der Klassen „47" und „50" noch im täglichen Einsatz.

Das Äußere der „Westerns" wies einen eigenen Stil auf, noch ungewöhnlicher im Aussehen durch die Innenrahmen der Drehgestelle. Auch die Maybachmotoren der „Tunnelbauart" waren ungewöhnlich (wenn auch nicht sichtbar); ihre „Scheibenkurbelwelle" hatte kreisförmige Kurbelwangen, deren Außenflächen in Wälzlagern liefen. Die Antriebskraft wurde über etliche hydraulische und mechanische

Getriebe und zahlreiche Kardanwellen auf die Treibachsen übertragen. Dieses komplizierte Gebilde war eine Quelle zahlreicher Störungen, bei denen die Ursachen nicht klar feststellbar waren, die aber ernste Auswirkungen hatte. Der Ersatz der elektrischen Kraftübertragungen durch hydraulische und mechanische Bauelemente hatte die Zuverlässigkeit nicht verbessert, sondern vermindert. Außerdem brauchte man für die Steuerung und Überwachung der Maschinen viel Elektrik, die all jene Probleme bereitete, die in der ölgeschwängerten Atmosphäre einer Diesellok zu erwarten sind.

Die Maschinenabteilung der Westregion schaffte es trotzdem, die Probleme zu meistern; man freute sich vor allem, als es gelang, die schlechten Laufeigenschaften, die zu Geschwindigkeitsbeschränkungen führten, durch Änderungen an den Drehgestellen zu beseitigen, die nun im Prinzip der Standardbauform der GWR in viktorianischen Zeiten glichen. Jetzt waren

auf den 363 Kilometern von Paddington-Bahnhof nach Plymouth Fahrzeiten von 3 h 30 min möglich, eine nennenswerte Verkürzung um 30 Minuten gegenüber den besten Fahrplänen der Dampflokzeit.

Auch das Problem der Zuverlässigkeit bekam man durch einen langen Prozeß mühsamen Herumprobierens in den Griff, schließlich fand man Abhilfen für die meisten fehlerhaften Details. Inzwischen war aber schon die Entscheidung gefallen die diesel-hydraulischen Loks vorzeitig aus dem Dienst zu ziehen und sie durch die diesel-elektrische Klasse „50" zu ersetzen. Dies war für die „Westler" der Höhepunkt der Schikanen, denn in der Zwischenzeit (zum Beispiel 1971) kam bei den „Westerns" ein Ausfall auf 24 000 km, während die Nachfolger der Klasse „50" im Durchschnitt schon nach nur 14 500 km versagten.

Etwas Gutes brachte auch diese ganze Geschichte; dringend benötigtes Selbstvertrauen. Diese Eigenschaft, die bisher fehlte, erzeugte bei

Oben: Die diesel-hydraulische C'C'-Lokomotive Nr. D1012 „Western Firebrand", Klasse 52, der BR-Westregion in der ursprünglichen roten Farbgebung. Versuchsweise verwendete man auch andere Farben, beispielsweise den Farbton „Wüstensand".

Unten: Lok Nr. D1048 kommt mit einem Schnellzug von Birmingham nach Paddington aus dem kurzen Harbury-Tunnel zwischen Leamington und Banbury.

den BR die Tatsache, daß auch dieses ausländische Produkt bei weitem nicht so perfekt war, wie man es angepriesen hatte und daß man erkannte, daß auch seine Urheber nur Menschen wie jeder andere waren.

BB16500   B'B'
Frankreich
Französische Staatsbahnen (SNCF), 1962

Bauart: Elektrische Lokomotive für gemischten Betrieb
Spurweite: 1435 mm (4 ft 8½ in)
Stromversorgung: Wechselstrom von 25000 Hz und 16⅔ Hz über Oberleitung, Loktransformator und Gleichrichter zu den Fahrmotoren
Antrieb: Jedes Drehgestell besitzt einen Fahrmotor, der die Achsen über ein umschaltbares Zweigang-Getriebe antreibt
Gewicht: 71 t bis 74 t (156525–163140 lb) je nach Ausrüstung
Maximale Achslast: 17,8 t bis 18,5 t (39240-40785 lb)
Gesamtlänge: 14400 mm (47 ft 3 in)
Zugkraft: 318 kN (71400 lb) im Langsamgang; 188 kN (42210 lb) im Schnellgang
Höchstgeschwindigkeit: 90 km/h (56 mph) bzw. 150 km/h (93 mph)

Die Erfahrungen mit den B'B'-Lokomotiven der SNCF-Reihe „12000" auf der Strecke Thionville-Valenciennes bewiesen die Überlegenheit des Ignitrons über andere damals erhältliche Gleichrichterbauformen und sie bestätigten auch die Vorteile, die eine Kupplung der Treibachsen eines Drehgestells mittels Zahnradgetrieben brachte. Das Schleudern beginnt meist bei einem Rad, nur selten sind beide Achsen gleichzeitig davon betroffen. Die Kupplung der Achsen gestattet es also, mit einer Lokomotive näher an der Reibungsgrenze zu fahren als bei einem Einzelachsantrieb und die SNCF-Ingenieure kalkulierten, daß eine derartige 60 t-Lokomotive eine ähnliche Zugkraft erbringen könne wie eine 85 t-Maschine mit einzeln angetriebenen Achsen.

Nächste, nach der Strecke Thionville-Valenciennes, elektrifizierte Verbindung war die Hauptbahn von Paris nach Lille in der Nordregion. Hierfür entstanden zwei neue Loktypen. Eine war eine Bo'Bo'-Schnellzuglok für 160 km/h, die andere war eine Mehrzwecklokomotive mit der eine andere Neuheit eingeführt wurde – das einmotorige „monomoteur"-Drehgestell mit Zweiganggetriebe. Die „monomoteur"-Anordnung hatte man schon in Versuchen mit 2 Zweispannungsloks erprobt. Wie der Name schon sagt, besitzt jedes Drehgestell nur einen einzigen Motor über dem Drehgestellrahmen, der die Achsen über Zahnräder und Federantriebe antreibt. Zwischen dem Motorritzel und dem Großrad des Übersetzungstriebes gibt es eine Zwischenstufe. Zwei unterschiedlich große Zahnräder sitzen an den Enden eines Schwenkarms und können wahlweise in Eingriff gebracht werden; die Umschaltung in die Personenzug- oder die Güterzugstellung kann nur bei Stillstand der Lok erfolgen.

Bei einem einmotorigen Drehgestell können die Achsen einen geringeren Abstand erhalten, es läßt sich kompakter bauen und da der Motor über der Drehgestellmitte liegt, neigt es weniger zu Schwingungen bei höheren Geschwindigkeiten.

Die SNCF verkündete, daß diese Lokomotiven der Reihe „16500" nur 60 t wiegen würden, tatsächlich brachten sie dann zwischen 71 und 74 t auf die Waage. Auch so ist das sehr wenig für eine Lokomotive mit einer Leistung von fast 3500 PS (2574 kW), die eine Zugkraft von 318 kN entwickeln kann. Bei Einführung der Reihe war das Ignitron die modernste Gleichrichterbauart der SNCF.

Nach außen hin war am auffallendsten, daß man vom Mittelführerstand der Thionville-Loks wieder abkam und einen eckigen Lokkasten vorsah; der beschränkte Platz

---

EID4-Triebzug
Niederlande
Niederländische Staatsbahnen (NS), 1964

Bauart: Elektrischer Triebzug für Städteschnellverkehr
Spurweite: 1435 mm (4 ft 8½ in)
Stromversorgung: Gleichstrom von 1500 V über Oberleitung
Antrieb: 8 Tatzlagermotoren von je 188 kW (255 PS) treiben die Achsen der beiden Mittelwagen
Gewicht: 91 t (200615 lb) Reibungsgewicht; 168 t (370370 lb) Gesamtgewicht
Maximale Achslast: 13 t (28660 lb)
Gesamtlänge: 102000 mm (334 ft 7¾ in)
Höchstgeschwindigkeit: 140 km/h (88 mph)

Der elektrische Bahnbetrieb in den Niederlanden begann recht früh; schon 1924 wurden die Strecken im Bereich Amsterdam–Den Haag–Rotterdam elektrifiziert. Die ersten stromlinienförmigen Triebzüge erschienen 1934 und vieles an ihnen war zukunftsweisend. Die stromlinienförmigen Enden erlaubten keinen Übergang zwischen gekuppelten Einheiten, aber das Kuppeln wurde durch automatische Kupplungen – die auch die Verbindungen der elektrischen und der Bremsleitungen herstellten – erleichtert. Diese frühen Triebzüge gab es in den unterschiedlichsten Längen als zwei-, drei-, vier- oder fünfteilige Einheiten. Für längere Fahrten, die inzwischen möglich waren, stattete

man die größeren Einheiten komfortabler aus. Gleich aussehende diesel-elektrische Züge wurden ebenfalls gebaut und sogar passende stromlinienförmige Postwagen gab es.

Die Züge waren für den Betrieb in einem kleinen Land bestimmt, das zwar eine sehr große Bevölkerungsdichte besitzt, aber kein besonders herausragendes Siedlungszentrum, wie zum Beispiel Berlin oder London es sind. Sie verkehrten stündlich (oder häufiger) und man legte großen Wert darauf, daß es möglich war, zwischen den großen Städten ohne Umsteigen zu reisen. Daher auch die automatischen Kupplungen, die es gestatteten, Einheiten während eines kurzen Aufenthalts an- oder abzukuppeln.

Obwohl die niederländischen Eisenbahnen im Zweiten Weltkrieg fast völlig zerstört wurden, arbeitete man schon bald nicht nur an einer Wiederherstellung, sondern an etwas viel Besserem, der Elektrifizierung aller wichtigen Strecken des Landes. Man entschied sich, auch weiterhin Triebzüge zu verwenden. Nur einige internationale und nationale Züge sollten mit Lokomotiven befördert werden, um die Loks auch tagsüber zu beschäftigen, denn in

Unten: *Ein vierteiliger elektrischer Triebzug ,Typ EID4/Plan T, 1981 im Amsterdamer Hauptbahnhof.*

für die Ausrüstung in den Vorbauten wurde durch die Vorteile des Mittelführerstands nicht aufgewogen. Von der Reihe „16500" entstanden insgesamt 294 Stück, die auf die Nordregion und die etwas später elektrifizierte Strecke Paris–Strasbourg der Ostregion verteilt wurden. Die ersten 155 hatten eine Drehgestellaufhängung ähnlich der „CC 7100" mit zwei Lenkern und Rückstellfedern. Die anderen besaßen Pendellenker an den Ecken der Drehgestellrahmen.

Während der Bauzeit der Reihe kam ein neuer Gleichrichtertyp auf den Markt, das Excitron, das in die Loks Nr. 16656 bis 16750 (und einige andere) eingebaut wurde. Schließlich kamen die Siliziumgleichrichter auf, die bei den letzten 44 verwendet wurden und die auch die anderen nach und nach erhielten.

Die Reihe „16500" erfüllte die Erwartungen ihrer Konstrukteure.

Sie war als Universallokomotive in der Lage, einzeln oder paarweise, alle Dienste außer den schnellsten Expreßzügen zu übernehmen. Für diese wurde eine 160 km/h-Version entwickelt, die Reihe „17000", aus der wiederum die Reihe „8500" für Gleichstrombetrieb und die Zweisystem-Loks der Reihe „25500" entstanden.

Links: *Die SNCF B'B'-Elektrolokomotive Nr. 16506 vor einem Güterzug von Paris nach Lille.*

den Niederlanden fuhr man die Güterzüge meist in der Nacht.

Die in den Fünfziger Jahren neu entwickelten elektrischen Triebzüge folgten in der Grundform ihren Vorgängern, nur besaßen sie keine Jakobsdrehgestelle mehr und wurden nur noch zwei- oder vierteilig gebaut. Sie erhielten auch stark gewölbte Vorbauten, die nicht aus ästhetischen Gründen entstanden, sondern um dem Fahrzeugführer mehr Schutz zu bieten. Einige Einheiten waren auch als Zweispannungswagen für den Verkehr von Amsterdam über das belgische 3000 V-Netz nach Brüssel ausgerüstet.

In den sechziger Jahren benötigte man weitere Fahrzeuge und diese Triebzüge des Plans T ab Nr. 501, äußerlich den Vorgängern noch ähnlich, repräsentierten einen erheblichen Schritt nach vorne. Ein Prototype wurde 1961 abgeliefert, die Serienproduktion begann 1964. Durch eine Neugestaltung der Konstruktion konnte das Gewicht der 4-Wagen-Einheit nennenswert gesenkt werden, während die Beschleunigung ungefähr verdoppelt wurde.

In Verbindung mit den automatischen Türen erlaubte dies eine Kürzung der Fahrzeiten. Ein weiterer wichtiger Unterschied ist, daß jetzt die Endwagen antriebslos sind und die Mittelwagen angetrieben werden. Seitdem ließen das steigende Verkehrsaufkommen, höhere Geschwindigkeiten und ein schwerer Unfall im Jahr 1962 es ratsam erscheinen, die Züge mit einer Signalanzeige im Führerstand auszustatten, die auf den am stärksten befahrenen Streckenabschnitten über Gleisstromkreise auf den Zug übertragen wird.

Rechts: *Die Vorderpartie eines niederländischen Elektro-Triebzugs mit der automatischen Kupplung, die die Zugbildung erleichtert.*

C630 „Century" Co'Co'
USA
Alco Products Inc. (Alco), 1965

Bauart: Diesel-elektrische Mehrzwecklokomotive für Strecken- und Rangierdienst
Spurweite: 1435 mm (4 ft 8½ in)
Antrieb: Ein Alco 4-Takt-V16-Dieselmotor mit Turbolader, Typ 251 E, von 2238 kW (3000 HP = 3043 PS) mit Drehstromgenerator und Gleichrichtern erzeugt den Strom für 6 Gleichstrom-Tatzlagermotoren
Gewicht: 141,5 t (312000 lb)
Maximale Achslast: 23,6 t (52000 lb), konnte aber auf 27,7 t (61000 lb) erhöht werden
Gesamtlänge: 21180 mm (69 ft 6 in)
Zugkraft: 458 kN (103000 lb)
Höchstgeschwindigkeit: 129 km/h (80 mph) (oder nach Übersetzung)

Die alteingesessene American Locomotive Company, besser bekannt unter dem Kürzel „Alco", war Vorreiter bei der Einführung der wichtigsten Dieselloktype, der Mehrzweckbauart „road switcher", als sie 1946 eine 1500 HP-(A1A)(A1A)-Lokomotive mit schmalen Vorbauten herstellte, die erste wirklich erfolgreiche amerikanische Diesellok, die gleichermaßen vor Güterzügen und im Rangierdienst zu Hause war. Sie besaß einen „Alco 244"-Motor, der sich schon in Rangierloks bewährt hatte, bei dem anstrengenderen Streckendienst aber Schwächen zeigte.

Der Typ „244" wurde durch eine neue Maschine, die „251" ersetzt, die 1956 offiziell die „244" ablöste. Sie war als 6-Zylinder-Reihen- und als V12-Motor erhältlich; V16- und

V18-Versionen folgten später. Anfänglich wurden sie in vorhandenen Loktypen installiert, aber 1963 erschien dann eine neue Modellreihe der „Road-switcher"-Type, die „Century"(Jahrhundert)-Serie.

Trotz des Erfolgs des neuen Motors wurde die Position Alcos immer schwieriger. Von 1940 bis 1953 hatte die Firma eine Vereinbarung mit GE gehabt, daß Alco nur elektrische Ausrüstungen von GE verwendet und dafür GE nicht mit Alco auf dem Diesellokmarkt konkurriert. 1953 beendete GE das Übereinkommen und begann die Entwicklung eigener „road-switcher"-Modelle, die 1960 auf dem Markt erschienen. Dies war eine ungeheure Konkurrenz. Die Bahnen waren inzwischen nämlich voll verdieselt und die Firmen hatten Mühe ihre potentiellen Kunden davon zu überzeugen, daß es sich auszahle, die veralteten Loks der „ersten Generation" durch ihre neuesten Produkte zu ersetzen.

Ein wichtiges Verkaufsargument für jedes neue Modell waren reduzierte Unterhaltskosten; bei den „Century"-Loks betonte man dies ganz besonders. Der Hersteller behauptete, daß gegenüber anderen, 10 Jahre alten, Modellen Einsparungen bis zu zwei Dritteln zu erwarten seien.

Die neue Baureihe wurde durch drei Ziffern bezeichnet, die erste gab

Rechts: *Die „C630" Nr. 712 der British Columbia Ry in Lillooet. Der Schneepflug weist auf die schneereichen Winter in Kanada hin.*

„Shin-Kansen"-Triebzug
Japan
Japanische Staatsbahnen (JNR), 1964

Bauart: Sechzehnteiliger elektrischer Schnelltriebzug
Spurweite: 1435 mm (4 ft 8½ in)
Stromversorgung: Wechselstrom von 25000 V 16⅔ Hz über Oberleitung zu Transformatoren und Gleichrichtern
Antrieb: 64 Gleichstrommotoren von je 185 kW (251 PS) treiben alle Achsen über Gelenkantriebe an
Gewicht: 922 t (2032630 lb)
Maximale Achslast: 14,4 t (31745 lb)
Gesamtlänge: 401880 mm (1318 ft 6 in)
Höchstgeschwindigkeit: 210 km/h (130 mph)

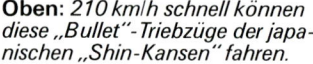

Es dauerte mehr als 60 Jahre, bis die Hoffnungen, die die Schnellfahrten von Zossen geweckt hatten, endlich in die Tat umgesetzt wurden. Öffentliche Hochgeschwindigkeitszüge mit Reisegeschwindigkeiten von mehr als 160 km/h und mit normalen Fahrgeschwindigkeiten, die noch um 30% darüber lagen, gab es erstmals 1965, als die Japanischen Staatsbahnen auf ihrer neuen „Shin-Kansen"-Linie von Tokio nach Osaka den vollen Betrieb aufnahmen. Die Strecke war schon 1964 eröffnet worden, aber in der Anfangsphase hatte man sich mit weniger ungewöhnlichen Geschwindigkeiten begnügt.

Trotz ihres beeindruckenden Aussehens sind die „Shin-Kansen" (das heißt einfach „neue Linie")-Züge im Grunde recht konventionell. Die hohe Geschwindigkeit erreicht man durch die außerordentlich hohe Leistung – ein 16-Wagen-Zug verfügt über eine Dauerleistung von 11840 kW (16100 PS) – und die hohe Beschleunigungsrate verdankt man dem Allachsantrieb.

Nein, das Interessante ist, was man mit moderner, aber konventioneller Technologie erreichen kann, wenn man mit einem leeren Blatt Papier beginnt. Bis 1964 fuhren die JNR ausschließlich auf der Kapspur von 1067 mm; die neue Linie war davon völlig unabhängig, sogar die Spurweite war anders. Es kostete große Summen, um zwischen einigen japanischen Großstädten eine neue Normalspurbahn zu bauen, aber der Mut der Befürworter dieses Plans wurde belohnt, vor allem durch einen Anstieg der Fahrgastzahlen zwischen 1966 und 1973 um das Dreifache.

Der Preis für die hohe Geschwindigkeit war beträchtlich. Man muß für den Bau neuer Strecken nicht nur viele Grundstücke innerhalb und außerhalb der großen Städte erwerben, sondern die flachen Kurven mit einem Radius von 2500 Metern, die die hohen Geschwindigkeiten bedingen, erfordern umfangreiche Erdbewegungen und Kunstbauten. Wenn man natürliche Hindernisse nicht umgehen kann, muß man eben hindurch. Selbstverständlich bilden bei dem hohen Leistungsangebot der Fahrzeuge selbst Steigungen von 1,5% keine unüberwindlichen Schwierigkeiten.

Bedeutendste Neuerung ist die automatische Fahrsteuerung der Züge: Beschleunigung und Abbremsung werden selbsttätig eingeleitet, nur die letzten Meter vor dem Anhalten werden direkt vom Fahrer gesteuert. Es gibt keine

Oben: *210 km/h schnell können diese „Bullet"-Triebzüge der japanischen „Shin-Kansen" fahren.*

Streckensignale, alle wichtigen Informationen über den Streckenzustand werden durch kodierte Impulse über die Stromzuleitung auf den Führerstand übertragen. Die Züge erzeugen selbst auch Signalimpulse, die ihnen in Fahrrichtung vorauseilen und bei Gleisverzweigungen den Fahrweg festlegen. Seismografen in den Kontrollzentren führen bei Erdbeben zum sofortigen Halt der Züge.

Ursprünglich gab es 480 Wagen, die zu 40 12-Wagen-Garnituren zusammengestellt waren. Jeder 12er-Zug war elektrisch in sechs 2-Wagen-Einheiten unterteilt, eine davon mit einem Speisewagen, an den Enden die an Geschosse erin-

die Achszahl an, die beiden anderen gaben die Leistung an (in Hundertstel der HP-Zahl). Die ersten Loktypen waren die „C420", die „C424" und die „C624", wovon die beiden letzten im damals beliebtesten Leistungsbereich lagen. Der 16-Zylindermotor mit Turbolader entwickelte 2600 HP (1940 kW), der Generator hatte eine Ausgangsleistung von 2400 HP (1790 kW), die nach amerikanischer Praxis als Lokleistung angegeben wurden.

1964 erschien eine neue Version des Motors, mit einer durch bessere Kühlung und höhere Drehzahl auf 2750 HP (2052 kW) gesteigerten Leistung; damit war die Lokomotive die stärkste auf dem amerikanischen Lokmarkt. In einer Zeit, in der die Bahnen immer mehr von immer stärkeren Loks angezogen wurden, war dies ein Pluspunkt. Trotzdem wurden nur 135 Einheiten in den USA verkauft.

1965 erhöhte man durch eine weitere Drehzahlsteigerung die Leistung auf 3000 HP (2238 kW). Wichtiger aber war, daß diese Type „C630" zum ersten Mal einen leichteren Drehstromgenerator mit Gleichrichtern erhielt. Es war das erste derartige Antriebsaggregat eines US-Herstellers und führte schon bald zum Nachziehen aller anderen Lokproduzenten auf diese Bauform.

Schließlich kam 1968 eine 3600 HP-Lokomotive (2686 kW) des Typs „C636". All diese Leistungssteigerungen wurden an demselben 16-Zylinder-Motortyp erreicht. Andere Varianten der „Century"-Reihe waren die „C855"

der Union Pacific, riesige Maschinen mit vier zweiachsigen Drehgestellen, Achsfolge (Bo'Bo') (Bo'Bo'), mit zwei 2750 HP-Maschinen und die diesel-hydraulischen „C430H" mit zwei 2150 HP (1604 kW)-Motoren und Voith-Getrieben. Beiden folgten aber keine Nachbestellungen.

Trotz dieser Anstrengungen, wurde Alco langsam aber stetig durch GE vom zweiten Platz auf dem US-Loksektor verdrängt. Auch weitreichende Modernisierungen des Werks in Schenectady konnten nichts mehr retten. Die Bestellzah-

len sanken weiter und 1969 wurde das Werk endgültig geschlossen.

Die Alco-Tradition ging aber trotzdem nicht unter; der kanadische Partner Alcos, die Montreal Locomotive Works waren in besserer Verfassung und produzierten weiter für kanadische und mexikanische Kunden. Die MLW übernahmen alle Alco-Konstruktionen und sind auch 1982 noch dabei, eigene Versionen der „Century"-Serie zu bauen.

Oben: *Eine Co'Co'-Mehrzwecklokomotive der Alco-Type „C630" der kanadischen British Columbia Railway.*

Links: *Das moderne Japan: Ein „Shin-Kansen"-Zug vor dem Fudschijama.*

nernden Endwagen mit den Führerständen. 1970 wurden die Züge auf 16 Wagen erweitert, jetzt mit 2 Speisewagen, und die Zugfrequenz wurde von 120 auf mehr als 200 tägliche Fahrten pro Richtung erhöht. Der Fahrzeugpark war inzwischen auf fast 1400 Wagen angewachsen, die zu 87 16-Wagen-Einheiten gekuppelt waren.

Nachdem der Erfolg 1970 feststand, arbeitete man einen Plan aus, der eine Verzwanzigfachung der ursprünglichen 515 km Streckenlänge vorsah. Bisher waren vier „Shin-Kansen"-Strecken entstanden – die das Netz von Tokio nach Okajama und Hakata und von Omija (bei Tokio) nach Niigata und Morioka ausdehnten, insgesamt 1912 km.

Der Umfang der Arbeiten, die in den Gebirgsgegenden nötig waren – ganz zu schweigen von einem 18,6 km langen unterseeischen Tunnel zwischen den Inseln – kann man an dem Anteil der Kunstbauten ersehen, die nötig wurden. Von den 398 Kilometern zwischen Okajama und Hakata liegen 55% in Tunnels und 31% auf Brücken oder Viadukten, es bleiben nur 14% einfacher Strecke. Einer der Gründe dafür war die Vergrößerung des kleinsten

Halbmessers auf 4000 m für die beabsichtigte Streckenhöchstgeschwindigkeit von 260 km/h (162 mph), während die maßgebliche Steigung auf 1,5% beschränkt wurde. Zwar wurde bisher die höhere Geschwindigkeit im öffentlichen Verkehr nicht realisiert, doch immerhin fahren die schnellen stündlichen „Hikari"-Züge die 1176 Kilometer von Tokio nach Hakata in 6 h 40 min mit einer *Durchschnittsgeschwindigkeit* von 176,4 km/h. Vergleichsweise würde ein „Shin-Kansen"-ähnlicher Zugbetrieb die Fahrzeit auf der vergleichbaren Strecke New York-Chicago von heute 18½ auf 8¼ Stunden halbieren!

Übrigens wurden die Züge für die Hakata-Strecke schon für die künftige höhere Geschwindigkeit ausgerüstet, ihre Leistung wurde um 48% auf 17600 kW (23930 PS) gesteigert. Um das zusätzliche Gewicht der elektrischen Ausrüstung zu kompensieren, baute man die Wagenkästen aus Leichtmetallen. Inzwischen arbeitet man an einem Ersatz für die ursprünglichen Fahrzeuge; in Jahren gemessen waren ihre Leben nur kurz – nicht aber im Verhältnis zu den durchfahrenen Kilometern.

Links: *Die Japanischen Staatsbahnen konnten durch ihre Normalspur-Neubaustrecken Reisezeiten erheblich verkürzen.*

WDM2 Co'Co'
Indien
Indian Railways (IR), 1962

Bauart: Diesel-elektrische Lokomotive für gemischten Dienst
Spurweite: 1676 mm (5 ft 6 in)
Antrieb: Ein Alco 4-Takt-V16-Dieselmotor, Typ 251 D, von 1940 kW (2600 HP) mit Generator erzeugt Gleichstrom für 6 Tatzlagermotoren
Gewicht: 127 t (279910 lb)
Maximale Achslast: 21,5 t (47385 lb)
Gesamtlänge: 17932 mm (58 ft 10 in)
Zugkraft: 280 kN (63000 lb)
Höchstgeschwindigkeit: 120 km/h (75 mph)

Rechts: Die diesel-elektrische Breitspur-Einheitslokomotive der Type „WDM2" der Indischen Staatsbahnen, Nr. 17462, wurde nach einem Entwurf von Alco in den bahneigenen Werkstätten von Varanasi erbaut.

CC 40100 C'C'
Frankreich
Französische Staatsbahnen (SNCF), 1964

Bauart: Elektrische Viersystem-Schnellzuglokomotive
Spurweite: 1435 mm (4 ft 8½ in)
Stromversorgung: Gleichstrom von 1500 V oder 3000 V sowie Wechselstrom von 25000 V 50 Hz oder 15000 V 16⅔ Hz über Oberleitung. Wechselstrom wird auf 1500 V herabtransformiert und mit Siliziumdioden gleichgerichtet
Antrieb: Je Drehgestell ein Fahrmotor von 2170 kW (2950 PS) mit geteilten Ankerwicklungen, die Serien-, Serien-/Parallel- und Parallelschaltung erlauben, der alle drei Drehgestellachsen über Zahnradgetriebe und Alsthom-Gelenkantriebe antreibt
Gewicht: 107 t (235890 lb)
Maximale Achslast: 17,8 t (39240 lb)
Gesamtlänge: 22030 mm (72 ft 3,3 in)
Zugkraft: 200 kN (44900 lb)
Höchstgeschwindigkeit: 180 km/h (112 mph); mit anderer Übersetzung 220 km/h (137 mph)

Der Durchlauf von Lokomotiven von Paris nach Brüssel wurde schon zu Zeiten der Dampftraktion eingeführt, später fuhren auch Dieseltriebwagen durch. Die Elektrifizierung der französischen und belgischen Bahnen ermöglichten auch den durchgehenden Einsatz von Elloks, da aber die Franzosen Wechselstrom von 25000 V 50 Hz verwendeten, während in Belgien Gleichstrom von 3000 V üblich war, wurde eine neuartige Lokomotivtype erforderlich. Damals, Anfang der sechziger Jahre, hatte man das „Trans-Europ-Express"-Netz aufgebaut, das mit Dieseltriebzügen betrieben wurde. Die SNCF beschlossen, eine kleine Serie elektrischer Lokomotiven zu bauen, die nicht nur nach Belgien fahren konnten, sondern auch in andere westeuropäische Länder, falls es eine Ausweitung des TEE-Netzes auf elektrische Traktion geben würde. Sie mußten daher für vier verschiedene Stromsysteme verwendbar sein, für Gleichstrom von

1500 V (in den Niederlanden und Frankreich), von 3000 V (in Belgien und Italien) und für Wechselstrom von 15000 V 16⅔ Hz (in Österreich, Westdeutschland und der Schweiz) und von 25000 V 50 Hz (in Frankreich).

Den Entwurf der Maschine übertrug man Alsthom und dort entstanden diese ersten Exemplare einer neuen Generation elektrischer und dieselgetriebener Lokomotiven mit dreiachsigen „monomoteur"-Drehgestellen. Bis jetzt hatte man diese Antriebsform nur an zweiachsigen Drehgestellen erprobt und die SNCF hatte auch seit 1952 keine sechsachsigen Loks mehr beschafft. Die Anforderungen an die neue Lokbauart spiegelten die vorherrschende enthusiastische Denkweise über den TEE-Verkehr wider: sie sollten Züge von 210 t in der Ebene mit 220 km/h und auf den 2,6%-Steigungen von Gotthard und Lötschberg mit 110 km/h befördern; Züge von 450 t auf der Strecke Paris–Brüssel sollten

160 km/h fahren und 110 km/h auf der 1,4%-Steigung zwischen Mons und Quévy in Belgien. Ebenso sollten sie imstande sein, zwischen Paris und Aulnoye 800 t mit 160 km/h und auf 0,5% noch mit 125 km/h zu fahren.

Grundlage für die Verwendung der vier Stromsysteme waren Gleichstromfahrmotoren für 1500 V Spannung. Im Wechselstrombetrieb wird die Spannung auf 1500 V heruntertransformiert und in Siliziumdioden gleichgerichtet. Bei 3000 V werden die beiden Motoren in Reihe geschaltet, bei 1500 V direkt gespeist. Die Fahrsteuerung erfolgt über Anfahrwiderstände, auch eine Widerstandsbremse ist vorhanden.

Das Gewicht dieser Ausrüstung erforderte sechs Achsen. Um die Umschaltung der Motoren für 3000 V-Betrieb zu ermöglichen, sind die Ankerwicklungen zweigeteilt. Für jedes der vier Stromsysteme steht ein separater Stromabnehmer zur Verfügung; Sicher-

Obwohl Indien ein Land mit wenig Öl, aber reich an Kohle, ist, hatten sich die Verantwortlichen 1960 zur Entscheidung durchgerungen, daß die Dieseltraktion Vorteile bot, die es zu nutzen galt. Im nachhinein betrachtet, war dies eine recht kostenträchtige Entscheidung, aber man setzte sie wenigstens in einer Weise in die Tat um, die Hochachtung verdient hat. Man ignorierte die Versuchung, der so viele Länder der „dritten Welt" unterlegen waren und orderte keine große Flotte fertiger Dieselloks im Ausland, mit denen man dann für immer in der Hand der Hersteller gewesen wäre. Gleichzeitig war man sich aber im klaren darüber, daß ein Bau im „do-it-yourself"-Verfahren ohne Hilfe überseeischer Lokproduzenten nicht möglich war.

Die mit dem Projekt betrauten Fachleute sondierten den Markt und entschieden, daß die US-Firma Alco das beste Angebot gemacht hatte. Man vereinbarte, daß Alco sowohl technische Hilfe als auch komplette Entwürfe an die Indian Railways zu liefern hatte, anfänglich auch fertige Bauteile für eine Lokomotivproduktion in Werkstätten, die in Varanasi (Benares) neu erbaut werden sollten. Nach Fertigstellung besaß das Werk eine überbaute Fläche von 8 Hektar, der gesamte Fabrikkomplex einschließlich einer eigenen selbständigen Siedlung umfaßt 220 Hektar.

Die ersten 40 Loks lieferte Alco Anfang des Jahres 1962 in betriebsfähigem Zustand, 1963 von einer Serie gefolgt, die in Einzelteilen verschifft wurde. Zehn Jahre später stellte man selbst 75 Einheiten im Jahr her und der Anteil importierter Teile war von 100 auf 25% gesunken. Die drei Loktypen, die hier hergestellt wurden oder werden, sind die große „WDM2" (W = Breitspur, D = Diesel, M = gemischter Dienst), eine kleine Breitspurtype „WDM1" und eine Meterspurlok „YDM4". Alle drei besitzen Alco-Motoren der Type 251, der Unterschied liegt in der Anzahl der Zylinder – 16, 12 und 6 in der erwähnten Reihenfolge.

Die Alco-Bezeichnung für die „WDM2" ist „DL560" und in vielem ähnelt sie der „Century"-Reihe. Die dreiachsigen Drehgestelle mußten der breiten Spur angepaßt werden, aber sie besitzen die gleiche asymmetrische Achsanordnung, die durch die Anbringung der drei Tatzlagermotoren bedingt ist. Eine Abweichung ist die Verwendung eines kombinierten Luftpresser-Exhaustor-Aggregats wegen der vorkommenden Vakuumbremsen. Auch die Achslast ist niedriger als bei den amerikanischen Modellen. Obwohl Alco 1969 die Lokomotivproduktion aufgeben mußte, ist der kanadische Alco-Partner Montreal Locomotive Works, heute unter dem Namen Bombardier bekannt, immer noch im Geschäft und unterstützt auch weiterhin den indischen Betrieb.

Man hat zwischenzeitlich vorgeschlagen die „WDM2" zu modernisieren, indem man den Gleichstrom- durch einen Drehstromgenerator und die 16-Zylinder-Maschine durch einen 12-Zylinder-Motor gleicher Leistung ersetzt. Indes wiegen die Vorteile des unveränderten Baus einer guten Konstruktion über viele Jahre hinweg oft die Vorteile einer technischen Neuerung mehr als genügend auf. So manches Mal sind die Techniker gegenüber solch einer vernünftigen Auffassung in ihrem Bestreben, nicht der Entwicklung hinterherzuhinken, einfach blind. Doch brachten die für die Lokomotivbeschaffung Verantwortlichen in Indien bisher solchem Bemühen ein gesundes Mißtrauen entgegen.

---

heitsschaltungen verhindern, daß Gleichstrom zum Transformator gelangt und sorgen dafür, daß der richtige Pantograf angelegt ist. Die Übersetzung des Motorvorgelege kann geändert werden, anders als bei den anderen französischen „Zweigang"-Loks reicht dazu nicht das Umlegen eines Hebels, sondern es ist eine Arbeit für die Werkstatt. Die ersten vier Loks sind für eine Höchstgeschwindigkeit von 160 km/h ausgelegt, die zweite Serie von 6 Stück für 180 km/h. Bis jetzt wurde keine von ihnen auf 220 km/h umgestellt.

Die Gestaltung der Lokomotiven übernahm der Industriedesigner Paul Arzens, der auch die „CC 6500" und „BB 15000"-Elloks und die Dieselloks der Reihen „67000" und „72000" gestaltete. Dies war sein erster Entwurf mit stark geneigter Frontscheibe zur Verminderung der Sonnenreflektion. Die anderen Reihen haben größere wabenartig aufgebaute Vorbauten, die den Lokführer bei Kollisionen schützen sollen, aber die Reihe „40100" ist kürzer gebaut, so daß das Dach vorne etwas übersteht. Die gesickten Seitenwände aus rostfreiem Stahl sind einzig bei diesen Maschinen zu finden.

Die ersten Loks der Reihe erschienen 1964. Sie sind im Depot „La Chapelle" in Paris stationiert und werden zwischen Paris, Brüssel und Amsterdam eingesetzt. Bekanntlich entwickelte sich das internationale TEE-Netz nicht weiter und so kamen die „CC 40100" nicht über Frankreich, Belgien und die Niederlande hinaus. Genausowenig sind die Schnellfahrstrecken für 220 km/h bisher Wirklichkeit geworden.

Sechs sehr ähnliche Lokomotiven für die Belgischen Staatsbahnen (SNCB/NMBS) wurden in Belgien mit französischer Elektrik gebaut. Diese Maschinen kommen auch in den Bereich der Deutschen Bundesbahn.

Oben: *Die französische Viersystem-Elektrolokomotive Nr. CC 40101 in voller Fahrt.*

Unten: *Die „CC 40101" kann mit vier verschiedenen Stromsystemen betrieben werden – Gleichstrom von 1500 V und 3000 V und Wechselstrom von 25000 V 50 Hz und 15000 V 16⅔ Hz. Mit einer anderen Übersetzung ist sie 220 km/h schnell.*

Nr. 111-120   1'E1'

Argentinien
Rio Turbio Industriebahn (R.F.I.R.T.), 1956

Bauart: Kohlegefeuerte Güterzug-
dampflokomotive
Spurweite: 750 mm (2 ft 5½ in)
Antrieb: Ein Kessel mit einer gaserzeugenden Rostfläche von
2,43 m² (26 sq ft) erzeugt Heißdampf von 16 kp/cm² (228 psi) für
zwei Zylinder von 420 mm Durchmesser × 400 mm Hub (16½ ×
17⅜ in), die die 5 Treibachsen über
Stangen antreiben
Gewicht: 38 t (83775 lb) Reibu-
ungsgewicht; 86,5 t (190695 lb)
Gesamtgewicht (mit Tender)
Maximale Achslast:
7,6 t (16755 lb)
Gesamtlänge:
18790 mm (61 ft 7¾ in)
Zugkraft: 55,5 kN (12460 lb)
Höchstgeschwindigkeit:
45 km/h (28 mph)

Die vielen Versuche im Laufe des zwanzigsten Jahrhunderts, den Wirkungsgrad der Dampflokomotive zu verbessern, lassen sich in zwei Gruppen einteilen: einmal all die radikalen Abweichungen vom Prinzip Stephensons, wie komplizierte Hochdruckkessel oder Turbinenloks und zum zweiten all jene, die sich darauf beschränkten, die Proportionen und einzelne Details konventioneller Dampfloks zu verbessern. Zur zweiten Gruppe gehören auch die hervorragenden Arbeiten André Chapelons; seine Umbauten entwickelten bis zum Zweifachen der ursprünglichen Leistung und nutzten den Brennstoff gleichzeitig noch effizienter.

Unter den Anhängern Chapelons waren auch etliche argentinische

Oben: *Zwei Porta-Chapelon-Dampfloks werden gleich den Hafen von Rio Gallegos in Argentinien verlassen, um leere Kohlenwagen zu den Bergwerken von Rio Turbio zu bringen.*

QJ „Vorwärts"-Klasse   1'E1'

China
Eisenbahnen der Volksrepublik China (CR), 1956

Bauart:
Dampfgüterzuglokomotive
Spurweite: 1435 mm (4 ft 8½ in)
Antrieb: Ein Röhrenkessel mit
einer Rostfläche von 6,8 m²
(73 sq ft) erzeugt Heißdampf von
15 kp/cm² (213 psi) Druck für
zwei Zylinder von 800 × 650 mm
(31½ × 25⅝ in), die die 5 Treibachsen über Stangen antreiben
Gewicht: 100,5 t (221560 lb)
Reibungsgewicht; 220,5 t
(486110 lb) Gesamtgewicht*
Maximale Achslast:
20,1 t (44310 lb)
Gesamtlänge:
26251 mm (86 ft 1½ in)*
Zugkraft: 282 kN (63320 lb)

* Mit dem kleinen Tender mit 15 t
Kohle und 35 m³ (7700 gal) Wasser. Der große Tender erhöht das
Gesamtgewicht auf 248 t (546735
lb) und die Gesamtlänge auf 29180
mm (95 ft 9 in); er faßt 21,5 t Kohle
und 50 m³ (11020 gal) Wasser

Rotchina begann ernsthaft mit dem Bau von Dampflokomotiven, nachdem man überall sonst in der Welt damit aufgehört hatte. Auch heute wird etwa eine Lokomotive pro Tag hergestellt und nicht nur das, es ist auch noch kein Ende abzusehen. Genau genommen ist die „QJ"-Klasse zur Zeit mit mehr als 4000 Stück die zahlenmäßig stärkste Loktype der Welt jeglicher Traktionsform und dies sind auch etwa ein Fünftel aller auf der Welt noch aktiven Dampfloks.

Die Gründe, warum die Entwicklung in China nicht im Einklang mit dem Rest der Welt ist, liegen auf der Hand. Große einheimische Kohlevorkommen, geringe Ölreserven und ein riesiger Vorrat an Arbeitskräften auch für eine arbeitsintensive Traktionsform sind drei davon. Noch wichtiger ist wohl die Notwendigkeit, die Leistungsfähigkeit der Eisenbahnen den Bedürfnissen eines schnellen industriellen Wachstums anzupassen. Dies geschieht am besten durch die Großserienproduktion von Dampfloks in

zweckbestimmten Fabriken, die zu einem Siebtel des Preises beispielsweise einer Diesellok gebaut werden können. In westlicher Währung kostet eine chinesische 1'E1'-Dampflok etwa 105000 US-$, eine Diesellok gleicher Leistung, die in China gebaut wird, aber etwa 800000 US-$. Auch die Brennstoffkosten für eine Dampflok sind niedriger. Ein letzter wichtiger Faktor ist, daß die Chinesen weniger unter Druck stehen, dem Vorbild der Nachbarn zu folgen wie andere. Man muß nicht unbedingt „mehr als Meiers nebenan haben", wenn man für sich lebt.

Die ersten Schritte der Entwicklung der „QJ"-Klasse begannen 1946, als nach zwölfjährigem Kampf die kommunistische Regierung Maos die von Krieg gebeutelte Eisenbahn übernahm. Um langfristig die Lokomotivsituation zu verbessern, begann man mit russischer Unterstützung in Datong in Nordchina eine Fabrik zum Bau großer Güterzugloks aufzubauen. Der Abzug der russischen Helfer brachte

große Verzögerungen und ein ziemliches Durcheinander resultierte nicht zuletzt aus Maos „Großem Sprung nach vorn", bei dem man anordnete, daß die noch nicht vollständigen Lokfabriken Dieselloks bauen sollten – der Versuch Datongs soll „Sputnik" genannt worden sein.

Es wurde 1962, bevor die Produktion dieser Klasse (damals „Ho Ping" oder „Frieden" genannt) in Datong beginnen konnte. Es war im Grunde die russische „Lv"-Lokomotive; einige Prototypen waren schon 1956 in den Dalien-Werken in der Mandschurei entstanden. Man machte einige Änderungen an der Serienausführung, vor allem am Kessel, und mit zunehmender Erfahrung stiegen die Produktionszahlen stetig. Die 500te „QJ" entstand 1968, die 1000te 1970, die 2000te 1974 und die 3000te 1979, alle bis auf die ersten aus Datong. Datong baute auch eine Anzahl von 1'D1'-Loks der „JS" („Aufbau")-Klasse und eine Reihe mobiler diesel-elektrischer Generatoranlagen.

Ingenieure, von denen Dante Porta am bekanntesten wurde. Unter der Anleitung Portas und seiner Kollegen wurden mehrere Lokomotivreihen soweit verbessert, daß man sie kaum wiedererkannte. Die Leistungen stiegen um bis zu 55%, obwohl man nicht über so qualifizierte Arbeitskräfte verfügte wie in Frankreich. Diese Umbauten folgten der Lehre Chapelons – vergrößerte Dampfquerschnitte, erhöhte Dampftemperaturen durch Umgestaltung des Überhitzers und ein verbesserter Saugzug, der die Dampferzeugung erhöht, ohne den Ausstoß des Zylinderabdampfs zu behindern.

Auch Verbesserungen gegenüber den Arbeiten Chapelons kamen zum Tragen. Die bemerkenswerteste davon war das gaserzeugende Feuerbett. Dieses Feuerbett hat eine verhältnismäßig niedrige Temperatur, so daß die brennbaren Bestandteile der Kohle als Gas frei werden. Die eigentliche Verbrennung findet über dem Feuerbett statt, Luft und Dampf werden so in die Feuerbüchse geblasen, daß bis zu höchsten Verdampfungsleistungen eine

annähernd perfekte Verbrennung erfolgt. Dies behob einen großen Mangel herkömmlicher Lokkessel, bei denen die Qualität der Verbrennung und damit auch der Wirkungsgrad mit zunehmender Dampfleistung abnimmt.

Porta erzielte seine spektakulärsten Ergebnisse auf der südlichsten Eisenbahn der Welt, der Rio Turbio-Bahn in Argentinien, einer 750 mm-Schmalspurbahn, die Kohlen die 257 km von den Rio Turbio-Minen zum Hafen von Rio Gallegos am Atlantik bringt, mit Steigungen von 0,3% in Lastrichtung und Windgeschwindigkeiten bis zu 160 km/h. Der leichte Oberbau beschränkt die Achslast auf 7½ t und die Höchstgeschwindigkeit beträgt 40 bis 45 km/h.

1956 entstanden für diese Bahn zehn 1'E1'-Lokomotiven nach einer Baldwin-Konstruktion in Japan. An drei von ihnen erprobte Porta später seine Ideen einschließlich des gaserzeugenden Feuerbetts. Ergebnis war eine Erhöhung der Zughakenleistung von 700 auf 1200 PS (515 auf 883 kW). Trotz der schlechten Qualität der Kohle mit einem hohen

Aschegehalt erfolgt die Verbrennung fast rauchlos. Die Verbesserungen versetzten die Loks in die Lage, regelmäßig Züge von 1700 t und bei Versuchsfahrten sogar von 3000 t zu ziehen, eine außerordentliche Leistung für eine Lokomotive von 48 t Gewicht auf Gleisen mit der Hälfte der Normalspur!

1964 wurden zehn weitere Loks gebaut, die von Anfang an Portas Verbesserungen besaßen; eine von ihnen erhielt eine runde Feuerbüchse nach seinem Entwurf, um eine noch bessere Verbrennung durch ein Verwirbeln von Gas, Luft und Dampf zu erreichen.

Genauso bemerkenswert ist wohl, daß diese Maschinen mit einer Rostfläche von 2,1 m² (22,5 sq ft) einen mechanischen Stoker besaßen, wo doch viele europäische und amerikanische Loks mit der doppelten Rostfläche von Hand gefeuert wurden. Man hatte zwar bei der Planung nicht daran gedacht, aber der Stoker war durch das kontrollierte Feuern für die gleichmäßige Verbrennung von großem Vorteil.

Porta entwarf auch eine 1'D-Zweizylinder-Verbundlokomotive, die für Eisenbahnen unterentwickelter Länder ohne Öl, aber mit Kohle, bestimmt war, in denen es schwierig war, qualifizierte Arbeitskräfte zu bekommen. Das Mitreiten auf der Verdieselungswelle war aber in den Ländern, die von Portas Arbeiten profitieren konnten, schon zur Mode geworden – unter Nachhilfe der Industrieländer, die der dritten Welt billige Kredite zur Verfügung stellten, um der eigenen Dieselindustrie zu helfen. Als die Ölkrise allen die Torheit der völligen Abhängigkeit vom Öl vor Augen führte, war die Verdieselung in den meisten Ländern schon zu weit fortgeschritten; kein einziges Land baute eine neue Lok nach der Chapelon/Porta-Bauart. Wie wir später sehen werden, fand sie aber in jüngster Zeit doch noch eine Anwendung in Südafrika.

Unten: Lok Nr. 108 „André Chapelon" ist eine der modernen Dampflokomotiven der Rio Turbio Industriebahn.

Links: Eine „QJ" 1'E1'-Dampflokomotive der Eisenbahnen der Volksrepublik China dampft im Oktober 1980 durch die Vororte von Jilin.

Bergstrecken und im Vorortverkehr erleben. Durch den umfangreichen Streckenbau der neueren Zeit ist es möglich, auf einer Neubaustrecke der achtziger Jahre mit einer Dampflok aus den achtziger Jahren zu fahren. Mit einer Leistung von 2980 PS (2192 kW) am Radreifen – das entspricht etwa einer Motorleistung einer Diesellok von 3700 PS (2721 kW) – steht auch genügend Leistung zur Verfügung.

Die „QJs" sind sehr umfangreich ausgestattet und gleichen, abgesehen von der Lage des Hauptdampfrohrs oberhalb – statt innerhalb – des Kessels, nordamerikanischen Maschinen. Sie besitzen mechanische Rostbeschickung, Abdampfinjektoren, Vorwärmer, elektrische

Beleuchtung, ein Preßlufthorn und eine Dampfpfeife, die sogar chinesischen Drachen das Fürchten beibringt; sogar eine Kochmöglichkeit und eine Toilette sind an Bord. Die Standardausführung ist – bis auf wenige Ausnahmen – von QJ100 aufwärts eingereiht und besitzt vier-

achsige Tender. Einige in der QJ60xx-Reihe verfügen über große sechsachsige Tender für Einsätze in trockenen Gegenden.

Obwohl für schweren Güterverkehr entworfen, kann man diese großartigen Lokomotiven oft im Personenzugdienst auf schwierigen

Baureihe 103[1]   Co'Co'   Bundesrepublik Deutschland
Deutsche Bundesbahn (DB), 1970

Bauart:
Elektrische Schnellzuglokomotive
Spurweite: 1435 mm (4 ft 8½ in)
Stromversorgung: Wechsel-
strom von 15000 V
16⅔ Hz über Oberleitung zum
Loktransformator
Antrieb: 6 in den Drehgestell-
rahmen gelagerte Fahrmotoren von
je 1250 kW (1700 PS) treiben alle
Achsen über Gummiringfeder-
Kardan-Antriebe an.
Gewicht: 116 t (255730 lb)
Maximale Achslast:
19,3 t (42550 lb)
Gesamtlänge:
19500 mm (63 ft 11½ in)
Zugkraft: 312 kN (70050 lb)
Höchstgeschwindigkeit:
200 km/h (125 mph)

Oben: *Eine 103er Serienloko-
motive der DB vor einem schnellen
Intercity-Zug.*

Unten: *Die 103 245-7 ist die letzt-
gebaute Maschine dieser Reihe leistungsstarker Schnellfahrlokomotiven, die 1970 eingeführt wurde.*

1960 begann die Deutsche Bundesbahn mit der Planung eines
schnellen Städteverkehrsnetzes, um
der Konkurrenz des Inlandflugver-
kehrs zu begegnen. Die Diesel-
Schnelltriebzüge des Vorkriegs-
deutschlands hatte man vorwie-

gend auf den von Berlin ausgehenden Strecken eingesetzt, auf denen
hohe Geschwindigkeiten über
große Entfernungen gefahren werden konnten. In Westdeutschland
sind aber die Entfernungen zwischen den Städten kleiner, die Züge
müssen entsprechend häufiger halten; auch weisen die Strecken mehr
Geschwindigkeitseinschränkungen
auf. Die Fähigkeit einer Lokomotive, stark zu beschleunigen, war
daher genauso wichtig wie eine
hohe Endgeschwindigkeit. 1961
legte man darum als Bedingung für
eine Neukonstruktion fest, daß mit
einem 300 t-Zug eine Geschwindigkeit von 200 km/h auf einer
Rampe von 0,5% gehalten werden
mußte und daß diese Geschwindigkeit in 150 Sekunden nach dem
Anfahren aus dem Stillstand erreicht sein sollte.

Wie in Deutschland üblich, bat
man mehrere Firmen um die Vorlage
von Entwürfen. Darunter waren
auch (1Bo)(Bo1) und (A1A)
(A1A)-Maschinen mit vier Moto-

VL80T   Bo'Bo'+Bo'Bo'   UdSSR
Sowjetische Staatsbahnen (SZD), 1967

Bauart: Schwere elektrische
Güterzuglokomotive
Spurweite: 1524 mm (5 ft 0 in)
Stromversorgung: Wechsel-
strom von 25000 V 50 Hz über
Oberleitung zum Loktransformator
und Siliziumgleichrichtern
Antrieb: 8 Gleichstrom-Tatzlager-
motoren von je 590 kW (802 PS)
Gewicht: 184 t (405645 lb)
Maximale Achslast:
23 t (50705 lb)
Gesamtlänge:
32840 mm (107 ft 9 in)
Zugkraft: 433 kN (97220 lb)
Höchstgeschwindigkeit:
110 km/h (68 mph)

Die verschiedenen Varianten der
sowjetischen „VL80"-Reihe, eine
der zahlenstärksten der Welt, sind
die Hauptstützen des schweren
Güterverkehrs auf dem riesigen,
18700 km langen, Industriefre-
quenzbahnnetz der UdSSR. Die
Buchstaben „VL" erinnern an niemand geringeren als „Vladimir Le-
nin", dessen persönlicher Einsatz
für eine Bahnelektrifizierung so
viele Jahre nach seinem Tod zu
solch eindrucksvollen Resultaten
geführt hat.

Die Lokomotiven bestehen aus
zwei vierachsigen, permanent gekuppelten, Einheiten und sind in der
UdSSR sehr beliebt. Von 1953 an
wurden etwa 1500 der Reihe „VL8"
für das 3000 V-Gleichstromnetz gebaut, ab 1961 gefolgt von der Reihe
„VL10", ebenfalls für Gleichstrom.
Die Wechselstromvariante, Reihe
„VL80", ist äußerlich der „VL10"

sehr ähnlich und erschien 1963 als
„VL80K".

Die ersten „VL80K"'s besaßen
Quecksilber-Gleichrichter, es war
aber schwierig, Störungen zu vermeiden, wenn durch die Vibrationen und Stöße des Eisenbahnbetriebs – laienhaft ausgedrückt – eine
Menge Quecksilber in einem Behälter umherschwappte. Schon
bald traten feste Silizium-Gleichrichter an ihre Stelle. Als „VL80T"
erhielten sie zusätzlich eine Widerstandsbremse und in dieser Form
wurden dann auch die meisten
„VL80" gebaut – bis heute mehr als
2000 Stück. Nach etlichen Jahren
wurden die Schaltschütze durch
eine Thyristorsteuerung abgelöst –
die jetzt unproblematisch die Möglichkeit bot, die Bremsleistung ins
Stromnetz zurückzuspeisen und
dadurch den Stromverbrauch um
mehr als 10% zu senken.

Zur Zeit experimentiert man
mit einer „VL80A"-Version mit
Drehstrom-Asynchronmotoren mit
Kurzschlußläufer, die durch statische Umrichter mit Strom variabler
Frequenz gespeist werden. Eine andere hochinteressante Entwicklung, für den Laien sehr ähnlich
dem „VL80A"-Projekt, ist die Verwendung von Thyristoren innerhalb des Motors anstelle von Kommutatoren und Bürsten. Damit will
man die Probleme von mechanischer Abnutzung und Überschlä-
gen an den Kommutatoren vermeiden. Man baute auch eine dreiteilige Ausführung „VL80S" mit einer
Leistung von 9780 kW (13300 PS)
für die Beförderung von 10000 t-
Zügen und Prototypen einer stärkeren Lokomotive des Typs „VL84".

Mit den „VL80" sind auch die
Zweisystemloks für 3000 V Gleichstrom und 25000 V Wechselstrom

ren von je 1250 kW (1700 PS), aber die DB war der Meinung, daß sechs Motoren verwendet werden sollten, um das Motorgewicht möglichst niedrig zu halten und man wählte die Achsfolge Co'Co'.

4 Prototypen wurden 1963 bei Siemens-Schuckert und Henschel bestellt; geliefert wurden sie 1965 als E 03 001-004. Ihre ersten Betriebseinsätze erregten viel Aufsehen, denn sie fuhren noch im gleichen Jahr aus Anlaß der Internationalen Verkehrsausstellung in München zweimal täglich Sonderzüge von München nach Augsburg mit einer Höchstgeschwindigkeit von 200 km/h.

Die Lokomotiven folgen der bei der DB bewährten Bauform mit im Drehgestellrahmen gelagerten Fahrmotoren und Gelenkantrieben. Die Anzapfungen zur Spannungsregelung befinden sich auf der Hochspannungsseite des Haupttransformators. Die Fahrgeschwindigkeit wird in Stufen von 10 km/h vom Lokführer vorgegeben und von der Lokelektronik selbsttätig eingeregelt. Für ihre Leistung sind die Fahrmotoren ziemlich leicht; sie wurden speziell für die hohen Geschwindigkeiten ausgelegt. Die Stundenleistung der Lok beträgt 6420 kW (8730 PS), kurzzeitig kann die Lok sogar nicht weniger als 9000 kW (12235 PS) abgeben. Man unterzog die Maschinen einem umfangreichen Versuchsprogramm, bei dem unter anderem festgestellt wurde, daß sich bei der Beförderung schwerer Schnellzüge im unteren Geschwindigkeitsbereich der Transformator zu stark erwärmte; man mußte daraufhin größere Trafos verwenden.

Etliche Jahre lang spielte die DB mit dem Gedanken eines „Inter-City"-Städteverkehrs mit Triebzügen, kam aber im Laufe der Zeit zu der Auffassung, daß abgesehen von einem noch in der Zukunft liegenden Schnellverkehr mit mehr als 200 km/h, Lokomotiven günstiger waren und beschaffte daraufhin 145 Co'Co'-Maschinen einer verstärkten Ausführung. Sie wurden ab 1970 geliefert, im neuen EDV-Bezeichnungsschema erhielten sie die Nummern 103 101-2 bis 103 245-7, die 103 106-1 fiel schon bald dem Unfall in Rheinweiler zum Opfer. Die verschiedenen Verbesserungen, beispielsweise an den Motoren und der Steuereinrichtung, gestatteten jetzt die Beförderung von 480 t-Zügen mit 200 km/h. Bei den Vorserienloks hatten durch die hohen Ströme bei niedrigen Geschwindigkeiten die Bürsten und die Kommutatoren einem hohen Verschleiß unterlegen, jetzt erlaubten zusätzliche Trafoanzapfungen auf der Niederspannungsseite die Beförderung von 750 t-Zügen im „unteren" Geschwindigkeitsbereich bis 160 km/h.

Die äußere Form dieser Schnellfahrloks hatte man im Windkanal entwickelt, aber die starke Krümmung der Stirnwände führte dazu, daß die Führerstände sehr eng ausfielen. Die letzte Serie von 30 Loks verlängerte man darum um 70 cm zugunsten der Führerstände. Der anfängliche 200 km/h-Betrieb zeigte recht bald, daß dabei die Abnutzung an den Gleisen und den Loks größer als erwartet ausfiel und man stellte die Schnellfahrten ab 1967 vorläufig wieder ein. Es sollte 1977 werden, bis das geplante „IC"-Netz eingeführt werden konnte. Endlich konnten die 103er zeigen, was in ihnen steckte; die Erweiterung der Züge auf die zweite Wagenklasse ließ die Zuggewichte über die geplanten Werte ansteigen.

Lok 103 118-6 war bis vor kurzem für eine Höchstgeschwindigkeit von 250 km/h ausgelegt und wurde vorwiegend für Versuchsfahrten aller Art eingesetzt. Mit einer Kurzzeitleistung von 10400 kW (14100 PS) war sie dabei die stärkste einteilige Lokomotive der Welt.

der Reihe „VL82" von 1966 verwandt. Wenn man beide Netze gemeinsam betrachtet, ergibt sich ein verblüffendes Bild – auf ihnen werden auf Strecken von 44800 km Länge von einer Flotte von mehr als 4000 dieser wuchtigen Maschinen mehr Güter bewegt, als auf allen anderen elektrifizierten Bahnen der Welt zusammen.

Rechts: *Eine Hälfte einer sowjetischen VL82-Bo'Bo'+Bo'Bo'-Zweisystem-Ellok.*

Klasse 73   Bo'Bo'
Großbritannien
British Railways (BR), 1967

Bauart: Zweikraftlokomotive mit Diesel- und Elektroantrieb
Spurweite: 1435 mm (4 ft 8½ in)
Stromversorgung: Gleichstrom von 675 V über eine seitliche Stromschiene oder erzeugt durch einen English Electric-Dieselmotor, Typ 4SKRT, von 448 kW (610 PS)
Antrieb: 4 Tatzlagermotoren von je 295 kW (400 PS)
Gewicht: 76,2 t (168000 lb)
Maximale Achslast: 19 t (42000 lb)
Gesamtlänge: 16358 mm (53 ft 8 in)
Zugkraft: 187 kN (42000 lb)
Höchstgeschwindigkeit: 145 km/h (90 mph)

Eines der Probleme elektrifizierter Bahnbetriebe ist die Unvermeidbarkeit, auch auf Strecken zu fahren, die ohne Stromversorgung sind, gleich ob dies kurzzeitig oder auf Dauer der Fall ist. Die Versorgung aus Stromschienen verstärkt dies noch, weil es nicht möglich ist, sie lückenlos zu verlegen. Wie schon beschrieben, fand die Southern

Railway bei ihrer „CC 1" eine Lösung mit Hilfe von großen Schwungrädern zur Energiespeicherung, die das Befahren kürzerer stromloser Abschnitte erlaubte.

Mit der Ausweitung der SR-Elektrifizierung wurden die Abschnitte, für die man Dieselloks benötigte, immer kürzer und der Betrieb auf ihnen unwirtschaftlicher. Darum entstanden diese Maschinen, kräftige Elektro-Lokomotiven mit einer zusätzlichen mäßig großen Diesel-Generator-Anlage für den Einsatz fern der Stromschiene. Von

Links: *Der Hochzeits-Sonderzug für den Prinz und die Prinzessin von Wales (mit einer speziellen „CD"-Charles & Diana-Kennung) fährt in den Bahnhof von Romsey, Hants ein, gezogen von der Zweikraftlok Nr. 73142.*

Unten: *Die diesel-elektrische Zweikraftlokomotive Nr. 73142 „Broadlands" der Südregion der British Railways.*

ET22   Co'Co'
Polen
Polnische Staatsbahn (PKP), 1972

Bauart: Elektrische Lokomotive für gemischten Dienst
Spurweite: 1435 mm (4 ft 8½ in)
Stromversorgung: Gleichstrom von 3000 V über Oberleitung
Antrieb: 6 Fahrmotoren von je 520 kW (707 PS) mit Hohlwellenantrieb
Gewicht: 120 t (264550 lb)
Maximale Achslast: 20 t (44090 lb)
Gesamtlänge: 19240 mm (63 ft 1½ in)
Zugkraft: 411 kN (92280 lb)
Höchstgeschwindigkeit: 125 km/h (78 mph)

Polen wird vom Westen hauptsächlich als kleiner (und widerspenstiger) Satellitenstaat der Sowjets gesehen. Dabei ist es von seiner Fläche und auch von seiner Eisenbahnstreckenlänge – 24260 km – beispielsweise 30% größer als

Großbritannien – während die Bevölkerungszahl 40% kleiner ist. Der erstaunlichste Unterschied ist aber, daß die PKP 7mal soviel Güter befördert wie die Britischen Eisenbahnen. Genau genommen ist dort, abgesehen von der UdSSR, der Schienenverkehr stärker als in jedem anderen europäischen Land. Polen ist auch reich an Kohle und arm an Öl, so daß trotz der relativen Armut des Landes schon 7140 Bahnkilometer elektrifiziert wurden.

Es gibt zwar mehrere Tausend Dieselloks (einschließlich Rangierloks) in Polen, die genaue Zahl wird nicht genannt, aber es ist auch ein Zeichen der Zeit, daß hier – in diesem Umfang einzig in Europa – noch mehr als 1000 Dampflokomotiven mit ihren inzwischen wieder erheblich niedrigeren Energiekosten zur Wirtschaftlichkeit beitragen. Es besteht aber kein Zweifel,

daß das elektrifizierte Netz, schon jetzt mit einem Verkehrsanteil von einem Drittel, weiter ausgebaut wird.

Der starke Verkehr auf den dafür vorgesehenen Strecken bedeutet, daß die Versuchung gering ist, vom in den dreißiger Jahren eingeführten 3000 V-Gleichstromsystem abzuweichen. Von Anfang an waren polnische Elloks Drehgestellokomotiven der Achsfolgen Bo'Bo' und Co'Co'.

Die Reihe „ET22" ist die häufigste polnische Elloktype und war ursprünglich für den Güterverkehr bestimmt. Mehr als 500 bauten die „Panstwowa Fabryka Wagonow" (Pafawag) in Wroclaw (Breslau) – mechanischer Teil – und Kolmex in Warschau – elektrischer Teil – seit 1971. Sie folgen der angelsächsischen Tradition der Einfachheit, die 1936 mit einer Serie von Bo'Bo'-

Loks englischer Herkunft Einzug hielt. Daher gibt es auch keine „Kinkerlitzchen" wie dynamische Bremsen, obwohl einige Maschinen eine Vielfachsteuerung für die schweren Kohlenzüge vom schlesischen Revier nach Danzig besitzen.

Etwas komplizierter ist der Hohlwellenantrieb, der durch die geringere dynamische Belastung die stark befahrenen Gleise schonen soll. Die Höchstgeschwindigkeit ist hoch genug und auch eine elektrische Zugheizung ist vorhanden (bei Gleichstrombetrieb recht einfach zu bewerkstelligen), um auch Personenzüge zu übernehmen. Dies ist vielleicht auch der Grund, warum in manchen Quellen diese Reihe als „EU22" angegeben wird. „E" heißt „elektrisch", „T" heißt „Towarowy" – „Güter" – und „U" deutet auf gemischten Dienst hin. Nebenbei bemerkt sind die Bo'Bo'-Typen von

dieser vielseitigen Lokbauart entstanden 1962 sechs Prototypen, denen 1967 eine Serie von 42 Stück folgte.

Zu ihren interessanten Details gehören die Vielfachsteuerung, nicht nur für den Betrieb mit ihren Schwestern, sondern auch mit normalen elektrischen oder dieselelektrischen Loks. Das Gewicht des Diesel-Aggregats am einen Ende der Lok wird durch eine massive Pufferbohle am anderen aufgewogen. Sowohl Schraubenkupplungen (für Güterzüge) als auch Mittelpufferkupplungen (für Personenzüge) sind vorhanden.

Die ganze Welt konnte im Juli 1981 die Vielseitigkeit der „Klasse 73" feststellen, als Charles und Diana, Prinz und Prinzessin von Wales, London hinter der Lok Nr. 73142 „Broadlands" auf dem Weg in die Flitterwochen verließen: 132 Kilometern auf der elektrischen Hauptstrecke folgten 8 weitere auf einer nicht-elektrifizierten Nebenbahn.

Oben: *Ein „Elektro-Diesel" der Klasse „73". Die gelben Fronten machen die Loks leichter auf Distanz erkennbar.*

„01" bis (zur Zeit) „08" durchgenummert, die Co'Co'-Loks von „20" bis „23" und die Bo'Bo'-Doppelloks von „40" bis „42". „P" heißt „Pospiszny" – „Personen" –, dementsprechend heißt die jüngste Version der „ET22" für 160 km/h „EP23".

Die „ET22" sind sehr erfolgreiche Maschinen und haben den einst florierenden Export von Dampfloks um elektrische Lokomotiven erweitert: 1973 wurde eine Serie von 23 Loks nach Marokko als Reihe „E-1000" geliefert.

Rechts: *PKP „ET22-112" neben einer „Pt31"-Dampflok im Bahnhof von Lublin.*

Reihe 72000

C'C'
Frankreich
Französische Staatsbahnen (SNCF), 1967

Bauart: Diesel-elektrische Mehrzwecklokomotive
Spurweite: 1435 mm (4 ft 8½ in)
Antrieb: Ein 16-Zylinder-4-Takt-Dieselmotor der Société Alsacienne de Constructions Mécaniques, Typ AGO-V16 ESHR, mit 2650 kW (3603 PS) Leistung und Drehstromgenerator mit Gleichrichtern erzeugt den Strom für zwei Gleichstromfahrmotoren, die über Zweiganggetriebe und Gelenkantriebe auf die Drehgestellachsen wirken
Gewicht: 110/114 t (242505/251 320 lb)
Maximale Achslast: 18,4/19 t (40565/41 885 lb)
Gesamtlänge: 20190 mm (66 ft 3 in)
Zugkraft: im Langsamgang 363 kN (81 505 lb)/im Schnellgang 206 kN (46 253 lb)
Höchstgeschwindigkeit: im Langsamgang 85 km/h; im Schnellgang 140 km/h (53/87 mph)

Als die SNCF 1961 mit dem Bau großer Diesellokomotiven begann, war man sich im klaren darüber, daß im Laufe der Zeit für die schwersten Aufgaben stärkere Maschinen als die 2700 PS-Loks der Reihe „68000" benötigt würden. Man bestellte darum zwei Paare zweimotoriger Versuchslokomotiven, die bis zu 4800 PS (3530 kW) leisten konnten. Man war allerdings nie sonderlich von den Komplikationen einer zweimotorigen Maschine begeistert und die Entwicklung neuer Dieselmotoren im Bereich von 3500 bis 4000 PS veranlaßte die SNCF die Lokhersteller um Angebote für eine starke einmotorige Lokomotive zu bitten. Alsthom hatte mit seinem Entwurf einer C'C'-Maschine mit dem „AGO16"-Motor von 3600 PS Erfolg. („A" deutet auf den Hersteller, die Société Alsacienne de Constructions Mécaniques in Mulhouse, „G" und „O" bezeichnen die Konstrukteure namens Grosshaus und Ollier.)

Dieser Motor war eine 16-Zylinder-Version des 12-Zylinder-Motors, der schon in den (A1A)(A1A)-Loks der Reihe „68500" Verwendung fand.

Achtzehn Lokomotiven des neuen Typs wurden 1966 bei Alsthom bestellt, die Ablieferung begann im folgenden Jahr. Die Reihe erhielt die Nummern ab 72001 zugeteilt. Die SNCF war zu dieser Zeit dabei, eine neue Familie elektrischer Lokomotiven mit „monomoteur"-Drehgestellen zu entwickeln und die „72000" hatten vieles mit ihnen gemein. Die Drehgestelle folgten eng der Bauart, die jüngst bei den Viersystem-Lokomotiven der Reihe „40100" eingeführt worden waren, das Zweiganggetriebe gestattete Höchstgeschwindigkeiten von 85 und 140 km/h für Güter- und Schnellzugdienste. Die Fahrmotoren waren die gleichen wie bei den „BB8500", „BB17000" und den „BB25500" Elektrolokomotiven. Die SNCF veranschlagte die Ge-

wichtseinsparung durch die „monomoteur"-Bauart auf 9 t gegenüber dem konventionellen Einzelachsantrieb, vor allem erlaubte er die Einhaltung der vorgegebenen Achslast von 18 t.

Hauptinnovation im elektrischen Teil war die Verwendung eines Drehstrom- anstelle eines Gleichstromgenerators. Der erzeugte Drehstrom wird in Siliziumdioden gleichgerichtet und speist die üblichen Gleichstromfahrmotoren. Zur elektrischen Ausrüstung gehört auch Alsthoms „Superadhäsions"-System, bei dem die Erregung der Motorfelder in annähernd direktem Verhältnis zu Motorspannung und -strom steht. Die Schleuderneigung wird erheblich reduziert und man gibt an, daß die Anfahrzugkraft damit um 15 bis 20% gesteigert werden kann.

Rechts: *Eine der diesel-elektrischen „Monomoteur"-Loks der SNCF-Reihe „72000".*

Reihe 68000

(A1A)(A1A)
Frankreich
Französische Staatsbahnen (SNCF), 1963

Bauart: Diesel-elektrische Personenzuglokomotive
Spurweite: 1435 mm (4 ft 8½ in)
Antrieb: Ein 4-Takt-V12-Dieselmotor von CCM-Sulzer, Typ 12LVA24 von 1985 kW (2700 PS), mit Gleichstromgenerator erzeugt Strom für vier abgefederte Tatzlagermotoren
Gewicht: 79,2 oder 72 t (174605/158730 lb) Reibungsgewicht; 106,4 t (234570 lb) Gesamtgewicht
Maximale Achslast: 19,8 oder 18 t (43650/39680 lb) einstellbar
Gesamtlänge: 17920 mm (58 ft 9½ in)
Zugkraft: 294 kN (66010 lb)
Höchstgeschwindigkeit: 130 km/h (83 mph)

In den fünfziger Jahren breitete sich die Elektrifizierung rapide auf die verkehrsreichsten Hauptstrecken Frankreichs aus und verdrängte die leistungsstarken Dampflokomotiven in großer Zahl auf die verbliebenen nicht-elektrifizierten Strecken. Bis zum Ende dieses Jahrzehnts unternahm man nichts, um die endgültige Ablösung der Dampftraktion durch große Diesellokomotiven auf den Strecken, die nicht genügend Verkehr für eine Elektrifizierung aufwiesen, in die Wege zu leiten. 1962 wurden erst 8% der SNCF-Tonnenkilometer mit Dieselloks befördert.

1960 standen dann Dieselmotoren zur Verfügung, die es erlaubten, Diesellokomotiven zu erbauen, die auch die größten Dampfloks zu ersetzen vermochten und so bestellte man 1961 vier neue Dieseloktypen; 20 B'B'-Loks, die 1500 kW (2040 PS) leisten sollten, 18 (A1A)(A1A)-Loks mit 1985 kW (2700 PS) und zweimal zwei große zweimotorige Maschinen mit Leistungen von 3530 kW (4800 PS).

Die 2700 PS-Reihe „68000" war dafür vorgesehen, die schwersten Zugleistungen von Paris nach Cherbourg und nach Basel zu übernehmen, bis die größeren Maschinen fertiggestellt waren. Ihr Motor ist eine Sulzerkonstruktion, hergestellt vom französischen Partner

Sulzers, CCM. Es ist ein 16-Zylinder-Motor in V-Anordnung, im Gegensatz zu den 2750 PS-Sulzer-Motoren mit zwei Kurbelwellen, die damals in großer Zahl für die Britischen Eisenbahnen gebaut wurden. Es war der erste V-Motor von Sulzer für Traktionszwecke seit 1927.

Der Motor treibt einen Gleichstromgenerator an, der Strom für die Tatzlagermotoren erzeugt. Das Gewicht von Motor, Generator und Zugheizkessel machte sechs Achsen erforderlich, man benötigte aber nur vier Fahrmotoren, die mittleren Achsen der Drehgestelle blieben antriebslos. Neuartig war die Möglichkeit, durch Einschieben von Keilen über den Tragfedern der Mittelachsen, den Gewichtsanteil der Treibachsen zu ändern. Auf Strecken, auf denen eine Achslast von 20 t erlaubt ist, tragen die Mittelachsen nur 13,6 t, bei 18 t Achslastgrenze übernehmen sie 17,2 t. Im zweiten Fall gestattet ein sinnreicher Mechanismus, die Last der Treibachsen beim Anfahren bis zu einer Geschwindigkeit von 30 km/h auf den höheren Wert zu steigern. Die Höchstgeschwindigkeit liegt bei 130 km/h.

Auch die Geschwindigkeitssteuerung war für Diesellokomotiven neuartig, sie gleicht den, bei elektrischen Lokomotiven verwen-

Oben: *Ein Paar diesel-elektrischer Lokomotiven, Reihe „68000" vor einem Schnellzug bei Noyelles, 1978.*

Unten: *Lok Nr. 68067 der SNCF fährt im Juni 1967 mit einem Schnellzug nach Paris in Angers ein.*

Der Lokkasten folgt in der Ausführung der verwandten Ellokreihen, hat aber ein stärker gewölbtes Dach, um Raum für den Motor zu schaffen. Die Stirnfenster sind wie bei der „40100" stark geneigt, um die Reflektionen zu vermindern, das Aussehen wird aber durch die wabenartig konstruierten Vorbauten erheblich verändert, die das Personal bei Kollisionen schützen sollen.

Man setzte die Loks sofort auf den Strecken von Paris nach der Bretagne und nach Basel ein, wo sie gegenüber der Reihe „68000" nur mäßig bessere Fahrzeiten erzielten, die aber im Zusammenhang mit den Absichten der SNCF standen, die Zeit im Vollastbetrieb auf 60% der Fahrt zu beschränken, verglichen mit den 67%, die man bei den Vorgängern ermittelt hatte. Außerdem verbrauchte auch die elektrische Zugheizung einen Teil der Motorleistung. Die Zahl der Loks wuchs bis auf 92 Stück, die die schwersten Züge auf den meisten

nicht-elektrifizierten Strecken übernahmen. Zehn wurden für eine Höchstgeschwindigkeit von 160 km/h abgeändert.

1973 rüstete man die Lok „72075" mit einem SEMT-Pielstick „PA6-280" V12-Motor aus, der anfänglich eine Leistung von 3100 kW (4214 PS) hatte, die im Laufe des Jahres aber auf 3530 kW (4800 PS) gesteigert wurde und die sie zur stärksten Diesellokomotive (zumindest der westlichen Welt) machte. Bei einer Untersuchung Ende 1978 befand sie sich in gutem Zustand und wurde für weitere Zeit dem Verkehr übergeben. Diese Bauartveränderung hatte das Gewicht der Lok auf 118 t erhöht.

WAM4   Co'Co'   Indien
Indian Railways (IR), 1971

deten, Sollwertgebern. Der Fahrregler verfügt nur über vier Stellungen: „Halt", „Fahren", „Schneller" und „Langsamer". Bewegt der Lokführer sein Stellrad von „Halt" auf „Fahren", werden die Motorstromkreise eingeschaltet, der Diesel läuft im Leerlauf. Um zu beschleunigen, drückt der Lokführer das Handrad gegen den Druck einer Feder auf „Schneller", bis die gewünschte Geschwindigkeit erreicht ist. Zum Abbremsen dient entsprechend die Stellung „Langsamer". Das eigenwillige Äußere der Lokomotiven mit der pfeilförmigen Lüfterblende und der blau/weißen Lackierung ist charakteristisch für die gesamte damals entstandene Lokfamilie.

Die 1961 bestellten ersten 18 „68000"er wurden ab 1963 von der Cie des Ateliers & Forges de la Loire in St. Chamond abgeliefert. Im Beschaffungsprogramm des folgenden Jahres waren wieder 18 vorgesehen, insgesamt entstanden 82 Loks dieser Reihe. Die ersten Maschinen übernahmen gleich Dienste zwischen Paris und Mulhouse sowie Paris und Cherbourg, aber es war schon bald offensichtlich, daß sie nur mit Mühe die Alltagsaufgaben der 2'D1'-Dampfloks der Reihe „241P" vor 800 t-Zügen erfüllen konnten und dann auch nur durch längeres Verweilen im Vollastbereich, das man für die Lebensdauer der Maschinen für abträglich hielt.

Eine zweite Version der gleichen Bauform und gleichen Leistung, Reihe „68500", erschien Ende 1963 mit dem „AGOV12-Motor" von SACM in Mulhouse, eine kleinere Ausführung des Motors der Reihe „72000". Seit der Inbetriebnahme der „72000"er kann man die „68000"er in weniger anstrengenden Diensten antreffen.

Bauart: Elektrische Lokomotive für gemischten Dienst
Spurweite: 1676 mm (5 ft 6 in)
Stromversorgung: Wechselstrom von 25000 V 50 Hz über Oberleitung und Loktransformator wird mit Siliziumdioden gleichgerichtet
Antrieb: 6 Gleichstrom-Tatzlagermotoren von je 441 kW (600 PS)
Gewicht: 113 t (249050 lb)
Maximale Achslast:
19 t (41876 lb)
Gesamtlänge:
18974 mm (62 ft 3 in)
Zugkraft: 332 kN (74600 lb)
Höchstgeschwindigkeit:
120 km/h (75 mph)

Als in den fünfziger Jahren die Verwendung von Industriefrequenz-Wechselstrom in Verbindung mit Gleichrichtern allgemeine Verbreitung fand, schwenkte auch Indien, wie viele andere Länder, die bisher auf Gleichstrom geschworen hatten, darauf um. Da Frankreich auf

diesem Gebiet führte, folgten die ersten Lokomotiven auch der dortigen Technik, egal ob aus Frankreich importiert oder in Indien gebaut. Schon bald wurde es aber offensichtlich, daß manches komplizierte Detail wie die abgefederten Motoren mit Gelenkantrieb nicht für die indischen Verhältnisse geeignet waren. Es entstand die erste in Indien entworfene und gebaute elektrische Lokomotivtype, die seit 1971 in den bahneigenen Chittaranjan-Lokomotivwerken gefertigt wird.

Interessant ist, daß sie die gleichen Triebdrehgestelle besitzen wie die indischen diesel-elektrischen Loks; meist gehen die Konstrukteure von Diesel- und Elloks getrennte Wege, wie das Beispiel Großbritannien sehr schön zeigt. Von diesen Maschinen gibt es inzwischen mehr als 300 Stück, alle verfügen über Hochspannungssteuerung und Siliziumgleichrichter, Widerstandsbremsen und Vielfachsteuerung.

Abarten sind die Zweisystemloks „WCAM1" und die „WCG2" für Güterverkehr auf Gleichstromstrecken. Sie gleichen den „WAM4" im Aussehen und haben viele gemeinsame Bauteile. Eine kleine Gruppe der „WAM4"-Reihe erhielt eine geänderte Übersetzung für schwere Erzzüge („WAM4B"), eine Version für höhere Geschwindigkeiten soll ebenfalls im Bau sein.

Die Reihe „WAM4" illustriert anschaulich, wie vernünftiges Denken und Mut zur Selbsthilfe den Indischen Eisenbahnen zu einer beneidenswerten Ausgangsbasis für eine positive Zukunftsentwicklung verhalfen.

Unten: *Die elektrischen 3600 PS-Lokomotiven, Klasse „WAM4", der Indischen Eisenbahnen für Wechselstrombetrieb entstanden in den Chittaranjan Lokomotivwerken als „Eigenbau".*

„Virgen" Talgo-Lokomotive   B'B'   Spanien
Spanische Staatsbahn (RENFE), 1964

Bauart: Diesel-hydraulische Schnellzuglokomotive
Spurweite: 1676 mm (5 ft 6 in)
Antrieb: Zwei Maybach-Mercedes V12-Dieselmotoren, Typ MD6557, von 883 kW (1200 PS) treiben je ein Drehgestell über hydraulische Mekydro K104U-Getriebe, Kardanwellen und Zwischengetriebe
Gewicht: 74 t (163140 lb)
Maximale Achslast: 18,5 t (40785 lb)
Gesamtlänge: 17450 mm (57 ft 3 in)
Zugkraft: 240 kN (53885 lb)
Höchstgeschwindigkeit: 140 km/h (87 mph)

Fahrzeuge mit weniger als vier Rädern sind in der Welt der Eisenbahn ziemlich rar, abgesehen von Spanien. Dort haben die Wagen der berühmten „Talgo"-Züge nicht nur zwei Räder (das andere Ende stützt sich auf den nächsten Wagen), sondern sie sind auch so gedrungen gebaut, daß der Fußboden im Durchschnitt nur 356 mm über der Schienenoberkante liegt, verglichen mit den mehr als 1200 mm üblicher Personenwagen. Diese niedrige Schwerpunktlage verhilft den „Talgos" zu einem ausgezeichneten Lauf auf den kurvenreichen Strecken. Auch das Gewicht pro Sitzplatz ist mit 305 kg viel niedriger als die sonst üblichen 460 bis 750 kg.

1964, es liefen schon etliche „Talgos" und weitere waren geplant, wandten sich die Spanischen Staatsbahnen an die Münchner Firma Krauss-Maffei wegen einer Serie von fünf passenden niedrigen Diesellokomotiven. Die beschriebenen Maschinen, heute Reihe „352", waren das Ergebnis. Auch in Spanien ist man der Meinung, daß besondere Fahrzeuge Namen verdienen, als gläubige Katholiken wählten sie dafür die Namen bekannter Wallfahrtsstätten der Heiligen Jungfrau. Im Laufe der Jahre folgten weitere Loks für die „Talgos"; die nächsten fünf waren praktisch gleich, wurden aber in Lizenz bei Babcock y Wilcox in Bilbao gebaut.

8 Maschinen in einer längeren Ausführung, Reihe „353", kamen 1969 noch einmal von Krauss-Maffei; sie leisten 25% mehr als die Vorgänger. 1982 lieferte Krauss-Maffei weitere 8 der Reihe „354" mit einer auf 2980 kW (4050 PS) gesteigerten Leistung. Die letzte der ursprünglichen Serie, die Nr. 3005 „Virgen de la Bien Aparecida" hat eine besonders interessante Geschichte, anfänglich lief sie nämlich auf Normalspurgleisen. Sie zog damals den „Catalan Talgo"-Trans-Europ-Express auf dem französischen Teil seiner Reise von Barcelona nach Genf. Der Wagenzug selbst hat Radsätze, die an der Grenze schnell von der spanischen Breitspur auf die französische Normalspur umgespurt werden können.

Für die „Talgo"-Wagen benötigen die Loks besonders niedrige Zugvorrichtungen und sie müssen auch den Zug mit Energie für Licht, Heizung, Klimaanlage und die Küche versorgen. Dazu dienen zwei 250 PS (184 kW) Diesel-Generator-Sätze. Grundlage der Konstruktion waren die diesel-hydraulischen „V 200"-Lokomotiven der DB; es waren aber etliche Änderungen nötig, um die Ausrüstung bei einer Bauhöhe von 3277 mm unterzubringen. Zum Vergleich: normale spanische Züge sind bis zu 4293 mm hoch.

Das „Talgo"-Prinzip wurde vor kurzem auf einen Schlafwagenzug von Paris nach Madrid ausgeweitet, der die 1458 km in beachtlichen 12 h 55 min zurücklegt, den Spurwechsel eingeschlossen. Interessanteste Neuerung bei diesem und anderen neueren „Talgo"-Zügen ist die Einführung einer passiven Kastenneigungsvorrichtung, die in Kurven höhere Geschwindigkeiten erlaubt.

Rechts: *Eine der gedrungenen diesel-hydraulischen „Virgen"-Lokomotiven, die „Virgen Santa Maria" („Heilige Jungfrau Maria") in Pancorbo vor einem Talgo-Expreß auf der Strecke Miranda–Burgos.*

Metroliner   USA
Pennsylvania Railroad (PRR), 1967

Bauart: Zweiteilige elektrische Schnelltriebwagen
Spurweite: 1435 mm (4 ft 8½ in)
Stromversorgung: Wechselstrom von 11000 V 25 Hz über Oberleitung und Haupttransformator wird gleichgerichtet
Antrieb: 8 Gleichstrom-Tatzlagermotoren von je 221 kW (300 PS) treiben alle Achsen an
Gewicht: 149 t (328400 lb)
Maximale Achslast: 19 t (41880 lb)
Gesamtlänge: 51816 mm (170 ft 0 in)
Höchstgeschwindigkeit: 256 km/h (160 mph) – rechnerische Geschwindigkeit, kann im Betrieb nicht gefahren werden!

Nach 1960 langte der Personenverkehr der Vereinigten Staaten auf einem Tiefpunkt an. Die meisten Bahnen verzeichneten ein massives Defizit ihrer verbliebenen Personenzüge und die Nachfrage sank ständig weiter ab. Auf langen Strecken hatte das Flugzeug einen bis zu zwanzigfachen Zeitvorteil, bei dem die längere Anfahrt zu den Flughäfen außerhalb der Stadtzentren kaum ins Gewicht fiel. Im Nahbereich war das Gegenteil der Fall und hier schien es die Möglichkeit

Unten: *Ein Metroliner-Schnellzug in voller Fahrt auf der Hauptstrecke des Nordostkorridors.*

zu geben, einen Verkehr auf der Schiene konkurrenzfähig zu gestalten, wenn man es nicht mit veraltetem Material und auch einem veralteten Image zu tun gehabt hätte.

Eine dieser Verbindungen war die elektrische Hauptstrecke der Pennsylvania Railroad zwischen New York, Philadelphia und Washington, der sogenannte Nordostkorridor. Um hier das Verkehrsangebot zu verbessern, schuf man diese bemerkenswerten Züge. Mögliche Prototypen hatte man 1958 von der Budd Company in Philadelphia (Typ „MP85") erhalten, andere folgten 1963 – die Budd „Silverliners", die die Stadt Philadelphia auf Betreiben der Pennsy kaufte.

Einige Zeit später erhielt die Bahn auch von der Regierung Unterstützung zur Durchführung eines 22-Millionen-Dollar-Programms zum Bau neuer Schnelltriebwagen und eines 33-Millionen-Dollar-Projekts zur Verbesserung der Gleisanlagen – man visierte eine Höchstgeschwindigkeit von 256 km/h an!

1966 bestellte man bei Budd 50 (später auf 61 erhöht) Fahrzeuge aus rostfreiem Stahl, die „Metroliner". Sie erhielten Allachsantrieb, fuhren noch schneller als geplant und hatten die phantastische Kurzzeitleistung von 34 PS pro Tonne (25 kW/t). Die dynamische Bremse wirkt bis herab auf 48 km/h und

hochentwickelte Elektronik übernimmt die Geschwindigkeitssteuerung. Die Triebwagen sind voll klimatisiert, die Speisewagenversorgung erfolgt wie in einem Flugzeug; elektrisch betätigte Türen und öffentliche Funktelefone gehören auch zur Ausstattung. Die Bestellung umfaßte gleichermaßen Großraum-, Snackbar-Wagen und normale Sitzwagen. Jeder Wagen hat an einem Ende einen Führerstand, der Übergang zwischen den Fahrzeugen ist aber möglich. Im Betrieb werden sie als Zwei-Wagen-Einheiten verwendet. Man traf leider die unbedachte Entscheidung, gleich vom Reißbrett aus die Serienproduktion zu beginnen; ein Zeichen für den angeschlagenen Zustand der Pennsy, deren Verantwortliche es jetzt an der sprichwörtlichen Vorsicht fehlen ließen und nicht erst auf dem Bau und dem Testbetrieb von Prototypen bestanden. Ergebnis war eine kaum zu zählende Fülle von Fehlern, die die Betriebsaufnahme so lange verzögerten, bis die unselige Penn Central 1968 alles übernahm. Anfang 1969 begann man mit einem einzigen Zugpaar und mußte ein Umbauprogramm durchführen, um die Wagen überhaupt einsatzfähig zu machen, das noch einmal 50% des Anschaffungspreises kostete.

Amtrak übernahm den Personenverkehr im Mai 1971 und ein Jahr später gab es endlich 14 tägliche „Metroliner"-Zugpaare mit planmäßigen Reisegeschwindigkeiten bis zu 152 km/h. Die angekündigten 150 Meilen pro Stunde konnten auch jetzt nicht gefahren werden, man erreichte bei einer Versuchsfahrt aber immerhin 264 km/h, der Zustand der Gleise erlaubte jedoch höchstens 170 km/h.

Damals begann ein umfangreiches Gleisbauprogramm, dessen Kosten von 2,5 Milliarden Dollar 75mal höher waren als die anfängliche – sehr naive – Kalkulation. Es umfaßt aber auch die Strecke von Boston nach New York. Dieses umfangreiche Werk nähert sich endlich seiner Vollendung und man kann mit in Zukunft höheren Geschwin-

digkeiten rechnen. Leider sind die Metroliner inzwischen über 15 Jahre alt und wurden auf der Relation New York–Washington durch neue „AEM7"-Lokomotiven und „Amfleet"-Wagen verdrängt, die nichts anderes als unmotorisierte „Metroliner" sind. Die Original-„Metroliner" fahren nun auf der Strecke New York–Philadelphia–Harrisburg. Die ursprünglich geplante Fahrzeit von 2½ Stunden für die 364 Kilometer von New York nach Washington wurde nie erreicht, aber die stündlichen Züge fahren die Strecke in respektablen 3 Stunden (plus ein oder zwei Minuten) bei vier Unterwegshalten, eine Durchschnittsgeschwindigkeit von 121 km/h.

Oben: *Ein Amtrak-Zug von New York nach Washington aus vier Metroliner-Triebwagen.*

Unten: *Ein Budd Metroliner-Schnelltriebwagen der Amtrak mit Innenausstattung als Club-Wagen.*

„Shao-Shan I" Co'Co' China
Eisenbahnen der Volksrepublik, 1969

Bauart:
Elektrische Güterzuglokomotive
Spurweite: 1435 mm (4 ft 8½ in)
Stromversorgung: Wechsel-
strom von 25000 V 50 Hz über
Loktransformator und Silizium-
gleichrichter
Antrieb: 6 Tatzlagermotoren von
je 700 kW (952 PS)
Gewicht: 138 t (304230 lb)
Maximale Achslast:
23 t (50705 lb)
Gesamtlänge:
20368 mm (66 ft 10 in)
Zugkraft: 530 kN (119000 lb)
Höchstgeschwindigkeit:
90 km/h (56 mph)

Die Chinesischen Eisenbahnen waren in der glücklichen Lage, daß die
Frage, Gleichstrom oder Wechselstrom, schon entschieden war, bevor sie mit ihrem ehrgeizigen Elektrifizierungsprogramm begannen, das
einem Land angemessen ist, das
über genügend Kohle und Wasserkraft, aber über wenig Öl verfügt.
Das erste Projekt war der Bau einer
völlig neuen Eisenbahn mit einigen
bestaunenswerten   Kunstbauten
über 679 km durch gebirgiges Gelände in Zentralchina von Baoji nach
Chengtu. Weitere Elektrifizierungen
im Anschluß an diese Strecke und
auch in anderen Landesteilen sind
im Betrieb oder im Bau.
     Als man Ende der fünfziger Jahre
an die Beschaffung von Lokomoti-

ven denken mußte, besaßen die
Franzosen die meisten Erfahrungen
mit   Industriefrequenzsystemen,
man bestellte also eine Anzahl Lokomotiven in Frankreich. Einer ersten Serie in konventioneller Technik folgte 1972 eine Reihe von 40
5350 kW   (7275 PS)-Maschinen
für gemischten Dienst der Klasse
„6G" in modernerer Technik mit
Thyristorsteuerung. In der Zwischenzeit hatte man in Chu-Chu
eine Fabrik für elektrische Lokomotiven gebaut und mit der Produktion der „Shaoshan I" oder
„SS1"-Klasse begonnen. Die
Klasse hatte zu Ehren des Großen
Vorsitzenden Mao, den Namen seines Geburtsortes erhalten, ein Zeichen für den Stellenwert, den die

Elektrifizierung beim Aufbau des
Chinas der Zukunft haben sollte.
     Die „SS1" basierten auf den fran-
zösischen Loks von 1960, abgesehen von den Siliziumgleichrichtern
an Stelle der Ignitron-Quecksilber-
gleichrichter. Obwohl die Achslast
recht hoch ist, verwendet man einfache Gleichstrom-Tatzlagermotoren. Die Loks besitzen Widerstandsbremsen und die Vielfachsteuerung ermöglicht die Beförderung von Zügen bis zu 2400 t auf
Steigungen von 3,3% mit 3
„SS1"-Einheiten mit einer Gesamtleistung von mehr als 17000 PS.
Etwa 250 Loks dieser Klasse wurden bisher gebaut.
     „SS2" und „SS3" – Prototypen
als verlängerte und modernisierte

Reihe EF81 Bo'Bo'Bo' Japan
Japanische Staatsbahnen (JNR), 1968

Bauart: Elektrische Mehrsystem-
lokomotive für gemischten Dienst
Spurweite: 1067 mm (3 ft 6 in)
Stromversorgung: Gleichstrom
von 1500 V oder Wechselstrom von
25000 V 50 Hz oder 60 Hz über
Oberleitung. Der Haupttransformator hat nur eine Ausgangs-
spannung, die nach Gleichrichtung
in die Gleichstromsteuerung der
Lok eingespeist wird
Antrieb: 6 Tatzlagermotoren von
je 425 kW (578 PS)
Gewicht: 101 t (222665 lb)
Maximale Achslast:
17 t (37475 lb)
Gesamtlänge:
18600 mm (61 ft 0 in)
Zugkraft: 195 kN (43785 lb) bei
Gleichstrom; 179 kN (40190 lb)
bei Wechselstrom
Höchstgeschwindigkeit:
115 km/h (72 mph)

In der jüngeren Vergangenheit hat
man dem Bedarf an schweren Güterzugmaschinen auf dem 8435 km
langen Kapspurnetz Japans mit
dem Bau etlicher Lokomotivreihen
mit drei zweiachsigen Drehgestellen genügt. Für alle drei Stromsysteme, die heute in Japan verwendet werden, also für Gleichstrom und für Wechselstrom von 50
oder 60 Hz gibt es derartige Bo'-
Bo'Bo'-Lokomotiven, genauso wie
es alle denkbaren Spielarten von
Zweisystemloks und auch die hier
beschriebenen Dreisystemmaschi-
nen gibt. Ähnliche Ausführungen
mit der Achsfolge Bo'2'Bo' bieten
die Möglichkeit, das Gewicht auf
den Triebdrehgestellen nach Bedarf
zu ändern. Die Tabelle gibt eine
Übersicht über die verschiedenen
Typen.
     Die Reihe „EF81" ist die wohl
komplizierteste Konstruktion dieser
faszinierenden Fülle von Lokvarian-
ten. Zu ihrer Ausstattung gehören
unter anderem ein selbsttätiger

Oben: *Eine „EF82" der Japanese
National Railways im Juli 1975 vor
einem Containerzug auf der
Tohoku-Linie.*

Unten: *Die Mehrsystemlokomo-
tive „EF81" mit der Achsfolge
Bo'Bo'Bo' der JNR in der Seitenansicht.*

Versionen der „SS1" mit Thyristor-steuerung entstanden und es scheint, daß die „SS3" auch in Serie geht, um den Bedarf auf den elektrischen Strecken zu decken, die bald eine Länge von 2000 km überschreiten werden. Nachdem nun nicht nur Gebirgsstrecken im Programm stehen, gibt es auch Pläne für Elektrolokomotiven für Geschwindigkeiten bis zu 120 km/h.

Rechts: *Eine 4200 kW-Einheits-Elektrolokomotive der „SS1" oder „Shao-Shan I"-Klasse der Volksrepublik China für 50 Hz-Wechselstrom.*

Schleuderschutz und eine Achslastausgleichsvorrichtung, ansonsten sind sie jedoch recht einfach gebaut. Auf Gelenkantriebe hat man verzichtet, genauso wie auf eine Widerstands- oder Nutzbremse; auch die Gestaltung des Lokaufbaus blieb auf das Wesentliche beschränkt. Für eine Schmalspurlok ist die Höchstgeschwindigkeit beachtlich, allerdings wird der Großteil des japanischen Personenverkehrs mit Triebzügen abgewickelt – sogar mit Schlafwagen-Schnelltriebzügen, wie wir noch sehen werden. Eine elektrische Zugheizung ist vorhanden, wenn doch einmal ein Personenzug übernommen wird.

Insgesamt 156 „EF81" sind im Einsatz; hergestellt von so bekannten Firmen wie Hitachi, Mitsubishi und Toshiba. Eine Serie von 4 Stück hat einen Aufbau aus rostfreiem Stahl, denn sie müssen einen großen Teil ihres Arbeitslebens in der korrosiven Atmosphäre des 18,7 km langen Unterseetunnels zwischen der Hauptinsel Honshu und Kyushu zubringen.

Japanische Elektrolokomotiven mit drei Drehgestellen

Baujahr	Reihe	Achsfolge	Gleich-strom 1500 V	Wechsel-strom 50 Hz	Wechsel-strom 60 Hz	Leistung PS	Leistung kW	Gewicht t	Geschwindigkeit mph	Geschwindigkeit km/h
1960	EF30	Bo'Bo'Bo'	●		●	2445	1800	96	53	85
1961	EF70	Bo'Bo'Bo'			●	3125	2300	96	62	100
1961	EF72	Bo'2'Bo'			●	2585	1900	87	62	100
1962	EF63	Bo'Bo'Bo'	●			3465	2550	108	62	100
1962	EF80	Bo'Bo'Bo'	●	●		2650	1950	96	65	105
1964	EF64	Bo'Bo'Bo'	●			3465	2550	108	72	115
1964	EF65	Bo'Bo'Bo'	●			3465	2550	108	72	115
1965	EF76	Bo'2'Bo'		●	●	2585	1900	90,5	62	100
1965	EF77	Bo'2'Bo'		●		2585	1900	75	62	100
1966	EF66	Bo'Bo'Bo'	●			5300	3900	101	75	120
1966	EF71	Bo'Bo'Bo'		●		3670	2700	100,8	62	100
1966	EF78	Bo'2'Bo'		●		2585	1900	81,5	62	100
1968	EF81	Bo'Bo'Bo'	●	●	●	3465	2550	101	72	115

DDA40X „Centennial" Do'Do'

USA
Union Pacific Railroad (UP), 1969

Bauart: Schwere diesel-elektrische Güterzuglokomotive
Spurweite: 1435 mm (4 ft 8½ in)
Antrieb: Zwei aufgeladene General Motors 2-Takt-16-Zylinder-Dieselmotoren, Typ 645, von je 2460 kW (3345 PS) mit angeflanschten Drehstromgeneratoren erzeugen den Strom für 8 Tatzlagermotoren
Gewicht: 247,4 t (545270 lb)
Maximale Achslast:
31 t (68324 lb)
Gesamtlänge:
29997 mm (98 ft 5 in)
Zugkraft: 596 kN (133766 lb)
Höchstgeschwindigkeit:
144 km/h (90 mph)

Wenn man die Nummer eins unter den Bahnen der Welt wählen sollte, wäre der mittlere Teil der ersten transkontinentalen Eisenbahn der Vereinigten Staaten ein aussichtsreicher Kandidat; eine Bahn, die heute noch den gleichen Namen trägt – Union Pacific – wie bei der Eröffnung im Jahre 1869. Zur Dampflokzeit besaß die UP einige der größten und stärksten Lokomotiven der Welt, die legendären „Big Boys", um den stetigen und starken Güterfluß über die kontinentale Wasserscheide zu bewältigen. Auf dem Weg nach Westen begann der Weg in Cheyenne, Wyoming mit dem berühmten „Sherman Hill" (benannt nach dem Erbauer der UP, General Sherman), ein stetiger Anstieg mit 1,5% Steigung auf einer Länge von etwa 65 km.

Als die Dieseltraktion die Zugförderung übernahm, konnte man die Leistung der (2'D) D2'-Dampfloks durch Zusammenkuppeln mehrerer Dieselmaschinen erzielen und übertreffen, aber die UP-Direktion unternahm immer wieder Versuche, einfachere Lösungen durch Erhöhung der Lokleistung zu finden. Es wurde ja schon beschrieben, wie man eine Zeitlang mit Gasturbinenloks hoher Leistung zufrieden war, aber auch wie sie am Ende doch wieder von Dieselloks abgelöst wurden, die in großen Serien nach einheitlichen Entwürfen entstanden.

Ende der sechziger Jahre gewann bei der UP wieder einmal die Meinung die Überhand, daß es Besseres geben müsse, als sechs oder gar acht Lokomotiven vor einem Zug. General Motors hatte eine

eigenartige Lokomotive von 5070 PS (3730 kW) mit der Bezeichnung „DD35" zusammengebaut, eine riesige führerstandslose Maschine mit der Ausrüstung von zwei normalen „GP35"-Mehrzwecklokomotiven. Diese Lokeinheit lief auf zwei vierachsigen Drehgestellen, die nicht gerade gut für die Gleise waren, aber da sie ja nur hinter anderen Dieselloks zur Erhöhung der Zugkraft laufen sollte, betrachtete man dies als für den Kurvenlauf nicht allzu schädlich. Trotzdem fand sich kaum jemand, der dies ausprobieren wollte. Nur eine Handvoll konnte man an die Union Pacific und die Southern Pacific verkaufen. Die Gleise der UP waren (und sind) aber auch sehr gut und so deutete man GM an, daß man auch eine „DD35" mit Führerstand gebrauchen könne. Ergebnis war die „DD35A", von der die UP 27 Stück erhielt. Es wurde nicht enthüllt, wieviel man bei ihnen sparte, wenn man die Mehrkosten einer Sonderausführung einrechnete, zumindest bei der Länge gab es mit 26873 mm gegenüber 34240 mm von zwei „GP35" einen Unterschied.

Eine Jahrhundertfeier („Centennial") in einem noch jungen Land ist ein großartiges Ereignis und als die UP Überlegungen anstellte, wie sie die hundert Jahre ihres Bestehens feiern sollte, beschloß sie, aus diesem Anlaß eine Triebfahrzeugreihe zu bestellen, die wieder einmal die stärkste der Welt sein sollte. Wieder kam fast alles außer dem Fahrgestell der Lokomotive aus

dem normalen General Motors-Programm und doch waren die „Centennials" (etwas prosaischer, die Reihe „DDA40X") ein bemerkenswertes Werk.

Genauso wie die „DD35A" eine doppelte „GP35" war, war die „DDA40X" eine verdoppelte „GP40". Die Leistung der 16-Zylinder-Motoren der „GP40" (eine aufgeladene Version der „GP35"-Motoren) wurde von 3045 PS auf 3345 PS (2460 kW) durch Erhöhung der Drehzahl gesteigert und man erhielt eine einteilige Lokomotive von 6690 PS (4920 kW) Leistung. Es war nicht nur die stärkste,

Unten: Die Union Pacific „DDA40X" Nr. 6900 führte den „Golden Spike"-Jubiläumszug aus Anlaß der Jahrhundertfeier der ersten amerikanischen Transkontinentalstrecke.

Oben: Die Reihe „DDA40X" der Union Pacific. Daß sie eine verdoppelte „GP40" ist, zeigt der offene Durchgang zwischen den beiden Maschinenaufbauten.

sondern auch die längste und schwerste einteilige Maschine mit eigener Energieerzeugung, die es nun auf der Welt gab. Von 1969 bis 1971 baute EMD 47 Exemplare; die Fertigstellung der ersten hatte man vorgezogen, damit sie rechtzeitig mit der beziehungsreichen Nummer „6900" bei den Feierlichkeiten zur Verfügung stand. Führerstand und Vorbau gehen über die volle Breite der Lok und alle modernen Einrichtungen der normalen GM-Loks wurden verwendet. Dazu gehörte der neue Motortyp „645", eine „Uniflow"-2-Takt-Maschine wie der langlebige Vorgängertyp „567". Bei diesen Motortypen haben die Zylinder der 1000 PS-Motoren der Rangierloks und die Maschinen der „Gentennials" die gleichen Abmessungen. Der von den bürstenlosen Drehstromgeneratoren erzeugte Strom wird zur Speisung der Traktionsmotoren in Siliziumdioden gleichgerichtet. Selbstverständlich besitzen die Loks auch dynamische Bremsen und Schleuderschutzausrüstung.

Die komplizierte elektrische Ausrüstung, die allen diesel-elektrischen Loks gemeinsam ist, verbesserte man, indem man sie in einer Anzahl leicht austauschbarer Module anordnete, die die Reparaturzeit der Maschinen verkürzten. Auf diese Weise konnten jegliche Ausbesserungs- oder Einstellarbeiten in entsprechend ausgerüsteten Werkstätten erfolgen. Später wurde dies für die gesamte Produktpalette von

Oben: *Zwei Do'Do'-„Centennial"-Dieselloks der UP bilden hier eine Einheit, die 13380 PS (9840) leistet und damit eine Zugkraft von fast 1200 kN erzeugt.*

GM zur Norm, die entsprechenden Lokmodelle werden als „Dash-2" (Strich-2) bezeichnet, beispielsweise als „SD40-2".

Man kann sagen, daß durch diese Entwicklung den Monster-Lokomotiven schon wieder das Wasser abgegraben wurde, denn einer der wichtigsten Gründe für die Kombination von zwei „GP40"-Aggregaten auf einem Rahmen war die Vereinfachung der Elektrik. Nun gab es aber auch bei den kleineren Einheiten weniger Schwierigkeiten und als Ergebnis davon wurden keine dieser „Dinosaurier" mehr gebaut, nicht einmal für die Union Pacific. Ein weiterer Grund war die Einführung der „SD45-2"-Reihe mit einem 20-Zylinder-Motor von 2685 kW (3650 PS).

Nach diesen großartigen „Centennials" kehrte also auch die UP wieder dazu zurück, wie praktisch alle anderen Eisenbahnen der USA ihre Lokomotiven „nach Katalog" zu bestellen. Wenn ein Zug zusammengestellt wird, berechnet man hier die nötige Lokleistung und kuppelt aus den verfügbaren Maschinen die entsprechende Garnitur zusammen, dabei sind unteilbare große Einheiten nicht unbedingt von Vorteil. So wurden also nach den „Big Boys" und den Gasturbinenloks auch die „Centennials" von gewöhnlicheren Triebfahrzeugen aus dem Dienst verdrängt. Dennoch ist die ständige Parade meilenlanger Güterzüge am Sherman Hill und über die Wasserscheide eines der großartigsten Erlebnisse dieser Erde, zumindest für Eisenbahnfreunde.

Unten: *Frisch aus dem Werk präsentiert sich die Nr. 6900 dem Fotografen der Union Pacific Railroad Company.*

Klasse 92 (1'Co)(Co1')
Ostafrika
East African Railways (EAR), 1971

Bauart: Diesel-elektrische Lokomotive für gemischten Dienst
Spurweite: 1000 mm (3 ft 3⅜ in)
Antrieb: Ein Alco 4-Takt-V12-Zylinder-Dieselmotor, Typ 251F, von 1902 kW (2586 PS) mit Generator erzeugt Gleichstrom für 6 Tatzlagermotoren
Gewicht: 99 t (218 200 lb)
Reibungsgewicht; 114,5 t (251 255 lb) Gesamtgewicht
Maximale Achslast: 16,5 t (36 370 lb)
Gesamtlänge: 18 015 mm (59 ft 1 in)
Zugkraft: 343 kN (77 000 lb)
Höchstgeschwindigkeit: 72 km/h (45 mph)

Der Bau der Uganda-Eisenbahn war der Beginn der sogenannten Zivilisation im heutigen Kenia. Kleine holzgefeuerte Dampflokomotiven erreichten 1895 das Gebiet von Nairobi und damit begann die Geschichte einer Bahnlinie, die die meiste Zeit ihres Bestehens mit der Bewältigung des stetig steigenden Güteraufkommens zu kämpfen hatte.

In den dreißiger Jahren löste Öl das Holz als Brennstoff ab und der Verkehr erreichte einen Punkt, an dem man Gelenklokomotiven – die legendären Beyer-Garratts – benötigte. Diese Lokomotivriesen bewältigten den Verkehr so ausgezeichnet, daß die Vertreter der Dieselindustrie bei der, nun East African Railways genannten, Bahn eine harte Nuß zu knacken hatten. Ver-

Oben: *Ein Zug leerer Tankwagen auf dem Weg von Nairobi nach Mombasa hinter einer Alco-Diesellok der Klasse 92.*

schiedene Studien im Laufe der Jahre machten deutlich, daß es keinen Grund für eine Veränderung gab, es sei denn, man wollte „besser sein, als Meiers nebenan". Und doch bestellte die Verwaltung in den sechziger Jahren in Großbri-

tannien eine Reihe von English Electric-Maschinen mittlerer Leistung.

1970 hatte die Verdieselung auf Nebenlinien schon einige Fortschritte zu verzeichnen, aber die Hauptstrecke, die vom Meeresspiegel in Mombasa ständig bis auf eine Höhe von 2783 m in Timboroa ansteigt, war noch immer fest in der Hand der Garratts. Um eine wirtschaftliche Lösung für die Verdieselung dieser Bahn zu finden, sahen sich die EAR zum ersten Mal außerhalb Englands um. Das Ergebnis der Suche waren diese Loks der Klasse „92", die die Montreal Locomotive Works nach einem Alco-Entwurf bauten. Sie leisteten 38% mehr als die seinerzeit stärksten kenianischen Dieselloks.

Grundlage war ein Alco-Standardprodukt, das der Meterspur angepaßt wurde. Um die Achslast auf eine für die Strecke westlich Nairobi annehmbare Größe zu vermindern, mußte man nicht nur dreiachsige Drehgestelle vorsehen, sondern sogar noch zusätzliche Laufachsen anbringen. Diese Anordnung wurde von den MLW speziell für niedrige Achslasten als „Afrikanische Serie" angeboten. Die EAR bestellten außerdem eine noch

„1967 Tube Stock"
Großbritannien
London Transport (LT), 1967

Bauart: Vierteiliger elektrischer U-Bahn-Triebzug mit automatischer Steuerung
Spurweite: 1435 mm (4 ft 8½ in)
Stromversorgung: Gleichstrom von 600 V über zwei Stromschienen
Antrieb: 8 Tatzlagermotoren von je 105 kW (143 PS) in 2 Triebwagen
Gewicht: 60 T (132 250 lb)
Reibungsgewicht; 93,5 t (206 075 lb) Gesamtgewicht
Maximale Achslast: 7,5 t (16 530 lb)
Gesamtlänge: 65 355 mm (214 ft 5 in)
Höchstgeschwindigkeit: 96 km/h (60 mph) höchste Betriebsgeschwindigkeit: 88 km/h (55 mph)

Wenn man die Verwalter des berühmten King's College in Cambridge fragen würde, welches das Geheimnis ihres perfekten Rasens sei, bekäme man zur Antwort, das sei kein Problem – einfach 400 Jahre den Rasen walzen, schneiden und pflegen. In gleicher Weise würde vielleicht London Transport auf die Frage nach ihrem Erfolgsrezept antworten, daß man seit einmal ein Jahrhundert Erfahrung sammeln müsse. Die Victoria-Linie, auf der der automatische Betrieb 1968 aufgenommen wurde und 1971 auf die Strecke von Brixton bis Walthamstow ausgeweitet wurde, war ein Höhepunkt der Bahngeschichte, ermöglicht durch die vielfältigen Erfahrungen aus dem alltäglichen Untergrundbahn-

betrieb seit 1863, dem elektrischen Betrieb seit 1890 und dem automatischen Zugbetrieb seit 1963. Der öffentliche Einsatz automatischer Züge begann 1964 im Zubringerverkehr zwischen Woodford und Hainault in Ost-London. Man war mit den Ergebnissen zufrieden und begann mit der Planung neuer Fahrzeuge für die projektierte Victoria-Linie.

Neu war bei diesem „1967 Tube Stock" (U-Bahn-Material von 1967), daß sobald der „Fahrer" (eigentlich ein „Zugbegleiter, er fuhr ja nicht) den „Startknopf" gedrückt hatte, der Zug ohne menschlichen Einfluß bis zur nächsten Station weiterfuhr. Zwei separate elektrische Impulssysteme versorgen die Kontrolleinrichtungen mit den ent-

sprechenden Informationen. Einmal gibt es eine Reihe von Impulsen im mittleren Frequenzbereich, die über die Schienen ständig den Zügen zugeleitet werden – 420 Impulse/min bedeuten „Fahren", 270 bedeuten „Langsam", 180 „Leistung abschalten" und kein Signal heißt „Anhalten". Zusätzlich gibt es „Kommandostellen" an zweckmäßigen Punkten, an denen weitere Geschwindigkeitsinformationen im Tonfrequenzbereich an die Züge gegeben werden, die von der Kontrollautomatik innerhalb der durch das konstante Signal vorgegebenen Grenzen verarbeitet werden.

Die Kosten einer solchen Automatik sind hoch, aber sie ergeben auch erhebliche Einsparungen, nicht nur durch den Fortfall der

leichtere und schwächere Version (Klasse „88") mit gleichem Fahrgestell.

1976 wurde die EAR unter den Eigentümern, den Staaten Kenia, Uganda und Tansania aufgeteilt. Die Klasse „92" ging an Kenia und behielt dort diese Bezeichnung. Seitdem entstand bei General Electric auch eine Reihe „93" mit der Achsfolge Co'Co'. Der technische Fortschritt hatte zu einem geringeren Gewicht geführt, man konnte auf die Laufachsen verzichten.

Rechts: Eine „92"er der Kenya Railways noch in der Beschriftung der früheren East African Railways, mehr als ein Jahr nach der Aufteilung der Gesellschaft.

Unten: Beachten Sie wie man einem Standardprodukt von Alco Laufachsen hinzufügte, um die Achslasten zu verringern und die Kurvenführung zu verbessern.

Hälfte des Zugpersonals. Eine 20-prozentige Erhöhung der Durchschnittsgeschwindigkeit erspart etliche Zuggarnituren bei einer gegebenen Fahrtenzahl und die automatische Steuerung läßt sich auch für einen minimalen Stromverbrauch bei einer vorgegebenen Reisegeschwindigkeit programmieren.

Andere Neuerungen dieses Materials standen nicht in direktem Zusammenhang mit der Automatik, obwohl die starken Stirnlampen dem „Fahrer" eine bessere Sicht auf die Strecke geben sollen, nachdem er sich nicht mehr an Signalen orientieren kann. Weiter gibt es seitlich herumgezogene Stirnfenster, hydraulische Handbremsen und Widerstandsbremsen, die bis herab auf 16 km/h wirken.

Die Züge bestehen aus vierteiligen Einheiten aus zwei Motor- und zwei Beiwagen. Automatische „Wedgelock"-Kupplungen, die auch die Luft- und die elektrischen Leitungen verbinden, erleichtern die Zusammenstellung von 8-Wagen-Zügen. Der Stadtverkehr im Untergrund von London ist sehr weit vorangekommen seit der Einführung der kleinen fensterlosen, von winzigen Elloks gezogenen, Züge der City & South London Railway (siehe Seite 24) vor fast einem Jahrhundert.

Rechts: Ein automatisch gesteuerter U-Bahn-Zug fährt in die Londoner „Seven Sisters Station" ein.

RTG-Triebzug

Frankreich
Französische Staatsbahnen (SNCF), 1972

Bauart: Fünfteiliger Gasturbinen-Schnelltriebzug
Spurweite: 1435 mm (4 ft 8½ in)
Antrieb: Zwei Société Française Turbomeca Gasturbinen,
Typ Turmo IIIF1,
von 845 kW (1150 PS) Ausgangsleistung in den Endwagen treiben über Voith-Hydraulikgetriebe die Achsen der Enddrehgestelle an
Gewicht: 64,9 t (143075 lb) Reibungsgewicht;
259 t (570990 lb) Gesamtgewicht
Maximale Achslast:
16,2 t (35715 lb)
Gesamtlänge:
128990 mm (339 ft 6⁵/₁₆ in)
Zugkraft: 120 kN (26945 lb)
Höchstgeschwindigkeit:
180 km/h (112 mph)

Da die SNCF keine Diesellokomotiven besaß, die schneller als 140 km/h fahren konnten, untersuchte sie 1966 die Frage des Baus von Triebzügen für nichtelektrifizierte Strecken, die vergleichbare Leistungen wie die Elektrotraktion erzielen sollten, das heißt normale Fahrgeschwindigkeiten von 160 km/h und bis zu 200 km/h auf geeigneten Abschnitten. Die nichtelektrifizierten Bahnlinien wiesen mehr Streckenstücke mit Geschwindigkeitseinschränkungen auf, als die meist großzügiger trassierten Strecken des E-Betriebs. Damit war für die angestrebten Fahrleistungen ein erheblich besseres Leistungsgewicht nötig, als es die damaligen Dieseltriebwagen aufweisen konnten, um die nötige Beschleunigung und eine hohe Geschwindigkeit auch auf Steigungen zu gewährleisten.

Die französische Luftfahrtindustrie stellte für den Antrieb von Hubschraubern recht erfolgreich kleine Gasturbinen her und die SNCF sah in diesen Turbinen eine Chance, die Leistung von Triebwagen nennenswert, aber praktisch ohne Mehrgewicht gegenüber dem Dieselantrieb, zu erhöhen. Das erste derartige Experiment begann 1967. In den Beiwagen eines zweiteiligen 330 kW (449 PS)-Einheitstriebzugs baute man eine „Turmo III"-Gasturbine der Société Française Turbomeca von 810 kW (1100 PS) ein, die über ein hydraulisches Voith-Getriebe auf ein Drehgestell wirkte. Beide Wagen erhielten eine andere Drehgestellbauart. Die Turbine leistete in den Hubschraubern 1500 PS (1103 kW), für den Bahneinsatz setzte man die Leistung herab. Sie verbrannte Dieseltreibstoff, gleichermaßen wegen des Preises und der größeren Sicherheit.

Die erste Probefahrt fand am 25. April 1967 statt; zwei Monate später erreichte man erstmals 230 km/h und bei weiteren Versuchen fuhr man immer wieder 200 bis 250 km/h schnell. Mit dem Kraftstoffverbrauch war man zufrieden, vor allem wenn man berücksichtigte, daß es keine andere Möglichkeit gab, diese Leistung aus einem solch kleinen Aggregat herauszuholen. Anfänglich „TGV" genannt, bezeichnete man dieses Fahrzeug später als „TGS" (Turbine à Gaz Spéciale).

Der nächste Schritt war 1968 die Bestellung von 10 vierteiligen Triebzügen für die Strecke Paris–Caen–Cherbourg. Ein Triebwagen erhielt einen herkömmlichen 330 kW (449 PS)-Dieselmotor, der andere eine verstärkte Gasturbine,

Oben: *Einer der fünfteiligen gasturbinengetriebenen Schnelltriebzüge der Französischen Staatsbahnen für nichtelektrifizierte Strecken.*

Typ Turmo IIIF1. Der Antrieb glich damit dem „TGS", der große Unterschied bestand in der Ausstattung der Fahrgasträume nach Hauptbahnstandard und mit einem Speiseraum. Diese „ETG"s (Élément à Turbine à Gaz) übernahmen 1970 die durchgehenden Leistungen zwischen Paris und Cherbourg.

Unten: *Ein Motorwagen der SNCF RTGs. Die starke Gasturbine befindet sich in dem fensterlosen Raum zwischen den beiden Türen am Kopfende des Wagens.*

Baureihe 132 Co'Co'

Deutsche Demokratische Republik
Deutsche Reichsbahn (DR), 1973

Bauart: Diesel-elektrische Schnellzuglokomotive
Spurweite: 1435 mm (4 ft 8½ in)
Antrieb: Ein Kolomna „5D49"-V16-4-Takt-Dieselmotor von 2207 kW (3000 PS) mit Turbolader und Drehstromgenerator erzeugt den Strom für 6 Tatzlagermotoren
Gewicht: 125,5 t (276675 lb)
Maximale Achslast:
21 t (46295 lb)
Gesamtlänge: 20620 mm (67 ft 8 in)
Zugkraft: 326 kN (73195 lb)
Höchstgeschwindigkeit:
120/140 km/h (75/87 mph)

Die Kunst des erfolgreichen Baus von Diesellokomotiven läßt sich nur auf eine Weise erlernen – durch langes Sammeln eigener Erfahrungen und manchen bitteren Rückschlag. Auch die russischen Ingenieure waren da keine Ausnahme und mußten sich damit abfinden, seit in den zwanziger Jahren Professor Lomonossoff Versuche mit ersten Diesellokomotiven unternahm. In den sechziger Jahren, nach dem Bau von Tausenden selbsterbauter Dieselloks war man soweit, daß man diese russischen Erzeugnisse auch dem Ausland anbieten konnte. Zugegeben, man hat es noch nicht fertiggebracht, mit Bahnen ins Geschäft zu kommen, die auch Zugang zu General Motors-

Produkten haben, aber es ist noch nicht aller Tage Abend. Das Festhalten der Russen am erfolgreichsten Prinzip des Lokomotivbaus – der Einfachheit – läßt zumindest weitere Erfolge erwarten.

Das erste Exportmodell war eine 2000 PS (1471 kW)-Maschine mit zwei Führerständen. Man verkaufte sie nach Ungarn (Reihe „M62") nach der Tschechoslowakei („T679.1" und „T679.5"), nach Polen („ST44"), in die DDR („120") und nach Korea („K62"). All diese Lokomotiven baute die Lokomotivfabrik in Woroschilowgrad. Aus dieser Type mittlerer Leistung entwickelte man dort eine stärkere Version mit dynamischer Bremse, die SZD „TE-109".

Die Prototypen dieses Typs baute man mit zwei verschiedenen Übersetzungen für den Güter- bzw. den Personenverkehr. Auch sie besaßen Drehstromgeneratoren mit Gleichrichtern, außerdem einen Umrichter für die Zugheizung mit Einphasenstrom von 16⅔ Hz. Der Hauptabnehmer dieser 3000 PS-Maschinen war die Deutsche Reichsbahn der DDR. Die ersten dieser Loks kamen 1970, die Reichsbahn reihte sie als 130 ein; sie hatten keine Heizeinrichtung und waren anfänglich für 140 km/h zugelassen. Im Laufe der Zeit reduzierte man bei ihnen durch Umbauten die Höchstgeschwindigkeit auf 120 bzw. 100 km/h. Als Reihe 131 für den Güterverkehr besitzen sie keine Heizung und waren

Dies war damit der erste Städteschnellverkehr der Welt, der durchgehend mit der Gasturbinentraktion betrieben wurde. Caen wurde nach 109 Minuten erreicht, eine Reisegeschwindigkeit von 131 km/h. Die Züge haben eine offizielle Höchstgeschwindigkeit von 180 km/h, fahren im Betrieb aber nur 160 km/h. Bei Versuchsfahrten erzielten auch sie 200-250 km/h.

Der Erfolg der „ETG"s verstärkte die Nachfrage nach solchen Zügen mit noch besserer Ausstattung. Man befriedigte diesen Wunsch mit dem Bau von Triebzügen mit längeren Einzelwagen, die vier- oder fünfteilig eingesetzt werden können, über Klimaanlagen verfügen und auch sonst dem neuesten Stand entsprachen. Anstelle des Diesels erhielten sie eine weitere „Turmo IIIF1"-Turbine. Jeder Triebwagen verfügt außerdem über eine kleine „Aztazou IV A"-Turbine, die Energie für die Hilfsbetriebe und die Beleuchtung liefert, denn die Hauptturbine wird nur für den eigentlichen Zweck, den Antrieb des Zugs, angelassen.

Diese „RTG"s übernahmen bald nach ihrer Ablieferung die Leistungen nach Cherbourg, der Großteil ging aber nach Lyon für die nichtelektrifizierten Querverbindungen nach Strasbourg, Nantes und auch Bordeaux. Insgesamt entstanden 41 dieser Züge, zwei wurden später auch an die Amtrak in USA verkauft.

Die Gasturbinenfahrzeuge stellten einen bemerkenswerten Erfolg für die französischen Ingenieure dar, sie sind nicht nur zuverlässig und in angemessenem Rahmen

Oben: *Ein französischer RTG in voller Fahrt zwischen Tours und Vierzon auf dem Weg von Nantes nach Lyons.*

Rechts: *Ein Amtrak „Turbo-train" nähert sich dem Bahnhof von Chicago. Zwei dieser Züge wurden in Frankreich erbaut, weitere lieferte die Rohr Inc. in Lizenz.*

wirtschaftlich, sie sind auch gleichermaßen für die Reisenden und die Umwelt eine annehmbare Belastung. Obwohl die Gasturbinentraktion seitdem nicht mehr ausgeweitet wurde, kann man diese französischen Triebzüge als die bisher erfolgreichste Anwendung dieser Antriebsform im Personenverkehr ansehen.

von Anfang an 100 km/h schnell bei entsprechend höherer Zugkraft. Der größte Teil der Loks dieser Grundtype gehört zur Baureihe 132, die von 1973 an geliefert wurde und auf die sich die angegebenen Daten beziehen. Andere Bezieher der „TE-109" sind Bulgarien und die Tschechoslowakei, wo man sie als Reihe „07" bzw. „T679.2" bezeichnet.

Rechts: *Die in der UdSSR gebaute 132335-1 der Deutschen Reichsbahn im Jahre 1978 in Halberstadt.*

Reihe 15000

B'B'

Bauart: Elektrische Schnellzuglokomotive
Spurweite: 1435 mm (4 ft 8½ in)
Stromversorgung: Wechselstrom von 25000 V 50 Hz über
Oberleitung über Loktransformator
wird mit Siliziumdioden gleichgerichtet und mit Thyristoren
gesteuert
Antrieb: Je Drehgestell ein
Fahrmotor von 2300 kW
(3127 PS) wirkt über Zahnradgetriebe und Kardangelenkantriebe
auf beide Treibachsen
Gewicht: 88 t (194005 lb)
Maximale Achslast:
22 t (48500 lb)
Gesamtlänge: 17480 mm
(57 ft 4⅛ in)
Zugkraft: 288 kN (64800 lb)
Höchstgeschwindigkeit:
180 km/h; im Betrieb 160 km/h
(112/100 mph)

Schon bald nach Beginn der Versuche mit dem 50 Hz-Wechselstrom-
system war es der SNCF klar, daß
die Existenz ihres 1500 V-Gleichstromnetzes den Einsatz von Lokomotiven erfordern würde, die auf
beiden Systemen verkehren konnten. Sonst würde der Zeitverlust
durch den Lokwechsel in Verbindung mit der schlechteren Ausnutzung der Lokomotiven die wirtschaftlichen Vorteile der Hochspan-
nungselektrifizierung teilweise auf-
heben. So umfaßten die Versuche
mit Wechselstrommaschinen auch
Zweisystemfahrzeuge, denen die
Entwicklung von Lokfamilien
folgte, das heißt von Wechsel-
strom-, Gleichstrom- und Zweisystemloks mit möglichst vielen
gleichen Bauteilen. Die Bezeichnung dieser Reihen war ein illustres
Beispiel gallischer Logik, es basierte
auf der mathematischen Gleichung:
„Wechselstrom" + „Gleichstrom" =
„Zweisystem". So gehörten zu den
Wechselstromloks der Reihe
„17000" und den „8500"er Gleichstromloks die Zweisystemloks der
Reihe „25500".

Verschiedene Entwicklungsstu-
fen der französischen Lokomotiventwicklung bildeten entsprechende Lokfamilien. So gehörten
zu einer Gruppe die ersten vierachsigen laufachslosen Maschinen
mit Einzelachsantrieb. Die nächste,
vorhin erwähnte, Gruppe umfaßt
Zweigang-„monomoteur"-Loko-
motiven mit Silizium-Gleichrichtern. Die dritte Gruppe „15000" +
„7200" = „22200" brachte den
Eintritt in die Thyristorära; mit einer
UIC-Nennleistung von 4620 kW
(6281 PS) sind es auch die stärksten französischen vierachsigen
Maschinen. Bemerkenswert ist
auch, daß man bei ihnen zu einer
einzigen Getriebeübersetzung zurückkehrte. Die zuerst erschienene
„15000"er war primär für den
schweren Schnellzugdienst bestimmt und man erachtete einen
Langsamgang für unnötig, hoffte
man doch, daß die verschiedenen
Verbesserungen der Technik seit
Einführung der Zweigang-Loks es
den Thyristormaschinen auch so ermöglichen würden, Güterzüge zu
übernehmen.

Es ist bei der SNCF üblich, neue
Technologien erst einmal an vorhandenen Fahrzeugen auszuprobieren. Durch das Beibehalten eines
großen Teils der bewährten Technik
kann man sich ganz auf die Untersuchung des Neuen konzentrieren.
Einen Teil der ersten Versuche mit
Thyristorsteuerungen machte man
mit einer der ersten Zweispan-
nungs-Lokomotiven, der BB-
20006 (ex Nr. 10001). Sie erhielt
Widerstände zur Geschwindigkeitsregelung beim Gleichstrombetrieb und für die Nutzbremse. Bei
Wechselstrombetrieb wurde der
heruntertransformierte Strom
gleichgerichtet. Die versuchsweise
eingebaute Thyristorschaltung arbeitete nur als Wechselrichter für die
Nutzbremsung an Wechselstrom.
Die erste reguläre Anwendung
einer Steuerung der Traktionsleistung durch Thyristoren erfolgte bei
Triebzügen; 1971 erschienen dann
die ersten von vornherein mit Thyristoren bestückten Regelfahrzeuge,
wiederum Triebzüge, dann auch die
B'B'-Lokomotiven der Reihe
„15000".

Oben: *Diese Lokomotive im Pariser Gare de Lyon gehört zur Schwe-
sterbaureihe der „15000" für
Gleichstrom, der Reihe „7200".*

Bis zu diesem Zeitpunkt hatte
man die Fahrspannung bei Wechselstromlokomotiven mit Hilfe von
Transformatoranzapfungen auf der
Hochspannungsseite gesteuert,
jetzt bot die Thyristortechnik eine
elegante Alternative dazu und vor
allem die Möglichkeit der stufenlosen Einstellung der Motorspannung.
Die Reihe „15000" hatte man
dazu bestimmt, die wichtigsten
Schnellzugleistungen auf der
Hauptstrecke der Ostregion der
SNCF, der ehemaligen Ostbahn,
von Paris nach Strasbourg zu übernehmen. Ihnen folgten bald die
„CC-6500" für Gleichstrom und die
Dieselloks der Reihe „CC-72000",
die viele gemeinsame Teile besaßen,
vor allem auch den gleichen Lokaufbau. Jedes Drehgestell hat nur
einen Fahrmotor, der fest auf dem
Rahmen montiert und mit den Ach-

sen durch Getriebe und Gelenkantriebe verbunden ist. Der Kasten ruht auf vier Gummifederelementen, zwei an den Außenseiten und zwei nahe der Längsachse. Diese bemerkenswert einfachen Konstruktionselemente bestehen aus mehreren Gummischichten mit Stahlzwischenlagen, die zugleich die vertikalen Kräfte und die Seitenkräfte durch die Auslenkung der Drehgestelle aufnehmen.

Wichtigste Neuerung der „15000"er war aber wie erwähnt die vergleichsweise einfache Spannungssteuerung mit Hilfe von Thyristoren. Der Lokführer hat hier die Wahl zwischen zwei Regelungsarten: mit konstanter Geschwindigkeit oder mit konstantem Strom. Bei der ersten Möglichkeit gibt er die gewünschte Geschwindigkeit und einen Maximalwert für den Strom ein. Die Steuerautomatik der Lok beschleunigt auf diese Geschwindigkeit und variiert dann den Strom, um sie zu halten – innerhalb der Grenze des Maximalstroms. Beschleunigt die Lok im Gefälle wird der Fahrstrom reduziert und gegebenenfalls auch die Widerstandsbremse eingeschaltet. Bei der anderen Methode hält das Steuersystem den Strom auf einem eingestellten Wert, die Geschwindigkeit muß der Lokführer durch Einstellung von Hand regulieren.

Die konstruktive Höchstgeschwindigkeit der „15000"er liegt bei 180 km/h. Dies scheint etwas überraschend in Anbetracht der Tatsache, daß damals auf einigen Abschnitten des SNCF-Netzes schon 200 km/h zugelassen waren. Auf der Ostregion, für die sie bestimmt waren, war (und ist) das Tempo aber auf 160 km/h begrenzt. Beim Entwurf der Loks nutzte man jede Möglichkeit, die Wartungskosten zu senken, so führte man die Fahrmotoren selbstbelüftend aus, um gesonderte Motorlüfter zu sparen. Sie waren auch die ersten Streckenlokomotiven mit zwei

Führerständen, die mit nur einem Pantografen ausgerüstet wurden.

Sie genossen schon bald einen exzellenten Ruf und es dauerte nicht lange, bis 74 dieser Loks den Schnellzugverkehr der Ostregion dominierten. Die Erforschung der Thyristortechnik ging indessen weiter. Unter anderem baute man der schon betagten CC-20002 Steuerelemente für eine Leistung von 5700 kW ein, mit der die Fahrmotoren der fest angekuppelten BB-9252 gesteuert wurden. Als nächstes baute man die Nr. 15007 in die Gleichstromlok Nr. 7003 um und erprobte in ihr die Ausrüstung der Reihe „7200".

1976 begann die Ablieferung der Reihe „7200", ein Jahr später gefolgt von den Zweispannungsloks der Reihe „22200", die einen zwei-

ten Pantografen und einen Transformator mit Gleichrichter erhielt. Die Fahrsteuerung ist bei beiden Stromsystemen dieselbe. Beide Loktypen ähneln der „15000" sehr stark, sie sind aber etwas länger und haben keine Nutzbremse, sondern Widerstandsbremsen, die auch bei Netzausfall mit Hilfe von Batterien zur Motorerregung funktionsfähig sind.

Die Reihen „7200" und „22200" sind in der Südostregion stationiert und haben dort auf den Linien, die nicht von TGVs befahren werden, ältere Bauarten ersetzt. Zu ihrem Einsatzgebiet gehört auch die Strecke von Marseille nach Ventimiglia; die 1118 Kilometer von Paris bis Ventimiglia fahren die „22200"er durch. Sie übernehmen auch schnelle Güterzüge nach

Nordfrankreich, eine relativ neue Einrichtung des Güterfernverkehrs, die Durchläufe über 1120 km von Marseille bis Lille einschließt. Dies sind die längsten Lokläufe in Frankreich und die hohe Kilometerleistung, die die Loks damit erreichen können, rechtfertigt die Mehrkosten der Zweisystemloks gegenüber den einfacheren Maschinen.

Man hatte gehofft, die Reihe „7200" auch im schweren Güterzugdienst einsetzen zu können; es kam dabei aber zur Überhitzung der Fahrmotoren, so daß man die ersten 35 Loks vorübergehend mit anderen Übersetzungen für eine Höchstgeschwindigkeit von 100 km/h umbaute. Alle späteren Loks erhielten wieder zwangsbelüftete Motoren.

Vor dem Getriebeumbau war die Nr. 7233 neun Monate lang zur Südwestregion umstationiert und fuhr dort mit dem „L'Etendard" zwischen Paris und Bordeaux auf langen Abschnitten mit einem Tempo von 200 km/h. Später testete man die Nr. 22278 auf die gleiche Weise und bewies damit die Tauglichkeit dieser Baureihe für Geschwindigkeiten auch über der Entwurfsgeschwindigkeit von 180 km/h.

Bis zum Jahr 1982 hatten die SNCF 210 Stück der Reihe „7200" und 150 Stück der „22200" bei Alsthom bestellt, die auch 48 ähnliche Lokomotiven an die Niederländischen Staatsbahnen NS liefert. 1982 rüstete man die Nr. 15055 probeweise mit Drehstrom-Synchronmotoren aus und Nr. 15056 erhielt Drehstrom-Asynchronmotoren.

Unten: *Diese Lokomotivtype gibt es in drei Versionen, für 50 Hz-Wechselstrom als „15000", für Gleichstrom als „7200" und für beide Stromsysteme als „22200".*

Oben: *Die SNCF Lok Nr. 15059 bei Pringy auf der Strecke Paris–Strasbourg vor einem „Corail"-Zug.*

Re 6/6   Bo'Bo'Bo'

Schweiz
Schweizerische Bundesbahnen (SBB), 1972

Bauart: Elektrische Hochleistungslokomotive für gemischten Dienst
Spurweite: 1435 mm (4 ft 8½ in)
Stromversorgung: Wechselstrom von 15000 V 16⅔ Hz über Oberleitung und Loktransformator
Antrieb: 6 Fahrmotoren von je 1300 kW (1768 PS) Dauerleistung mit Gelenkantrieben
Gewicht: 120 t (264550 lb)
Maximale Achslast: 20 t (44090 lb)
Gesamtlänge: 19310 mm (63 ft 4½ in)
Zugkraft: 395 kN (88690 lb)
Höchstgeschwindigkeit: 140 km/h (87 mph)

10000 Pferdestärken in einer Lokomotive! Und das ohne Mogeln – nämlich in einer einteiligen Lokomotive. Die Geschichte dieses Höhepunkts des Schweizer Lokomotivbaus ist die Geschichte der stetig steigenden Anforderungen des Verkehrs auf der Gotthardstrecke über die Alpen.

Die ersten schweren Geschütze nach Elektrifizierung der Gotthardbahn waren die weltberühmten „Krokodile", große (1'C)(C1')-Lokomotiven mit nur einem Viertel der Leistung der Re 6/6-Maschinen. Insgesamt 52 wurden gebaut, heute ist keine mehr im regulären Einsatz zu finden. 1931/32 erschienen zwei aufsehenerregende vierzehnachsige Doppellokomotiven der Reihe „Ae 8/14". Die Oerlikonmaschine brachte es auf eine Leistung von 8800 PS (6472 kW) und damit auf eine maximale Zugkraft von 588 kN, die für so manche Kupplung etwas zu hoch war. Die andere, von BBC, war etwas weniger leistungsfähig. 1940 stellten die SBB eine weitere Doppellok der gleichen einzigartigen Achsanordnung, die mit einer Gesamtleistung

von 11100 PS (8165 kW) erstmals über der Schallgrenze von 10000 PS lag; ihre Zugkraft lag durch die etwas höhere Höchstgeschwindigkeit von 110 km/h „nur" bei 490 kN. Allerdings wog sie das Doppelte unserer „Re 6/6". Man war zwar zufrieden mit ihnen, sie wurden aber nicht nachgebaut.

Die „Re 4/4"-Lokomotiven mit zwei Drehgestellen für den Schnellzugdienst erschienen 1946 nach dem Vorbild der zwei Jahre zuvor entstandenen „Ae 4/4" der Lötschbergbahn (schon beschrieben). Im Nachhinein scheint es unverständlich, warum die Schweizer nicht einfach eine höher übersetzte Güterzugversion der „Re 4/4" bauten, die man am Gotthard in Mehrfachtraktion gefahren hätte. Tatsache bleibt, daß dies nicht geschah und daß man weiter nach einer einzigen Loktype suchte, die allen Aufgaben gewachsen war. So kam es, daß Brown Boveri, Oerlikon und die Schweizer Lokomotivfabrik gemeinsam 1952 eine Lokomotive mit sechs angetriebenen Achsen und mit fast 1000 PS pro Achse vorstellten, die „Ae 6/6". In ihnen steckte

das gesamte Wissen, das man mit den „Ae 4/4" und „Re 4/4" gesammelt hatte.

Von dieser Reihe „Ae 6/6" mit einer Dauerleistung von 4290 kW (5833 PS) wurden bis 1966 120 Exemplare gebaut. Sie besitzen Rekuperationsbremsen und eine zulässige Höchstgeschwindigkeit von 125 km/h. Bei ihnen kehrte man zum schon lange nicht mehr ausgeübten Brauch der Namensgebung von Lokomotiven zurück. Man begann mit den Schweizer Kantonen, aber schon bald war das Ende der Liste erreicht und man nahm die Namen größerer und kleinerer Städte; die Nachfolger der „Ae 6/6" mußten sich schließlich mit Namen kleiner und kleinster Orte begnügen. Die gesteigerte Leistung der Reihe „Ae 6/6" kam im richtigen Zeitpunkt, ein explosiver Verkehrsanstieg stand bevor. Von 1950 bis zum Ende der sechziger Jahre stieg die beförderte Tonnage auf das Dreifache und die Zahl der Züge auf das Doppelte.

Um diese Situation in den Griff zu bekommen, schlug man den Bau noch stärkerer Lokomotiven vor.

Oben: *Die Re 6/6 Nr. 11632 „Däniken" der SBB im Mai 1982 vor einem schweren Tankwagenzug bei Effingen auf der Strecke Zürich–Basel.*

Eine schnelle Hilfe war der Umbau vorhandener Maschinen für Mehrfachtraktion – einer Maßnahme, der man in der Schweiz sehr reserviert gegenüber stand. 1972 lieferte das gleiche Firmenkonsortium vier Prototypen einer neuen Hochleistungslokomotive mit der ungewöhnlichen Achsfolge Bo'Bo'Bo'. Es war unsinnig, die Leistung über ein Maß zu steigern, das die Beförderung von 850 t-Zügen am Gotthard ermöglichte, denn schwereren Zuglasten sind die europäischen Schraubenkupplungen nicht gewachsen. Will man schwerere Züge über die Rampen ziehen, muß eine weitere Lokomotive zwischen die Wagen eingereiht werden, um die Zughakenlast im vorderen Zugteil zu reduzieren.

Die ersten beiden „Re 6/6", Nr. 11601-2, erhielten einen geteilten Lokkasten, die beiden anderen ei-

nen einteilen, den man dann auch für die Serienproduktion übernahm. Man legte sie für eine Zuglast von 800 t bei einer Geschwindigkeit von 80 km/h auf den 2,7%-Steigungen aus. Einer der Gründe für die Wahl der Bo'Bo'Bo'-Achsfolge anstelle der Co'Co'-Bauform war die Reduzierung des festen Achsstands, auf einer Strecke wie der Gotthardbahn mit fast ununterbrochenen Kurven bis herab zu 300 m Radius ein äußerst wichtiger Punkt. Der ungeteilte Lokkasten vereinfachte und verbilligte die Konstruktion des Mitteldrehgestells gegenüber der Gelenkbauart. Alle drei Drehgestelle sind drehzapfenlos ausgeführt; um kleine Ungleichmäßigkeiten der Gleislage auszugleichen, können sich die Achsen gegen den Widerstand von Federn in seitlicher Richtung bewegen.

Heute trifft man die „Ae 6/6" meist auf weniger anstrengenden Strecken an; sie brauchen auch heute keinen Vergleich zu scheuen, doch die „Re 6/6" leisten bei gleichem Gewicht 80% mehr. Zusätzlich sind sie nicht nur im schwersten Güterzugdienst auf Bergstrecken anzutreffen, sondern sie sind auch noch für die höchste in der Schweiz zugelassene Geschwindigkeiten von 140 km/h geeignet.

Rechts: *Die Re 6/6 Nr. 11630 „Herzogenbuchsee" der Schweizerischen Bundesbahnen auf der Gotthardbahn unterhalb Wassen vor dem internationalen Schnellzug „Barbarossa" am 24. Mai 1981.*

Unten: *Die Serienausführung der Co'Co'-Lokomotiven, Reihe Re 6/6 der Schweizerischen Bundesbahnen. 10000 PS in einer einzigen Maschine.*

SD40-2 Co'Co'

USA
Electro-Motive Division, General Motors Corportation (EMD), 1972

Bauart: Diesel-elektrische Mehr-zwecklokomotive
Spurweite: 1435 mm (4 ft 8½ in)
Antrieb: Ein EMD 2-Takt-V16-Dieselmotor mit Turbolader, Typ 645E3, von 2240 kW (3045 PS = 3000 HP) mit Dreh-stromgenerator und Gleichrichtern erzeugt den Strom für 6 Tatzlager-motoren
Gewicht: 167 t (368000 lb)
Maximale Achslast: 27,8 t (61 330 lb)
Gsamtlänge: 20980 mm (68 ft 10 in)
Zugkraft: 370 kN (83100 lb)
Höchstgeschwindigkeit: 105 km/h (65 mph)

Seit 50 Jahren dominiert die Electro-Motive Division von General Motors auf dem nordamerikanischen Diesellokmarkt mit einem Marktanteil von 70 bis 75%. Den Rest teilten sich die früheren Dampflokproduzenten Alco und Baldwin/Lima, einige kleinere Firmen und schließlich GE; seit 1969 ist davon nur noch GE übriggeblieben. Wichtiger ist dabei aber die Tatsache, daß EMD nie ein Monopol erlangen konnte und obwohl der Großteil des Erfolgs dieser Firma auf der Herstellung einer begrenzten Zahl von Standardtypen beruhte, Sonderwünsche der Kunden nie ganz ignorieren konnte; die EMD-Modelle wurden ständig der Entwicklung angepaßt. Das Hauptaugenmerk richtete man dabei auf die Steigerung der Leistung, die Reduzierung des Brennstoffverbrauchs und der Unterhaltskosten und auf die Verbesserung der Zugkraftübertragung zwischen Rad und Schiene.

Unten: *Eine EMD SD40-2 im Blau der Conrail, einem von der US-Regierung finanzierten Netz etlicher in Konkurs gegangener Bahnen im Osten der USA, dessen bekanntester Bestandteil die frühere Penn Central ist.*

Die Einführung der „hood-units" mit der Reihe „GP7" im Jahre 1949 kennzeichnete den Anfang vom Ende der vollverkleideten „cab-units", mit denen EMD seine Vorrangstellung aufgebaut hatte. Von nun an sollten fast alle EMD-Streckenlokomotiven Mehrzweckmaschinen sein. Das Übergreifen der Dieseltraktion auf Nebenstrecken machte eine neue Variante nötig, denn die vierachsigen Maschinen hatten sehr hohe Achslasten. Es entstanden sechsachsige Versionen, die man mit „SD" für „Special Duty" (Sonderdienst) bezeichnete. Obwohl die Achslast verringert wurde, stieg das Gesamtgewicht, damit waren sie auch für Bahnen interessant, die durch die klimatischen Bedingungen ein möglichst hohes Reibungsgewicht benötigten. Es wurde fortan üblich, von jedem Modell vier- und sechsachsige Varianten anzubieten.

An anderer Stelle dieses Buchs wurde die „GP35" beschrieben. Sie besitzt den ursprünglichen Motortyp „567", der auch in entsprechende „SD"-Lokomotiven eingebaut wurde. Mit der Leistung von 2500 HP, die man aus dem Motor holte, war man an der Obergrenze angekommen, die Entwicklung einer neuen Motorbaureihe wurde notwendig. Man behielt den Kol-

Oben: *„Road-switcher" Nr. 7044 der Burlington Northern ist eine von fast 900 SD40-2-Lokomotiven dieser Bahn.*

benhub von 10 Zoll (254 mm) bei und vergrößerte den Zylinderdurchmesser von 8,5 Zoll (216 mm) auf 9¹/₁₆ Zoll (230 mm). Das Zylindervolumen stieg auf 645 Kubikzoll (10,57 Liter) und gab den Motoren die Typenbezeichnung „645". Man blieb bei der Zweitaktbauart und bot die Motoren mit oder ohne Turbolader an. Eine Zweitaktmaschine braucht einen gewissen Ladedruck, um sauber zu arbeiten, deshalb verwendet man ein vom Motor angetriebenes Roots-Gebläse, wenn der Turbolader unerwünscht ist. Es gab daher zwei divergierende Entwicklungslinien, einmal die Turbolader-Motoren mit immer weiter steigender Leistung und daneben die einfachere Ausführung, deren Leistung bei 2000 HP (1492 kW) stehen blieb, die aber von den mechanischen Verbesserungen profitierte.

Einer der Vorzüge der ersten Dieselloks, die die Dampfloks vor den Güterzügen ablösten war, daß etliche Maschinen mäßiger Leistung in Mehrfachtraktion mit einer Lokcrew auch die größten Dampflokomotiven ersetzen konnten. Diese Diesel-

loks waren kaum größer als die Diesel-Rangierloks, die schon auf einigen Bahnen liefen und ihre Unterhaltung war dadurch einfacher als die der oft überlasteten Dampflokomotiven, die eine aufmerksame Wartung und guten Brennstoff verlangten, um ihr Bestes zu geben. Auch wenn man die höheren Kapitalkosten der Dieselloks einbezog, konnte man durch die niedrigeren Betriebskosten einiges sparen.

Nachdem alle Einsparungsmöglichkeiten durch eine Vollverdieselung erzielt worden waren, mußten sich die Fachleute nach neuen Wegen zur weiteren Verbesserung der Wirtschaftlichkeit umsehen. Man verstand inzwischen die Probleme der Diesellokunterhaltung besser und kam auf die Gedanken, eine kleinere Zahl größerer Lokeinheiten zu verwenden, um eine gewünschte Gesamtleistung zu erzielen. Dies sparte sowohl beim Kauf als auch bei der Unterhaltung Kosten ein. Die Konkurrenz EMDs war schneller und warb zuerst mit höheren Lokleistungen. Erst 1958 bot auch EMD eine „SD24" von 1790 kW (2400 HP) als Gegenstück zum (beschriebenen) Fairbanks-Morse „Trainmaster" von 1953 an. 1959 erschien auch ein vierachsiges EMD-Modell gleicher Leistung; der PS-Wettlauf hatte begonnen.

1965 kam die „645"er-Maschine in zwei Versionen, einmal mit Gebläse-Aufladung als „645E", wie üblich in 8-, 12- und 16-Zylinder-Ausführungen und als „645E3" mit Turbolader und mit 12, 16 und 20 Zylindern. Diese Antriebsaggregate bot EMD in 9 verschiedenen Lokmodellen an, darunter die „GP40" und die „SD40" mit 16-Zylinder-Turbolader-Motor, der 2240 kW (3045 PS) leistet und die „SD45" mit einem 20-Zylinder-Motor von 2690 kW (3657 PS). Diese erste nordamerikanische Lokomotive mit einem 20-Zylinder-Motor etablierte auch EMD endgültig in den Rängen der Hersteller von Lokomotiven mit 3000 HP und mehr, einige Zeit nachdem schon Alco und GE diesen Punkt erreicht hatten. Alle Lo-

komotiven dieser Modellreihe erhielten auch einen neuen Fahrmotortyp mit verbesserter Isolation und damit einem besseren Verhalten bei hohen Leistungen. Die sechsachsigen Lokomotiven erhielten neue Flexicoil-Drehgestelle, um die Laufeigenschaften zu verbessern und bei den Loks ab 3000 HP verwendete man Drehstromgeneratoren, die kleiner und leichter als die Gleichstromgeneratoren sind und damit mehr Raum für die Unterbringung der großen Dieselaggregate lassen.

Solange die Eisenbahnen noch von Höchstleistungslokomotiven begeistert waren, war die „SD45" das populärste Modell der ganzen Reihe, innerhalb von 6 Jahren ver-

kaufte man 1260 Stück. Die stärkste vierachsige Maschine, die „GP40" verkaufte sich 1201 mal, die „SD40" baute man 883 mal.

Bis 1972 waren dies die EMD-Standardmodelle; dann überarbeitete man sie gründlich, um der immer noch starken Konkurrenz von GE zu begegnen. Zur Unterscheidung fügte man der Typenbezeichnung eine „2" hinzu, beispielsweise „SD40-2". Die neue Baureihe nannte man „Dash 2" (Strich 2).

Von nun an bot man keine weitere Leistungssteigerung an, sondern konzentrierte sich ganz auf eine bessere Brennstoffausnutzung und eine Vereinfachung der Unterhaltsarbeiten. Die größte Änderung gab es bei der elektrischen Ausrü-

stung; sie führte man jetzt in Form von Modulen mit gedruckten Schaltungen aus, wo immer dies möglich war. Die Besitzer früherer Modelle hatten verschiedentlich Schwierigkeiten gehabt, Fehler in der Elektrik zu finden, man entwickelte darum eine Anzeigetafel, die Störungsmeldungen aufzeichnete und speicherte.

Die sechsachsigen Lokomotiven bot man mit einer neuen Drehgestelltype an, die als „HT-C" (High-

Unten: Drei SD40-2-Lokomotiven der Canadian National Railways. Die zweite Maschine hat einen der neuen „Sicherheits"-Führerstände.

Traction = Hohe Zugkraft, Achsfolge C) bezeichnet werden. Vor allem zwei Dinge bestimmten den Trend der künftigen Bestellungen der „Dash-2"-Modelle: Erstens, daß die zusätzlichen Unterhaltskosten der 20-Zylinder-Maschine mit großem Turbolader und Kühlern für 600 PS mehr gegenüber der 16-Zylinder-Maschine von vielen Bahnen nicht für gerechtfertigt gehalten wurden und zweitens, daß die vierachsige „GP40" sehr zum Schleudern neigte und ihre hochbeanspruchten Fahrmotoren übermäßige Wartungskosten verursachten. Dadurch entwickelte sich die „SD40-2" mit 3000 HP auf 6 Achsen zum beliebtesten Modell. Ende der siebziger Jahre kann man sie als Standard-Hochleistungs-Diesellocks unserer Zeit bezeichnen, denn zu diesem Zeitpunkt hatte EMD schon fast 4000 Stück verkaufen können. Der größte Abnehmer war hierbei die Burlington Northern mit etwa 900 Loks, das ist ein Viertel ihres gesamten Bestands.

Gleichzeitig hatten die hohen Kosten für die Wartung eines Turboladers im Vergleich mit dem Roots-Gebläse viele Bahnen zum Kauf der 2000 HP-Loks „GP38-2" für Dienste, bei denen ihre Leistung ausreichte, veranlaßt; bis 1980 hatte man von ihnen mehr als 2000 Exemplare verkauft.

EMD ging nun das Problem der Reibungsausnutzung durch Einführung einer Schleuderschutzeinrichtung an, die mit Hilfe von Doppler-Radar arbeitet und genügend empfindlich ist, um sicher nahe der Reibungsgrenze zu fahren. Die Fortentwicklung der Motoren führte zu einem 16-Zylinder-Motor von 2610 kW (3550 PS), der seit 1980 in der vierachsigen „GP-50" angeboten wird, so daß die Bahnen wieder die Möglichkeit haben, eine derartige Leistung ohne Mehrkosten durch sechsachsige Drehgestelle zu erhalten.

Klasse Dx Co'Co'
Neuseeland
New Zealand Railways (NZR), 1972

Bauart: Diesel-elektrische Lokomotive für gemischten Dienst
Spurweite: 1067 mm (3 ft 6 in)
Antrieb: Ein General Electric (USA) 12-Zylinder-Dieselmotor, Typ 7FDL-12, von 2050 kW (2787 PS) mit Drehstromgenerator und Siliziumdioden erzeugt Gleichstrom für 6 Tatzlagermotoren
Gewicht: 97,5 t (214890 lb)
Maximale Achslast: 16,3 t (35925 lb)
Gesamtlänge: 16916 mm (55 ft 6 in)
Zugkraft: 241 kN (54225 lb)
Höchstgeschwindigkeit: 105 km/h (65 mph)

Neuseeland mag ein Land mit einer geringen Einwohnerzahl sein und auch Eisenbahngleise mit einer geringeren Spurweite besitzen, aber seine Eisenbahner waren schon immer von großen Lokomotiven eingenommen. So waren die legendären, in Neuseeland gebauten, 2'D2-Dampfloks der „K"-Klasse mindestens genauso leistungsfähig wie alles, was im englischen Mutterland umherfuhr, trotz einer er-

heblich geringeren Achslast. Gleichermaßen kann man diese großen „Dx"-Diesellokomotiven mit den Einheitsloks der British Railways, Klasse „47", vergleichen, auch heute noch beträgt die Achslast hier nur etwa 70% des in England üblichen Wertes.

Die Klasse „Dx" war der Höhepunkt eines Verdieselungsprogramms, das 1955 mit 40 (A1A)(A1A)-Einheiten der Klasse „Dg" begann. Der damalige „Commonwealth-Vorzugstarif" bei den Einfuhrsteuern bedeutete für britische Hersteller einen deutlichen Vorteil und so ging die Bestellung an English Electric. Die Loks waren sehr leicht konstruiert, um auf den

Links: *Ein Güterzug der New Zealand Railways mit einer Co'Co'-Lokomotive der Klasse „Dx" überquert eine der typischen Stahlfachwerkbrücken.*

Unten: *Die diesel-elektrischen Co'Co'-Lokomotiven der Klasse „Dx" lieferte General Electric (USA).*

Baureihe 403
Bundesrepublik Deutschland
Deutsche Bundesbahn (DB), 1973

Bauart: Vierteiliger elektrischer Schnelltriebzug
Spurweite: 1435 mm (4 ft 8½ in)
Stromversorgung: Wechselstrom von 15000 V 16⅔ Hz über Oberleitung und Dachleitung zu den einzelnen Wagen
Antrieb: Thyristoranschnittgesteuerte Mischstrommotoren mit Gummiring-Kardan-Antrieben an allen Achsen; Gesamtleistung: 3840 kW (5221 PS)
Gewicht: 235,7 t (519620 lb)
Maximale Achslast: 14,7 t (32405 lb)
Gesamtlänge: 109220 mm (358 ft 4 in)
Höchstgeschwindigkeit: 200 km/h (125 mph)

Nach den Erfolgen des internationalen TEE-Schnellverkehrs nahm die DB 1971 ihr neues Intercity-Netz noch schnellerer Inlandsver-

bindungen in Betrieb. Man verwendete, meist von den Schnellzugloks der Baureihe „103" gezogene, kurze Wagenzüge, die nur die erste Wagenklasse führten. Man war sich aber auch der Vorteile bewußt, die Triebzüge mit Allachsantrieb durch das höhere Reibungsgewicht und die gleichzeitig niedrigeren Achslasten im Vergleich zu lokbespannten Zügen bieten. Die DB gab daher drei elektrische Schnelltriebzüge in Auftrag, die mit einer Höchstgeschwindigkeit von 200 km/h auch der Entwicklung noch schnellerer Fahrzeuge für die Neubaustrecken dienen sollten und die 1973 als Baureihe „403" abgeliefert wurden. Jede Garnitur besteht aus vier Wagen mit Allachsantrieb und automatischen Kupplungen. Die Endtriebwagen besitzen einen Führerstand und tragen die Stromabnehmer; die beiden Mittelwagen werden über eine selbsttätig

kuppelnde Dachleitung mit Hochspannung versorgt; in einem von ihnen befindet sich ein Speiseraum. Die eigenwillige windschnittige Vorderpartie der Züge verhalf ihnen schon bald zu dem Spitznamen „Donald Duck".

Die bewährte elektrische Ausrüstung der S-Bahn-Triebzüge, Baureihe „420", wurde – soweit möglich – übernommen. Abgesehen von den Stromabnehmern besitzt jeder Wagen eine vollständige Ausrüstung mit Haupttransformator, Spannungsregelung und Bremswiderständen.

Die Luftfederung der Drehgestelle wird gleisbogenabhängig zur Verbesserung des Fahrkomforts so gesteuert, daß der Kasten sich bis zu 4° neigt. Als Betriebsbremse dient die fahrdrahtabhängige Widerstandsbremse mit Druckluftzusatzbremse. Die Drehgestelle besitzen Scheiben- und Magnetschienen-

bremsen, elektronische Gleitschutzanlagen und automatische Überwachung der Achslagertemperaturen. Sie sollen bis zur nächsten Aufarbeitung, abgesehen von Profilberichtigungen, eine Laufleistung von 600000 km erreichen.

Die Fortschritte des Schnellzugwagenbaues in Deutschland führten zu immer geringeren Wagengewichten; bei den Kästen dieser Triebzüge ging man wieder einen Schritt weiter. Erstmals verwendete man Großstrangpreßprofile aus Aluminium bei Hochgeschwindigkeitsfahrzeugen. Ergebnis war eine Achslast unter 15 t, die wesentlich günstiger für die Gleise ist, als die 19,5 t der „103"er-Lokomotiven.

Im Mai 1974 nahmen die Triebzüge ihren regulären Dienst auf einer der längsten Inlandsstrecken – 781 km mit sechs Zwischenhalten zwischen München und Bremen – auf. Sie waren bei den Reisenden

schwachen Schienen der Südinsel eingesetzt werden zu können, wo die Achslast auf nur 11 t beschränkt war.

Zwischen 1955 und 1957 schaffte General Motors den großen Einstieg mit der 74 Loks zählenden Klasse „Da" von 1065 kW (1448 PS), die den Verkehr auf den Strecken der Nordinsel von nun an dominierten. Die NZR erhielten auch 16 leichtere GM „Db"-Lokomotiven für Nebenbahnen der Nordinsel. 1968/69 lieferte die japanische Firma Mitsubishi 60 Bo'-Bo'Bo'-Loks, Klasse „Dj" für die Südinsel, die 780 kW (1060 PS) leisteten und eine Achslast von 10,9 t hatten. Diese Lieferung verdrängte 1972 die letzte planmäßig eingesetzte Dampflokomotive aus dem Dienst der NZR.

Inzwischen war man zur Überzeugung gekommen, daß man stärkere Lokomotiven mit Vorteil einsetzen konnte und man entwarf die Klasse „Dx". Überraschenderweise wendeten sich die NZR wieder an eine andere Bezugsquelle, die vierte, für diese großartigen Maschinen. General Electric aus den

Oben: *Den „Silver Star"-Expreß auf der Nordinsel befördert eine „Dx".*

USA lieferte von 1972 bis 1975 47 Exemplare dieser Type. Man verwendet sie für die Spitzenzüge auf der Hauptstrecke der Nordinsel von Wellington nach Auckland, gleichermaßen im Personen- und im Güterzugdienst. Die Konstruktion basiert auf dem GE Standard-Exportmodell „U26C".

GE konnte aber den Kunden nicht für sich gewinnen; weitere Lieferungen erfolgten durch General Motors in (A1A)(A1A)- und in Co'Co'-Ausführung ähnlicher Form – 67 Stück „Dc" und 30 Stück „Df". Und dies trotz einer hitzigen Diskussion über die Frage, ob man in diesem Land mit seinem verhältnismäßig geringen Verkehrsbedürfnis überhaupt Eisenbahnen brauche. Am Ende entschied man sich doch für die Bahn, aber gegen die Dieseltraktion. Die New Zealand Railways arbeiten seitdem an einem umfangreichen Elektrifizierungsprogramm, das die Verwendung einheimischer Energiequellen ermöglicht.

sehr beliebt, an Freitagen und Montagen mußten sie oft durch einen fünften Wagen aus der Reservegarnitur verstärkt werden.

Das Jahr 1979 brachte das Ende dieser Einsätze: das IC-System der DB wurde in großem Maß umgestaltet. Nachdem die ICs jahrelang den Fahrgästen der ersten Klasse vorbehalten gewesen waren, hatte die DB entschieden, daß ein umfangreiches Netz schneller Städteverbindungen nur unter Einbeziehung der zweiten Klasse wirtschaftlich zu gestalten sei. Die 403er boten aber nur Plätze erster Klasse und darüber hinaus war die DB zu der Auffassung gekommen, daß nur lokbespannte Züge die nötige Flexibilität für den Betrieb bieten konnten.

Die drei Schnelltriebzüge schieden aus dem Plandienst aus, fanden aber bei einzelnen Sondereinsätzen reichlich Beschäftigung. Das änderte sich 1982, als die Lufthansa die Züge probeweise anmietete, um mit ihrer Hilfe – sehr werbewirksam – Inlandsflüge und die dafür benötigten Treibstoffmengen einzusparen. Seitdem verbinden sie die Flughäfen von Frankfurt und Düsseldorf, Zwischenhalte erfolgen in Bonn und Köln.

Anfänglich altweiß mit anthrazitfarbenem Fensterband und roten Zierlinien lackiert, traten sie ihren neuen Dienst im Gelb und Grauweiß der Lufthansa-Flugzeuge an, von dem sich ihre schwarzen Fensterrahmen abheben.

Rechts: *Die Schnelltriebzüge der DB-Baureihe 403 werden heute auf Rechnung der Deutschen Lufthansa anstelle von Inlandsflügen zwischen dem Frankfurter Flughafen und dem Rhein-Ruhrgebiet eingesetzt.*

Klasse 87 Bo'Bo'

Großbritannien
British Railways (BR), 1973

Bauart: Elektrische Lokomotive für gemischten Dienst
Spurweite: 1435 mm (4 ft 8½ in)
Stromversorgung: Wechselstrom von 25000 V 50 Hz über Oberleitung und Loktransformator mit Gleichrichtern
Antrieb: 4 abgefederte Fahrmotoren von je 932 kW (1267 PS) mit ASEA-Hohlwellenantrieben
Gewicht: 83 t (182930 lb)
Maximale Achslast: 20,75 t (45735 lb)
Gesamtlänge: 17830 mm (58 ft 6 in)
Zugkraft: 258 kN (58000 lb)
Höchstgeschwindigkeit: 160 km/h (100 mph)

Obwohl man in beiden Fällen nach dem Krieg am Nullpunkt beginnen mußte, kann man sich kaum größere Gegensätze denken, als sie die Entwicklungsgeschichten der britischen Dieselloks und der Wechselstrom-Elloks aufzeigen. Aufeinanderfolgende Dieseltypen ähnelten sich oft so wie aufeinanderfolgende Bilder eines Kaleidoskops, während die sieben Typen der elektrischen Lokomotiven alle gleich aussahen und auch die gleiche Höchstgeschwindigkeit und Achsfolge besaßen.

Die ersten 5 Typen waren die Antworten verschiedener Hersteller auf die Aufforderung zum Entwurf einer elektrischen Lokomotive mit 160 km/h Höchstgeschwindigkeit für den Betrieb mit 50 Hz-Wechselstrom mit Spannungen von

25000 V und 6250 V. Die Tabelle gibt eine Übersicht.

Alle besaßen im Drehgestell befestigte Fahrmotoren mit Gelenkantrieben. Anfänglich hatten die Klassen „81" bis „84" Quecksilberdampfgleichrichter, die Klasse „85" dagegen von Anfang an Diodengleichrichter und auch Widerstandsbremseinrichtung. Alle besaßen Umschalteinrichtungen für eine Fahrdrahtspannung von 6250 V, die aber bei ihnen nie zur Verwendung kommen sollte. Da alle regelmäßig zu befördernden Züge elektrische Heizung besaßen, waren Dampfkessel überflüssig; mußte man im Winter einmal dampfgeheizte Wagenzüge mit ihnen bespannen, standen Heizkesselwagen zur Verfügung.

Zur vollständigen Umstellung auf

Erste Bezeichnung	Spätere	Erbaute Stückzahl	Erbaut von	Elektrische Ausrüstung von	Heutige Stückzahl
AL1	81	25	Birmingham Carriage & Wagon	AEI	22
AL2	82	10	Beyer-Peacock	Metropolitan-Vickers	0
AL3	83	15		English Electric	0
AL4	84	10	North British	General Electric	0
AL5	85	40	BR Doncaster	AEI	40

Oben: *Eine Ellok der Klasse 87 vor einem Schnellzug der Westküstenstrecke.*

Unten: *Die Bo'Bo'-Lokomotiven der Klasse 87 sind die modernsten elektrischen Lokomotiven der British Railways. Sie wurden 1973-74 für die Erweiterung des elektrischen Betriebs von Crewe nach Glasgow beschafft.*

elektrischen Betrieb der Strecke von London nach Birmingham, Manchester und Liverpool wurden weitere 100 Lokomotiven geliefert. Diese Klasse „AL6", die spätere Klasse „86", besaß Siliziumdioden-Gleichrichter, eine Widerstandsbremseinrichtung als Betriebsbremse und – als große Vereinfachung – Tatzlagermotoren. Es überrascht kaum, daß diese einfache Bauart bei dem dichten Schnellverkehr schon bald böse Auswirkungen auf die Gleise zeigte und man Änderungen vornehmen mußte. Die Klasse gliedert sich heute wie folgt auf:

Klasse „86.0" im Originalzustand, aber mit Vielfachsteuerung und einer Höchstgeschwindigkeit von 130 km/h: 20 Lokomotiven nur für den Güterzugdienst.

Klasse „86.1" mit neuen Drehgestellen mit ASEA-Hohlwellenantrieb. Prototypen für die Klasse „87": 3 Lokomotiven.

Klassen „86.2" und „86.3" mit Umbauten für 160 km/h zugelassen. Sie besitzen gummigefederte Radsätze und (nur 86.2) eine geänderte Drehgestellabfederung: 58 Loks „86.2" und 19 „86.3".

Für die Erweiterung des elektrischen Betriebs von Crewe nach Glasgow entstanden die 36 Lokomotiven der Klasse „87" in den BR-Werkstätten von Crewe, die elektrische Ausrüstung stammt von der Firma GEC Traction, in der inzwischen auch die AEI, English Electric, Metropolitan-Vickers und British Thompson-Houston aufgegangen waren. Gegenüber der Klasse „81" war ihre Leistung 56% größer, bei einem Mehrgewicht von nur 4%. Man verwendete den in den „86.1" erprobten ASEA-Hohlwellenantrieb und sie erhielten Vielfachsteuerung. Endlich hatte man es bei ihnen für unnötig gehalten, sie mit einem Exhaustor für Vakuumbremsen auszustatten. Alle Loks

der Klasse tragen Namen von lebenden oder verstorbenen Persönlichkeiten und dieser hübsche Brauch hat sich auch auf einige Exemplare der Klasse „86" ausgedehnt.

Die bisher letzte Neuerung ist die Ausrüstung einer Lok mit einer Thyristor-Fahrsteuerung, Unterklasse „87.1". Diese Lok 87101 trägt den ehrenvollen Namen „Stephenson" und es besteht kein Zweifel daran, daß wir nach Beendigung der derzeitigen Schaffenspause bei elektrischen Lokomotiven noch einiges von dieser neuen Entwicklungsstufe der britischen Fahrzeugtechnologie hören werden.

In punkto Leistung und Zuverlässigkeit reicht es, festzustellen, daß sie den Erwartungen entsprechen. Der Oberleitung kann ausreichend Strom entnommen werden, um mit Höchstgeschwindigkeit die üblichen Zuglasten zu befördern und sie sind auch für die Bespannung schwerer und langsamerer Güterzüge geeignet.

Reihe 381 Triebzug

Bauart: Neunteiliger elektrischer Triebzug mit Kastenneigungseinrichtung
Spurweite: 1067 mm (3 ft 6 in)
Stromversorgung: Gleichstrom von 1500 V oder Wechselstrom von 25000 V und 50 Hz oder 60 Hz über Oberleitung
Antrieb: 6 Triebwagen besitzen je 4 Fahrmotoren von 100 kW (136 PS)
Gewicht: 234 t (515875 lb) Reibungsgewicht; 342 t (753970 lb) Gesamtgewicht
Maximale Achslast: 9,75 t (21495 lb)
Gesamtlänge: 191700 mm (628 ft 11 in)
Höchstgeschwindigkeit: 120 km/h (75 mph)

Die Idee einer gleisbogenabhängigen Wagenkastenneigungseinrichtung entspringt der Tatsache, daß entsprechend ausgestattete Fahrzeuge schneller durch Kurven fahren können als normale. In Kurven ist normalerweise die äußere Fahrschiene etwas höher gelegt, um einen Teil der Zentrifugalkraft auszugleichen, die auf die Insassen eines Zuges wirkt. Neigt man nun den Kasten noch weiter nach innen, kann man die Kurvengeschwindigkeit ohne Komforteinbuße erhöhen. Dieser Gedanke ist so verlockend, daß schon viele Bahnverwaltungen derartige Fahrzeuge beschafften, aber erst eine, die Japanische Staatsbahn, setzt sie in größerer Zahl ein.

Diese japanischen Triebzüge der Reihe 381 sind aber nicht für hohe Geschwindigkeiten von, sagen wir, 145 km/h anstelle normaler 120 km/h bestimmt, sondern um beispielsweise 96 km/h zu fahren, wo sonst nur 80 km/h erlaubt sind. Die Kastenneigung ist auf 5° beschränkt (im Vergleich mit 9° der

Oben: *Ein elektrischer Triebzug der JNR-Reihe 381 mit Wagenkastenneigungseinrichtung im Jahre 1978 auf der Hanwa-Linie.*

Rechts: *Die Neigungsvorrichtung der Reihe 381 ist auf den kurvenreichen Gebirgsstrecken von Vorteil.*

Reihe 581 Triebzug

Bauart: Zwölfteiliger elektrischer Schlafwagen-Schnelltriebzug
Spurweite: 1067 mm (3 ft 6 in)
Stromversorgung: Gleichstrom von 3000 V oder Wechselstrom von 25000 V und 50 Hz oder 60 Hz über Oberleitung
Antrieb: Die elektrische Ausrüstung in zwei Triebwagen versorgt 24 Fahrmotoren von je 100 kW (136 PS) in sechs Mittelwagen
Gewicht: 290 t (639330 lb) Reibungsgewicht; 553 t (1219135 lb) Gesamtgewicht
Maximale Achslast: 12 t (26455 lb)
Gesamtlänge: 249000 mm (816 ft 11 in)
Höchstgeschwindigkeit: 160 km/h (100 mph); aber zulässige Streckengeschwindigkeit 120 km/h (75 mph)

Oben: *Ein elektrischer Schlafwagen-Triebzug der Japanischen Staatsbahnen.*

britischen APT-Züge) und sie wird mit Hilfe von Sensoren für die Seitenbeschleunigung gesteuert. Die Fahrzeuge sind für Gebirgsstrecken mit Steigungen bis zu 2,5% bestimmt und verfügen über eine entsprechend hohe Antriebsleistung. Jeweils zwei von drei Wagen sind motorisiert; jeder zweite Triebwagen trägt die elektrische Ausrüstung inklusive Transformator, Gleichrichter und Stromabnehmer. Die Garnituren bestehen normalerweise aus neun Wagen mit Steuerwagen an beiden Zugenden und verfügen über eine Gesamtleistung von 2400 kW (3263 PS), die für eine Geschwindigkeit von 80 km/h bei 2% Steigung ausreicht. Für die Gefällestrecken sind dynamische Bremsen vorhanden.

Die gleichermaßen in Kurven und auf Steigungsstrecken höheren Geschwindigkeiten ergeben lohnenswerte Fahrzeiteinsparungen. Die ersten Fahrzeuge waren so zufriedenstellend, daß die Zahl dieser Triebzüge während der letzten zehn Jahre auf über 150 gestiegen ist.

Der weltweite Trend der neuzeitlichen Fahrzeugentwicklung zu selbständigen, lokomotivlosen Zugeinheiten griff mit der Einführung dieser interessanten Triebzüge auch auf die davon bisher wenig berührten Japanischen Staatsbahnen über. Bisherige Beispiele für Triebzüge mit Schlafwagenausstattung waren der „M-10001" der Union Pacific (siehe Seite 64), verschiedene elektrische Triebwagen mit Schlafwageneinrichtung auf amerikanischen Überlandbahnen und nicht zuletzt der Nacht-Gliederzug „Komet" der DSG, der in den fünfziger Jahren eine nur kurze Karriere erlebte. Bei keiner Bahn hatte sich dieses Konzept bisher aber auf Dauer durchsetzen können.

Diese sehenswerten Triebzüge haben dagegen den nächtlichen Schnellverkehr auf vielen Fernstrecken Japans übernommen; sie werden aber auch tagsüber verwendet. Ihr Einsatz dürfte sich nach der Eröffnung des 54 km langen Seikan-Tunnels zwischen der Hauptinsel Honshu und Hokkaido

erheblich ausweiten. Zwar ist er für die normalspurige „Shin-Kansen"-Linie vorgesehen, wird aber wohl erst einmal etliche Jahre lang von Schmalspurzügen benutzt werden.

Alle Betten liegen in Längsrichtung und sind nicht nach grüner (erster) und zweiter Klasse getrennt. Stattdessen muß für die unteren Schlaflager mehr bezahlt werden als für die in der Mitte oder oben. Die Bettgebühren schließen allerdings, wie auch in japanischen Hotels, die Nachtwäsche und Waschzeug ein. Mit bis zu 45 Betten in einem Schmalspurwagen muß man das Können der Designer bewundern, die es fertiggebracht haben ein Gefühl von Geräumigkeit zu schaffen! Die 12-Wagen-Einheit besitzt 40 Speisewagenplätze, die restlichen 11 Wagen bieten 444 Schlafplätze oder 656 Sitzplätze. Die Wagen sind vollklimatisiert und man sagt, daß die Geräuschdämpfung so gut sei, daß es in ihnen leiser ist, als in lokbespannten Schlafwagen.

Oben: *Die Endtüren dieser Triebzüge ermöglichen den Fahrgästen den Übergang zwischen gekuppelten Einheiten.*

Unten: *Die Endfahrzeuge des Schlafwagen-Triebzugs, Reihe 581, mit dem Führerstand sind nicht motorisiert.*

Rc4 Bo'Bo'
Schweden
Schwedische Staatsbahnen (SJ), 1975

Bauart: Elektrische Mehrzweck-
lokomotive
Spurweite: 1435 mm (4 ft 8½ in)
Stromversorgung: Wechsel-
strom von 15000 V 16⅔ Hz über
Oberleitung zum Loktransformator
Antrieb: 4 thyristorgesteuerte
Gestellmotoren von je 900 kW
(1224 PS) mit ASEA-Hohlwellen-
antrieb
Gewicht: 78 t (161 960 lb)
Maximale Achslast: 19,5 t
(42 990 lb)
Gesamtlänge: 15520 mm
(50 ft 11 in)
Zugkraft: 290 kN (65 115 lb)
Höchstgeschwindigkeit:
135 km/h (84 mph)

Die „Rc"-Familie elektrischer Lokomotiven, entwickelt von der All-
manna Svenska Elektriska Aktiebo-
laget (ASEA) für die Schwedischen
Staatsbahnen, hat gute Chancen,
eine der erfolgreichsten elektrischen
Lokomotivbauarten zu werden. Im
Grunde für gemischte Dienste bestimmt, hat man sie auf der einen
Seite für eine Höchstgeschwindigkeit von 160 km/h weiterentwickelt,
auf der anderen Seite wurde auch
eine Variante für die schweren Erzzüge in der arktischen Region
Schwedens geliefert. Im Ausland
haben so unterschiedliche Kunden
wie Österreich, Norwegen und die
USA „Rc"-Versionen bestellt.
Einer der Gründe für ihre hervorragende Stellung ist, daß die „Rc1"

die erste thyristorgesteuerte Elloktype der Welt war, die schon 1967
in Dienst gestellt wurde. Der Ein-
fallsreichtum mancher Lokfabrikan-
ten ist eben nicht unbedingt ein Ersatz für jahrelange Erfahrung.
1969 folgten den 20 „Rc1" 100
„Rc2" mit verbesserter Thyristorsteuerung und weiterentwickelten
Filterschaltungen, die verhindern
sollen, daß harmonische Schwingungen, die in den Thyristorkreisen
entstehen, über die Gleise fließen
und die Signalströme (die auch
über die Gleise fließen) und andere
Kommunikationseinrichtungen
stören. Die 10 „Rc3"-Loks von
1970 waren „Rc2" mit einer geänderten Übersetzung für 160 km/h.
1971-73 wurden dann zehn Loks

mit Widerstandsbremse als Reihe
„1043" an die Österreichischen
Bundesbahnen geliefert.
1975 erschien die Reihe „Rc4"
mit einer von ASEA entwickelten
Schleuderschutzanlage, die automatisch den Strom eines Fahrmotors reduziert, wenn sich seine
Treibräder schneller zu drehen beginnen, als die anderen. Andere
Verbesserungen sind beispielsweise
statische anstelle der Motorumrich-
ter für die Versorgung der Hilfsag-
gregate.
Insgesamt 130 „Rc4" erhielten
die Schwedischen Staatsbahnen,
weitere 10 ähnliche Maschinen
gingen nach Norwegen als Reihe
„El.16", gleiche Maschinen fahren
sogar im Iran. Den bemerkenswer-

E60CP Co'Co'
USA
National Railroad Passenger Corporation (Amtrak), 1973

Bauart: Elektrische Schnellzug-
lokomotive
Spurweite: 1435 mm (4 ft 8½ in)
Stromversorgung: Wechsel-
strom von 12500 V 25 Hz oder von
25000 V/12500 V 60 Hz über
Oberleitung zum Loktransformator
Antrieb: 6 thyristorgesteuerte
Tatzlagermotoren von 951 kW
(1293 PS)
Gewicht: 176 t (387 905 lb)
Maximale Achslast: 22 t
(48 490 lb)
Gesamtlänge: 21 720 mm
(71 ft 3 in)
Zugkraft: 334 kN (75 000 lb)
Höchstgeschwindigkeit:
194 km/h (120 mph); wegen
schlechten Laufs auf 137 km/h
(85 mph) beschränkt

Anfang der siebziger Jahre suchte
man immer intensiver nach einem
Ersatz für die legendären „GG1"-
Schnellzuglokomotiven, die noch
immer den Schnellzugverkehr zwischen New York und Washington
beherrschten. Grund waren weniger Probleme, die man mit den
„GG1" hatte – sie arbeiteten so gut
wie eh und je. Es war mehr das
schlechte Image durch die Tatsache, daß man sich bei den
Schnellzügen noch immer auf diese
bald 50 Jahre alten Maschinen
stützen mußte. Dazu kam, daß sie
für eine bevorstehende (aber nun
verschobene) Modernisierung der
Stromversorgung mit höherer
Spannung nicht geeignet waren.
Für rasche Abhilfe sorgte General
Electric, wo man seit 1955 keine
elektrische Personenzuglokomotive
für US-Bahnen mehr gebaut hatte.
Man änderte einfach die Konstruk-

tion einer schweren Güterzug-
maschine, die 1972 an die Black
Mesa & Lake Powell RR geliefert
wurde. Dazu gehörten eine andere

Oben: *Die Amtrak „E60CP" 972
im Juni 1982 vor dem „Silver Star"
von New York nach Miami in
Newark, New Jersey.*

testen Auslandserfolg konnte ASEA aber in den USA verbuchen. Die Nationale Eisenbahn-Personenverkehrsgesellschaft, besser als Amtrak bekannt, war auf der Suche nach einem Ersatz für die betagten, aber immer noch großartigen „GG1"-Maschinen von 1934 (siehe S. 74). Die neuen Loks sollten auf der Hauptstrecke New York–Washington mit einer Fahrdrahtspannung von 12500 V 25 Hz eingesetzt werden. Verschiedene Vorführmaschinen amerikanischer Hersteller (die seit den „GG1" kaum noch elektrische Schnellfahrlokomotiven gebaut hatten) und eine aus Frankreich enttäuschten, aber eine abgeänderte „Rc4", die für die Probefahrten über den großen Teich ge-

schickt wurde – „unser kleiner Volvo", wie sie die Amtrak-Eisenbahner nannten – war haargenau das Richtige und man bestellte schon bald 47 Stück.

Anstatt aber die „Kaufe amerikanisch"-Lobby zu bekämpfen, wählte man die einfachere Lösung und ließ die Baureihe „AEM7" mit ASEA-Teilen unter ASEA-Lizenz von der General Motors Electro-

Motive Division bauen. Im Vergleich zur „Rc4" sind die „AEM7" kräftiger gebaut, haben 25% mehr Leistung und sind auch für das künftige Stromsystem von 25000 V 60 Hz (bei engem Lichtraum auch 12500 V 60 Hz) geeignet. Die Höchstgeschwindigkeit liegt mit 200 km/h viel höher, das Gewicht stieg um 17%. Dies ist hier kein Nachteil, da ja allgemein sehr hohe

Achslasten üblich sind und man enge Schwellenabstände und tiefe Schotterbettung verwendet.

In Schweden baute man 1977 sechs Loks als Type „Rm" für den Erzzugverkehr: zusätzliche Ballastgewichte steigern die Achslast auf 23 t, sie haben automatische Kupplungen, höhere Übersetzungen, Widerstandsbremsen und Vielfachsteuerung, vor allem aber besser wärmeisolierte und beheizte Führerstände und als neueste Version gibt es die Type „Rc 5".

Unten: *Die schwedische Universal-Ellok mit Thyristor-Fahrsteuerung, Reihe Rc4.*

Übersetzung, eine zusätzliche Trafoanzapfung für die Energieversorgung der Wagen und – bei einigen Einheiten – der Einbau von ölgefeuerten Dampfheizkesseln. Man war mit den 1973 gelieferten 27 Loks eigentlich recht zufrieden, nur ihre Laufeigenschaften bei höheren Geschwindigkeiten ließen sehr zu wünschen übrig. Es blieb kein Ausweg, die „GG1" mußten weiterhin Schnellzüge übernehmen.

Für einige „E60CP"'s fand man geeignetere Beschäftigungen, andere fanden neue Besitzer. Erst die Schwedenloks mit ihren ausgezeichneten Eigenschaften konnten die „Old Faithfuls" (die alten Getreuen) verdrängen.

Rechts: *Die „E60CP"-Loks können sowohl mit Wechselstrom von 25 Hz als auch von 60 Hz fahren.*

177

Klasse X   Co'Co'
Australien
Victorian Railways (VicRail), 1966

Bauart: Diesel-elektrische Lokomotive für gemischten Dienst
Spurweiten: 1600 mm und 1435 mm (5 ft 3 in, 4 ft 8½ in)
Antrieb: Ein General Motors 2-Takt-V16-Dieselmotor, Typ 16-567E, von 1455 kW (1978 PS) mit Generator versorgt 6 Tatzlagermotoren
Gewicht: 116 t (255665 lb)
Maximale Achslast: 19,5 t (42980 lb)
Gesamtlänge: 18364 mm (60 ft 3 in)
Zugkraft: 285 kN (64125 lb)
Höchstgeschwindigkeit: 134 km/h (84 mph)

Rechts: *Die diesel-elektrische Lokomotive Nr. X49 fährt mit dem „Southern Aurora"(Südliche Morgenröte)-Expreß von Sydney in den Bahnhof von Melbourne ein.*

Es ist ja allgemein bekannt, daß Australien große Probleme mit den Spurweiten seiner Bahnen hat; die einzelnen Staaten waren in der Vergangenheit hier ihre eigenen Wege gegangen. Der Staat Victoria und sein Nachbar South Australia hatten sich damals für die Breitspur von 1600 mm entschieden. Zu Zeiten der Dampfloks ergaben sich dadurch unterschiedliche Lokkonstruktionen, bei den heutigen Dieselloks beschränken sich die Unterschiede oft nur auf die entsprechenden Radsätze.

Diese Loks der Klasse „X" der Victorian Government Railways sind dafür ein gutes Beispiel, denn inzwischen streckt auch die Normalspur einen Fühler in diesen Staat aus, um eine Verbindung von Melbourne zur Transaustralischen Bahn, sowie nach Sydney herzustellen. Sie sind ein typisches General Motors-Produkt – wie fast alle Dieselloks dieser Bahn – und wurden beim australischen GM-Lizenznehmer Clyde Engineering Pty

Reihe 2130   Co'Co'
Australien
Queensland Railways (QR), 1970

Bauart: Diesel-elektrische Güterzuglokomotive
Spurweite: 1067 mm (3 ft 6 in)
Antrieb: Ein General Motors 2-Takt-V16-Dieselmotor, Typ 16-645E, von 1640 kW (2230 PS) mit Drehstromgenerator und Gleichrichtern versorgt 6 Tatzlagermotoren
Gewicht: 97,6 t (215050 lb)
Maximale Achslast: 16,3 t (35850 lb)
Gesamtlänge: 18060 mm (59 ft 3 in)
Zugkraft: 287 kN (64500 lb)
Höchstgeschwindigkeit: 80 km/h (50 mph)

Das 9985 km lange Bahnnetz Queenslands wurde in jüngster Zeit erweitert, um einige Bergwerke zu erschließen und rückte dadurch zur Überraschung vieler mit seiner Bahnlänge auf den ersten Platz der australischen Staatsbahnverwaltungen vor. Noch bemerkenswerter ist aber, daß die QR, trotz ihrer schmalen Spurweite, auch bei den Beförderungszahlen im Güterverkehr führt. Die Lokomotiven, die diesen Rekord ermöglichen, sind diese diesel-elektrischen Loks der Reihe „2130", die – wie 57% des QR-Fuhrparks – GM-Konstruktionen sind und von Clyde Engineering gebaut oder zumindest in Lizenz montiert wurden. Sie folgen auch der US-Tradition, Bausteine für größere Lokeinheiten fast beliebiger Zugkraft zu sein.

Die eindrucksvollste Verwendung dieser ausgezeichneten Maschinen ist ihr Einsatz in zwei Gruppen von je drei Lokomotiven auf der neu erbauten Goonyella-Strecke vor Kohlenzügen mit 148 Wagen, die bei 11140 t Gesamtgewicht 8700 t Kohle befördern. Weil die Zugeinrichtungen der Wagen die immensen Zugkräfte nicht ertragen,

Oben: *Diesel-elektrische Co'Co'-Lokomotiven der Queensland Railways in Mehrfachtraktion.*

Unten: *Die Lokomotiven der QR-Reihe „2130" stammen aus dem Jahr 1970.*

in Sydney, South Wales montiert. Diese Vereinheitlichung bietet den Vorteil, das fast alle VicRail-Diesel-loks, egal welcher Type, in Mehr-fachtraktion gefahren werden können.

Bald nachdem die ersten 6 „X"-Loks geliefert wurden, stand Clyde die neue 645er-Maschine von GM zur Verfügung, die bei den 1970 gelieferten 18 Lokomotiven eingebaut wurde. Die Leistung erhöhte sich damit auf 1940 kW (2638 PS) ohne Mehrgewicht. Sie waren nun die stärksten Loks der Bahn, aber nach Erhöhung der Achslastgrenze auf 22,5 t auf einigen Strecken bezog man eine weitere Reihe von GM Co'Co'-Loks, Klasse „C", mit einer installierten Leistung von 2460 kW (3345 PS).

Eine Eigenheit victorianischer Lokomotiven, die möglicherweise den Kauf von General Motors-Originalmodellen verhinderte, waren die pneumatisch betätigten „Stab-Übergabevorrichtungen". Die Betriebsvorschriften nach briti-schem Muster sehen vor, daß Züge auf eingleisigen Streckenabschnitten immer im Besitz eines physischen Zeichens ihrer Befugnis (einem Stab) sein müssen, das dem Gegenzug übergeben wird. Die Orte, an denen sich die Züge begegnen, liegen oft auf freier Strecke und so benutzt man diese Übergabevorrichtung, um den Stab während der Fahrt auszutauschen. Moderne elektrische Signalsysteme ersetzen langsam diese erstaunliche Methode, aber zur Zeit wird sie noch verwandt und alle Lokomotiven müssen dementsprechend ausgerüstet sein.

Rechts: *Die diesel-elektrische Co'Co'-Lokomotive Nr. X45 „Edgar B. Brownbill" der Victorian Railways wurde 1970 gebaut.*

wird die zweite Lokgruppe in Zug-mitte eingestellt und von den führenden Einheiten über Funk ferngesteuert, ein System, das in den USA entwickelt wurde und in Nordamerika unter dem Namen „Locotrol" weite Verbreitung fand.

Zu diesem Locotrol-System gehört ein besonderes Fahrzeug, das mit den zu steuernden Loks gekuppelt wird. Auf ihm wird die Zughakenbelastung selbsttätig gemessen und die Leistung der Lokomotiven entsprechend geregelt. Zur Gewährleistung der Sicherheit hat der Lokführer in der ersten Maschine die Luftbremsen des ganzen Zugs unter seiner Kontrolle. Sechs

Links: *Interessant ist das Vorhandensein sowohl von Schraubenkupplungen mit Seitenpuffern als auch von Mittelpuffer-Klauenkupplungen.*

Loks, Nr. 2135-40, sind für die Führung solcher Einheiten mit klimatisierten Führerständen und Locotrol-Einrichtung ausgerüstet.

Die Reihe „2130" gehört zu einer Gruppe von 57 ähnlichen Diesellokomotiven, die alle von GM stammen, und nach ihrer Leistung in die Reihen „21xx" und „22xx" eingereiht sind. Die einzigen „fremden" Loks dieser Leistungsklasse auf der QR sind 16 1735 kW (2360 PS)-Maschinen der Reihe „2350" von English Electric, die auf Strecken mit einer Achslastgrenze von 15 t eingesetzt werden. Diese starke Diesellokflotte könnte schon der Höhepunkt der Dieselokentwicklung in Queensland sein, denn es bestehen Pläne für die Elektrifizierung einiger stark belasteter Strecken.

DF4 „Ostwind IV"-Klasse   Co'Co'

Bauart: Diesel-elektrische Mehrzwecklokomotive
Spurweite: 1435 mm (4 ft 8½ in)
Antrieb: Ein 4-Takt-V16-Dieselmotor, Typ 16-240-Z, von 2648 kW (3600 PS) mit Drehstromgenerator und Gleichrichter versorgt
6 Tatzlagermotoren
Gewicht: 138 t (304 235 lb)
Maximale Achslast: 23 t (50 705 lb)
Gesamtlänge: 21 100 mm (69 ft 2½ in)
Zugkraft: 338 kN (75 890 lb)
Höchstgeschwindigkeit: 120 km/h (75 mph)

Der Diesellokbau hatte in der VR China einen unglaublich schlechten Start, als verschiedene Lokfabriken Anfang der sechziger Jahre nach der Aufforderung des großen Vorsitzenden Mao zum „Großen Sprung nach vorn" unbelastet von jeglicher Erfahrung versuchten, auf die Schnelle eigene Dieselloks zu bauen. Die Ergebnisse waren entsprechend katastrophal. Als die Vernunft dann langsam zurückkehrte, verfiel man glücklicherweise nicht auf den Fehler, sich in die Hände ausländischer Lieferanten zu begeben.

Die unmittelbare Lösung war der Weiterbau von Dampflokomotiven. Daneben begann man langsam, aber sicher, mit der Eigenentwicklung funktionsfähiger Dieselloks. Man importierte auch einige diesel-elektrische Streckenloks, zu erwähnen sind 50 4000 PS-Loks (2942 kW) von Alsthom in Frankreich Anfang der siebziger Jahre und 20 2100 PS-Maschinen (1545 PS), die Electroputere in Rumänien 1975 baute. Gleichzeitig entstanden erste eigene Konstruktionen, von denen die beschriebene die weiteste Verbreitung fand.

Die „DF4" ist eine Allzwecklokomotive, von der eine Personenzugversion (Nummern ab 2001) und eine Güterzugvariante (Nummern ab 0001) existieren. Als stärkste einmotorige Maschine wird sie nur selten in Mehrfachtraktion verwendet, für die üblichen Züge reicht die Leistung einer Lok aus. Sie ist recht ansehnlich gestaltet und besitzt zwei Endführerstände. Der Motor, die gesamte Drehstrom-/Gleichstrom-Elektrik und die mechanischen Teile sind chinesische Eigenentwicklungen nach einem Prototyp von 1969. Die Serienproduktion liegt heute in den Händen der Fabrik in Talien (Dairen). Die Typenbezeichnung des Motors gibt übrigens die Zahl der Zylinder (16) und

Oben: *Eine diesel-elektrische „Ostwind IV"-Lokomotive bei Peking im November 1980.*

den Kolbendurchmesser (240 mm) an. Es ist erfrischend, mit welcher Offenheit, die bei den technischen Abteilungen der Eisenbahnen dieser Welt weithin unbekannt ist, angegeben wird, daß die angegebenen Gewichte Toleranzen von plus-minus 3% haben. Bis Ende 1981 dürften von der „DF4"-Klasse etwa 450 Loks entstanden sein.

BJ „Beijing"-Klasse   B'B'

Bauart: Diesel-hydraulische Schnellzuglokomotive
Spurweite: 1435 mm (4 ft 8½ in)
Antrieb: Ein 4-Takt-V12-Dieselmotor, Typ 12-240Z, von 2427 kW (3300 PS) treibt über hydraulische Drehmomentwandler alle 4 Achsen an.
Gewicht: 92 t (202 820 lb)
Maximale Achslast: 23 t (50 705 lb)
Gesamtlänge: 16 505 mm (54 ft 2 in)
Zugkraft: 232 kN (52 090 lb)

Höchstgeschwindigkeit: 120 km/h (75 mph)

Parallel zur Entwicklung dieselelektrischer Lokomotiven arbeitete man in China auch an diesel-hydraulischen Antrieben. Erfahrung sammelte man vor allem durch die von Henschel in Kassel gebauten großen Lokomotiven der Reihen „NY6" (3383 kW/4600 PS) und „NY7" (3972 kW/5400 PS), 1971 produzierte dann die Lokomotivfabrik „7. Oktober" in Peking (= Beijing) einige Prototypen etwas kleinerer Maschinen für den Personenzugdienst, die als „BJ" oder „Beijing"-Klasse bekannt wurden. Die volle Produktion begann 1975 und bis Ende 1981 gab es schon etwa 150 Stück mit Nummern von 3001 aufwärts.

Diese kompakten Lokomotiven sind erheblich stärker, als es ihre Größe vermuten läßt. Die hohe Achslast in Verbindung mit dem kräftigen Motor verleiht ihnen eine erhebliche Zugkraft; so können sie auf einer Steigung von 3,3% eine Last von 600 t noch mit der, unter diesen Umständen respektablen, Geschwindigkeit von 24 km/h befördern. Eine Tiefzugvorrichtung verringert die Achsentlastung, die hydraulische Kraftübertragung umfaßt zwei Drehmomentwandler zum Anfahren und für normale Streckengeschwindigkeit, die wahlweise auf eines oder auf beide Drehgestelle wirken können und auch die hydrodynamische Abbremsung der Lok ermöglichen. Eine zweimotorige Version ist in der Entwicklung. Ihre Erbauer schätzen die Leistung und Zuverlässigkeit der „BJ"-Klasse so hoch ein, daß sie sie inzwischen voller Zuversicht auch für den Export anbieten.

Links: *Eine der kompakten diesel-hydraulischen „Beijing"-Lokomotiven, die BJ3062 steht im Oktober 1980 an einem Bahnsteig des Hauptbahnhofs von Peking.*

Rechts: *Eine „Beijing"-Lokomotive vor dem Zug, der täglich Touristen von Peking zur Chinesischen Mauer bringt.*

Reihe Dr 13 C'C'
Finnland
Finnische Staatsbahn (VR), 1963

Bauart: Diesel-elektrische
Lokomotive für gemischten Dienst
Spurweite: 1524 mm (5 ft 0 in)
Antrieb: Zwei Tampella MGO
V16-Dieselmotoren, Typ V-16
BHSR, von 1030 kW (1400 PS)
mit Generatoren erzeugen Strom für
zwei große Fahrmotoren, die über
Zweigang-Zahnradgetriebe je drei
Drehgestellachsen antreiben
Gewicht: 99 t (218255 lb)
Maximale Achslast: 16,5 t
(36375 lb)
Gesamtlänge: 18576 mm
(60 ft 11 in)
Zugkraft: 277 kN (62195 lb)
Höchstgeschwindigkeit:
140 km/h im Schnellgang /
100 km/h im Langsamgang
(87/62 mph)

Zwei Prototypen dieser ungewöhnlich aussehenden Lokomotiven erstand die VR 1963 bei Alsthom in
Frankreich; sie beinhalteten viele
typische Merkmale der damaligen
Erzeugnisse dieser berühmten
Firma. Später entstand eine Serie
von 52 Stück unter Lizenz in Finnland. Die Firmen Lokomo und Val-
met, beide in Tampere, teilten sich
den Auftrag. Von den 54 Loks sind
heute noch 48 im Einsatz.

Die Konstruktion basiert auf einer
Motortype mäßiger Leistung, die in
Finnland verfügbar war; für die gewünschte Lokleistung benötigte
man zwei Stück. Das Laufwerk und
die elektrische Ausrüstung folgten

den einzigartigen Konstruktions-
prinzipien, die damals in Frankreich
gleichermaßen für elektrische und
diesel-elektrische Lokomotiven
eingeführt worden waren. Die „monomoteur"-Drehgestelle besitzen
nur einen großen Fahrmotor, der
mittig über den Achsen montiert ist.
Das Drehmoment übertragen
Zahnradgetriebe mit umschaltbarer

Übersetzung, einmal für den
Schnellzugdienst und das andere
Mal für Güterzüge. Die Umschal-
tung kann nur bei Stillstand der
Lokomotive durchgeführt werden.

Diese interessanten Maschinen
haben sich bei der VR bewährt, die
künftige Diesellokentwicklung in
Finnland wird aber von Elektrifizie-
rungsplänen überschattet.

Oben: *Eine diesel-elektrische
C'C'-Lokomotive, Reihe Dr 13, der
Finnischen Staatsbahnen.*

Klasse 6E   Bo'Bo'   Südafrika
South African Railways (SAR), 1969

Bauart: Elektrische Lokomotive
für gemischten Dienst
Spurweite: 1067 mm (3 ft 6 in)
Stromversorgung: Gleichstrom
von 3000 V über Oberleitung;
Widerstandsregelung
Antrieb: 4 Tatzlagermotoren von
je 623 kW (847 PS)
Gewicht: 88,9 t (195935 lb)
Maximale Achslast:
22,25 t (49040 lb)
Gesamtlänge:
15494 mm (50 ft 10 in)
Zugkraft: 311 kN (70000 lb)
Höchstgeschwindigkeit:
113 km/h (70 mph)

Die Elektrifizierung begann in Südafrika recht früh; schon 1925 wurde
der schwierige Abschnitt zwischen
Estcourt und Ladysmith der Hauptstrecke von Durban nach Johannesburg mit Fahrdraht überspannt.
Die dort verwendeten Lokomotiven
der Klasse „1E" – die erste Serie kam
aus der Schweiz – sind die direkten

Vorfahren der Klasse „6E" mit der
gleichen Grundanordnung und
Achsfolge. 55 Jahre technischen
Fortschritts brachten eine Steigerung der Zugkraft um 77%, der Leistung um 208% und der Höchstgeschwindigkeit um 180%, die man
mit einem Mehrgewicht von nur
31% und einer um 16% größeren
Länge bezahlen mußte. Es ist für
den elektrischen Betrieb typisch,
daß viele dieser „1E"-Loks nach
mehr als einem halben Jahrhundert
immer noch mit untergeordneten,
aber trotzdem anstrengenden, Aufgaben betraut sind. Ein Land mit
hohem Wirtschaftswachstum und
reichen Vorräten an Bodenschätzen, aber völlig ohne Öl wie dieses,
ist geradezu prädestiniert für eine

Links: *Zwei passend lackierte
Elektroloks der Südafrikanischen
Eisenbahnen befördern den berühmten „Blue Train", nahe Foun-
tains, Pretoria.*

Klasse 9E   Co'Co'   Südafrika
South African Railways (SAR), 1978

Bauart: Elektrische Lokomotive
für schweren Güterzugdienst
Spurweite: 1067 mm (3 ft 6 in)
Stromversorgung: Wechsel-
strom von 50 000 V 50 Hz über
Oberleitung zum Loktransformator
Antrieb: 6 thyristorgesteuerte
Tatzlagermotoren von je 680 kW
(925 PS)
Gewicht: 168 t (370270 lb)
Maximale Achslast:
28 t (61712 lb)
Gesamtlänge:
21132 mm (69 ft 4 in)
Zugkraft: 538 kN (121000 lb)
Höchstgeschwindigkeit:
90 km/h (56 mph)

Es heißt, daß das einzige von Men-
schenhand geschaffene Werk, das
man vom Mond aus mit bloßem
Auge auf der Erde erkennen kann,
die Chinesische Mauer sei; aber
auch von einer Bahnstrecke könnte
man dies behaupten, von der
851 km langen Erzbahn von Sishan
im Zentrum Südafrikas zum neuen
Atlantikhafen von Saldanha Bay.
Sie wäre einem Beobachter auf
dem Mond nicht nur durch die
Schnelligkeit aufgefallen, mit der sie
erschien, ihre Erkennbarkeit wird
auch durch eintönige wüstenartige
Umgebung auf dem Großteil der
Strecke gesteigert. Erbaut von der
staatlichen südafrikanischen Eisen
& Stahl Industriegesellschaft (IS-
COR) für den Abtransport großer
Erzvorkommen, führt die südafrikanische Eisenbahn SAR den Betrieb,

der durch seine Rahmenbedingun-
gen bisher beispiellose Technik erforderlich macht. In dem praktisch
menschenleeren Landstrich wollte
man die Stromversorgung möglichst einfach halten und wählte
deshalb eine Fahrdrahtnennspan-
nung, die doppelt so hoch wie
sonst üblich ist. Dadurch kommt
man auf der gesamten Strecke mit
nur sechs Unterwerken aus; zwischen ihnen dient nur die Fahrleitung der Energieübertragung. Die
25 elektrischen Lokomotiven für
diese Bahn (nach anfänglichem
Dieselbetrieb) wurden von GEC
Traction in Großbritannien entworfen, aber in Südafrika von der Union
Carriage & Wagon Co gebaut. Sie
werden normalerweise zu dritt verwendet, eine Lokomotivgarnitur
von 16650 PS (12240 kW), die in

der Lage ist, in der maßgebenden
Steigung von 0,4% in Lastrichtung
Züge von 20000 t anzufahren und
zu beschleunigen. Sie arbeiten auch
noch bei einem Spannungsabfall
um 50% auf 25000 V (mit reduzier-
ter Geschwindigkeit), wie er unter
Umständen, etwa zwischen zwei
70 km auseinanderliegenden Unterwerken, vorkommen kann.

Eine sehr gute, aber doch ungewöhnliche Einrichtung ist, daß die
Züge in einem Geschränk unter
dem Umlauf einen Motorroller mit
sich führen. Damit kann das Perso-

Rechts: *Eine der südafrikanischen
„9E"-Lokomotiven für
50000 V-Betrieb, die auf der Erzbahn von Sishen nach Saldanna
Bay fahren.*

Elektrifizierung. Sowohl die Größe des elektrischen Betriebs als auch die Schnelligkeit seiner Entwicklung kann man daran erkennen, daß es von der Klasse „6E/6E1" schon fast 1000 Stück gibt, während von ihren sehr ähnlichen Vorgängern „5E/5E1 zwischen 1955 und 1969 850 gebaut wurden. Südafrikas wachsende industrielle Fähigkeiten illustriert auch die Tatsache, daß die 172 „1E"-Maschinen (und die ähnlichen „2E") vollzählig in Europa hergestellt wurden, während von den „5E" nur die ersten Exemplare und von den „6E" überhaupt keine aus dem Ausland kamen.

All die erwähnten Loktypen, bei den über 50jährigen ist das besonders bemerkenswert, besitzen nicht nur Nutzbremsen, sondern auch Einrichtungen für die Mehrfachtraktion. Das gesamte Konzept dieser Elektrifizierung mit der Verwendung einfacher Drehgestellfahrzeuge, die in erforderlicher Zahl gemeinsam betrieben werden können,

war seiner Zeit weit voraus; oft kann man sogar fünf oder sechs Lokomotiven in Vielfachtraktion erleben.

Unten: *Die Abbildung zeigt die Bo'Bo'-Einheits-Elloktype „5E/6E" der South African Railways in den Farben des „Blue Train".*

Oben: *Der „Blue Train" mit seinen auffallend lackierten Loks und Wagen in seiner ganzen Pracht. Dieser beliebte, luxuriös ausgestattete Zug verkehrt dreimal in der Woche zwischen Johannesburg und Kapstadt.*

nal ohne Mühe die 200 Wagen der fast 2,3 km langen Züge kontrollieren. Bei den harten Umweltbedingungen ist es eigentlich selbstverständlich, daß die Führerstände klimatisiert sind und Toilette, Kühlschrank und Kochgelegenheit besitzen. Das ungewöhnliche Aussehen der hinteren Partie ergibt sich durch die Notwendigkeit, Platz für die großen Isolatoren und Lastschalter für die hohe Spannung von 50000 V zu schaffen.

Die Thyristor-Fahrsteuerung ist sehr fortschrittlich; die Stellung des Sollwertgebers bestimmt keine festen Widerstandswerte oder Trafoanzapfungen, sondern den tatsächlichen Wert der Motorströme und damit der Zugkraft. Dadurch hat der Lokführer den Zug viel besser unter Kontrolle. Es sind fünf ver-

schiedene Bremssysteme vorhanden: eine einfachwirkende Luftbremse für die Lok, eine selbsttätige Luftbremse für den Wagenzug, Vakuumbremse (auf einigen Einheiten) für die fallweise Übernahme von SAR-Wagen, eine Handbremse und eine Widerstandsbremse, die den 20000 t-Zug im Gefälle von 0,6% auf einer Geschwindigkeit von 55 km/h halten kann. Dieser Betrieb dürfte der einzige der Welt sein, auf dem so schwere Züge mit Lokomotiven gefahren werden, die nicht aus Nordamerika stammen.

F40PH Bo'Bo'

USA
Electro-Motive Division, General Motors Corporation (EMD), 1976

Bauart: Diesel-elektrische Schnellzuglokomotive
Spurweite: 1435 mm (4 ft 8½ in)
Antrieb: Ein EMD 2-Takt-V16-Dieselmotor mit Turbolader, Typ 645E3, von 2240 kW (3046 PS = 3000 HP) mit Drehstromgenerator und Siliziumgleichrichtern erzeugt Strom für vier Tatzlagermotoren
Gewicht: 105,2 t (232000 lb)
Maximale Achslast: 26,3 t (58000 lb)
Gesamtlänge: 15850 mm (52 ft 0 in)
Zugkraft: 304 kN (68440 lb)
Höchstgeschwindigkeit: 166 km/h (103 mph)

Die letzte der EMD „carbody"-Personenzuglokomotiven wurde Ende 1963 gebaut, der Personenverkehr ging rapide zurück und es schien, als ob damit das Kapitel der Schnellzuglokomotiven in Nordamerika beendet war. EMD und auch die Konkurrenz boten als Zutat zu einigen ihrer „hood"-Einheiten den Einbau von Zugheizkesseln an und dies reichte den Bahnen, die nach Ersatz für alternde „E"- oder „F"-Lokomotiven suchten, völlig aus.

1968, als die Begeisterung der Eisenbahnen für Dieselloks höchster Leistung einen Höhepunkt erreicht hatte, schlug die Atchison, Topeka & Santa Fe RR EMD vor, für sie einige schnelle Co'Co'-Lokomotiven mit der 20-Zylinder-3600 HP-Maschine für den hochwertigen Schnellzugverkehr zu bauen. Die Santa Fe verlangte, daß man den Loks für den Personenverkehr ein ansprechenderes Äußeres gab und daß der Lokkasten bei höheren Geschwindigkeiten einen geringeren Luftwiderstand haben sollte, als die üblichen „hood"-Einheiten mit schmalen Vorbauten,

aber breitem Führerstand. Resultat waren diese „cowl"-(Hauben-) Lokomotiven, deren Verkleidung wie eine kantige Ausführung der alten „carbodies" aussah, sich aber von diesen dadurch unterschied, daß der Aufbau jetzt keinerlei tragende Funktion mehr hatte. Die Verkleidung erstreckte sich auch über die volle Breite der Lokschnauze und mit dem Fortfall der vorderen Führerstandstüren entfiel eine Quelle unvermeidlicher Zugluft.

Das Modell erhielt die Bezeichnung „FP45", die Ausrüstung stammte großteils von der „SD45"-Mehrzwecklok. Eine Variante ohne Dampfheizkessel und dadurch kürzer, war die „F45".

1971 übernahm die National Railroad Corporation (Nationale Eisenbahn Gesellschaft) unter der Bezeichnung „Amtrak" den größten Teil des Personenfernverkehrs der USA in ihre Regie. 1973 erhielt sie die ersten neuen Schnellzugmaschinen, um die älteren „E" und

Oben: *Die F40PH Nr. 4120 von New Jersey Transit durchfährt mit einem Nahverkehrs-Wendezug Harrison in New Jersey.*

Unten: *Eine F40PH der „GO Transit" in Ontario, Kanada vor neuen Doppelstockwagen für den Nahverkehr.*

„F"-Loks zu ersetzen. Inzwischen hatte sich die Begeisterung für Lokomotivhöchstleistungen wieder etwas gelegt, die Amtrak-Lokomotiven entsprachen zwar den „FP45", hatten aber einen 16-Zylinder-3000 HP-Motor. 1973-74 wurden insgesamt 150 Stück geliefert. Sie waren mit zwei Dampferzeugern auf Gleitkufen ausgerüstet, die bei einer Umstellung auf elektrische Wagenheizung leicht gegen zwei Diesel-Generator-Einheiten ausgetauscht werden konnten. In Anbetracht ihrer Ähnlichkeit mit der Type „SD40" nannte EMD sie „SDP40F."

Eine Zeitlang ging alles gut, doch dann ereignete sich eine alarmierende Serie von Entgleisungen der hinteren Drehgestelle beim Durchfahren von Kurven. Man fand keine Erklärung dafür, aber es war offensichtlich, daß übermäßige Seitenkräfte das Gleis erweitert oder sogar Schienen beiseite gedrückt hatten. Die Drehgestelle der „SDP40" unterschieden sich zwar kaum von denen anderer „Dash-2"-Modelle, aber sie waren der einzige Teil der Lokomotive, der schuldig sein konnte.

In der Zwischenzeit hatte die Amtrak für schon elektrisch geheizte Züge auf kürzeren Relationen eine Serie von vierachsigen 3000 HP-Lokomotiven bestellt, die für die Energieversorgung des Zuges mit 60 Hz-Strom einen Drehstromgenerator erhielten, den der

Unten: *Die diesel-elektrischen F40PH Bo'Bo'-„Cowl"-Lokomotiven von General Motors sind die Standardbauart der Amtrak. Sie verdrängten Ende der siebziger Jahre die meisten Maschinen der „E" und „F"-Serien aus dem Fernverkehr der Amtrak.*

Dieselmotor über ein Getriebe antreibt. Dieses Lokmodell nannte man „F40PH", die Ablieferung begann im März 1976, als das Problem der „SDP40F"-Entgleisungen seinen Höhepunkt erreichte. Die seit Jahrzehnten bewährten Blomberg-Drehgestelle gaben keinerlei Veranlassung zu Kritik und so entschied sich die Amtrak für den Umbau ihrer Co'Co'-Loks in die Bauart „F40PH". Da man künftig Dampferzeuger nicht mehr benötigte, konnte der Lokrahmen um 4877 mm (16 ft) gekürzt werden. Die neu gebauten „F40PH" besaßen einen 500 kW-Heizgenerator, der maximal 720 PS der Dieselleistung verbrauchte; für die neuen transkontinentalen „Superliner"-Züge brauchte man aber einen

800 kW-Generator und größere Treibstofftanks, so daß die Umbau-„F40PH"-Loks 1219 mm (4 ft) länger wurden als die anderen.

Genaugenommen kann man nicht von einem „Umbau" sprechen, denn die Arbeiten kosteten etwa 70% des Neupreises, man wollte nur nicht offen aussprechen, daß man die erst vier oder fünf Jahre alten „SDP40F" schon verschrotten mußte. Heute besitzt Amtrak eine Flotte von 191 „F40PH"-Lokomotiven.

In vielen Städten der USA liegt der Nahverkehr in der Hand kommunaler Verkehrsunternehmen und einige von ihnen betreiben ihre eigenen Vorortzüge. Etliche von ihnen kauften eine verkürzte Version

der unglückseligen „SDP40F" mit Heizgenerator anstelle der Dampferzeuger. Bei diesen „F40C"-Maschinen steigerte man die Motorleistung auf 3250 PS (2390 kW). Bei den mäßigen Geschwindigkeiten des Nahverkehrs hatte man keine Probleme mit ihrer Entgleisungsfreudigkeit, als aber weitere Lokomotiven benötigt wurden, bestellte man doch lieber vierachsige „F40PH", teilweise auch mit 3250 PS Motorleistung.

Unten: *Eine Amtrak F40PH fährt mit einem kurzen Zug aus „Amfleet"-Wagen in die „Union Station", den Hauptbahnhof von Chicago ein.*

Reihe 1044 Bo'Bo'

Österreich
Österreichische Bundesbahnen (ÖBB), 1974

Bauart: Elektrische Schnellzug-lokomotive
Spurweite: 1435 mm (4 ft 8½ in)
Stromversorgung: Wechsel-strom von 15000 V 16⅔ Hz über Oberleitung zum Loktransformator
Antrieb: 4 thyristor-anschnitt-gesteuerte Fahrmotoren von je 1325 kW (1801 PS) mit BBC-Federantrieb
Gewicht: 83 t (182980 lb)
Maximale Achslast: 20,75 t (45745 lb)
Gesamtlänge: 16000 mm (52 ft 6 in)
Zugkraft: 314 kN (70500 lb)
Höchstgeschwindigkeit: 160 km/h (100 mph)

Österreichische Lokomotiven waren in der Vergangenheit immer etwas anders, manchmal auch etwas altmodisch, aber spätestens seit der deutschen Besetzung, als man mit deutschen Lokbauarten vorlieb nehmen mußte, waren die Loks der Österreichischen Bundesbahnen recht leistungsfähig, wenn auch sehr konventionell. Nur 62 von 406 nach dem Krieg gelieferten elektrischen Lokomotiven waren keine Bo'Bo'-Maschinen und von ihnen waren 50 Stück Co'Co'-Loks, beim Rest handelte es sich um Rangier-loks mit Stangenantrieb.

Die meisten der 406 stammten außerdem aus der staatseigenen Lokomotivbaufirma Simmering-Graz-Pauker (SGP) in Wien und Graz, eine Ausnahme waren die 10 Thyristorloks der Reihe 1043, die zwischen 1971 und 1973 von ASEA in Schweden bezogen wurden. Man war mit ihnen zufrieden, erinnerte sich aber daran, daß man schon viel länger Lokomotiven baute als diese Nordländer. Zwei

Oben: *Die neue 1044.83 der ÖBB verläßt Seefeld in Tirol mit einer Garnitur deutscher Wagen.*

Links: *Diese Aufnahme aus Innsbruck zeigt drei Generationen elektrischer Triebfahrzeuge.*

Prototypen der Nachfolgereihe „1044" wurden 1974 also wieder von SGP abgeliefert, Bestellungen für weitere 96 folgten im Laufe der Zeit.

Ihre Höchstgeschwindigkeit kann nur auf einem geringen Teil des österreichischen Bahnnetzes ausgenutzt werden, aber ihre hohe Zugkraft und die sichere Reibungs-ausnutzung sind sehr wertvoll beim Betrieb im Gebirge. Man verließ sich dabei aber nicht allein auf die Vorzüge der Thyristor-Anschitt-steuerung, sondern wendete weitere konstruktive Maßnahmen an, um die Rad-Schiene-Reibung in einem Maß zu nutzen, das man vor

Nr. 12 B'B'

Großbritannien
Romney, Hythe & Dymchurch Railway (RH&DR), 1983

Bauart: Dieselmechanische Lokomotive für Nahverkehr
Spurweite: 381 mm (1 ft 3 in)
Antrieb: Ein Perkins 90 kW (122 PS) Dieselmotor treibt über Zweigang-Wendegetriebe, Dreh-momentwandler, Kardanwellen und Zahnradgetriebe alle 4 Achsen an
Gewicht: 6 t (13255 lb)
Maximale Achslast: 1,5 t (3310 lb)
Gesamtlänge: 6400 mm (21 ft 0 in)
Zugkraft: 27 kN (6000 lb)
Höchstgeschwindigkeit: 40 km/h (25 mph)

Diese winzige Lokomotive spielt schon heute eine wichtige Rolle im leichten Nahverkehr und sie könte in Zukunft eine noch wichtigere übernehmen. Schon seit ihrer Eröffnung im Jahre 1927 erheischte die 21 km lange Romney, Hythe & Dymchurch Railway für sich den Titel der „Kleinsten öffentlichen Eisenbahn der Welt". Vor wenigen Jahren konnte man diesen Titel durch einen Vertrag mit der örtlichen Verwaltung festigen, der die tägliche Beförderung von etwa 200 Schülern zu ihrer Schule vorsieht.

Die Dampftraktion – so attraktiv sie auch für die Touristen sein mag, die üblicherweise die RH&DR frequentieren – war für den Schüler-zug ziemlich unwirtschaftlich. Also ging man mit finanzieller Unterstützung der zuständigen Autoritäten an den Entwurf einer Diesellokomotive, die die Firma TMA Engineering in Birmingham baute.

Um genügend Zugkraft für einen Zug mit 200 Plätzen zu erzielen, wählte man als Hauptbauelement ein Twin-Disc-Getriebe, das sich schon seit vielen Jahren beim Antrieb diesel-mechanischer Triebwagen der Britischen Eisenbahnen bewährt hatte und hoffentlich auch

Oben: *Die diesel-mechanische B'B'-Lokomotive der Romney, Hythe & Dymchurch Railway, 1983 noch beim Hersteller aufgenommen. Sie trägt den Namen des Gründers der Schule, deren Schüler sie täglich befördert.*

Jahren noch für unmöglich gehalten hatte.

Eine dieser Maßnahmen war die Verlegung des Angriffspunkts der Zugkraft auf den Lokkasten möglichst dicht über die Schienen mit Hilfe tief angelenkter Zugstangen, um die Achsentlastung möglichst gering zu halten. Zusätzlich gleicht eine Korrekturvorrichtung die unvermeidliche, geringere, Achsentlastung vollständig aus. Zur Minderung der Spurkranzdrücke in den unzähligen Kurven der Gebirgsstrecken erhielten die Radsätze ein abgefedertes Seitenspiel. Der Kasten stützt sich seitlich über Federn an vier Punkten direkt auf die Drehgestelle ab. Verschiedene Probleme, vor allem mit den Radsätzen, führten zu einer zeitweisen Unterbrechung der Lieferung.

Die 1044er sind so kräftig, daß eine von ihnen (und sie fahren oft paarweise) beispielsweise in der Lage ist, einen 550 t-Zug über die 3,1%-Steigung der Arlbergbahn zu befördern. Die ansehnliche Stundenleistung ihrer vier Fahrmotoren von 5300 kW (7206 PS), die solche Kraftakte gestattet, zeigt uns wie weit wir vorangekommen sind, seit die New Haven 1905 ihre erste Baldwin-Westinghouse Bo'Bo'-Lok von 1060 kW (1440 PS) auf die Schienen stellte.

Rechts: *Die im Herbst 1980 im Innsbrucker Hauptbahnhof aufgenommene Bo'Bo'-Lokomotive 1044.59 der ÖBB war damals erst wenige Monate alt.*

hier zur Zufriedenheit funktionieren wird. Die Form der Lokomotive soll dem Lokführer eine gute Sicht in beide Richtungen gestatten und ihn im Falle einer Kollision auf einem Bahnübergang schützen. Das Führerhaus ist beheizt, schallgedämmt und hat umkehrbare Sitzlehnen und doppelt vorhandene Steuerorgane für beide Fahrrichtungen sowie Funkausrüstung. Die Vakuumbremsausrüstung für die Zugbremsen verwendet einen Exhaustor und andere handelsübliche Teile aus dem Automobilbau.

Für manchen ist natürlich das Eindringen der Dieseltraktion in diesem Bereich des Eisenbahn-„Showbusiness" etwa so, als ob die berühmten Mädchen der Folies-Bergére im Blaumann auftreten würden. Zumindest in diesem Punkt ist diese Anschaffung sehr fragwürdig. Viel interessanter ist aber, daß diese Lokomotive in Verbindung mit den normalen Leichtmetallwagen der RH&DR eine neuartige Form des leichten Nahverkehrs darstellt.

Ein derartiges System könnte in Relation zum sogenannten LRT-System (Light Rapid Transit – Leichter Nahschnellverkehr) dasselbe sein, wie das LRT im Vergleich mit einem voll ausgebauten Metro-System. Mit dem LRT – im Prinzip die frühere Straßenbahn, aber vorwiegend auf eigenem Gleiskörper – kann man vielleicht ein Drittel

der Transportkapazität einer vergleichbaren „Metro"-Stadtbahn bei etwa der halben Reisegeschwindigkeit erreichen, aber bei einem Siebtel der Kosten des größeren Konkurrenten. Ein „VLRT"-System (Very Light Rapid Transit – Nahver-

kehr für geringes Verkehrsaufkommen) wie in Romney könnte vielleicht ebenfalls die halbe Kapazität bei einer etwas geringeren Geschwindigkeit als das LRT-System erreichen – bei etwa einem Viertel dessen Kosten.

Oben: *Das Führerstandsende der RH&DR Nr. 12. Sie ist nur 2 m hoch und hat eine Achslast von 1,5 t, kann aber den Transport von 200 Fahrgästen bewältigen.*

Reihe Ge 4/4   Bo'Bo'   Schweiz
Furka-Oberalp-Bahn (FO), 1979

Bauart: Elektrische Lokomotive für Bergstrecken
Spurweite: 1000 mm (3 ft 3⅜ in)
Stromversorgung: Wechselstrom von 11000 V 16⅔ Hz über Oberleitung zum Loktransformator
Antrieb: 4 thyristorgesteuerte Reihenschluß-Fahrmotoren von je 425 kW (578 PS) mit zusätzlichen unabhängigen Feldwicklungen treiben alle Achsen über BBC-Federantriebe
Gewicht: 50 t (110230 lb)
Maximale Achslast: 12,5 t (27558 lb)
Gesamtlänge: 1296 mm (42 ft 6½ in)
Zugkraft: 178 kN (39965 lb)
Höchstgeschwindigkeit: 90 km/h (56 mph)

„To The Clouds by Rail" – „Auf Schienen zu den Wolken" schrieb der bekannte Eisenbahnjournalist Cecil J. Allen über diese höchst bemerkenswerte Schweizer Gebirgseisenbahn. Tatsächlich näher an den Wolken als bei den meisten anderen Bahnen, die die Alpen überqueren, ist man bei der Furka-Oberalp-Bahn am Oberalp-Paß in 2033 m oder im Furka-Tunnel in 2160 m Höhe. Die Schienen, die in diese Höhen führen, waren allerdings im Winter etwas zu nahe an den Wolken. Und dies führte am Ende zu diesen gefälligen Lokomotiven, die im Zusammenhang mit einem Projekt erstaunlichen Umfangs beschafft wurden, das die Bahnlinie ganzjährig befahrbar machen soll.

Dieses Projekt war der Bau des 15,4 km langen Furka-Basistunnels vom 1366 m hohen Oberwald nach Realp in 1538 m Höhe, mit dem der schwierigste Abschnitt ersetzt wird. In diesen Bahnhöfen endete bislang der allwinterliche Pendelverkehr von Brig bzw. Andermatt. Die Arbeiten am Tunnel begannen 1973, am 25. Juni 1982 konnte der Betrieb endlich eröffnet werden; man hatte anderthalbmal so lange wie geplant gebaut, die veranschlagten Kosten wurden um das Dreifache überschritten.

Neben den durchgehenden Zügen von Brig sah man auch Autopendelzüge durch den Tunnel vor und man fragte sich bei der FO, ob sich bei ihnen nicht die zusätzlichen Kosten eines Zahnradantriebs vermeiden ließen, indem man auf Steigungen bis zu 9% den alleinigen Reibungsantrieb zuließ. Ermutigt wurde man dazu vor allem durch die Leistungen der vierachsigen „Ge 4/4"-Lokomotiven, die kurz zuvor von der Rhätischen Bahn in Dienst gestellt worden waren. Bei Versuchsfahrten hatten sie Reibwerte bis zu 50% erreicht, das entspricht einer Zugkraft von 25 Mp (245 kN); außerdem verfügten sie über die auf Schweizer Schmalspurbahnen bisher unbekannte Höchstgeschwindigkeit von 90 km/h. Nachdem die FO nun auch den ersten längeren geraden Abschnitt ihrer 100 km langen Strecke erhielt – im Tunnel – war auch dies sehr willkommen. Ergebnis der Überlegungen waren die beiden Lokomotiven Nr. 81 „Uri" und Nr. 82 „Wallis", die man bis zur Tunneleröffnung an die RhB verlieh.

Die Ausnutzung der Haftreibung, der magischen Größe für alle Gebirgsbahnen ohne Zahnstange, maximierte man mit Hilfe einer stufenlosen Thyristorsteuerung und mit einer Tiefanlenkung der Drehgestelle. Darüber hinaus sorgt eine

Oben: *Einer der modernen „Deh 4/4"-Gepäcktriebwagen mit Adhäsions- und Zahnradantrieb für die bis zu 11%igen Steigungen der Furka-Oberalp-Bahn in Andermatt.*

Unten: *Die neuen „Ge 4/4"-Lokomotiven der FO haben ausschließlich Adhäsionsantrieb und befördern die Autotransportzüge durch den neuen Furka-Tunnel.*

Furka-Oberalp

Ge 4/4

zweistufige elektrisch gesteuerte Achslastausgleichsvorrichtung für eine weitgehende Kompensation der Gewichtsverlagerung durch die Zugkraft. Der Räderschlupf, ein Zeichen für bevorstehendes Schleudern, wird ebenfalls durch eine elektronische Schaltung erfaßt, die den Motorstrom entsprechend korrigiert. Die Spurkranzreibung (und -abnutzung) reduziert eine Spurkranzschmiervorrichtung; im Betrieb werden die Züge mit Hilfe der Widerstandsbremse abgebremst. Zum Schluß ist es eine Freude, neben all dieser modernen Technik auch höhenverstellbare Schienenbesen vorzufinden, die die Schienen von Laub und Steinen reinigen sollen.

Die Lokomotiven können auf 2,7% Steigung im Tunnel Autozüge von 350 t befördern, auf 9% Steigung schaffen sie noch 75 t. Das hört sich zwar nach wenig an, aber einer der leichten FO-Personenwagen wiegt ja leer nur 12 t und faßt bis zu 48 Personen.

Obwohl auf anderen Schweizer Gebirgsbahnen Züge auch auf solchen Steigungen allein mit Adhäsionsantrieb befördert werden, ist dies im Moment auf der FO nicht sehr wahrscheinlich, denn auch der Bestand an „Deh 4/4"-Gepäcktriebwagen mit kombiniertem Antrieb wurde für die erwartete Verkehrszunahme durch die Eröffnung des neuen Tunnels aufgestockt.

Rechts: *Das Gesicht eines der neuen FO-„Deh 4/4"-Gepäcktriebwagen. Auffällig der Zentralpuffer mit seitlichen Schraubenkupplungen.*

Furka-Oberalp

HST 125-Triebzug
Großbritannien
British Railways (BR), 1978

Bauart: Zehnteiliger diesel-elektrischer Schnelltriebzug
Spurweite: 1435 mm (4 ft 8½ in)
Antrieb: Ein aufgeladener Paxman Valenta 2-Takt-V12-Dieselmotor, Typ 12RP200L, von 1680 kW (2284 PS) mit angebautem Drehstromgenerator in jedem der beiden Triebköpfe erzeugt Strom für jeweils 4 Fahrmotoren in den 2 Drehgestellen
Gewicht: 140 t (308560 lb) Reibungsgewicht; 383 t (844132 lb) Gesamtgewicht
Maximale Achslast: 17,5 t (38570 lb)
Gesamtlänge: 219584 mm (720 ft 5 in)
Höchstgeschwindigkeit: 200 km/h (125 mph)

Diese großartigen diesel-elektrischen Triebzüge, die schnellsten der Welt mit dieser Antriebsform, kennzeichnen einen großen Schritt nach vorn in der Entwicklung der britischen Schnellzüge. Darüber hinaus stellen sie den ersten wirklich selbständigen und landesweiten Erfolg der staatlichen Eisenbahnverwaltung auf dem Gebiet des Personenverkehrs dar.

Hinter diesem Erfolg steht wie so oft ein eher zurückhaltendes Vorgehen in technischer Hinsicht, denn sie sind eine Weiterentwicklung vorhandener Fahrzeuge und nichts grundlegend Neues. Die katastrophalen Erfahrungen, die man damals mit dem „Advanced Passenger Train – APT" – einem wirklich von Grund auf neuem Zug – machte, bestätigen dies nur.

Wenn auch die Technologie nur weiterentwickelt wurde – abgesehen vielleicht von der Drehgestellaufhängung –, so stellte die Umstellung des Betriebskonzepts doch eine Art geistigen Purzelbaums dar. Schon seit den Tagen der Liverpool & Manchester Eisenbahn besaßen Fernzüge separate unabhängige

Unten: *Die „HST 125"-Garnituren besitzen solche Triebköpfe mit Gepäckabteil an beiden Enden, die zusammen 4570 PS leisten.*

Lokomotiven, nicht nur weil man sich häufiger (und intensiver) um die Loks kümmern mußte als um die Wagen, sondern weil man mit ihnen dann auch zu verschiedenen Tageszeiten verschiedene Arten von Zügen ziehen konnte. Man argumentierte nun, wenn man den offensichtlichen Nachteil der beschränkten Verwendungsfähigkeit eines Triebzuges in Kaufe nehme, würde das die Probleme, die eine Fahrgeschwindigkeit von 200 km/h mit sich bringe, beträchtlich reduzieren. Wenn die Triebköpfe nur eine Fahr-

Oben: *Der Prototyp des britischen „High Speed Train" – HST. Diese Einheit hält bis heute den Geschwindigkeitsweltrekord für Dieseltriebfahrzeuge mit 143 mph (230 km/h).*

zeugtype beförderten, konnte man auf manches verzichten, beispielsweise auf eine Vakuumbremse, auf Einrichtungen für langsames Fahren und auf so vieles andere, das bei üblichen Loks Raum und Geld kostete und das Gewicht erhöhte.

Man muß auch die Vorteile eines Triebzugs sehen. So kann ein „HST" nach der Ankunft in einem der Londoner Kopfbahnhöfe nach einem minimalen Wartungsaufenthalt den Bahnhof wieder verlassen (1983 war das nach nur 18 Minuten). Es gibt auch keine Lokomotive mehr, die am Kopfende des Bahnsteigs warten muß, bis eine andere Lok am entgegengesetzten Ende angekuppelt hat. Jährliche Laufleistungen von einer Viertelmillion Meilen (400000 km) sind eher die Regel als eine Ausnahme. Und um das Argument, das die Lokomotiven, die tagsüber mit Sitzwagen von, sagen wir, Newcastle nach London fahren, nachts Schlafwagenzüge übernehmen müssen, zu entkräften, kann man darauf hinweisen, daß Newcastle dann nur noch 3 Stunden von London entfernt ist und man dafür kaum noch Schlafwagen benötigt.

Der ursprüngliche Plan sah 132 „HST"-Züge vor, mit denen auf allen wichtigen nicht-elektrifizierten Strecken der Britischen Eisenbahnen ein Netz 200 km/h schneller Züge aufgebaut werden sollte. Man dachte dabei an die Bahnlinien zwischen London (-Paddington und Kings Cross) und West-England, Süd Wales, Yorkshire, dem Nordosten, Edinburgh und Aberdeen, genauso wie an die Nordost-Südwest-Querverbindung über Sheffield, Derby und Birmingham. Inzwischen wurde dieser Plan auf den Einsatz von 92 Dieselzügen reduziert, mit denen ein dichter und umfassender Schnellverkehr durchgeführt wird, für den es weder ein Vorbild noch bisher Nachahmer gibt.

Wenn genügend geeignete Abschnitte für das Fahren mit Höchstgeschwindigkeit zur Verfügung stehen, beträgt die Fahrzeitersparnis bis zu 20%. Beispielsweise beträgt die kürzeste Fahrzeit zwischen Kings Cross und Newcastle jetzt (1983) 2 h 54 min im Vergleich mit 3 h 35 min, die 1977 die berühmten „Deltic"-Diesellokomotiven erzielten. In Verbindung mit einer wesentlichen Verbesserung des Reisekomforts führte diese Beschleuni-

Oben: *Ein „HST 125"-Triebzug, ausnahmsweise mit 11 Wagen, wirbelt den Pulverschnee entlang der Ostküstenstrecke auf.*

gung zu einer erfreulichen Zunahme der Fahrgastzahlen. Wichtig ist aber auch, daß die „HST"s nicht nur die erste Klasse führen oder zuschlagpflichtig sind; alles kostet nur den üblichen Fahrpreis.

Grundlage der Konstruktion des Zuges sind zwei Paxman Valenta V-12 Dieselmotoren von jeweils 1680 kW (2284 PS), die in zwei Triebwagen mit Packabteilen an den Enden des Zuges untergebracht sind. Diese Motoren sind sehr kompakt gebaut und ihr spezifisches Leistungsgewicht ist nur etwa halb so groß wie das anderer BR-Dieselmotoren. Dadurch

konnte das Gewicht der Triebköpfe auf 70 t begrenzt werden und es war möglich, innerhalb der 17792 mm langen Fahrzeuge auch noch Packabteile unterzubringen. Vergleichen Sie dies mit den 20 Jahre älteren „Peak"-Diesellokomotiven (Klasse 44), die so schwer waren, daß für eine ähnliche Leistung *acht* Achsen benötigt wurden. Die niedrigeren Achslasten der „HST"-Züge waren auch wichtig, weil die Erhöhung der Geschwindigkeit die schädliche Wirkung der Züge auf das Gleis steigert.

Die „MkIII"-Schnellzugwagen der Züge waren das Ergebnis von mehr als 10 Jahren Entwicklungsarbeit an den britischen Standardwagen der fünfziger Jahre, des Typs „MkI". Trotz solcher Zutaten wie Klimaanlage, komplizierter Drehgestelle, Schalldämpfung, automati-

scher Übergangstüren und einer Ausstattung, die bisher wohl kaum Reisenden der zweiten Klasse geboten wurde, *fiel* das Gewicht pro Sitzplatz um rund 40%. Dabei half die Anordnung der Sitze in Großräumen mit vier Plätzen pro Reihe anstelle der drei Plätze in üblichen Abteilen und auch die Verlängerung der Wagen vom seitherigen Standardmaß von etwa 19500 mm auf 23000 mm, die zwei zusätzliche Sitzreihen ermöglichte.

Besonders auffällig für den Fahrgast ist die große Laufruhe bei den hohen Geschwindigkeiten auf Gleisen, deren Qualität nicht immer die beste ist, Ergebnis der Verwendung einiger komplizierter Einrichtungen, die für den „APT" entwickelt wurden und der Luftfederung. Einschließlich der Bufettwagen haben manche „HST"-Garni-

turen sieben Personenwagen, andere acht. Eine Zeitlang besaßen einige auf der Ostküstenroute neun Zwischenwagen, aber dies blieb ein Zwischenspiel, weil die Wartungseinrichtungen auf die Standardzusammenstellung ausgelegt wurden.

Das Ziel des HST-Konzepts war, ein hochwertiges Zugangebot auf einem bestehenden Bahnnetz anzubieten, ohne es dafür umzubauen, die Gleise zu erneuern oder gar zu elektrifizieren. Dazu gehört aber, daß gewährleistet sein muß, daß innerhalb der normalen Signalabstände angehalten wird; zu dem Bremssystem – mit Scheibenbremsen an allen Achsen – gehören daher ausgeklügelte Gleitschutzvorrichtungen.

Man baute erst einmal einen kompletten Prototypen des Zugs und untersuchte ihn gründlich; bei einer Fahrt erreichte er 230 km/h und hält damit den Weltrekord für Dieseltriebfahrzeuge. Trotzdem gab es in der ersten Zeit nach Inbetriebnahme gravierende Probleme mit vielen Einzelheiten der Serienfahrzeuge. Zwei Dinge milderten immerhin ihre Auswirkungen auf den Betrieb. Erstens konnte der Zug auch nach Ausfall eines Triebkopfs mit verminderter, aber noch respektabler, Geschwindigkeit weiterfahren. Der zweite Faktor war der Wille der Beteiligten auf allen Ebenen, auf jeden Fall einen Erfolg zu erzielen. Man war sich bewußt, daß man hier etwas besaß, das nicht nur ein Weltschlager im Bereich der Eisenbahn ist, sondern sogar in der Lage ist, mit Flugzeug und Auto den Kampf aufzunehmen.

Baureihe 120 Bo'Bo'

Bundesrepublik Deutschland
Deutsche Bundesbahn (DB), 1979

Bauart: Elektrische Mehrzweck-Lokomotive
Spurweite: 1435 mm (4 ft 8½ in)
Stromversorgung: Wechselstrom von 15000 V 16⅔ Hz über Oberleitung und Haupttransformator wird in einer Thyristorschaltung gleichgerichtet, der Gleichstrom in einer zweiten Thyristorschaltung in Drehstrom variabler Frequenz für die Fahrmotoren umgewandelt
Antrieb: 4 Drehstrom-Asynchronmotoren von je 1400 kW (1903 PS) mit Hohlwellen-Kardanantrieb
Gewicht: 84 t (185185 lb)
Maximale Achslast: 21 t (46295 lb)
Gesamtlänge: 19200 mm (63 ft 0 in)
Zugkraft: 340 kN (76340 lb)
Höchstgeschwindigkeit: 160 km/h (100 mph)/Lok 120 005-4: 200 km/h (124 mph)

Schon um die Jahrhundertwende wußte man über die Vor- und Nachteile der drei Stromarten für Traktionsmotoren – Gleichstrom, Wechselstrom und Drehstrom – ausreichend Bescheid, aber damals wurde die Wahl der Stromart mehr von praktischen Überlegungen über die Stromversorgung und die Geschwindigkeitsregelung bestimmt, als vom Wissen über die besten Motorcharakteristiken. Die Kollektormotoren (für Gleich- und Einphasen-Wechselstrom) waren am einfachsten zu beherrschen, Drehstrommotoren wurden nur selten angewandt. In jüngerer Zeit führten allerdings die Fortschritte der modernen Leistungselektronik zu einer Wiederauferstehung der Drehstromtechnologie, weil es jetzt endlich möglich geworden ist, ihre Vorteile wirtschaftlich und wirkungsvoll auszunutzen.

Unten: *Die erste der fünf Prototyplokomotiven der DB-Baureihe 120 mit einer neuartigen Drehstrom-Kraftübertragung.*

Es gibt zwei Grundtypen von Drehstrommotoren: Synchronmotoren, die Leistung nur bei einer festen, von der Stromfrequenz bestimmten, Drehzahl abgeben können und Asynchronmotoren, die ausgezeichnet als Traktionsmotoren geeignet sind. Bei ihnen erzeugt der Drehstrom in den kreisförmig angeordneten Polen des Stators ein magnetisches „Drehfeld", das im „Läuferkäfig" des Kurzschlußläufers Ströme induziert. Diese Ströme erzeugen im Läufer Magnetkräfte, die ihn in Drehung versetzen. Das abgegebene Drehmoment hängt dabei von der Differenz zwischen der Drehfrequenz des Läufers und der des Drehfelds ab, die als Schlupf bezeichnet wird (nicht identisch mit dem „Räderschlupf").

Die Drehzahl des Rotors hängt direkt von der Stromfrequenz und vom Schlupf ab und ist der Polzahl umgekehrt proportional. Im normalen Betrieb beträgt der Schlupf nur etwa 1 bis 2%, so daß er für die Regelung der Leistungsabgabe nicht sehr geeignet ist. Bei den frühen Drehstromelektrifizierungen lag die Drehstromfrequenz durch die Stromversorgung fest. Die Drehzahl des Motors konnte man nur durch Änderung der Polzahl verändern.

Aber auch durch diese Polumschaltung ließen sich höchstens drei oder vier Dauergeschwindigkeitsstufen erreichen. Diese Beschränkung der Geschwindigkeitskontrolle war es vor allem, die die Ausbreitung der Drehstromtraktion behinderte.

Die Stromfrequenz des Motorstroms konnte man auf der Lok nur mit Hilfe von rotierenden Umformern verändern. Es entstanden in der Vergangenheit zwar auch einige Lokomotiven nach diesem Prinzip, doch überwogen die Nachteile der zusätzlichen schweren Motorumformerausrüstung gegenüber den Vorteilen des Drehstrommotors.

Die Entwicklung der Thyristoren eröffnete dem Asynchronmotor eine neue Zukunft. Durch ihre Fähigkeit, Strom sehr schnell und präzise an- und abzuschalten, kann man Thyristoren dazu benutzen Gleichstrom in Wechselstrom „umzurichten", indem sie die Verbindung zu einer Gleichstromquelle rhythmisch unterbrechen. Schatet man drei solcher Stromkreise so, daß sie um jeweils ein Drittel einer „Periode" auseinanderliegen, kann man Drehstrom erzeugen, dessen Frequenz relativ einfach in einem weiten Bereich verändert werden kann. Dies ist der Schlüssel zur einfachen Geschwindigkeitskontrolle eines Asynchronmotors. Vor allem kann man diese Veränderungen stufenlos vornehmen.

Oben: *Das moderne Styling der Baureihe 120 der Deutschen Bundesbahn steht ihrer modernen Technik in nichts nach.*

Bei jeder Fahrsteuerung sind die Auswirkungen von „Fahrstufen" oder anderen plötzlichen Änderungen des Motorstroms sehr unangenehm, denn sie können zum Schleudern der Treibräder führen. Mit der Thyristorsteuerung kann man mit Drehstrommotoren viel näher an der Reibungsgrenze fahren als mit anderen Bauformen, weil es weniger schnell zum Gleiten der Räder kommt. Noch interessanter ist aber, daß dieses System selbstkorrigierend ist. Beginnen die Räder einer Achse durchzurutschen, drehen sie sich etwas schneller; der Asynchronmotor gibt dann aber ein kleineres Drehmoment ab, der Räderschlupf läßt wieder nach. Sinkt der Reibwert auf Null (Öl auf der Schiene) drehen sich die Räder nur mit der Synchrondrehzahl, sie können nicht schleudern.

Beschleunigt der Zug bei der Tal-

fahrt und „überholt" der Motorläufer dabei das Drehfeld, wird der Schlupf negativ und der Fahrmotor arbeitet im Generatorbetrieb. Speist man den dabei erzeugten Strom in die Fahrleitung zurück oder verheizt man die Leistung in Widerständen, erhält man auf einfache Weise eine elektrodynamische Bremse.

In den sechziger und siebziger Jahren unternahm man in vielen Ländern Europas Experimente mit Asynchronmotoren, sowohl in elektrischen als auch in diesel-elektrischen Lokomotiven. Bei allen hatte man zwar das gleiche Ziel, die Erzeugung von Drehstrom variabler Frequenz für die Traktionsmotoren, aber die Schaltungen unterschieden sich teilweise erheblich.

1971 baute die Firma Henschel in Kassel auf eigene Rechnung drei solcher Diesellokomotiven von 2500 PS (1839 kW) Leistung, Typ „DE 2500", die elektrische Ausrüstung stammte von BBC in Mannheim. Grundlage der BBC-Schaltung ist, daß der im Generator erzeugte Drehstrom in einem Zwischenkreis in geglätteten Gleichstrom konstanter Spannung umgewandelt wird. Mit diesem Geichstrom werden die Umrichterelemente gespeist, die den Drehstrom für die Fahrmotoren erzeugen. Die Deutsche Bundesbahn mietete die drei Lokomotiven an, die die Nummern 202002 bis 004 erhielten und nach umfangreichen Versuchsfahrten im Dauereinsatz erprobt wurden. 1974 ersetzte man bei der 202002-2 das Diesel-Generator-Aggregat durch ein Ballastgewicht und kuppelte sie mit einem Steuerwagen, der über Stromabnehmer, Transformator und Gleichrichter die Lokumrichter speiste. Die Ergebnisse mit diesem Versuchsfahrzeug ermutigten die DB zur Bestellung von fünf vierachsiger Lokomotiven in dieser Technik, die 1979 als Baureihe 120 abgeliefert wurden. Das Lastenheft schrieb die Beförderung von 700 t-Schnellzügen mit 160 km/h, von 1500 t-Schnellgüterzügen mit 100 km/h und von 2700 t-Ganzzügen mit 80 km/h vor,

Oben: *Die Vorderpartie der ersten DB 120.*

dabei wiegen die Loks nur 84 t. Möglich wurde dies nur durch die gute Ausnutzung der Haftreibung durch die Asynchronmotoren, denn mit ihrer Dauerleistung von 5600 kW (7614 PS) sind sie die stärksten vierachsigen Lokomotiven der Welt. Die kommutator- und bürstenlosen Drehstromfahrmotoren sind dabei 65% leichter als entsprechende DB-Einphasen-Wechselstrommotoren. Auch die Wartungsanfälligkeit ist erheblich geringer, einzige Verschleißteile sind die Motorlager. Die Fahrdrahtspannung von 15000 V wird heruntertransformiert und in Gleichstrom von 2800 V für die Umrichter, sogenannte Vier-Quadranten-Steller (4 qS), umgewandelt, die Drehstrom von 0 bis 125 Hz erzeugen.

Die ersten Versuchsfahrten zeigten eine Anzahl von Problemen auf, besondere Aufmerksamkeit erforderten die Störungen, die die Umrichter in Signal- und Telefonkreisen hervorriefen und die Auswir-

kungen der Thyristorschaltungen auf die Oberleitungsspannung (technisch ausgedrückt, die erzeugten „Harmonischen"). Wie andere moderne DB-Lokomotiven erhielten auch die „120" Flexicoil-Federung und es war notwendig, die Steifheit des Federsystems zu verringern, um Schwingungen der Drehgestelle in den Griff zu bekommen.

Danach begann ein sehr umfangreiches Versuchsprogramm, das Züge unterschiedlichen Gewichts und auch Hochgeschwindigkeitsfahrten umfaßte, bei denen man mit 231 km/h den Geschwindigkeitsweltrekord für Drehstromfahrzeuge einstellte, den seit 1903 (!) der AEG-Schnelltriebwagen von Marienfelde–Zossen gehalten hate. Noch bemerkenswerter ist aber ihre Fähigkeit aus dem Stand auf 200 km/h in 30 Sekunden zu beschleunigen! Eine der Lokomotiven erprobte man in der Schweiz auf der Lötschbergbahn, wo sie unter schwierigen Wetterbedingungen auf den 2,7%-Rampen fast das Gleiche leistete wie die langsameren BLS-Lokomotiven, die speziell für diese Aufgaben geschaffen wurden.

Die bisherigen Ergebnisse sind vielversprechend, aber die Drehstromtechnik ist nicht billig und es wird noch dauern, bis man genau beurteilen kann, ob sie wirtschaftliche Vorteile gegenüber der bewährten und standardisierten Einphasentechnik bieten kann. Vor allem ist aber die Verwendung des Asynchronmotors eine vielversprechende Entwicklung auf dem Gebiet der elektrischen Kraftübertragungen.

LRC Bo'Bo'

Bauart: Diesel-elektrische Antriebseinheit für Triebzug mit Kastenneigungseinrichtung
Spurweite: 1435 mm (4 ft 8½ in)
Antrieb: Ein Alco 4-Takt-16-Zylinder-Dieselmotor mit Turbolader, Typ 251, von 2910 kW (3956 PS) mit Drehstromgenerator und Gleichrichtern versorgt vier Fahrmotoren
Gewicht: 84 t (185135 lb)
Maximale Achslast:
21 t (46285 lb)
Gesamtlänge: 20244 mm (66 ft 5 in)
Höchstgeschwindigkeit:
200 km/h (125 mph) – wegen des Gleiszustands zur Zeit nur 128 km/h (80 mph) zugelassen

Dieses Fahrzeug bezeichnet man mit den sorgfältig gewählten Buchstaben „L-R-C", die in den kanadischen Landessprachen Englisch und Französisch das Gleiche bedeuten: „Light, Rapid, Comfortable" und „Leger, Rapide, Confortable"; man sollte die Konstrukteure aber einmal darauf hinweisen, daß das „L" nicht nur für „Leicht", sondern auch für das französische „Lourd"- „Schwer" – stehen kann. Schließlich wiegt ein LRC-Wagen „nur" 57% mehr als ein vergleichbarer britischer HST-Wagen und auch die Lokomotive ist 20% schwerer als die HST-Triebköpfe. Trotzdem ist der „LRC" eine eindrucksvolle Schöpfung, obwohl es in den langen Jahren der Entwicklung und der vorzeitigen Ankündigungen, daß man es nun endlich geschafft habe, genauso viele (oder noch mehr) Rückschläge wie beim britischen „APT" gab. Im September 1981 gingen die neuen Züge dann endlich in Betrieb. Die 542 Kilometer zwischen Montreal und Toronto sollten sie in 3 Stunden 40 Minuten schaffen, 45 Minuten schneller als ihre schnellsten Vorgänger, die leichten „Turbotrains" der siebziger Jahre. Aber im Juli 1982 konnte man keine bessere Fahrzeit als 4 h 25 min im Fahrplan.

finden, dafür aber den verdächtigen Vermerk: „Fahrzeiten können geändert werden, Verlängerung der Reisezeit um bis zu 55 Minuten ist möglich", der darauf hinwies, daß es jederzeit zu einem Ersatz durch normale Züge kommen konnte.

Anlaß für diesen Vermerk war, daß die „LRC"-Züge im Winter 1981-82 aus dem Dienst genommen werden mußten, weil eindringender Pulverschnee ihr kompliziertes Innenleben lahmgelegt hatte. Daß die beabsichtigten Fahrzeitverkürzungen so mager ausgefallen sind liegt vor allem daran, daß auf den gleichen Schienen auch schwere Güterzüge fahren, die dem Gleis so zusetzen, daß die Höchstgeschwindigkeit der „LRC" eingeschränkt werden mußte. Zwei Zuggarnituren verlieh man an die US-amerikanische „Amtrak", die aber auch nicht mit ihnen zufrieden war und sie nach einiger Zeit an die Hersteller zurückschickte.

Dennoch muß man sagen, daß das eigentliche LRC-Konzept gut durchdacht ist, schließlich stecken 14 Jahre Arbeit darin. Man kombinierte ein „aktives" Wagenkastenneigungssystem mit einer maximalen Neigung von 8,5° (ein ½° weniger als der „APT" der BR) mit einer komfortablen Ausstattung der Wagen. Die Antriebseinheiten (ohne Neigungseinrichtung) verfügen über ausreichend Leistung, sowohl für die Traktionsaufgaben, als auch für die Versorgung der Klimaanlagen. Einzigartig sind die Außenlautsprecher, die Durchsagen an Fahrgäste am Bahnsteig gestatten. Die Via Rail Canada bestellte trotz allem weitere 22 Lokomotiven und 50 Wagen. Zur Zeit gibt es aber

mit den Wagen mehr Probleme als mit den Lokomotiven, so daß man „LRC"-Loks auch vor normalen Wagenzügen des „International Limited" von Toronto nach Chicago erleben kann.

XPT-Triebzug

Australien
New South Wales Public Transport Commission, 1981

Bauart: Achtteiliger diesel-elektrischer Schnelltriebzug
Spurweite: 1435 mm (4 ft 8½ in)
Antrieb: Je ein Paxman „Valenta" V12-Dieselmotor von 1490 kW (2026 PS) mit Drehstromgenerator und Gleichrichtern pro Triebkopf versorgt jeweils 4 Fahrmotoren mit Hohlwellen-Gelenkantrieb
Gewicht: 71 t (156485 lb) Reibungsgewicht; 375 t (826500 lb) Gesamtgewicht
Maximale Achslast: 18 t (39675 lb)
Gesamtlänge: 179870 mm (590 ft 2 in)
Höchstgeschwindigkeit: 160 km/h (100 mph)

Die Einführung der „HST125"-Züge in Großbritannien war so von Erfolg gekrönt, daß man sich fragt, ob dies nicht andere zur Nachahmung reizte. Eine Gesellschaft, die exakt dies getan hat, ist die Eisenbahnverwaltung des australischen Staates New South Wales. Ihr „Express Passenger Train" oder „XPT" weist durch die andersartigen Randbedingungen „dort unten" einige Unterschiede auf. Erst einmal gibt es hier nur fünf bis sechs Personenwagen pro Zug und nicht sieben, acht oder sogar neun wie in England. Obwohl man die Leistung der Motoren um 10% drosselte, hat man dadurch ein besseres Verhältnis zwischen Leistung und Zuggewicht und dies ergibt in Verbindung mit der höheren Übersetzung (bei australischen Streckenverhältnissen kann man von 200 km/h nur träumen) eine größere Beschleunigungsfähigkeit. Vorversuche führten zu Änderungen an den Drehgestellen, um sie dem andersartigen Oberbau anzupassen und auch das Lüftungssystem mußte wegen der heißeren und staubigeren Umgebung verbessert werden. Die Personenwagen gleichen mit ihrem Aufbau aus rostfreiem Stahl anderen modernen australischen Fahrzeugen, vor allem den Wagen des transkontinentalen „Indian Pacific"-Expreß von Sydney nach Perth.

Im August 1981 ließ der neue Zug viele Kritiker verstummen, als er bei Wagga-Wagga den bisherigen australischen Schienen-Geschwin-

digkeitsrekord mit 183 km/h (114 mph) souverän überbot. Anfang 1982 begann der Plandienst der „XPT"'s mit jeweils einem täglichen Zugpaar auf drei von Sydney ausgehenden Strecken. Die größte Fahrzeiteinsparung ergab sich mit 1 h 46 min auf der 506 km langen Strecke von Sidney nach Kempsey.

Bezeichnend für die guten Erfahrungen mit ihnen ist, daß die ursprüngliche Bestellung über 10 Triebköpfe und 20 Zwischenwagen für vier Sieben-Wagen-Züge (mit zwei Reserve-Triebköpfen) schon im April 1982 durch eine Nachbestellung von vier weiteren Triebköpfen und 16 Wagen ergänzt wurde, mit denen nun sechs Acht-Wagen-Züge gebildet werden. Auch die Victorian Railways beschlossen im Februar 1982 drei „XPT"-Garnituren für die Strecke Sydney–Melbourne zu kaufen.

Oben und unten: *Die australische Version der britischen diesel-elektrischen „HST125"-Schnelltriebzüge, die 1981 Clyde Engineering in Sydney für die Eisenbahnen von New South Wales baute. Anfänglich nur im eigenen Land verwendet, will man ihre Einsätze jetzt auch auf grenzüberschreitende Expreßzüge von Sydney nach Melbourne ausweiten.*

ER 200-Triebzug
Sowjetische Staatsbahnen (SZD), 1975

Bauart: Vierzehnteiliger elektrischer Schnelltriebzug
Spurweite: 1524 mm (5 ft 0 in)
Stromversorgung: Gleichstrom von 3000 V über Oberleitung
Antrieb: 48 Fahrmotoren von je 215 kW (292 PS) mit Gelenkantrieben treiben alle Achsen der 12 Zwischenwagen
Gewicht: 720 t (1 587 300 lb) Reibungsgewicht; 830 t (1 829 805 lb) Gesamtgewicht
Maximale Achslast: 15 t (33 070 lb)
Gesamtlänge: 372 000 mm (1 220 ft 6 in)
Höchstgeschwindigkeit: 200 km/h (125 mph)

Dieser erste elektrische Schnelltriebwagen der Sowjetischen Staatsbahnen wurde 1975 in der Rigaer Waggonfabrik erbaut. Man beabsichtigte, einen Schnellverkehr auf der 650 km langen Strecke von Moskau nach Leningrad einzurichten, der Strecke, die der Zar mit einem Lineal auf einer Landkarte einzeichnete – so erzählt man zumindest. Man brauchte also keinerlei Kastenneigungseinrichtungen, nur genügend Leistung, die mit 10 320 kW (14 030 PS) wirklich ausreichen sollte. Natürlich braucht man auch entsprechende Bremsen; bis herab auf 35 km/h arbeitet die Widerstandsbremse, darunter elektromechanische Scheibenbremsen. Für Notbremsungen sind elektromagnetische Schienenbremsen vorhanden.

Die 14 Wagen des Zugs sind elektrisch in sechs Zwei-Wagen-Einheiten mit jeweils 128 Sitzplätzen aufgeteilt, an den Zugenden befinden sich antriebslose Steuerwagen, von denen jeder über 24 Sitzplätze, einen Büfettraum und ein Gepäckabteil verfügt. Eine „Selbstfahrer"-Automatik reagiert auf Signale von Übertragungseinheiten im Gleisbereich, die die Fahrgeschwindigkeit zwischen zwei Punkten bestimmen.

Man hat berichtet, daß der „ETR 200" bei einer Testfahrt 1980 die Strecke von Moskau nach Leningrad in 3 Stunden 50 Minuten mit einer Durchschnittsgeschwindigkeit von 170 km/h zurücklegte, aber öffentliche Züge mit ähnlichen Geschwindigkeiten blieben bis heute ein Wunschtraum. Ohne Zweifel ist man bei den Sowjetischen Eisenbahnen noch nicht davon überzeugt daß solche Geschwindigkei-

Oben: *Einer der Steuerwagen des elektrischen 14-Wagen-Versuchs-Schnelltriebzugs „ER 200" der Sowjetischen Staatsbahnen.*

ten nötig oder auch wünschenswert sind. In der Zwischenzeit müssen die SZD-Kunden auf dieser Strecke Fahrzeiten von 9 Stunden und mehr akzeptieren.

Festiniog Fairlie   B'B'
Festiniog Railway (FR), 1979

Bauart: Gelenk-Dampflokomotive
Spurweite: 600 mm (1 ft 11¾ in)
Antrieb: In zwei Feuerbüchsen eingespritztes Öl wird verbrannt und erzeugt in einem gemeinsamen Röhrenkessel Dampf mit einem Druck von 10,6 kp/cm², der auf zwei Zylinderpaare von 229 mm Durchmesser und 356 mm Hub (9 × 14 in) wirkt, die die Achsen der beiden Drehgestelle über Treib- und Kuppelstangen antreiben
Gewicht: 40 t (88 640 lb)
Maximale Achslast: 10 t (22 040 lb)
Gesamtlänge: 9297 mm (30 ft 6 in)
Zugkraft: 41 kN (9140 lb)
Höchstgeschwindigkeit: 40 km/h (25 mph)

Die Mehrzahl der Triebfahrzeuge der Eisenbahnen dieser Erde (und auch in diesem Buch) läuft auf zwei zweiachsigen Drehgestellen mit Allachsantrieb. Keine Ausnahme von dieser Regel ist diese Fairlie-Dampflokomotive, die 1979 für und von einer historischen Schmalspur-Touristenbahn in Nord Wales, der Festiniog Railway, gebaut wurde. Tatsächlich waren ja die Fairlie-Lokomotiven des Neunzehnten Jahrhunderts die ersten Lokomotiven überhaupt, die diese universelle Achsanordnung verwendeten. Heute recht ungewöhnlich ist auch, daß diese Lokomotive „zuhause", in der eigenen Werkstatt

der Bahn in Boston Lodge erbaut wurde. Ergebnis war diese modernisierte Version der letzten vor hundert Jahren, also 1879, hier gebauten Maschine.

Obwohl die Bahn vorwiegend für Touristen und weniger für sogenannte ernsthafte Kunden fährt, müssen die Lokomotiven schwer arbeiten. Züge von maximal 12 Wagen mit 500 Passagieren müssen über Steigungen bis zu 1,25% und durch Kurven mit Radien bis herab zu 45 m befördert werden und das alles bei einer auf 10 t beschränkten Achslast.

Die Verwendung von Öl als Brennstoff einer Dampflok mag manchem verschwenderisch erscheinen, aber ein Großteil des Öls kann billig als Abfall eingekauft werden. Die Kohlefeuerung war etwas problematisch, so manches Mal brannte es nicht nur in der Feuerbüchse, sondern auch im angrenzenden Wald und auf den Dampfantrieb konnte man auch heutzutage gerade hier nicht verzichten, wegen den Dampfloks kommen ja die Touristen hierher. Zum Glück erzeugt auch das verbrannte Abfall-öl den gewünschten Geruch nach Kohle.

Zur Fairlie-Bauart gehört ein patentierter Doppelkessel mit zwei benachbarten Feuerbüchsen und zwei Rauchkammern an den beiden Enden. Der Dampf wird über zwei Regler – die einzeln oder auch gemeinsam betätigt werden können – und zwei gelenkige Dampfleitungen zu den Antriebsdrehgestellen geleitet. Lokführer und Heizer müs-

sen sich mit wenig Raum auf beiden Seiten des Kessels begnügen.

Ein Nachteil der Fairlie-Bauart ist die Kompliziertheit des Kessels, dafür ist es sehr einfach, die Drehgestelle zur Reparatur auszubauen. Eine Konzession an das nahende 21ste Jahrhundert machte man auch auf der *Iarll Merionnydd* (Earl of Merioneth – einer der Titel des Herzogs von Edinburgh) – sie be-

Oben: *Die neue Fairlie-Lokomotive mit altem Wagenmaterial auf dem Weg nach Porthmadog bei Blaenau Festiniog vor einer typischen Schieferhalde.*

sitzt einen elektronischen Tachometer. Eine sehr willkommene Neuerung sind auch die elektrischen Stirnlampen.

Klasse 26 2'D2'
Südafrika
South African Railways (SAR), 1982

Bauart: Dampflokomotive für gemischten Dienst
Spurweite: 1067 mm (3 ft 6 in)
Antrieb: Ein Röhrenkessel mit einer Feuerbüchse, in der auf einer Rostfläche von 6,5 m² (70 sq ft) aus Kohle Gas erzeugt und verbrannt wird, liefert Heißdampf von 15,75 kp/cm² (225 psi) Druck für zwei Zylinder von 610 × 711 mm (24 × 28 in), die auf vier Treibachsen über Treib- und Kuppelstangen wirken
Gewicht: 76 t (167505 lb) Reibungsgewicht; 230 t (506920 lb) Gesamtgewicht*
Maximale Achslast: 19,8 t (43640 lb)
Gesamtlänge: 27904 mm (91 ft 6½ in)*
Zugkraft: 209 kN (47025 lb)
Höchstgeschwindigkeit: 96 km/h (60 mph)
* mit Tender

Viele Leute betrachten Dampflokomotiven heute als einzige akzeptable Triebfahrzeuge, alles andere ist für sie ein schlechter Ersatz. Und doch sind wir uns alle im klaren über ihre Nachteile – ihren niedrigen thermischen Wirkungsgrad, den hohen Arbeitskräftebedarf und den Schmutz. Natürlich kann man als Ausgleich für den niedrigeren Wirkungsgrad billigere Brennstoffe verwenden – in einigen Ländern kostet Öl viermal soviel (oder mehr) wie Kohle gleichen Energiegehalts und dies hebt zumindest diesen Vorteil des Dieselantriebs mehr als auf. Zugleich kann man die Brennstoffmenge, die ungenutzt die Lokomotive wieder verläßt, durch relativ kleine Verbesserungen verringern und da der Schmutz beim Dampfbetrieb durch den „Abfall" entsteht, bedeutet weniger Abfall gleichzeitig auch weniger Schmutz.

Oben und unten: *Verschiedene Ansichten der umgebauten 25er der Südafrikanischen Eisenbahnen, die als „Klasse 26", nach ihrer Farbe als „Roter Teufel" oder als „L. D. Porta" bezeichnet wird.*

Klasse 20 (2'D1')+(1'D2')
Rhodesien
Rhodesian Railways (RR), 1954

Bauart: Beyer-Garratt-Gelenkdampflokomotive für Güterzüge
Spurweite: 1067 mm (3 ft 6 in)
Antrieb: Ein Röhrenkessel mit einer Feuerbüchs-Rostfläche von 5,9 m² (63,1 sp ft) erzeugt Heißdampf von 14 kp/cm² (200 psi) Druck für zwei Zylinderpaare von 508 mm Durchmesser und 600 mm Hub (20 × 26 in), die die jeweils vier Treibachsen der beiden Triebwerke über Stangen antreiben
Gewicht: 167,5 t (369170 lb) Reibungsgewicht; 228,5 t (503614 lb) Gesamtgewicht
Maximale Achslast: 17,25 t (38019 lb)
Gesamtlänge: 28969 mm (95 ft 0½ in)
Zugkraft: 308 kN (69330 lb)
Höchstgeschwindigkeit: 56 km/h (35 mph)

Die meisten Eisenbahnen in Afrika wurden gebaut, um die gerade eroberten Kolonien zu erschließen. Die Verkehrserwartungen waren nicht sehr groß, die Bahnen wurden darum oft sehr billig mit schmaler Spur, leichten Gleisen und engen Kurven verlegt. Als die Kolonien sich dann wirtschaftlich entwickelten, vor allem wenn man Bodenschätze fand, standen die Bahnverwaltungen dem Problem gegenüber, größere Lokomotiven beschaffen zu müssen, die auf den vorhandenen Gleisen fahren konnten. Oft war die einzige Lösung die Verwendung von gelenkigen Lokomotiven, besonders wenn auch die Achslast stark eingeschränkt war.

Die beliebteste Gelenkloktype in Afrika war die „Garratt", eine britische Konstruktion aus dem Jahre 1907, die ihre höchste Entwicklungsstufe in den fünfziger Jahren erreichte. Bei ihr stützt sich der Kessel über Drehpfannen auf zwei Antriebseinheiten, auf denen sich die Vorratsbehälter für Brennstoff und Wasser befinden. Da unter dem Kessel keine Räder sind, kann er relativ kurz und dick mit einer breiten Feuerbüchse gebaut werden und ist besser zugänglich als bei einer herkömmlichen Lokomotive. Jede Antriebseinheit kann so viele Achsen erhalten, wie die Gleiskrümmungen es erlauben, insgesamt sechs oder acht Treibachsen sind die Regel.

Größter Verwender von Garratts waren die South African Railways mit 400 Stück, aber die Rhodesia Railways, die heutigen National Railways of Zimbabwe kamen als nächste. Diese Bahn kaufte 250 Stück zwischen 1926 und 1958 bei Beyer Peacock in Manchester, 200 davon allein nach dem Zweiten Weltkrieg. Sie machten die Hälfte aller Lokomotiven aus, die für diese Bahn gebaut wurden. Die letzten und größten waren 61 (2'D1')+(1'D2')-Maschinen, die von 1954 bis 1958 entstanden. Sie haben eine Achslast von 17 t, die auf einem Teil des Bahnnetzes den Einbau neuer, schwerer Schienen erforderte und mit ihrem Gesamtgewicht liegen sie fast an der Spitze aller Garratt-Typen. Man stattete sie mit allen damals üblichen Einrichtungen aus, die die Wartungskosten und den Brennstoffverbrauch senken und die Verfügbarkeit erhöhen konnten. Bemerkenswert ist, daß sie die einzigen rhodesischen Garratts mit Stokerfeuerung sind.

Wie alle anderen afrikanischen Bahnen fielen auch die Rhodesian Railways irgendwann den Verlockungen der Diesel-Vertreter zum Opfer, die nicht nur Maschinen anboten, die ihren Brennstoff viel wirtschaftlicher verarbeiten als Dampfloks, sondern auch billige Kredite einiger westlicher Regierungen für die Länder der Dritten Welt, mit denen diese ihren Diesellokproduzenten helfen wollten. Damals setzte man 1980 als Datum für die Vollverdieselung des gesamten RR-Netzes fest.

Allerdings ließ die Kombination der gewaltigen Ölpreiserhöhungen ab 1973 und der Schwierigkeiten durch die politischen Sanktionen gegen Rhodesien die Verantwortlichen ihre Entscheidung später überdenken. Das Land verfügt über große Kohlevorkommen, aber über keinerlei Öl, so daß importiertes Öl dreißigmal teurer kam als Kohle. Auch wenn der Wirkungsgrad eines Diesels dreimal besser sein mag als der einer Dampfmaschine, sind die Brennstoffkosten des Diesels damit immer noch zehnmal höher. Dazu kam, daß viele Verschleißteile der Dampfloks im Land hergestellt werden können, die Dieselantriebe aber viele Teile besitzen, die nur die Herstellerfirmen lieferten und diese Lieferungen waren nun durch die Sanktionen unterbrochen worden. Die Pläne für die Verdieselung wurden umgehend gestoppt und durch einen langfristigen Elektrifizierungsplan ersetzt. 1978 startete man dann ein Programm zur Aufarbeitung von 87 Garratt-Loks, die teilweise schon abgestellt waren, um damit die Zwischenzeit zu überbrücken.

Dieser „Red Devil" (mit dem Namen *L. D. Porta* nach dem argentinischen Ingenieur, der das Feuerungssystem entwickelte) ist der Versuch, eine Dampflokomotive für das 21ste Jahrhundert durch Umbau einer „25NC" 2'D2'-Maschine zu schaffen, die einer Reihe angehört, die 1953 Henschel und North British erbauten. Die grundlegendste Änderung ist die Methode, mit der der Energiegehalt der Kohle in Wärme umgewandelt wird. Sie brennt nicht mehr selbst, sondern erzeugt Heizgase; die anderen Änderungen haben mehr den Charakter einer Feinabstimmung der Maschine, einem „Tuning". Alle Umbauarbeiten wurden in den Salt River-Werkstätten der SAR in Kapstadt durchgeführt und waren alles andere als teuer.

Der erste große Unterschied ist, daß jetzt weniger als die Hälfte der Verbrennungsluft durch das Feuerbett selbst in die Feuerbüchse gelangt, dazu verkleinerte man die Öffnungen zwischen den Roststäben auf genau berechnete Maße. Dadurch werden auch beim harten Arbeiten der Maschine weniger brennende Kohleteilchen durch die Rohre mitgerissen und als Feuerre-

gen aus dem Schlot geschleudert.

In das heiße Feuerbett wird von der Seite Dampf eingeblasen, der aus den Hilfsbetrieben und aus der Abdampfleitung der Zylinder stammt. Er reagiert chemisch mit der heißen Kohle und es entsteht sauber verbrennendes Wassergas. Diese Reaktion erzeugt keine Wärme, sondern verbraucht einen Teil der Wärmeenergie des Feuerbetts, das dadurch unter der Temperatur bleibt, bei der sich Schlacke bildet. Die Luft, die durch das heiße (aber nicht zu heiße) Feuerbett strömt, läßt Generatorgas entstehen und dieses Gasgemisch verbrennt völlig sauber über der Kohle mit Hilfe der Luft, die durch die Seitenöffnungen der Feuerbüchse eintritt. Den vorhandenen Stoker behielt man bei; bei dieser Lok wird also die harte Arbeit sowohl beim Beschicken mit Brennstoff als auch bei der Entfernung der Rückstände erleichtert.

Zu den weiteren Verbesserungen gehören eine gesteigerte Dampfüberhitzung (die eine bessere Zylinderschmierung bedingt), eine verbesserte Blasrohranlage und ein Speisewasservorwärmer; all dies steigerte den thermischen Wir-

kungsgrad. Wenn man dazu die Einsparungen durch die Vermeidung unverbrannter Brennstoffteile in den Verbrennungsrückständen rechnet, kommt man auf das verblüffende Ergebnis einer Brennstoffersparnis von einem Drittel für

Unten: *Der „Red Devil" steht bereit, um die Gleise Südafrikas für die Dampflok zurückzuerobern.*

eine gegebene Leistung. Die Maximalleistung steigt, während die Menge und die Schwierigkeiten beim Entfernen der Rückstände erheblich reduziert werden. Ergebnis ist eine Maschine, die ihren Diesel-Brüdern in so wichtigen Punkten wie Einsatzbereitschaft und Sauberkeit völlig ebenbürtig und im Betrieb sogar günstiger ist.

Oben: *In einem Land ohne Öl, aber mit ausreichenden Kohlevorkommen ist es sehr sinnvoll, die Dampftraktion beizubehalten. Viele der Beyer-Garratt-Lokomotiven der heutigen National Railways of Zimbabwe, wie diese Lok der Klasse 20, wurden umgebaut und modernisiert.*

Obwohl in diesem Land noch nie Lokomotiven gebaut worden waren, gab es eine Maschinenbaufirma, die alle Arbeiten übernehmen konnte, die über die Möglichkeiten der Bahnwerkstätten hinausgingen. Dazu gehörten die Erneuerung der Feuerbüchsen und der Ersatz der Gleitlager durch moderne Rollenlager, zusammen mit einer gründli-

chen Überholung aller Triebwerksteile.

Von diesen Arbeiten betroffen waren 18 leichte (1'C1')+(1'C1')-Loks für Nebenbahnen der Klasse „14A", 35 (2'C2')+(2'C2')-Loks der Klassen „15" und „15A" (vor der Verdieselung die wichtigsten Personenzugmaschinen), 15 schwere (1'D1')+(1'D1')-Loks der

Klasse „16A" und schließlich 19 der großen (2'D1')+(1'D2')-Maschinen der Klassen „20" und „20A". Als Symbol ihrer Wiederbelebung erhielten viele von ihnen Namen. Die ersten aufgearbeiteten Loks gingen im Juni 1979 in Betrieb und das ganze Projekt konnte 1982 abgeschlossen werden.

Die Garratt-Lokomotiven sind vorwiegend im Südwesten des Landes in der Nähe der Kohlefelder eingesetzt und fahren zwischen Gwelo, Bulawayo und Victoria Falls. Sie sollen noch wenigstens 15 Jahre im Dienst bleiben, aber ob bis dahin die Elektrifizierung soweit fortgeschritten ist, daß man sie abstellen kann, bleibt abzuwarten. Aber bis es dazu kommt, fahren in Zimbabwe die größten Dampflokomotiven der Welt und viele von ihnen sind heute so gut wie neu. So manches afrikanische Land wird sich inzwischen fragen, ob der übereilte Wechsel von der Kohle zum Öl wirklich so klug war.

TGV-Triebzug

Frankreich
Französische Staatsbahnen (SNCF), 1981

Bauart: Zehnteiliger elektrischer Hochgeschwindigkeits-Gliedertriebzug
Spurweite: 1435 mm (4 ft 8½ in)
Stromversorgung: Gleichstrom von 1500 V oder Wechselstrom von 25000 V 50 Hz (bei einigen auch von 15000 V 16⅔ Hz) über Oberleitung zu den Stromabnehmern der beiden Endtriebwagen; Wechselstrom weiter über Haupttransformator und Gleichrichter
Antrieb: Jedes Endfahrzeug versorgt 6 thyristorgesteuerte Fahrmotoren von je 525 kW (714 PS) mit Gelenkantrieben in seinen beiden Drehgestellen und im ersten Drehgestell des folgenden Wagens
Gewicht: 194 t (427690 lb) Reibungsgewicht; 381,8 t (841710 lb) Gesamtgewicht
Maximale Achslast: 16,1 t (35491 lb)
Gesamtlänge: 200190 mm (656 ft 9½ in)
Höchstgeschwindigkeit: 300 km/h – anfänglich auf 260 km/h beschränkt (186/-162 mph)

Oben: *Ein französischer TGV hält den Geschwindigkeitsweltrekord für konventionelle Züge mit 380 km/h.*

1955, als zwei französische Elloks bei Versuchsfahrten, mit denen das Verhalten von Fahrzeug und Gleis bei hohen Geschwindigkeiten untersucht wurde, die Weltrekordgeschwindigkeit von 331 km/h (205,7 mph) erreichten, war das damals eine schier unglaubliche Leistung, weit entfernt vom Alltagsleben, in dem die Züge in Frankreich nicht schneller als 140 km/h fuhren. Aber es sollten nur 21 Jahre vergehen, bis zwei französische Versuchszüge bei 223 Probefahrten die Grenze von 300 km/h überschritten hatten und eine 380 km lange neue Eisenbahnstrecke für diese Geschwindigkeit im Bau war.

Die Hauptstrecke der früheren PLM-Bahn verbindet die drei größten Städte Frankreichs und weist dadurch den stärksten Fernreiseverkehr des Landes auf. Die Nachkriegselektrifizierung sorgte für einen weiteren Verkehrsanstieg, bis in den sechziger Jahren die Überlastung untragbar wurde. Man versuchte, den schnellen Personenverkehr und den langsameren Güterverkehr zu entflechten, indem man gleichschnelle Züge in „Pulks" über die Strecke schickte, etlichen Schnellzügen folgten also eine ganze Anzahl von Güterzügen. Man suchte aber nach einer besseren Möglichkeit, zusätzliche Streckenkapazitäten zu schaffen und begann 1966 mit Vorstudien für eine neue Bahnlinie. Sie sollte nicht nur die bestehende Strecke entlasten, sondern man wollte auch Nutzen aus den französischen Forschungsarbeiten im Bereich hoher Fahrgeschwindigkeiten ziehen und Verkehrsanteile von Flugzeug und Auto zurückerobern.

Es war klar, daß es ein großer Vorteil wäre, wenn die neue Strecke allein dem Personenverkehr vorbehalten blieb. Die Überhöhung von Kurven auf einer Strecke mit unterschiedlich schnellen Zügen ist immer nur ein Kompromiß und die Bahntechnologie hatte inzwischen einen Punkt erreicht, an dem eine beträchtliche Geschwindigkeitssteigerung der Personenzüge möglich war, aber nur bei ihnen, nicht bei Güterzügen, denn die Achslasten der Güterwagen liegen bei 20 t, die elektrischer Lokomotiven bei 23 t. Wenn man nun die Achslasten auf der neuen Strecke auf 17 t begrenzen könnte, würde es viel einfacher sein, das Gleis in einem, dem hohen Tempo entsprechenden, Zustand zu erhalten.

Ein Ergebnis der Schnellfahrten von 1955 war, daß ab 1967 auf der Strecke von Paris nach Bordeaux der Südwestregion teilweise 200 km/h zugelassen wurden; weitergehende Versuchsfahrten oberhalb dieser Geschwindigkeit führte man ausschließlich mit Triebwagen durch. Der erste Gasturbinen-Versuchszug erreichte 236 km/h, ein Gasturbinentriebzug aus der Serienproduktion überschritt etliche Male auch 250 km/h, aber erst ein spezieller Hochgeschwindigkeits-Gasturbinenzug eröffnete neue Bereiche. Dieser „TGV001" (nach Erscheinen der elektrischen TGV-Version in „TGS" umbenannt) war das erste französische Fahrzeug, das für eine Geschwindigkeit von 300 km/h entworfen wurde und das dann auch bei 175 Versuchsfahrten diese Grenze überschritt und bis zu 317 km/h (197 mph) erreichte. Ein elektrischer Hochgeschwindigkeits-Versuchstriebwagen („Z-7001") fuhr ebenfalls bis zu 309 km/h schnell.

Die ersten Pläne für eine neue Linie Paris–Lyons sahen die Verwendung von Gasturbinenfahrzeugen ähnlich dem TGV001 vor. Um die enormen Kosten einer neuen Einführung dieser Strecke nach Paris zu ersparen, wollte man auf den ersten 30 Kilometern vom Pariser Gare de Lyon aus und auch auf dem letzten Abschnitt durch die Vororte von Lyon die alte Trasse mitbenutzen, erst außerhalb der Städte sollten die neuen Gleise beginnen. Abzweigstellen im Zuge der Strecke sollen Zugläufe nach Dijon und nach Lausanne und Genf in der Schweiz ermöglichen. Es war klar, daß der Staat für das Projekt massive finanzielle Unterstützung gewähren mußte, aber für die SNCF und den Staat würden sich die großen Investitionen auch wieder auszahlen.

Bevor das Projekt die Zustimmung der Regierung erlangen konnte, machte die Ölkrise von 1973 einen Strich durch die Rechnung und man gab die Gasturbinenantriebe zugunsten einer Elektrifizierung mit Wechselstrom von 25000 V 50 Hz auf. Da die neue Strecke nur von sehr schnellen Personenzügen benutzt werden würde, konnte man erheblich größere Steigungen als bei einer herkömmlichen Bahnlinie zulassen. Die kinetische oder Bewegungsenergie eines Fahrzeugs nimmt mit dem *Quadrat* der Geschwindigkeit zu; je schneller ein Zug fährt, desto

kleiner ist der Geschwindigkeitsverlust, wenn er „mit Schwung" eine gegebene Steigung hinauffährt. Auf der neuen Trasse wählte man die maßgebende Steigung mit 3,5% viermal steiler als auf der alten Strecke. Dadurch konnte man die Baukosten gegenüber einer konventionellen Trasse um circa 30% reduzieren. Auf der längsten Steigung wird die Geschwindigkeit dadurch von 260 km/h auf 220 km/h abfallen.

Die elektrische Version der „TGV"'s (Train à Grande Vitesse) wurde 1976 bestellt, die Ablieferung begann zwei Jahre später. Im Prinzip behielt man die Konstruktion der Gasturbinenzüge bei, die Ausrüstung ist natürlich völlig anders, aber wo immer man konnte, verwendete man bewährte Bauteile. Jeder Triebzug besteht aus zwei Antriebseinheiten an den Zugenden und acht Zwischenwagen, die sich mit ihren Enden auf Jakobsdrehgestelle abstützen. Um die maximale Leistung von 6300 kW (8565 PS) auf die Schiene zu bringen, braucht man 12 angetriebene Achsen, also mußte man außer den Achsen der Triebköpfe auch die Enddrehgestelle der Gelenkeinheit motorisieren. Für die Benutzung der bestehenden Strecken im Bereich der Endbahnhöfe sind die Züge für den Betrieb mit 1500 V Gleichstrom ausgerüstet; sechs Züge können auch mit dem Schweizer Bahnstrom von 15000 V 16⅔ Hz fahren. Für den Wechselstrombetrieb besitzt jeder Triebkopf einen Haupttransformator und jeder Fahrmotor seine eigene Thyristorsteuerung, um das Risiko des Ausfalls von mehr als einem Fahrmotor zur gleichen Zeit zu vermindern. Dieselben Thyristorschaltungen werden bei Gleichstrombetrieb als Choppersteuerung verwendet.

Die neuartigen Drehgestelle wurden aus denen des Gasturbinenzugs entwickelt. Da die Neubaustrecke nur von den TGVs befahren wird, konnte man die Kurven entsprechend überhöhen, eine Kastenneigungseinrichtung ist dadurch unnötig. Die Traktionsmotoren sind direkt mit dem Fahrzeugrahmen verbunden und treiben die Achsen über Gelenkantriebe an. Damit konnten die ungefederten Massen der Drehgestelle stark verringert werden. Bei 300 km/h beanspruchen sie die Gleise weniger als eine

elektrische Lokomotive bei 200 km/h.

An der Neubaustrecke gibt es keine festen Signale, sondern die Signalbilder werden direkt auf eine Anzeige im Führerpult übertragen. Die zulässige Geschwindigkeit wird dem Lokführer kontinuierlich angezeigt, er stellt seinen Fahrschalter danach ein. Eine Regelautomatik hält die Zuggeschwindigkeit dann auf diesem Wert. Mit seinem Bremshebel kontrolliert der Lokführer die drei Bremssysteme: dynamische, Scheiben- und Klotzbremse. Bei der dynamischen Bremse arbeiten die Fahrmotoren als Generato-

Oben: *Die TVG-Triebzüge können sowohl mit 1500 V Gleichstrom als auch mit 25000 V Wechselstrom fahren. Dieser TGV wurde im schönen Elsaß aufgenommen.*

ren, die erzeugte Energie wird in Widerständen verheizt. Dabei wird das Erregerfeld der Motoren aus Batterien gespeist, um die Bremse auch bei einem Ausfall der Fahrspannung funktionsfähig zu erhalten. Die dynamische Bremse wird zum Abbremsen aus der vollen Geschwindigkeit bis herab auf 3 km/h angewendet. Bei normalen Betriebsbremsungen werden zusätz-

lich die Scheibenbremsen mit halber Kraft betätigt, auch die Klotzbremsen werden leicht angelegt, um die Laufflächen der Räder sauberzuhalten. Bei einer Notbremsung werden alle Systeme gleichzeitig mit voller Bremskraft eingesetzt. Der Bremsweg aus einer Geschwindigkeit von 260 km/h beträgt 3500 m. Die meisten der 87 Züge besitzen Plätze erster und zweiter Klasse, sechs führen ausschließlich die erste Klasse und drei andere dienen exklusiv dem Postschnellverkehr.

Die Zuggarnituren erbaute die Firma Alsthom; die Triebköpfe in Belfort und die Zwischenwagen in La Rochelle. Die erste Erprobung führte man auf der Strecke Strasbourg–Belfort durch, die auf einem Abschnitt Tempo 260 erlaubt. Sobald der erste Teil der Neubaustrecke fertiggestellt war, verlagerte man den Testbetrieb dorthin; einer der Züge erhielt dafür größere Treibräder, um noch höhere Geschwindigkeiten als vorgesehen, fahren zu können. Am 26. Februar 1981 stellte man mit ihm einen neuen Weltrekord mit 380 km/h (236 mph) auf.

Der Planbetrieb auf dem Südteil der neuen Linie begann im September 1981 und die Fahrgastzahlen stiegen hier schon bald um 70% an. Nach Eröffnung des nördlichen Streckenteils im September 1983 sieht der Fahrplan für die 426 km von Paris nach Lyon eine Reisezeit von 2 Stunden vor. 1983 erhöhte man auch die vorläufige Höchstgeschwindigkeit von 260 km/h auf 270 km/h.

Abgesehen von einigen Problemen mit der Fahrleitung bei Höchstgeschwindigkeit, die zeitweise zu einer Beschränkung auf 200 km/h führten, haben sich die neuen Züge sehr gut bewährt. Auf den neuen Gleisen ist ihr Lauf sehr ruhig, auf den konventionellen Strecken läßt die Laufruhe allerdings etwas nach.

Die Paris-Südost-Neubaulinie ist ein großartiges Werk, dessen Gesamtplanung und Bau nur 10 Jahre dauerten und das auch im vorgesehenen Zeitplan vollendet wurde. Es sieht heute so aus, als ob sie schneller als erwartet zum erhofften finanziellen Erfolg werden wird. Andere Neubaustrecken sind inzwischen ebenfalls in Planung.

Links: *Ein Endfahrzeug eines TGV der Französischen Staatsbahnen. Außer seinen beiden Drehgestellen wird auch das erste Drehgestell des nächsten Wagens angetrieben.*

ETR 401 „Pendolino"-Triebzug Italien
Fiat Ferroviaria Savigliano SpA (Fiat), 1976

Bauart: Vierteiliger elektrischer Schnelltriebzug mit Kastenneigungseinrichtung
Spurweite: 1435 mm (4 ft 8½ in)
Stromversorgung: Gleichstrom von 3000 V über Oberleitung
Antrieb: 8 Fahrmotoren von je 250 kW (340 PS) – 2 pro Wagen – treiben jeweils eine Achse über Kardanwellen und Getriebe an
Gewicht: 80,5 t (177470 lb) Reibungsgewicht; 161 t (354940 lb) Gesamtgewicht
Maximale Achslast: 10,5 t (23150 lb)
Gesamtlänge: 103700 mm (340 ft 2½ in)
Höchstgeschwindigkeit: 250 km/h (155 mph)

Auch Italien gehört wie Japan (mit seinen Triebzügen der Reihe 381, siehe Seite 174) und Deutschland (mit den Triebwagen Baureihe 614

und 634) zu den Ländern, in denen man sich mit Wagenkastenneigungseinrichtungen beschäftigte. Das Projekt wurde von Fiat finanziert. Ein günstiges Leistungsgewicht und drei unabhängige Bremssysteme erlauben dem Triebzug hohe Fahrgeschwindigkeiten. Bei niedrigen Geschwindigkeiten ergänzt eine elektro-pneumatische Bremse die dynamische Bremse. Für Schnellbremsungen gibt es elektromagnetische Schienenbremsen, die ja unabhängig von der Rad-Schiene-Reibung arbeiten. Um die schädlichen Auswirkungen hoher Geschwindigkeiten auf das Gleis zu vermindern, beschränkte man die Achslast auf einen ziemlich niedrigen Wert.

Das Interessanteste an diesem Triebzug mit 170 Sitzplätzen ist aber, wie gesagt, die Kastenneigungseinrichtung, die Neigungswinkel bis zu 9° erlaubt und durch

eine Kombination von Kreiseln und Beschleunigungsmessern gesteuert wird. Die Pantografen brachte man auf Gerüsten direkt auf den Drehgestellen an, damit sie von den Bewegungen des Wagenkastens nicht beeinträchtigt werden.

Bis zu einem gewissen Grad hat sich der Zug in Betrieb bei den Italienischen Staatsbahnen bewähren können. Auf der 298 km langen Trans-Appenninen-Strecke von Rom nach Ancona kann die Schnelligkeit des Zuges zwar nur auf einem kurzen Teilstück genutzt werden, aber wenigstens die Neigungseinrichtung kann auf der kurvenreichen Trasse durchs Gebirge ihre Fähigkeiten richtig ausspielen. Gegenüber den bisher besten Reisezeiten wäre eine Verkürzung von 45 Minuten (oder 25%) möglich gewesen, man war aber vorsichtig und begnügte sich mit der Hälfte. Anhaltende Zweifel am verwende-

ten Prinzip verhinderten bisher eine weitere Anwendung in Italien und bis vor kurzem – als einige ähnliche „Basculante"-Triebwagen nach Spanien geliefert wurden – waren sie das einzige Exemplar dieser Bauart südlich der Alpen.

Unten: *Der imposante Fiat-Schnelltriebzug „ETR 401" stand am 19. April 1978 in Rom bereit, um als Schnellzug nach Ancona zu fahren.*

Rechts: *Die Aufnahme demonstriert eindrucksvoll die Fähigkeit des Fiat „Pendolino"-Zugs, sich um bis zu 9° zur Seite zu neigen. Zur Zeit wird dieser Zug durch die Italienischen Staatsbahnen im Schnellzugverkehr eingesetzt.*

Klasse 58   Co'Co' Großbritannien
British Railways (BR), 1982

Bauart: Diesel-elektrische Güterzuglokomotive
Spurweite: 1435 mm (4 ft 8½ in)
Antrieb: Ein GE (Ruston) 4-Takt-V12-Dieselmotor, Typ RK3ACT, von 2460 kW (3345 PS) mit Drehstromgenerator und Gleichrichtern erzeugt Strom für 6 Tatzlagermotoren
Gewicht: 130 t (286520 lb)
Maximale Achslast: 21,7 t (47750 lb)
Gesamtlänge: 19130 mm (62 ft 9 in)
Zugkraft: 263 kN (59100 lb)
Höchstgeschwindigkeit: 129 km/h (80 mph)

Die Verdieselung der nicht-elektrifizierten Strecken der British Railways konnte 1968 abgeschlossen werden, es bestand vorläufig kein weiterer Bedarf an Diesellokomotiven. 1973 sahen die BR die Warnzeichen der Ölkrise, die einen baldigen starken Anstieg des Kohlenverkehrs erwarten ließen. Umgehend begann man mit dem Entwurf einer

neuen Diesellokreihe, die stärker als die Klasse „47" mit 1925 kW (2617 PS) sein sollte und mit einer Höchstgeschwindigkeit von 80 mph (129 km/h) auch besser für langsame Güterzüge geeignet sein sollte als diese Loktype mit ihren 95 mph (153 km/h).

Die zahlenstärkste Dieselmotortype der BR ist die große Baureihe, die von den Motoren der Vorkriegs-Rangierloks von English Electric abgeleitet wurde. Dieser Motor erschien 1947 zum ersten Mal in einer Streckenlok und entwickelte damals 1190 kW (1618 PS) in 16 Zylindern. Bis 1973 hatte man sie für eine Leistung von 2625 kW (3570 PS) weiterentwickelt, allerdings drosselte sie die BR aus Gründen der Haltbarkeit auf 2425 kW (3297 PS).

Da die BR sich nicht imstande sahen, innerhalb kurzer Zeit einen eigenen Lokentwurf auszuarbeiten, beauftrage man Brush Electrical Machines, den Entwurf einer Lokomotive auf der Basis der von Brush

gebauten Klasse „47", aber mit der English Electric-Maschine und mit Drehstromgenerator, zu erstellen. In die Arbeit teilte sich Brush mit der rumänischen Firma Electroputere, mit der man in einem Abkommen über technische Zusammenarbeit hatte. Da Electroputere die Lokomotiven schneller liefern konnte als die Doncaster-Werke der BR, bestellte man die ersten 30 Stück in Rumänien.

Die ersten Lokomotiven dieser Klasse „56" erschienen 1976. Die BR betrachteten sie als Zwischenlösung, erstellt mit einem Minimum an Entwurfsaufwand, um einen plötzlichen Bedarf zu befriedigen, und man entschied schon bald, daß nur 135 Stück gebaut werden sollten. Weitere neue Loks sollten einer neuen Klasse „58" angehören, die in der Lage sein sollte, in der Ebene 1000 t-Züge mit 129 km/h zu ziehen.

Diese Klasse „58" wurde stark von den Arbeiten der BR an einer Exportlokomotive von 1865 kW (2535 PS) beeinflußt, von der man hoffte, daß man sie über die

BR-Tochtergesellschaft British Rail Engineering (BREL) verkaufen konnte. Großen Wert hatte man auf eine Reduzierung der Baukosten gelegt und die BR war in ihrer sehr angespannten Finanzsituation jetzt sehr froh, eine Lokomotive zu bekommen, die billiger als die Klase „56" war.

Die augenfälligste Veränderung der Klasse „58" ist, daß sie eine „hood"-Lokomotive ist, bei der der Lokrahmen alle Kräfte aufnimmt – bei der Klasse „56" und ihren Vorgängern bildeten Rahmen und Aufbau eine gemeinsame Tragkonstruktion. Der massive Rahmen dürfte eine fast unbegrenzte Lebensdauer haben, während die dünnen Bleche der mittragenden Lokkästen leicht korrodieren. Die „Hood"-Bauweise mit leicht abnehmbaren Blechverkleidungen gestattet einen leichteren Zugang zu allen Ausrüstungsteilen und ver-

Rechts: *Die neuartige Güterzuglokomotive, Klasse 58 der BR.*

einfacht die Einteilung des Aufbaus in luftdichte Kammern. Der Großteil der Ausrüstung ist in Baugruppen zusammengefaßt, die mit dem Untergestell verschraubt sind und leicht ausgetauscht werden können. Auch die Führerstände sind eigene vollständige Baugruppen, die nach einem Unfall in wenigen Tagen gewechselt und angeschlossen werden können, wogegen bei den früheren BR-Dieselloks die Reparatur eines beschädigten Führerstands oft Monate dauert. Der Zugang zum Führerstand erfolgt über Türen im Maschinenraum und Quergänge, es gibt also keine Außentüren, die Zugluft einlassen können. Auch die Anordnung der Steuereinrichtungen ist für die BR neuartig, der Lokführer kann sie auch bedienen, wenn er sich aus dem Fenster lehnt.

Der Motor ist ein neues Modell in der langen Reihe, die von den English Electric-Maschinen abstammt. Gegenüber der Klasse „56" erhöhte man die Drehzahl von 900 auf 1000 Upm und man verwendet ei-

nen neuen, einfacheren Turbolader. Dadurch konnte man die Zahl der Zylinder von 16 auf 12 verringern und erhält doch mit 2460 kW (3345 PS) etwa 50 PS mehr als bei der Klasse „56".

Unter anderem wird man sie auch vor „Karussell-Zügen" einsetzen, das sind Kohlenzüge, die im Endbahnhof nicht anhalten, sondern in Langsamfahrt be- und entladen werden. Dazu erhielten die Lokomotiven eine Regeleinrichtung, die die Geschwindigkeit dabei exakt auf 1 Meile pro Stunde (1,6 km/h) hält.

Durch die Vereinfachung der Konstruktion sparte man gegenüber der Klasse „56" etwa 13%, weitere Einsparungen sind durch niedrigere Wartungskosten zu erwarten. Eine erste Bestellung über 30 Maschinen ging an die Doncaster-Werke von BREL und die erste wurde im Dezember 1982 in einem neuen Farbschema, passend zu den Farben der BR „Speedlink"-Güterwaggons, abgeliefert.

Klasse 370 „APT-P"-Triebzug

Großbritannien
British Railways (BR)

Bauart: Vierzehnteiliger elektrischer Schnelltriebzug mit Kastenneigungseinrichtung
Spurweite: 1435 mm (4 ft 8½ in)
Stromversorgung: Wechselstrom von 25000 V 50 Hz über Oberleitung zu Fahrzeugtransformatoren
Antrieb: 8 thyristorgesteuerte, am Wagenrahmen befestigte, Fahrmotoren von 746 kW (1014 PS) wirken auf die Achsen der beiden Antriebseinheiten über längsliegende Gelenkwellen und Getriebe
Gewicht: 135 t (297540 lb) Reibungsgewicht; 460,6 t (1014942 lb) Gesamtgewicht
Maximale Achslast: 16,9 t (37248 lb)
Gesamtlänge: 293675 mm (963 ft 6 in)
Höchstgeschwindigkeit: 240 km/h (150 mph)

Obwohl das endgültige Resultat dieses Projekts, einer der zukunftsträchtigsten und ehrgeizigsten Entwicklungsarbeiten für den Personenverkehr von Morgen, noch in der Zukunft liegt, kann man heute schon sagen, daß es auch eine der mühseligsten ist. Das Ganze begann in den sechziger Jahren, als die Britischen Eisenbahnen ihre stark vergrößerte Versuchsabteilung in Derby beauftragte, eine gründliche Studie über das fundamentalste Problem der Eisenbahn durchzuführen: über den Lauf spurgeführter Räder auf Schienen. Dabei kristallisierte sich eine Möglichkeit heraus, Fahrzeuge zu bauen, die auf kurvenreichen Gleisen mit den üblichen Unvollkommenheiten mit höheren Geschwindigkeiten als bisher zulässig erschütterungsarm fahren konnten. Um die bisherigen Kurvenüberhöhungen für normale Fahrgeschwindigkeiten beibehalten zu können und gleichzeitig die Seitenbeschleunigung in den Kur-

ven auf ein für die Fahrgäste behagliches Maß zu beschränken, mußte man einfach den Wagenkasten stärker nach innen neigen.

Schon etliche Eisenbahnen haben sich mit dieser Möglichkeit beschäftigt, wir erwähnten davon Japan, Italien und Kanada. Das kanadische „LRC"-Projekt ist allerdings das einzige, dessen Ziele genauso hochgesteckt sind wie bei dem britischen Vorhaben – die anderen begnügen sich mit einem passiven Ausgleich der auftretenden Seitenkräfte. Beim „APT" arbeitet man mit einer exakteren und raffinierteren Methode – die Neigung eines Wagens richtet sich nach der Stellung des vorhergehenden Wagens beim Durchfahren einer Kurve. Der Neigungswinkel kann bis zu 9° betragen; dann ist eine Seite des Wagens 400 mm höher als die andere. Dadurch erhält man einen Zug, der in der Lage ist, die hohen Geschwindigkeiten zu fahren, die Eisenbahnen künftig anbieten müs-

sen, um auch bei Reiseentfernungen von mehr als 200 Meilen im Geschäft zu bleiben – aber ohne riesige Summen in den Bau neuer Strecken investieren zu müssen. Beispielsweise sind die anvisierten 167 km/h oder 3 h 50 min für die Strecke London–Glasgow sehr nah an den 165 km/h, die man von Paris nach Marseilles mit Hilfe der Neubaustrecke zwischen Paris und Lyon anstrebt. Anders ausgedrückt, hätte man mit der britischen Methode – hätte sie funktioniert – das gleiche wie in Frankreich erreicht, bei einem Fünftel der Kosten.

Hier muß nun erwähnt werden, daß die Neigungseinrichtung nur ein Teil des neuen Konzepts ist – eine neue grundlegend überarbeitete Wagenabstützung mit selbsttätiger Drehgestellanlenkung trug noch mehr zu diesem vielversprechenden Innovationspaket bei. Im Dezember 1967 stellte man einen formellen Antrag auf Bewilligung von Forschungsmitteln. Nach etli-

Oben: Ein Endwagen eines Serien-Prototypen des „Advanced Passenger Train" der Britischen Eisenbahnen, Typ „APT-P". Auch die Antriebseinheiten in Zugmitte verfügen über eine Wagenkastenneigungseinrichtung.

chen Verzögerungen wurde dann 1973 der Bau eines vierteiligen Versuchstriebwagens mit Gasturbinenantrieb genehmigt, der nach einer ersten geheimen Erprobung auf der BR-Teststrecke bei Nottingham 1975 der Öffentlichkeit vorgestellt. Dieser „APT-E" („E" = Experiment) erreichte zwischen Reading

Unten: Selbst die futuristischen Formen des „Fortschrittlichen Personenzugs" der BR konnten diesem großartigen Beispiel der Fahrzeugbaukunst zu keiner erfolgreicheren Zukunft verhelfen.

und Swindon 242 km/h und – noch eindrucksvoller – fuhr die 159 Kilometer von London nach Leicester in einer knappen Stunde. Diese positiven Ergebnisse führten zur Genehmigung von drei 14-Wagen-Zügen, den „APT-P", die man als „Serien-Prototypen" bezeichnete. In der Zugmitte befinden sich die beiden Motorwagen mit einer Traktionsleistung von 5970 kW (8115 PS). Die beiden Zughälften sind wegen ihnen ohne Verbindung, jede mußte deshalb ihren eigenen Speise-Wagen erhalten; dazu verfügt jede Hälfte über 72 Plätze erster und 195 Plätze zweiter Klasse.

Man wählte für diese Züge einen elektrischen Antrieb, weil kein Dieselmotor mit ausreichend günstigem Leistungsgewicht vorhanden war und weil inzwischen, nach einer Verdreifachung des Ölpreises, die Gasturbinentraktion als etwas zu verschwenderisch angesehen wurde. Dazu kam, daß man jetzt die längeren elektrischen Strecken vom Londoner Euston-Bahnhof nach Glasgow, Liverpool und Manchester für die ersten „APT"-Einsätze vorsah. Für das Abbremsen aus den hohen Geschwindigkeiten über 250 km/h hatte man sich etwas Neues einfallen lassen, eine „hydro-kinetische Bremse" mit Wasserturbinen, mit der man aus der Höchstgeschwindigkeit einen akzeptablen Bremsweg von 2290 m erhielt, bei einer Notbremsung auch von 1830 m. Unterhalb der Geschwindigkeiten, bei denen die hydro-kinetischen Bremsen effektiv arbeiten, übernehmen Scheibenbremsen die Abbremsung.

Der erste „APT-P"-Zug war 1978 fertiggestellt, aber eine ganze Serie kleiner, aber lästiger Defekte – einschließlich einer Entgleisung bei mehr als 160 km/h – verzögerten den Einsatz immer wieder. Das führte dazu, daß die im Fahrplan ausgedruckten Leistungen zwischen Glasgow und London mit Fahrzeiten von 4 h 15 min (eine Durchschnittsgeschwindigkeit von 151 km/h) jahrelang jeglicher Grundlage entbehrten, bis – endlich – Ende 1981 der öffentliche Einsatz beginnen sollte. Und auch jetzt schaffte man nicht mehr als eine komplette Fahrt Glasgow–London–Glasgow. Eine Anzahl weiterer Defekte, beispiellos schlechtes Wetter und allgemeine Schwierigkeiten veranlaßten die BR den Zug aus dem Betrieb zu ziehen. Die Reaktion der Medien auf diesen Mißerfolg kann man sich vorstellen, aber das wäre nicht so schlimm gewesen; schlimmer war, daß die Genehmigung der Regierung für eine Serienproduktion dadurch auf unbestimmte Zeit verschoben wurde.

Man hatte nun etliche Möglichkeiten. Da es wirtschaftlich nicht vertretbar war, die Strecken für eine Führerstands-Signalanzeige auszurüsten, mußte man schließlich die „APT"s auf die Geschwindigkeit der „HST"-Züge beschränken. Man könnte sich also auch eine elektrische Variante der „HST"-Garnituren vorstellen, die einfach durch Austausch der Dieselaggregate gegen die nötige elektrische Ausrüstung zu realisieren wäre. Eventuell kann man auch ohne Neigungseinrichtung die Kurvengeschwindigkeiten etwas anheben, aber die Neigungs- und Federungselemente waren die erfolgreichsten Einrichtungen der „APT"s. Eine Alternative wäre eine einfachere „APT"-Ausführung mit einer auf 125 mph (200 km/h) reduzierten Höchstgeschwindigkeit, mit Einzelwagen anstelle der Gelenkwagen (was Kosten bei der Wartung einspart) und auch ohne hydro-kinetische Bremse.

Oben: *Auch ein von einer Diesellokomotive geschobener „APT" zeigte sich bei der großen „Lokomotivkavalkade" in Rainhill im Mai 1979 den Zuschauermassen.*

Unten: *Ein „APT-P" demonstriert seine Kastenneigungseinrichtung bei einer Schnellfahrt auf der Hauptstrecke von London nach Glasgow im Jahre 1981.*

Index

Vom gleichen Autor:

Band 1 der illustrierten Enzyklopädie

Brian Hollingsworth

Dampflokomotiven

Ein technisches Handbuch der bedeutendsten internationalen Personenzuglokomotiven von 1820 bis heute

Aus dem Englischen übersetzt von Manfred Sandtner
1983. 208 Seiten, 2 achtseitige Panoramafaltblätter in Farbe, über 260,
meist vierfarbige Fotos, 90 detaillierte Profilzeichnungen in Farbe, technische Beschreibungen, Erläuterungen und Daten einschließlich Glossar
der wichtigsten technischen Begriffe.
Leinen, Format 30 × 21,5 cm, ISBN 3-7643-1530-X

Fotonachweis

Die Herausgeber und der Verlag möchten allen Vereinigungen und Privatpersonen danken, die Fotos
für dieses Buch zur Verfügung gestellt haben. Sie werden hier mit den Seitenzahlen genannt.

AC = Arthur Cook. BBC = BBC Hulton Picture Library. BH = Brian Hollingsworth. BS = Brian
Stephenson. CG = C Gammell. CV = Colourviews, Birmingham. JJ = Jim Jarvis. HB = Hugh
Ballantyne. MARS = Mechanical Archive & Research Services. GFA = Geoffrey Freeman-Allan.

Rückseite: Italienische Staatsbahn. **Seite 6:** J Winkley. **7:** oben, South African Railways; unten
links, P Robinson; rechts, GFA. **8:** General Electric. **9:** oben, BH; unten links, Victorian Government
Railways; unten rechts, DB. **10:** oben, CG; unten, R Barton. **11:** oben, P Robinson; unten links,
Schwedische Staatsbahn; unten rechts, K Yoshitani. **12:** Union Pacific. **12-13:** SNCF. **13:** unten
links, JJ; unten rechts, J Winkley. **14:** Panama Canal Company. **14-15:** SNCF. **15:** oben rechts,
P Robinson; unten, BS. **19:** SNCF. **20:** R Barton. **21:** J Winkley. **22:** oben, BBC; unten, J Winkley.
23: oben, Deutsches Museum, München; unten, JJ. **26-27:** Gornergratbahn. **29:** J Winkley.
31: MARS. **32:** JJ. **33:** oben, Panama Canal Company, BH. **34:** Colour-rail. **35:** oben, JJ; unten,
BBC. **36:** BH. **38:** JJ. **39:** J Winkley. **40:** Colour-rail. **41:** BS. **42:** BS. **43:** R Bastin. **44:** SBB.
45: SBB. **47:** BH. **48:** LG Marshall. **49:** JJ. **50:** Schwedische Staatsbahn. **51:** oben, JJ; unten,
Britsche Post. **53:** Britisches Eisenbahnmuseum. **54-55:** JJ. **56-57:** AC. **58:** oben, CG; unten, CV.
59: AC. **61:** BH. **62:** oben, Colour-rail; unten, Oxford Publishing Co. **63:** oben, BS; unten, Oxford
Publishing Co. **64:** oben, J Winkley; unten, Union Pacific RR. **65:** oben, J Winkley; unten, Union
Pacific RR. **66:** Italienische Staatsbahn. **67:** oben, Italienische Staatsbahn; unten, Dänische Staats-
bahn. **68:** AC. **69:** GFA. **71:** BS. **72:** CG. **73:** CG. **74:** oben, AMTRAK; unten, BH. **75:** AMTRAK.
76: CG. **77:** BS. **78:** CG. **79:** AT&SF. **80:** Emery Gulash. **81:** oben, J. Winkley; unten, CG. **82:** oben,
BS; unten, CG. **83:** J Whiteley. **84:** BLS. **85:** R Bastin. **86-87:** AT&SF. **88-89:** JJ. **90:** Burlington
Northern RR. **90:** oben, GFA; Mitte, Burlington Northern RR; unten, Burlington Northern RR.
92: oben, CV; unten, CG. **93:** oben, Oxford Publishing Co; unten, JJ. **94:** BH. **95:** J Winkley. **96:** BS.
97: SNCF. **98:** D Cross. **99:** Colour-rail. **100:** oben, CV; unten, via MARS. **101:** oben, NZGR; unten,
J Winkley. **102-103:** Italienische Staatsbahn. **104:** BH. **105:** Fairbanks-Morse. **106:** SNCF.
107: R Bastin. **108:** BS. **109:** oben, Colour-rail; unten, SAR. **110:** SNCF. **112:** Dänische Staatsbahn.
113: J Winkley. **114:** BS. **115:** oben, BS; Mitte, J. Whiteley; unten, J Westwood. **116:** oben, D Cross;
unten, M Kashima. **117:** oben, BS; unten, M Kashima. **118:** oben, J Winkley; unten, P Robinson.
119: oben, P Robinson; unten, D Cross. **120-121:** oben, P Robinson; unten, J Westwood.
122: J Winkley. **123:** oben links, J Westwood; oben rechts, Rumänische Staatsbahn; unten,
P Robinson. **124-125:** BS. **125:** Schwedische Staatsbahn. **127:** oben, ASEA; unten, JJ.
128: J Winkley. **129:** BH. **130:** oben, HB; unten, P Robinson. **131:** links, HB; rechts, CG.
132: Southern Pacific RR. **133:** Denver & Rio Grande RR. **134:** oben, Colour-rail; unten, BS.
135: Colour-rail. **136:** P Robinson. **137:** oben, CV; unten, BS. **138:** oben, D Cross; unten, BS.
139: R Bastin. **140:** J Westwood. **141:** oben, SNCF; unten, MARS. **142:** oben, P Cook; unten,
Koyusha. **143:** oben, P Cook; Mitte, Japanese Information Service; unten, K Yoshitani. **144:** JJ.
145: GFA. **146:** Dr Hedley. **147:** JJ. **148:** DB. **149:** J Westwood. **150-151:** oben, RB; unten, BS.
152: oben, SNCF; unten, BS. **153:** oben, SNCF; unten, CG. **154:** AMTRAK. **155:** oben, J Winkley;
Mitte und unten, AMTRAK. **156:** H Kawai. **157:** CV. **158:** oben, Union Pacific RR; unten, J Winkley.
159: Union Pacific RR. **160:** J Winkley. **161:** oben, HB; unten, London Transport. **162-163:** oben,
SNCF; unten, BS. **164:** R Bastin. **165:** SNCF. **166-167:** BS. **168:** J Winkley. **169:** CV. **170:** NZGR.
171: oben, NZGR; unten, DB. **172:** oben, R Bastin; unten, J Winkley. **173:** HB. **174:** oben,
K Yoshitani; unten, H Kawai. **175:** oben, H Kawai; unten, Kazunori. **176:** CV. **177:** AMTRAK.
178: oben, HB; unten, Queensland Government Railways. **179:** oben, Victorian Government Railways; unten, Queensland Government Railways. **180:** oben, CG; unten, JJ. **181:** oben, Finnische
Staatsbahn; unten, CG. **182-183:** South African Railways. **184:** oben, CV; unten, CV.
185: J Winkley. **185:** oben und Mitte, J Whiteley; unten, Romney, Hythe & Dymchurch Railway.
187: oben, OBB; unten, RH&DR. **188:** FO. **189:** AC. **190:** R Bastin. **192-193:** DB.
194-195: Via Rail. **196:** NSW Railways. **197:** oben, J Dunn; unten, N Gurley. **198:** HB. **199:** oben,
SAR; unten, Colour-rail. **200-201:** SNCF. **201:** CV. **202:** oben, Italienische Staatsbahn; unten, BR.
204-205: BR.